凡纳滨对虾健康养殖理论与技术

王 平 主编

中国农业出版社

北京

内 容 提 要

为了总结和推广我国凡纳滨对虾健康养殖的科研成果和生产技术，特编著本书。本书共分七章，系统地介绍了凡纳滨对虾养殖业发展概况，生物学基础，健康养殖理论基础（着重介绍养殖环境的调控、营养免疫调控），营养与饲料（着重介绍凡纳滨对虾对营养物质的需求量、对营养物质的消化与吸收），健康种苗繁育技术（着重介绍育苗池中环境因子的调控、饵料生物培养），健康养殖技术（着重介绍养殖主要模式、健康养殖技术），育种技术（着重介绍家系选育的原理与技术、多性状复合育种技术的理论基础、多性状复合育种技术）。本书内容丰富，理论与生产实际结合，具有很强的指导性和可操作性。

本书可供从事对虾人工繁育、养殖生产的技术人员参考使用，也可供各级行政主管部门的技术人员、管理干部和相关水产院校师生阅读参考。

主 编 简 介

　　王平，男，民革党员，1977 年 11 月生，云南省宣威人，遗传育种专业博士研究生，正高级水产养殖工程师，现任海南中正水产科技有限公司副总裁，海南省对虾养殖协会会长。担任海南省第七届人大代表、东方市十六届人大代表，中国水产学会海水养殖分会委员，海南省水产原良种委员会第二、第三届委员，海南省工商联第九届常委。

　　作为坚守生产第一线的农业科技人员，拥有二十余年对虾育种、养殖经验，积极承担、参与科研项目，推动科技成果转化，获海南省科技成果转化奖一等奖 1 项，海南省科学技术奖三等奖 1 项，获评海南省领军人才、南海英才。共承担 22 个省部级项目，发表论文 25 篇；编著《日本对虾健康养殖》，参与编著《日本对虾高效生态养殖新技术》；获发明专利授权 3 项，实用新型专利 12 个，并均已应用于实际生产，产生了良好的经济效益。2012 年，被评为"海南省优秀科技工作者"。2013—2015 年，连续三年被评为"优秀挂职科技副乡镇长"。2019 年受聘为东方市科技特派员，2020 年被评为"海南省最美科技工作者"，2021 年获得"海南省第三届光彩事业贡献奖"，2022 年获评"海南省有突出贡献优秀专家"。

编审人员名单

主　　编　王　平

副主编　叶　宁　彭树锋

参　　编（按姓氏笔画排序）

王　彪　刘建勇　李　婷　杨奇慧

宋永强　林　松　梁华芳　温木春

审稿专家　叶富良

　　凡纳滨对虾，俗名南美白对虾，原产于南美洲太平洋沿岸海域，主要分布于秘鲁北部至墨西哥湾沿岸，以厄瓜多尔沿岸分布最为集中。凡纳滨对虾具有个体大、生长快、抗病力强、对饲料蛋白含量要求低、对水环境因子变化适应能力较强、离水存活时间长等优点，是集约化高产养殖的优良品种，是目前世界上三大养殖对虾中产量最高的种类。

　　20世纪70年代初期，厄瓜多尔当地农民利用捕获的野生虾苗进行养殖，并获得成功。80年代初，在中美洲的巴拿马、洪都拉斯和南美洲的厄瓜多尔，凡纳滨对虾成为了养殖虾类的主要品种。80年代中期，世界各地养虾业蓬勃发展，但是当时缺乏规划，盲目发展，破坏了生态环境，导致虾病快速传播，使对虾养殖业遭到严重经济损失。在此情况下，美国农业部于1984年组织夏威夷海洋研究所、亚利桑那大学兽医科学系水产病理学实验室等科研单位设立了海湾滩涂研究实验室，以实施"联邦海产对虾养殖计划"，研究和生产不带特定病原（Specific Pathogen Free，SPF）虾苗及亲虾，通过推广SPF虾苗及亲虾、改进养殖模式、提高养殖技术，使对虾养殖业又稳步恢复。90年代以后，亚洲对虾养殖业发展迅猛，目前亚洲养殖虾产量约占世界虾产量的85%。

　　1988年7月，中国科学院海洋研究所从美国夏威夷海洋研究所首次引进凡纳滨对虾，1998年广东省湛江市率先突破了凡纳滨对虾育苗生产技术关，2000年湛江市实现了规模化工厂育苗生产，从此开创了国内凡纳滨对虾养殖业。在国家对水产种苗进口免税政策的支持下，进口亲虾免税指标逐年增多，生产虾苗供应给养虾户，促进了广东、广西、海南、福建等省份大面积对虾养殖生产，对虾养殖产量逐年增长，经济效益显著。为了保证虾苗质量、加强良种场建设，企业经过多年的建设，建立了凡纳滨对虾良种虾苗生产体系，保证了养殖户的良种虾苗供应。对虾种苗大规模生产促进了养虾业的发展，养殖水域从海水发展到淡水，养殖区域从沿海发展到内陆，凡纳滨对虾养殖遍布全国（除北京、吉林、西藏、青海外）的27个省（自治区、直辖市），产量逐年上升，同时促进了对虾饲料业、对虾加工业、养殖机械、流通和贸易等行业的发展，形成完整的对虾养殖产业链，成为水产养殖业的支柱产业。

我国广大水产科技工作者和对虾养殖从业人员在养虾生产过程中不断提高养虾技术，因地制宜，建立了多种适合我国国情的对虾养殖模式，如多品种混养模式、提水式精养模式、低盐度淡化养殖模式、封闭式生态综合养殖模式、工厂化养殖模式、工程化循环水养殖系统模式等。近年来，我国健康养殖研究蓬勃发展，如光合细菌等有益微生物制剂及有益微藻的应用，在微生物生态修复、水质调控、病害预防上取得了显著效果；建立了疾病防控体系，开发了一整套疾病诊断技术和专门的水产药物；向饲料中添加各种生物制剂、免疫增强剂、中草药制剂等来提高饲料营养水平，提高饲料转化率，减少残饵对养殖环境的污染，向环保型饲料发展；开展养殖尾水治理技术研究，减少养殖尾水对环境的影响。健康养殖技术不断地取得成功和推广，进一步推进了水产养殖健康发展。同时，国内一些科研院所清醒地认识到，凡纳滨对虾养殖产业能够持续发展，不能长期依赖从国外进口种虾，必须要选育出有自主知识产权的凡纳滨对虾良种。因此，自2000年开始，一些科研院所与企业合作开展凡纳滨对虾良种选育的研究工作，截至2023年被全国水产原种和良种审定委员会审定通过的凡纳滨对虾水产新品种有12个，这些水产新品种在对虾育苗生产中已逐渐发挥出重要作用。目前凡纳滨对虾种业产业已形成［种虾-育苗（包括幼体）-标粗相关企业组成了较为完善的产业结构］，涌现出一批育繁推一体化现代种业企业，2020年全国生产凡纳滨对虾虾苗1.56万亿尾，突出了种业创新和向产业化、商业化方向发展的趋势。

本书的作者长期从事对虾养殖技术的研究、教学和推广工作，积累了丰富的理论基础和生产实践经验，编著的内容主要来自作者的研究成果和生产实践经验，部分内容引用已发表的论著。在内容编排上，考虑到理论与实践的结合，编写了"凡纳滨对虾生物学基础"和"凡纳滨对虾健康养殖理论基础";为了介绍对虾人工繁育和健康养殖的通用技术,编写了"凡纳滨对虾健康种苗繁育技术"和"凡纳滨对虾健康养殖技术";饲料是对虾维持生命、生长和繁殖的物质基础,为了使养虾从业者掌握人工配合饲料的相关知识,编写了"凡纳滨对虾营养与饲料";为了向读者介绍对虾育种新技术和我国自主选育的凡纳滨对虾新品种,编写了"凡纳滨对虾育种技术"。

参加本书编著的有:王平(拟定编写大纲、撰写第五章凡纳滨对虾健康种苗繁育技术和全书统稿);彭树锋(撰写第一章凡纳滨对虾养殖业发展概况、第三章凡纳滨对虾健康养殖理论基础和协助全书统稿);叶宁(撰写第二章凡纳滨对虾生物学基础和协助全书统稿);杨奇慧(撰写第四章健凡纳滨对虾营养与饲料);梁华芳(撰写第六章凡纳滨对虾健康养殖技术);刘建勇(撰写第七章凡纳滨对虾育种技术);李婷(撰写第三章第四节、第五节);林松(参编第七章第一节);宋永强(参编第五章第二节);温木春(参编第二章第六节);王彪(参编第五章第一节)。广东海洋大学叶富良二级教授审阅书稿,为本书提出了宝贵的修改意见,特此致谢。

本书适合从事对虾人工繁育、对虾养殖生产和水产养殖的技术人员使用,也可供各级行政主管部门的技术人员、管理干部和有关水产院校师生阅读参考。

限于编著者的学识水平,书中的不妥之处和错漏在所难免,敬请广大读者指正。

编　者

2023 年 7 月

目　录

第一章 <<<

凡纳滨对虾养殖业发展概况

对虾是一种营养丰富且易于人体吸收的重要食品，特别是凡纳滨对虾的蛋白质含量和人体必需氨基酸含量等营养物质均高于其他对虾。过去对虾产量主要靠天然捕捞，但随着社会人口增加，生活水平提高，对虾的需求量越来越大。为了解决供求的矛盾，人们从三个方面来不断提高虾的产量：①不断改进捕捞技术，从小型的木帆船改为机动渔船，再到大马力的专业化捕虾船，从小型底拖网到大型底拖网，从单拖到双拖，从单纲底拖网到大纲底拖网，再改进为虾杆底拖网，有的地方还发展了电脉冲底拖网。②不断开辟新虾场，从近海虾场到外海虾场，再到极地虾场，20世纪50年代至80年代以近海虾场为主的捕捞渔业发展迅猛，到了80年代中期，近海虾场捕捞过度，资源逐步衰退，但它仍然占太平洋海岸和大西洋海岸渔获量的一部分，80年代中后期开发了大西洋外海虾场捕捞，并实行配额生产，使外海虾场捕捞在可持续的基础上发展。③发展人工增养殖，是当今社会提高虾产量的主要途径，从20世纪开始，世界各地的生物学家对对虾的生物学进行了研究，开展了对虾养殖和育苗试验，并取得了成功，特别是推广凡纳滨对虾养殖以来，对虾养殖业迅速在全球兴起，世界养虾业方兴未艾，更加蓬勃发展。据联合国粮农组织（Food and Agriculture Organization of the Vnited Nations，FAO）数据显示，2018年全球凡纳滨对虾产量497.94万t，最大生产国为中国、越南、印度、泰国、印度尼西亚和厄瓜多尔。因受新冠疫情影响，2020年凡纳滨对虾养殖产量有所下降，据全球水产养殖联盟（Global Aquaculfure Alliance，GAA）报道，2020年全球凡纳滨对虾养殖产量降至350万t左右。

第一节　世界凡纳滨对虾养殖业发展概况

一、养殖业发展概况

凡纳滨对虾是当今世界养殖产量最高的三大虾类之一，原产于南美洲太平洋沿岸海域。20世纪70年代初期，厄瓜多尔当地农民利用捕获的野生虾苗进行养殖，并获得成功。20世纪80年代初，在中南美洲的巴拿马、洪都拉斯、厄瓜多尔，凡纳滨对虾成为了养殖虾类的主要品种。而且养殖模式由粗放式转向半集约化，养殖面积迅速扩展，无论是民间还是当地政府，在养虾业上都投入了大量的资金。中南美洲使用的凡纳滨对虾亲虾多数是从自然海区中捕捞获得，挑选后，投喂新鲜牡蛎、乌贼、沙蚕，待亲虾培育成熟后再用于人工繁殖。当地在幼体培育过程中，无节幼体转变成溞状幼体时，即投喂硅藻，待其转变成糠虾时，即投喂丰年虫幼虫和轮虫，仔虾初期逐渐投喂磨碎的鱼、虾肉，到仔虾后期（P₆）放入虾苗池养殖。

20 世纪 80 年代中期，世界各地养虾业蓬勃发展，养殖面积和产量快速增长，但是与此同时，由于缺乏规划，盲目发展，养殖者毁坏大量红树林以开辟虾池，生态环境、红树林湿地被破坏，导致对虾繁殖的栖息地减少，后期仔虾缺乏。野生虾苗和种虾品质不稳定再加上高密度的养殖，造成虾病的快速传播，如白斑病毒、托拉病毒。美国的得克萨斯州，将虾苗分送至美国各地和中南美洲各国时，使疾病蔓延扩散，致使到 1985 年，一半虾塘被闲置，同时世界各地其他海虾养殖业也受到病害侵袭，经济损失严重。在此情况下，美国政府出资由美国夏威夷海洋研究所承担不带特定病原（SPF）虾苗的研究和生产，1991 年夏威夷海洋研究所提供 SPF 虾苗及亲虾，虽然提供虾苗数量不多，但成虾养殖取得了良好的效果。通过推广 SPF 虾苗及亲虾、改进养殖模式、提高养殖技术，对虾养殖业又稳步恢复。80 年代以后，亚洲对虾养殖业发展迅猛，中国、泰国、越南、菲律宾、印度尼西亚、马来西亚、新加坡以及印度等国家都大力发展对虾养殖业，目前亚洲养殖虾产量约占世界虾产量的 85%。

二、世界各国凡纳滨对虾养殖产量

推广凡纳滨对虾养殖以来，对虾养殖业迅速在全球兴起，世界养虾业方兴未艾，对虾年产量增长呈直线上升趋势。据 FAO 数据报道，2018 年全球凡纳滨对虾产量为 497.94 万 t，其中半咸水养殖产量为 399.14 万 t，最大生产国是中国、印度尼西亚、印度、厄瓜多尔、越南和泰国（表 1-1，图 1-1）；淡水养殖产量为 66.97 万 t，最大生产国是中国、印度尼西亚（表 1-2，图 1-2）；中国对虾养殖产量稳居世界首位，泰国自 2013 年暴发早期死亡综合征之后，虾产量便一蹶不振，2018 年产量下降至 34.73 万 t，养殖产量从世界第 2 位降至第 6 位，印度自 2011 年以来虾类养殖业飞速发展，养殖产量从世界第 6 位上升至第 3 位。

表 1-1　各国半咸水养殖凡纳滨对虾产量（万 t）

国家	2010 年	2011 年	2012 年	2013 年	2014 年	2015 年	2016 年	2017 年	2018 年
中国	59.03	63.44	73.07	77.77	83.67	85.55	96.68	108.08	111.75
印度尼西亚	20.66	24.64	23.87	37.62	42.89	40.68	47.64	73.70	68.57
印度	0	12.50	13.63	21.12	30.53	41.64	46.13	58.34	62.20
厄瓜多尔	22.33	26.00	28.11	30.40	34.00	40.30	42.20	44.00	51.00
越南	9.93	14.05	14.80	23.62	35.27	33.95	38.00	43.90	47.5
泰国	56.11	60.32	58.84	31.07	26.32	28.19	31.40	34.63	34.73
其他	18.71	18.86	19.64	19.73	22.89	18.98	18.35	36.15	23.39
合计	186.77	219.81	231.96	241.33	275.57	289.29	320.40	398.8	399.14

数据来源：FAO 全球渔业和养殖产量统计数据集。

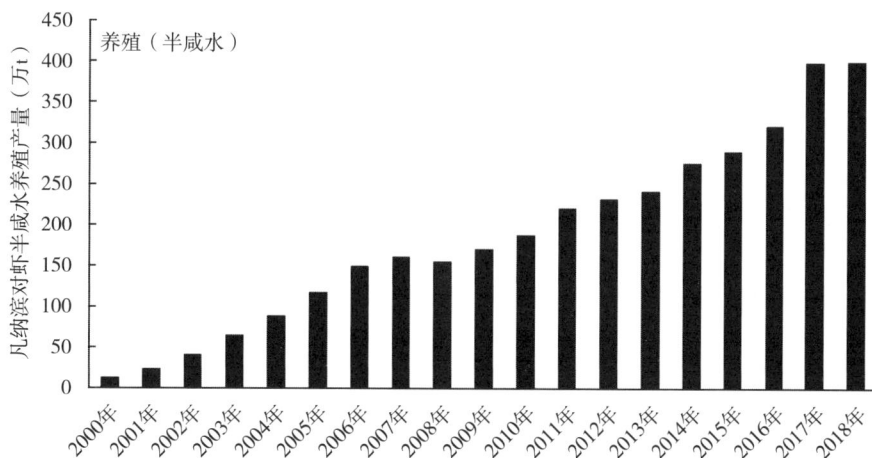

图 1-1 2000—2018 年全球凡纳滨对虾半咸水养殖产量

表 1-2 各国淡水养殖凡纳滨对虾产量（万 t）

国家	2010 年	2011 年	2012 年	2013 年	2014 年	2015 年	2016 年	2017 年	2018 年
中国	59.73	62.86	63.44	56.81	64.22	66.85	66.85	59.57	64.65
印度尼西亚	0	0	0	0	1.35	0.31	2.17	2.08	2.29
哥伦比亚	0	0	0	0	0	0	0.03	0.03	0.03
合计	59.73	62.86	63.44	56.81	65.57	67.16	69.05	61.68	66.97

数据来源：FAO 全球渔业和养殖产量统计数据集。

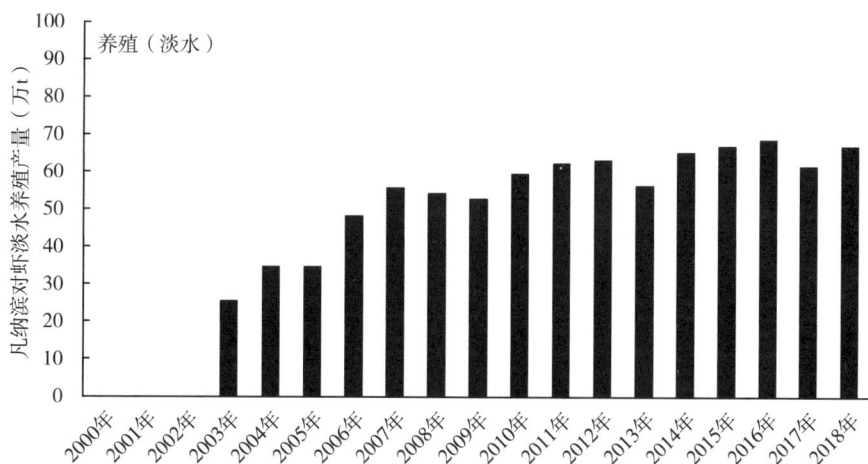

图 1-2 2000—2018 年全球凡纳滨对虾淡水养殖产量

三、育种发展概况

美国农业部于 1984 年组织夏威夷海洋研究所、亚利桑那大学兽医科学系水产病理学实验室、马萨诸塞州塔夫茨大学兽医学院等设立了海湾滩涂研究实验室，以管理 1982 年制定的"联邦海产对虾养殖计划",生产健康和经遗传改良的亲虾,开发实用的疾病诊断、预防和治疗方法,设计对虾各生活期的质量控制方法,建立 SPF 虾及高健康虾系统（HHSS）。夏威夷海洋研究所直接负责管理 SPF 核心培育中心,保持核心培育中心中各批 SPF 对虾的状态和世代连续的种质。1990 年夏威夷海洋研究所建立了第一批来源于墨西哥 Sinaloa 的 SPF 虾,该研究所用夏威夷 Keahuolu 的核心培育设施,每年从各批 SPF 虾中生产出 12 个母性家系,并且提供繁育材料用于种质改良。为了完全控制对虾的生活史,该研究所建立了一个可靠的凡纳滨对虾生产循环系统,可在 6～9 个月完成 SPF 虾的一个生活史,在此基础之上夏威夷海洋研究所还通过控制和选择交配对 SPF 虾进行良种选育。亚利桑那大学兽医科学系水产病理学实验室负责提供用于候选对虾检疫筛选的技术手段和标准。马萨诸塞州塔夫茨大学兽医学院通过分子遗传基因标记,监测各批 SPF 虾之间的遗传变化程度,以揭示各批驯化的虾群是否很好地保持了该种群的遗传结构。

亚洲对虾养殖业发展迅猛,促进了亚洲对虾育种业的发展,泰国已成为优质种虾的主要供应基地之一。养虾生态环境的多变,对虾苗的质量要求越来越高,目前种虾的选育趋向两个方向,一为"快大品系",要求长速快、规格齐整,适应高密度养殖;二为"高抗品系",要求抗逆性强,对环境适应性广,同时兼顾生长速度,适应低密度养殖。

第二节 我国凡纳滨对虾养殖业发展概况

我国对虾养殖有很长的历史,20 世纪 50 年代中期,我国开始人工养殖对虾研究工作,1959 年中国明对虾人工孵化获得成功,70 年代中期对虾人工孵化和养殖有新的进展,1980 年中国明对虾工厂化大批量育苗获得成功后,墨吉明对虾、日本囊对虾、斑节对虾、刀额新对虾、凡纳滨对虾等主要养殖品种的人工繁育相继获得成功。目前对虾精养高产技术达到了世界先进水平,并确立了一套适合我国国情的对虾健康养殖技术。对虾养殖已成为我国海水养殖业的重要组成部分,养殖对虾成为优势水产品出口的重要品种。中国是目前世界上对虾养殖模式最多,养殖区域性差异最大的国家,也是全球凡纳滨对虾养殖挑战最大的国家,因此,无论是在对虾育种、育苗或者养殖方面,都无疑会变成未来全球对虾养殖标准要求最高的国家。同时,对虾养殖行业的发展也不断遇到各种挑战,例如种虾种质不稳定、虾苗质量参差不齐、养殖户技术水平差异、养殖大环境恶化、市场价格波动大等,而种业作为对虾产业链条中最基础的环节,是对虾产业发展的真正技术支撑。

我国海水对虾养殖经历了三个阶段:

（1）第一阶段是海水对虾养殖的兴起、发展阶段。20 世纪 60 年代初首先在山东、河北等省开始小规模对虾养殖,70 年代中国明对虾南移成功,为大面积对虾养殖创造了条件,1987 年突破斑节对虾人工育苗技术后,斑节对虾养殖在我国福建以南各省沿海地区迅速发展起来,到了 1991 年和 1992 年,海水对虾年产量分别达到 21.96×10^4 t 和 20.69×10^4 t,跃居世界养虾业之首。这个阶段是中国养殖海水对虾的第一次高潮,这一时期主要养殖中国明对虾、墨吉明对虾、斑节对虾,养殖模式以半精养为主。

（2）第二阶段是海水对虾养殖的下滑和恢复阶段。1992 年首先在福建沿海发生养殖海水对虾病毒病，1993 年蔓延到全国沿海地区。由于大面积发生暴发性流行病，虽然养虾面积仍有 $15.43 \times 10^4 \, hm^2$，但产量从 $20 \times 10^4 \, t$ 急速降到 $8.78 \times 10^4 \, t$，减产了一半多，1994 年对虾养殖面积还保留 $15.07 \times 10^4 \, hm^2$，但产量降到低谷，只有 $6.39 \times 10^4 \, t$，造成巨大的经济损失，给养虾业带来沉重的打击，特别是对中国明对虾打击最大，至今未能恢复元气。由于经历了灾难性瘟疫，海水对虾的病害防治引起人们的重视，从业者不断研究防治措施和提高养虾技术，特别是 1998 年凡纳滨对虾在广东省的深圳、汕头、湛江等地养殖成功后，被大面积推广养殖，养虾业慢慢得到了恢复，1999 年养虾产量又上升到 $17.08 \times 10^4 \, t$。

（3）第三阶段是海水对虾养殖的大发展阶段。人们调整养殖品种，引进凡纳滨对虾，认真总结了海水对虾养殖的经验和教训，更加重视科学技术创新，研究创新养殖模式。随着微生物调控养殖环境为核心的健康养殖技术和病害综合防控技术的研究发展，人们推广了一整套健康养殖技术，促进了对虾养殖的迅速发展。对虾养殖的发展，带动和促进了对虾饲料工业、对虾加工、养殖机械、水产养殖保健品、流通和出口业的发展，随着对虾加工和出口业的发展，又进一步促进了对虾养殖业的大发展。我国海水对虾养殖的第三次兴起，以养殖凡纳滨对虾为主，养殖模式主要为小面积集约式精养（高位池养殖）和半精养。海水对虾养殖业重心由北方向南方转移，对虾养殖主产区已转移到了以广东为主的南方各省市。

近年来，海水对虾养殖病害逐年增多，养殖成活率逐年下降，据相关资料统计，2013 年海南省凡纳滨对虾海水养殖成功率不足三成。为解决困境，开辟新的养殖模式，我国各地应用凡纳滨对虾具有广盐性的特性，陆续开展凡纳滨对虾的卤水养殖或淡化养殖。淡水养殖凡纳滨对虾有着海水养殖不可比拟的优越性，从水源头上切断了因海水中的病原体传染而导致的继发性病毒性疾病，从而大大降低了对虾的发病率和死亡率。随着凡纳滨对虾低盐度淡化养殖技术的应用与推广，全国掀起了对虾淡水养殖的新浪潮。

一、养殖发展概况

1988 年中国科学院海洋研究所张伟权教授率先从美国夏威夷引进凡纳滨对虾，1994 年通过人工育苗获得首批虾苗，1998 年湛江率先突破了此虾大规模育苗生产技术关。1999 年湛江市东方实业有限公司通过中国科学院海洋研究所从夏威夷海洋研究所引进凡纳滨对虾亲虾 1 200 对用于育苗生产。通过此批亲虾育出的虾苗质量好，生长快，养殖 90d 后，商品虾平均规格可达 50～60 尾/kg，其发病率低、成活率高、饵料系数低，从此国内凡纳滨对虾养殖业快速发展。2000 年我国凡纳滨对虾实现了规模化工厂育苗生产，开始被大规模养殖，产量逐年上升，2010 年产量 502 871t，2011 年产量猛增，达到 1 325 549t，增幅 163.6%。由于对虾养殖无序发展，对虾养殖病害逐年增多、养殖成活率下降、市场波动、国外对虾产品的进口量逐年增多等的影响，2015 年后我国养殖产量增速开始放缓，2015 年、2016 年、2017 年对虾养殖产量各年增长 3% 左右，通过加强虾病防治、提高养殖技术，养殖产量增长率回升，2018 年比 2017 年增长 5.3%，到 2020 年产量达到 1 862 937t（表 1-3）。

表1-3 凡纳滨对虾养殖产量、面积统计

项目	2010 年	2011 年	2012 年	2013 年	2014 年	2015 年
海水养殖产量（t）	262 996	665 588	762 494	812 545	875 470	893 182
海水养殖面积（hm²）	44 911	131 418	134 971	142 542	163 844	173 058
淡水养殖产量（t）	239 875	659 961	690 747	617 384	701 423	731 461
产量合计（t）	502 871	1 325 549	1 453 241	1 429 929	1 576 893	1 624 643

项目	2016 年	2017 年	2018 年	2019 年	2020 年
海水养殖产量（t）	932 297	1 080 791	1 117 534	1 144 370	1 197 735
海水养殖面积（hm²）	170 969	165 833	167 025	168 044	177 510
淡水养殖产量（t）	739 949	591 496	642 807	671 180	665 202
产量合计（t）	1 672 246	1 672 287	1 760 341	1 815 550	1 862 937

数据来源：中国渔业统计年鉴。

（一）海水养殖

1. 海水养殖产量 从 2000 年凡纳滨对虾在我国大规模养殖以来，海水养殖产量一直呈现上升趋势。2011 年海水养殖产量 665 588t，2020 年海水养殖产量达到 1 197 735t，增长幅度为 80.0%（图 1-3）。

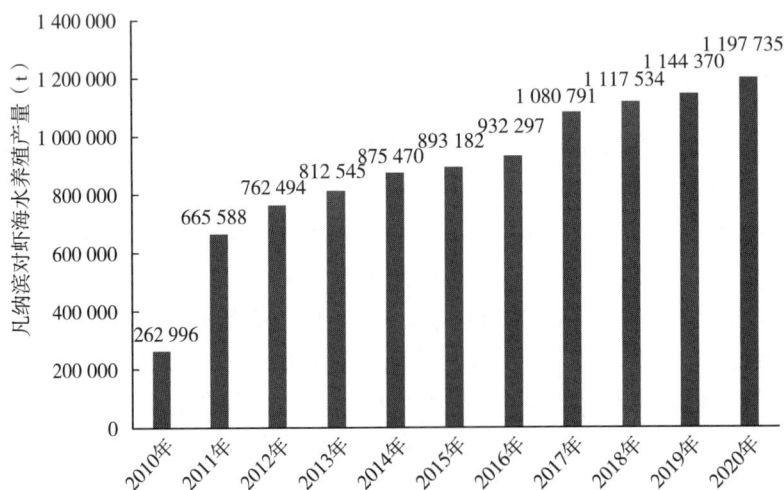

图1-3 2010—2020 年我国凡纳滨对虾海水养殖产量

2. 海水养殖面积 从 2000 年以来，海水养殖面积一直呈现上升趋势，2011 年海水养殖面积 131 418hm²，到 2020 年海水养殖面积达到 177 510hm²，增长幅度为 35.1%（图 1-4）。

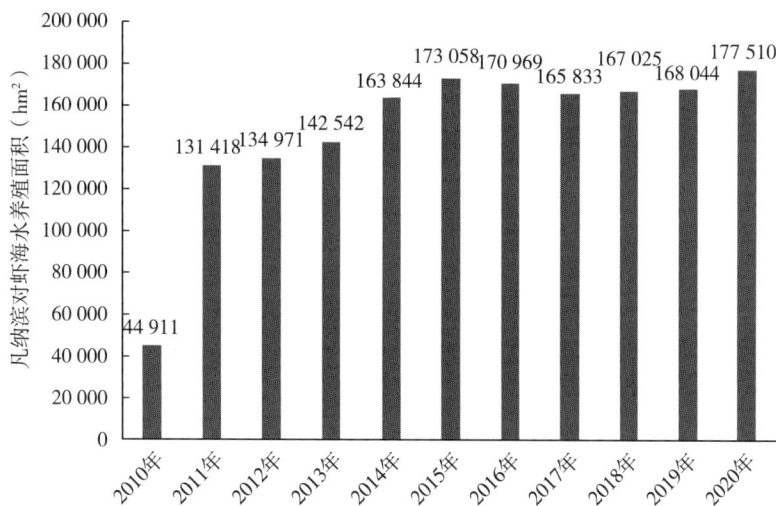

图 1-4　2010—2020 年我国凡纳滨对虾海水养殖面积

表 1-4　凡纳滨对虾海水养殖主产区产量、面积统计

项目		2015	2016	2017	2018	2019	2020
全国	产量（t）	893 182	932 297	1 080 791	1 117 534	1 144 370	1 197 735
	面积（hm²）	173 058	170 969	165 833	167 025	168 044	177 510
广东	产量（t）	345 964	365 047	395 859	411 498	417 444	448 474
	面积（hm²）	46 041	46 364	41 675	41 699	42 811	42 072
广西	产量（t）	223 400	210 980	287 245	295 140	319 385	331 358
	面积（hm²）	19 637	19 737	17 683	18 036	18 443	18 439
福建	产量（t）	79 920	89 868	99 985	104 867	111 131	115 642
	面积（hm²）	9 805	10 250	9 136	9 174	9 472	9 579
山东	产量（t）	70 168	83 170	91 133	102 953	105 231	114 906
	面积（hm²）	58 326	56 470	60 216	59 740	61 563	71 844
海南	产量（t）	85 907	93 284	114 731	106 088	102 458	91 934
	面积（hm²）	6 601	7 048	8 877	10 482	10 283	8 776

数据来源：中国渔业统计年鉴。

3. 海水养殖主产区　全国凡纳滨对虾海水养殖主产区为广东、广西、福建、山东和海南，其中广东历年养殖产量位居全国第一，广西位居全国第二；山东养殖面积位居第一，广东次之。（表 1-4，图 1-5，图 1-6，图 1-7）。

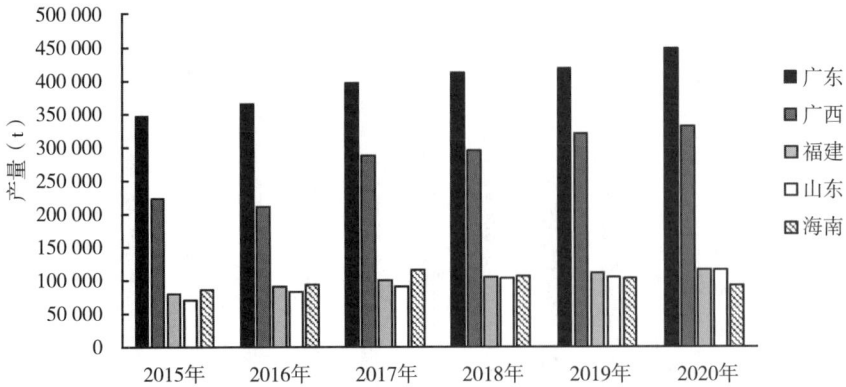

图 1-5 凡纳滨对虾海水养殖主要产区产量

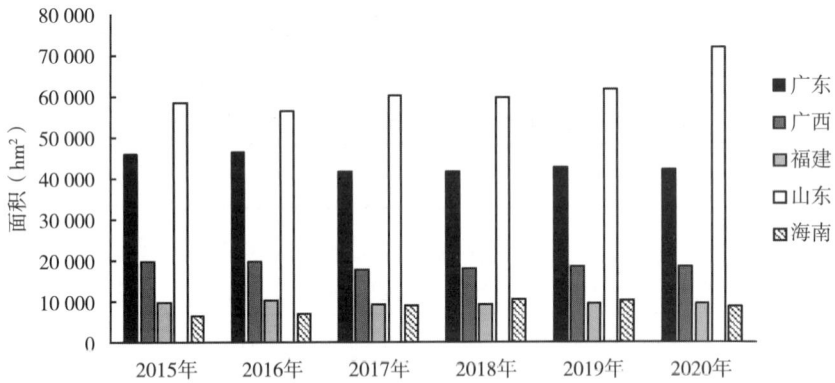

图 1-6 凡纳滨对虾海水养殖主要产区面积

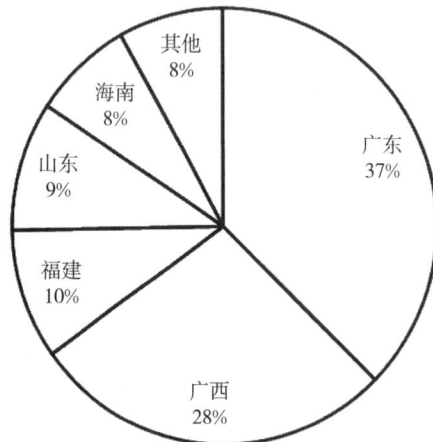

图 1-7 2020 年各省凡纳滨对虾海水养殖产量

分析凡纳滨对虾主产区的单产水平，最高为广西，历年养殖单产位居全国第一，而海水养殖面积为全国第一的山东，历年养殖单产位居全国末位，从这可以看出山东海水养殖面积大，但是产量低，养殖粗放，养殖方式以大汪子（盐场晒盐前期用的大型沉淀池）养殖为主

（表1-5，图1-8）。2020年天津、河北、辽宁、上海、浙江、江苏等省份养殖产量共95 421t，占总产量的8.0%，养殖面积共26 800hm²，平均单产3.56t/hm²

表1-5　凡纳滨对虾海水养殖单产统计（t/hm²）

项目	2015年	2016年	2017年	2018年	2019年	2020年
全国	5.16	5.45	6.52	6.69	6.81	6.75
广西	11.37	10.69	16.24	16.36	17.32	17.97
福建	8.15	8.77	10.94	11.43	11.73	12.07
海南	13.01	13.24	12.92	10.12	9.96	10.48
广东	7.51	7.87	9.50	9.87	9.75	10.66
山东	1.20	1.47	1.51	1.72	1.71	1.60

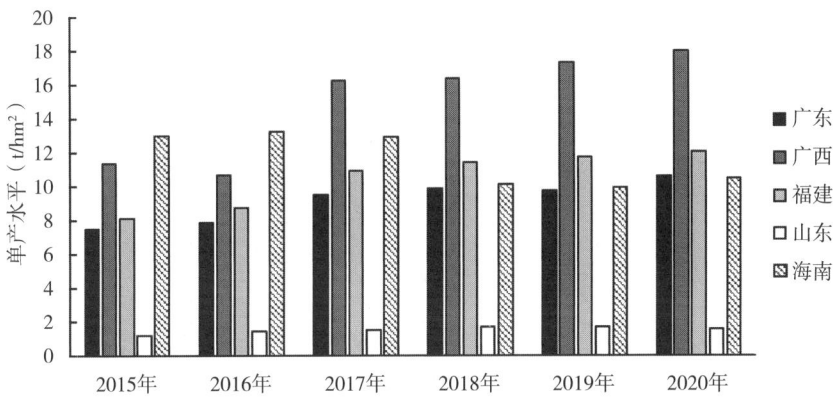

图1-8　凡纳滨对虾海水养殖主要产区单产

（二）淡水养殖

近年来，由于海水养殖病害逐年增多以及沿海旅游业的开发，适宜海水养殖的区域越来越少，我国各地陆续开展凡纳滨对虾的卤水养殖或淡化养殖。淡水养殖凡纳滨对虾有着海水养殖不可比拟的优越性，可以从水源头切断海水中的病原体传染而导致的继发性病毒性疾病，从而大大降低了对虾的发病率和死亡率，因而这种养殖模式逐渐在内地推广开来。凡纳滨对虾淡水养殖模式首先在广东被大面积推广，并取得显著的经济效益，2016年养殖产量达到739 949t，然后因病害频发，产量下降，2019年产量有所回升，到2020年全国对虾养殖产量达到665 202t（表1-6，图1-9、图1-10、图1-11）。对虾的淡水养殖主产区主要有广东、江苏、福建、浙江、山东，广东历年养殖产量位居全国第一，江苏位居全国第二，其次是福建、浙江、山东。其他省份（除北京、吉林、西藏、青海外）养殖产量共122 441t，占总产量的17%。

表1-6　凡纳滨对虾淡水养殖主产区产量统计（t）

项目	2015年	2016年	2017年	2018年	2019年	2020年
全国	731 461	739 949	591 496	642 807	671 180	665 202

（续）

项目	2015 年	2016 年	2017 年	2018 年	2019 年	2020 年
广东	252 297	250 395	160 051	199 527	215 138	214 183
江苏	152 111	158 683	151 622	140 334	131 454	119 185
福建	71 710	77 563	64 924	73 213	84 031	86 636
浙江	78 891	74 797	75 855	70 599	76 192	71 104
山东	54 221	48 044	41 962	46 077	51 120	57 653

数据来源：中国渔业统计年鉴。

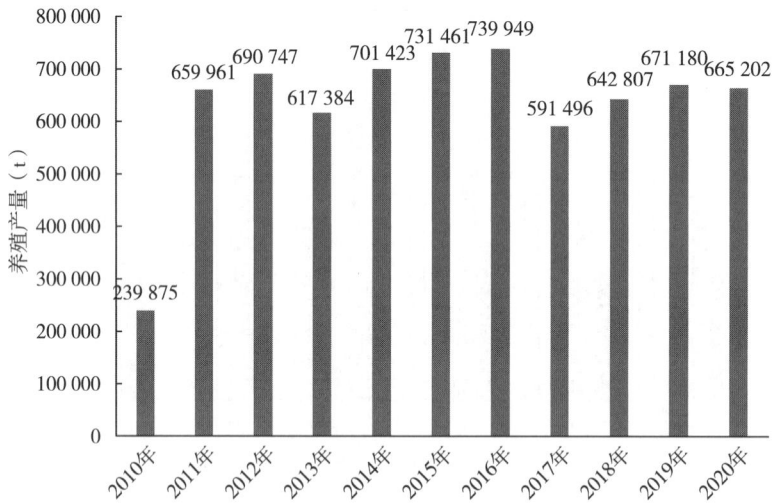

图 1-9　凡纳滨对虾淡水养殖产量

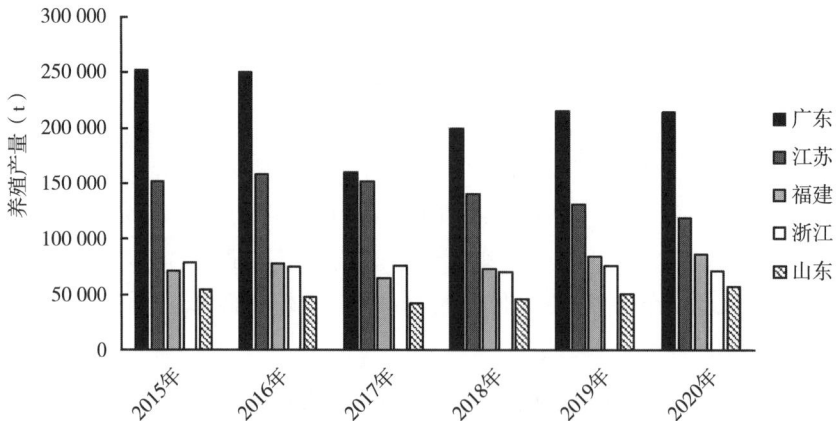

图 1-10　凡纳滨对虾主要产区淡水养殖产量

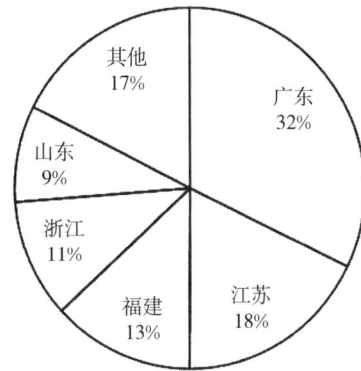

图 1-11 2020 年各省凡纳滨对虾淡水养殖产量

（三）养殖虾池主要类型

目前凡纳滨对虾的主要养殖模式有土池养殖、高位池养殖和工厂化养殖，此外还有部分地区采取了大水面养殖以及新兴养殖模式光伏养殖。

1. 粗养虾池　华南沿海叫"鱼塭"，北方叫"港养"，河北、山东等地利用盐田蓄水池（称为"大汪子"）养虾，是一种大水面生态养殖模式。

2. 半精养虾池（土池）　这类型的养虾池多数是 20 世纪 80 年代建造的，数量相当多，也是当前重要的养殖模式。是一种低密度的混合养殖模式，各地均有大量的土池养殖。

3. 精养虾池（高位池）　建在沿岸高潮线之上的虾池。单位面积产量明显提高，实现了高产高效的养虾目的。

4. 工厂化养虾池　其发源地是广西北海市，早期是利用对虾育苗池及废旧的珍珠育苗池养殖凡纳滨对虾，产量较高，效益好，初步形成一种新的养殖模式。经过进一步发展，通过投入机械及自动化等现代化设施进行高密度集约化养殖，逐渐形成工厂化养殖模式，每造每 666m² 对虾产量 2 500～6 500kg。工厂化养殖因受自然条件限制少，灵活性较高，养殖户可以自己安排投苗时间，养殖造数一般在 2～3 造。

（四）主要养殖模式

1. 粗养模式　这种养殖模式主要是依靠潮差纳排水进行养殖，是一种典型的"广养薄收"的自然养殖模式。这种养殖模式的成本不高，但其养殖产量和经济效益较低。

2. 半精养模式　也称之为"半集约化"，是一种介于粗养和精养之间的养殖模式，其种苗放养量、养殖投入物、养殖过程中的管理与监控等虽然较粗放型养殖有了一定程度的提高，但与集约化养殖的高技术、精管理相比，还处于一个相对较低的水平。半集约化养殖中主要有普通虾池半集约化养殖模式和混养模式。

3. 精养模式　又称为"集约化养殖模式"，是一种单位水体种苗密度高、养殖投入物和能量投入多、管理精细的对虾养殖模式。

（1）土池精养模式　土池精养养殖模式是我国目前较为常见的一种对虾集约化养殖模式，包括普通土池集约化养殖、半封闭引淡水养殖、冬棚养殖几种类型。

（2）小棚养殖模式　小棚养殖模式自 2007 年从江苏省南通市如东县何丫村的一批河蟹育苗池逐步转型发展起来，其模式优点有：①各个小棚都是封闭的，减少了疫病传染的概率。②养殖中后期用泥浆水，水浊藻少，减少了藻类的不可控因素。③光合作用适中，小棚因为有遮挡膜，所以光照量合理，前期培藻可控性好，"强微培藻酵素"＋藻种＋微量元素培藻对水体中的氨氮、亚硝酸盐氮有较好的调控作用。④可灵活利用小棚结构，延长养虾季节。⑤水位灵活可调控，小棚养殖成功率保持在 30%～80%，随着模式的发展和养殖的深入，小棚养殖模式已逐渐向南、北方向分别扩展。

（3）提水式精养模式　提水式精养又称为"高位池养殖"，是近些年在我国广东、海南、广西发展较快的一种养殖模式。提水式精养池塘集约化程度高、易于排污、便于管理，养殖过程的水质环境主要依靠人工调控。应用良好的对虾养殖技术，实施科学的生产管理，对虾产量可达到 $11.25～18t/hm^2$，取得的产量和效益均较高，但花费的生产成本和承担的投资风险也相对较高，所以，在养殖过程中尤其需要注意配套设备的正常运转和养殖管理、技术措施落实到位。

（4）工厂化养殖模式　工厂化养殖模式是在人工控制条件下，利用有限水体进行对虾高密度养殖的一种现代水产养殖方式。该模式依托一定的养殖工程和水处理设施，按工艺流程的连续性和流水作业性的原则，在生产中运用机械、电气、化学、生物及自动化等现代化措施，对水质、水流、溶解氧、光照、饲料等各方面实行全人工控制，为对虾创造一个最佳的生存和生活的环境条件，实现高产、高效养殖的目的。就目前的对虾养殖技术而言，工厂化养殖是一种养殖效益较高的新型养殖模式。

（5）池塘工程化循环水养殖模式　池塘工程化循环水养殖模式是一种新型的水产养殖模式，配套多项先进技术，形成一套完整的、科技含量高的池塘循环水生态健康养殖系统。

（6）淡水养殖模式　将凡纳滨对虾的种苗进行淡化处理，在低盐度或淡水水域中进行养殖的一种模式。该模式从水源头上切断了海水中的病原体传播而避免发生病毒性疾病，从而大大降低了发病率和死亡率。

二、种业发展概况

1988 年 7 月中国科学院海洋研究所从美国夏威夷首次引进凡纳滨对虾，1998 年湛江率先突破了凡纳滨对虾大规模育苗生产技术关，2000 年实现了规模化工厂育苗生产。在国家对水产种苗进口免税政策的支持下，进口亲虾免税指标逐年增多，促进了我国南方广东、广西、海南、福建等省份大面积生产所需虾苗，对虾养殖产量逐年增长，经济效益显著，同时也出现了用于育苗生产的亲虾依赖从国外进口的局面。

（一）凡纳滨对虾种业规模

1. 种业技术体系　种业技术体系由六大板块组成，包括品种选育、活饵与营养饲料、疾病防控 3 个软件板块及循环水系统、种苗质量安全控制与检测、种苗营销 3 个硬件板块，它的核心技术是装备工程化、技术精准化、生产集约化、管理智能化的"四化育苗技术"，只有在严密的技术体系的保证下，育苗和育种才有可能顺利获得成功。

2. 种业的产业结构　随着凡纳滨对虾养殖业的发展，各地建立了一批大型虾苗企业，同时涌现了大批家庭式虾苗场，这些虾苗场从大型种苗公司购买幼体或 0.5cm 的小苗培育成 0.7～1.0cm 的大苗（标粗）后卖给养虾户，形成由种虾-育苗（包括幼体）-标粗三部分企业组成的较完善的种业产业结构。

（1）种虾企业

①国外种虾公司，如美国对虾改良系统有限责任公司（SIS）、科拿湾海洋资源公司（Kona Bay）、泰国正大卜蜂集团（CP）等。

②我国自主选育凡纳滨对虾新品种的企业，如海南广泰海洋育种有限公司、海南东方中科海洋生物育种有限公司、广东恒兴饲料实业股份有限公司、青岛海壬水产种业科技有限公司、广东海兴农集团有限公司、湛江市国兴水产科技有限公司、茂名市金阳热带海珍养殖有限公司等。

③收购国外种虾公司的企业，如广东海茂投资有限公司，收购美国得克萨斯普瑞莫种虾股份有限公司，把"普瑞莫"品牌变成国产的"普利茂"品牌。

（2）育苗企业

①以进口亲虾为主的育苗企业，如广东湛江市的湛江东海岛东方实业有限公司、湛江国联水产开发股份有限公司、湛江腾飞实业有限公司、广东胜博生物科技有限公司等；海南省的海南海壹水产种苗有限公司、海南中正水产科技有限公司、禄泰水产种苗有限公司、蓝色海洋水产科技有限公司、福建省的厦门新荣腾水产技术开发有限公司等。

②拥有凡纳滨对虾新品种的企业，如海南东方中科海洋生物育种有限公司、广东海兴农集团有限公司、青岛海壬水产种业科技有限公司、海南广泰海洋育种有限公司、广东恒兴饲料实业股份有限公司、海茂种业科技集团有限公司、湛江市国兴水产科技有限公司等。

（3）虾苗标粗企业　购进小苗（P_5）标粗至体长 0.8cm 以上虾苗的企业，数量众多，都是规模较小的虾苗场。

3. 建立良种虾苗生产体系　为了保护、保存、开发利用现有的水产种质资源，对现有养殖品种进行提纯复壮，引进和选育优良新品种，加大良种的推广力度，农业部于 1998 年开始实施水产良种工程建设，其主要内容有：建设水产遗传育种中心、水产原良种场、水产引种保种中心、水产种苗繁育场、水产种质检测中心等（图 1-12）。

经过多年的建设，凡纳滨对虾已建立良种虾苗生产体系，包括凡纳滨对虾遗传育种中心 3 家；国家级对虾良种场 4 家；省级对虾良种场 30 家、繁育场多家。这样完善的良种种苗生产体系保证了养殖户的良种虾苗供应。

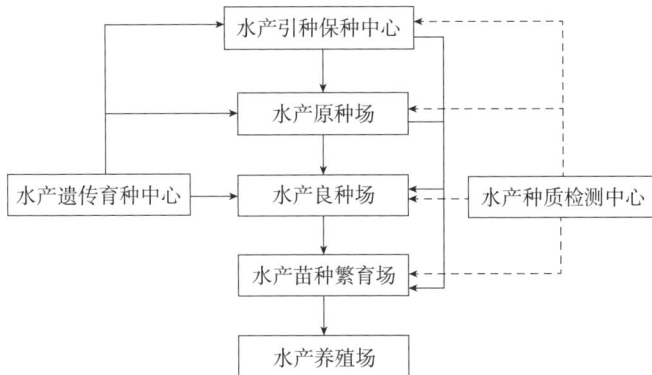

注：实线部分为原良种工程体系流程，虚线部分为水产品质量检测流程

图 1-12　良种虾苗生产体系

4. 涌现出一批"育繁推一体化"企业 水产种业企业通过产学研紧密合作，发挥合作单位各自的优势，开展种业实用技术研究，重点开展面向产业需求的商业化育种，加快种业创新和成果转化，由单一的育种技术拓展到育种设施、种苗培育、良法服务等多元化领域。企业建立科研队伍，加大科研投入，创新育种理念和研发模式，既能开展品种选育，又有繁殖、推广育种成果的能力，形成配套完善的生产体系，向"育繁推一体化"方向发展，涌现出一批具备育种能力强、市场营销网络健全、技术服务到位、经营规模较大的集水产良种选育、繁殖和推广为一体的"育繁推一体化"现代水产种业企业，农业农村部渔业渔政管理局2021年评选出水产种业"育繁推一体化"优势企业20家，其中对虾企业5个，包括广东海兴农集团有限公司、广东恒兴饲料实业股份有限公司、渤海水产股份有限公司、广东金阳生物技术有限公司、河北鑫海水产生物技术有限公司。

（二）虾苗生产

1. 虾苗产量 随着对虾养殖规模的扩大，种苗培育成为对虾产业链上举足轻重的环节。凡纳滨对虾虾苗产量呈现逐年上升趋势，但在2013年、2014年虾苗产量分别减少11.7%、13.8%，国内凡纳滨对虾育苗量从近7 000亿尾降至2014年的5 290亿尾。随后在2015年出现反弹性暴增，增速高达50%，逼近8 000亿尾大关。从2016年开始，我国凡纳滨虾苗连续跨越8 000亿、9 000亿和万亿尾台阶。特别以2019年增长幅度较大。2019年我国凡纳滨对虾虾苗产量为15 070亿尾，同比增长47.39%（表1-7，图1-13）。

2. 育苗主产区 各省份育苗量，广东省历年稳坐全国首位，第二名为福建省，第三名为山东省，第四名为海南省，4个省的育苗总量占全国虾苗总量的76.1%～99.7%。广西、河北、江苏、天津、辽宁、上海、浙江等省份育苗量基本上是标粗苗。

广东省的湛江市、海南省的文昌市和琼海市、福建省的厦门市和漳州市漳浦县、山东省的东营市是凡纳滨对虾虾苗主产区。

表1-7 凡纳滨对虾虾苗产量统计（亿尾）

项目	2015年	2016年	2017年	2018年	2019年	2020年
全国	7 945.43	8 028.43	9 551.81	10 224.98	15 070.33	15 614.65
广东	3 000.00	4 000.00	3 200.00	4 497.00	4 321.00	4 484.00
福建	2 845.80	2 819.46	2 030.94	2 511.9	4 431.27	4 269.01
山东	421.00	550.00	1 258.00	1 215.0	3 368.00	4 035.00
海南	591.62	631.10	776.85	1 505.10	1 909.30	1 917.48
其他地区	1 087.01	27.87	2 286.02	495.98	1 040.76	909.16

数据来源：中国渔业统计年鉴。

3. 凡纳滨对虾种虾的来源

（1）从国外进口种虾 在我国，种虾引进需要经过农业农村部批准，具体由种苗生产企业或选育单位向农业农村部申请办理种虾进口审批手续，审批通过后直接或由代理公司向国

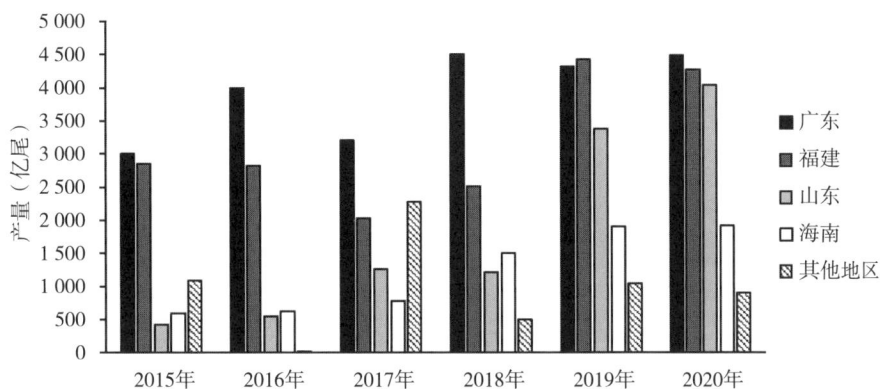

图 1-13 凡纳滨对虾虾苗产量

外种虾供应商购买种虾。据不完全统计,全国凡纳滨对虾进口数量一直呈增长趋势,审批数量从 2009 年开始急剧上升,到 2016 年高达 32.5 万对,进口种虾的主要省份是广东、海南和福建(表 1-8)。从 2017 年开始,由于进口种虾的质量问题,进口数量逐年下降。

表 1-8 三省进口种虾汇总表

项目	2012 年	2013 年	2014 年	2015 年	2016 年
广东	96 814	142 309	156 075	155 674	151 914
海南	34 235	68 547	78 134	142 150	135 992
福建	11 000	14 000	17 500	21 000	24 000
合计	142 049	224 856	251 709	318 824	311 906

由于进口亲虾繁育的第一代虾苗生长快、养殖周期短、产量高、养殖效果好,给养虾户带来丰厚的经济效益,深受养虾户青睐,因此进口种虾数量逐年增长。湛江市对虾种苗协会不完全的数量统计显示,湛江市 2006 年进口亲虾 1.10 万对、2008 年 2.10 万对、2010 年 5.78 万对,2013 年猛增到 13.30 万对,增幅 130.1%,2014—2016 年连续 3 年进口数量在 14 万对左右。近几年来由于各种因素的影响,例如气候多变、养殖大环境恶化、种虾种质不稳定、虾苗质量参差不齐等,进口种虾繁育的一代苗长速减慢、病害频发、死亡率提高,给养虾户带来巨大的经济损失,造成大批虾塘闲置。2017 年国外种虾的进口数量大幅度下降,进口总量下降到 6.35 万对,跌幅 120.5%,2018 年下降到 4.96 万对,近两年下降到 6 万对左右(图 1-14)。

分析进入国内种虾市场的国外公司情况可知,有近 20 家国外公司的种虾在中国进行销售,销售的种虾性状表现不能完全适应养殖环境的变化,因为①养殖大环境的变化对种虾的养殖表现的作用力远远大于选育过程中的遗传力,导致种虾的性状大多数时候表现出无法适应。②养殖环境的突发改变,细菌病、病毒病暴发,或水质指标突变等情况会导致种虾的特有性状表现难有规律可循。目前一些国外种虾公司正在调整种虾的选育方向,因为以往种虾选育的方向是偏向追求快速生长,但从遗传角度分析,满足快速生长的对虾,抗逆性差、抗病力下降,无法应对当前环境恶化和病害的侵袭,现在调整的选育目标主要是"高抗品系",

湛江进口亲虾总量（对）

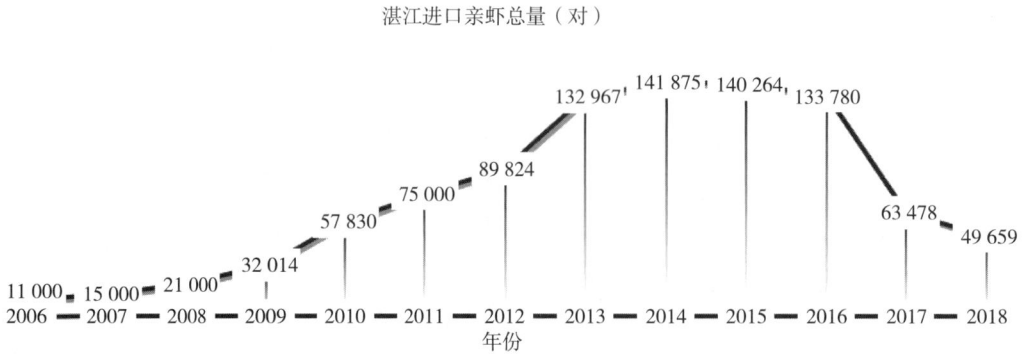

图1-14 湛江市进口种虾数量（湛江市对虾种苗协会提供）

选育的种虾能适应各种养殖环境，同时兼顾生长速度。

（2）我国自主选育的凡纳滨对虾新品种 为了打破进口种虾的垄断，国内一些科研院所清醒地认识到，凡纳滨对虾养殖产业能够持续发展，必须要选育出有自主知识产权的良种，因此各大科研院所开始开展凡纳滨对虾良种选育的研究工作。一些科研院所与生产单位结合，在广泛收集不同地区养殖群体的基础上，采用最佳线性无偏预测方法（Best Linear Unbiased Prediction，BLUP法），应用多性状复合育种技术、分子标记辅助育种技术、家系选育技术和杂交育种技术相结合的育种方法，已选出几个凡纳滨对虾新品种。2000年中国科学院南海海洋研究所与企业合作开始选育"中科1号"；2002年中山大学与企业合作开始选育"中兴1号"；2003年中国科学院海洋研究所与企业合作开始选育"科海1号"，2010年被农业部通过审定为水产新品种。近几年又增加"桂海1号""壬海1号""广泰1号""海兴农2号""兴海1号""正金阳1号""海兴农3号""海茂1号""渤海1号"等9个凡纳滨对虾新品种。目前通过农业农村部审定的总共有12个凡纳滨对虾新品种，我国自主选育的凡纳滨对虾新品种已在种虾市场占有一席之地。通过育种技术创新，不断提高新品种质量，根据不同养殖模式培育不同品系的种虾，相信不远的将来，我国自主选育的凡纳滨对虾新品种将全面占领我国种虾市场。

4. 凡纳滨对虾种业未来趋势分析

（1）选育出不同品系多样化的新品种 随着选择育种技术的进步，以及遗传育种体系的建立，越来越多抗逆能力强、能适应不同养殖模式的对虾新品种将被选育出来。①涌现出适应多种养殖模式的不同品系种虾，例如从养殖密度来考虑，对于高密度养殖要求的种虾，第一要素是养殖速度，对抗逆性的需求不高，低密度养殖则是要求养殖的稳定性，即抗逆性一定要强的种虾，对种虾的生长速度则没有过高要求；②在实现SPF种虾的选育前提下，加强对虾的抗应激能力的选育，以增强凡纳滨对虾对环境变化及对病害的抗逆性。

（2）对虾种业的产业化协同及合作越来越紧密 集水产良种选育、繁殖和推广于一体的"育繁推一体化"现代水产种业企业内部会形成从选育、扩繁、养成再到餐桌等一体化的产业链条发展。从事对虾产业链条中的各个专业化企业，包括种虾公司、育苗企业、养殖单位、加工或贸易企业等之间的专业化合作、协同会更加深入。

凡纳滨对虾种业的集中度提高促使育种单位的竞合程度加剧，产业内部的优胜劣汰加剧，技术力量薄弱、规模小、种虾质量差的企业将被淘汰。

三、我国凡纳滨对虾产业发展前景展望

凡纳滨对虾是一种高蛋白、高矿物质、高不饱和脂肪酸、营养均衡的优质蛋白质源，作为食品有助于改善营养不良、促进人体健康。虾蟹产业技术体系产业经济团队2019年以在线问卷方式开展了对虾消费情况的调查研究，调查分析表明，与其他甲壳类水产品消费相比，75％的消费者选择对虾消费。消费者表现出明显的对虾消费偏好。经过多年发展，我国对虾产业逐渐走向理性，对虾消费不断扩大，市场前景向好。凡纳滨对虾产业可安置大量劳动力，缓解就业市场压力，已经成为农村振兴、农民增收、农业增效的有效途径之一。虽然当前我国对虾产业仍存在着一些问题，但经过多方共同努力，对虾产业继续向良好、有序、健康的方向发展。

（一）生产力的发展促使对虾产业的产业结构和经营方式进一步转变

1. 产业结构趋于合理 由于对虾养殖业的快速发展，以养殖生产为中心环节的技术突破，促进了对虾种苗业、饲料加工业、对虾流通业、对虾加工业等行业的相互发展，形成了各自的企业群体。为了分散产业的风险，合理分配产业利益，对虾养殖业实行了产业的分工和合作，这使整个对虾产业结构发生了明显变化。以提高对虾产品附加值为目标的加工业快速发展，逐步起到主导对虾养殖生产的作用；以服务对虾养殖业的流通贸易和其他服务业在产业结构中占比越来越大，一、二、三产业比例趋于合理。产前、产中、产后相互配套，相互支持，相互依赖，缺一不可，形成了产业一体化，延长了产业链条，提高了产业经济效益。

2. 联合经营和行业协调管理 对虾养殖产业结构发生了变化，要求经营方式和管理模式也要发生变化。单一经营被联合经营所代替，一些虾苗培育场和养殖场挂钩，保证提供优良种苗，实行跟踪服务；一些饲料厂和养虾场联合，提供指定虾苗场的虾苗，并负责种苗检验，保证供应优质配合饲料，定期监测养虾场水质和病害；一些对虾加工厂，建立自有的对虾养殖场、育苗场或合作场，实行统一管理，分级经营，对提供对虾产品的养殖场实行"一对一"管理。由于多方式、多层次的联合，各联合体、各环节优势互补，利益共享，风险共担。对虾产业结构的变化也促进了行业协调管理，从过去主要抓养殖环节转变为抓种苗、抓流通、抓加工等环节的管理，从过去单纯抓生产产量转变为主要抓生产质量，从过去主要抓日常管理转变为抓规范性管理和标准化管理，从过去主要是政府对行业管理向主要由行业联合组织进行管理转变，行业进行自我约束，维护自身权益。

（二）培育龙头企业，切实发挥龙头企业带动产业效应

目前我国对虾养殖户分散，行业组织化程度低，大规模养殖企业较少，大量的养殖散户缺乏整合协作。在大多数地区，对虾养殖并没有普遍形成效果良好的合作社，多数养殖户只重视提高产量，缺乏品牌意识、质量意识。龙头企业在资金、技术、人才等方面具有优势，能够带动对虾产业生产规范化、质量管理科学化，改变传统的单家独户经营方式，提高整个产业链的质量和利益。政府通过政策的支持、引导和服务作用，培育涵盖对虾种苗、养殖到加工贸易各个产业环节的大型龙头企业，推行龙头企业＋基地＋农户的产业化经营模式，建立整合对虾养殖散户的合作机制，提高龙头企业带动农户的能力，鼓励龙头企业积极开展定

向为对虾养殖合作社和广大虾农提供优质对虾种苗、技术指导、质量管理、病害防治、购销信息等多方面的服务，促进生产标准化、产品品牌化、经营产业化和服务社会化。

（三）推进健康养殖模式，保障对虾质量安全

1. 提升对虾健康养殖技术 随着人们生活水平的不断提高，世界各国对食品的安全性越来越重视，我国政府也不断加强对食品安全的管理。为了提高对虾的质量安全，必须改造传统养殖模式，以健康养殖新理念，提升对虾养殖的新技术、新方法。健康养殖技术的研究与推广是当前世界范围内的一个新课题，它包括不同养殖方式的环境影响评价、养殖系统内部微生物生态学、生态环境基础理论、水质调控技术、病害生物防治技术以及水产优质饲料开发等研究领域。通过推进水产健康养殖行动，建设对虾健康养殖示范区，建设标准化养殖池塘，改造分散小面积的虾塘，实行养殖园区管理，园区里将虾塘格子化处理，通路、通电、通水，有条件的集中统一供应养殖用水，集中统一处理养殖尾水，并建立疫病防疫体系；根据不同养殖模式，控制合理投苗量，选择投放优质种苗，投放前种苗应进行病原检疫；养殖用水经过蓄水、过滤、消毒后进入养殖池塘；使用优质饲料；制订健康养殖技术操作规程，严格操作程序，提高健康养殖技术水平。

2. 健全产品质量安全体系，推进产品安全管理 随着人们生活水平的提高和消费观念的改变，健康、绿色、无污染的安全食品成为未来的发展方向，政府逐步建立统一的对虾产品标准体系，从根本上监督和保证产品的质量。一是要积极推行认证制度，加强无公害水产品产地认定、产品认证和标识管理工作，积极推行良好操作规范（GMP）、良好养殖规范（GAP）、HACCP体系认证，形成水产品产前、产中、产后的质量认证网络，提高对虾产品在国际市场上的竞争力。二是要建立监测制度，严格控制药物和添加剂等投入品的使用，将对虾产品生产、加工、流通等环节全部纳入质量监控之下，并加大检验检疫执法力度，坚决杜绝质量不合格的对虾产品流入市场。三是实行数字化、电子化质量安全管理，建立企业对虾养殖质量安全管理系统和适用于政府、消费者查询的质量安全信息追溯系统，保证对虾产品的质量安全。

（四）先进科学技术的交叉应用和发展，促进对虾养殖技术的提高

当今科学技术日新月异，新的生物技术、信息技术等在对虾养殖中的交叉应用和发展，必将提高对虾养殖技术含量，促进对虾养殖技术更快发展。围绕对虾的主要疾病，如病毒病、细菌性疾病、真菌性疾病、原虫性疾病，通过对病原生物学、病毒生态学、病原检测、综合防治等方面的深入研究，研究出新型的虾病防治药物、各种虾病的快速检测手段、更加严格的切断病原传染途径的措施，可有效控制病害的发生。随着防疫技术的突破，疫苗的推广也指日可待。行业标准的制订和实行，对虾作为商品将具有产品条码和标签条码，实现从种苗到餐桌的全过程电子化质量安全管理。自动化、信息化技术将为对虾养殖技术带来根本性的革命，采用机、电、化工、仪表、自动化、电脑、生物工程等现代技术装备来武装对虾养殖业，对养虾的主要环境因素及生产操作，如水温、水质、光照、投饲、消毒、杀菌、吸污、分选、起捕、养殖尾水处理及应急发电等进行自动化控制，并优化养殖环境，使对虾在最佳理化环境中生长。此养殖模式下的对虾吃得少，长得快，病害少，肉质好，像工厂制造工业品一样，规格整齐，均衡上市。

随着国家在环境保护上的持续加强，设施化、工厂化、智能化水产养殖将成为发展

趋势。

（五）加快对虾新品种种业体系建设

对虾良种的多样化和优质化是带动对虾产业结构优质化升级的关键。虽然我国已自主培育出 12 个凡纳滨对虾新品种，但仍然无法满足我国多样化养殖环境和养殖模式的需求，所以要加快对虾新品种繁育体系建设。

1. 联合育种、建立种质资源库　当前国内对虾育种企业分散，育种力量单薄，难以满足产业发展的需求，对虾种业做大做强是当务之急。要将我国自主种业做大做强，这就需要联合育种力量，必须走规模化、产业化的发展道路，强化产学研紧密结合，以重点企业为龙头，搭建联合育种平台，构建以产业为主导、企业为主体的产学研相结合、"育繁推一体化"的现代对虾种业体系。充分发挥种子企业在商业化育种、成果转化与应用等方面的主导作用。鼓励"育繁推一体化"种子企业整合对虾种业资源，通过政策引导带动企业和社会资金投入，推进"育繁推一体化"种子企业做大做强。通过新机制和新体系构建，做到结构优化、布局合理、质量提高、服务完善、实力增强、管理规范，促进对虾种业科研、生产、管理、经营等各环节的协调联动、有机结合、有序发展，建立适合我国国情的对虾种业产业化模式，从而全面提升我国对虾种业在国际上的竞争力。

"育"是"育、繁、推"体系的核心和基础，要想将对虾种业做强做大，就需要加强育种基础理论和关键育种技术的研究，完善亲虾扩繁的设施设备和相关的技术。在联合育种中增加"育种平台"和"种虾场"二个重要环节，有效扩大育种规模。通过"育种平台"向育种企业提供成熟的、标准化的育种技术服务和优良家系，提高育种技术含量并充实良种遗传基础，同时建立设备先进、技术成熟的"种虾场"，大幅提升育种效率水平。另外，建立活体种质库也尤为重要，因为不同的凡纳滨对虾种质资源是在不同生态条件下经过长期的自然演变形成的，蕴藏着各种潜在的可利用优良基因，将不同来源的凡纳滨对虾种质资源收集起来作为战略资源加以保护，随着储存数量、种类多样性的增加，丰富的种质资源将为我国凡纳滨对虾育种和生产奠定坚实的基础。

2. 建立商业化育种新机制　从国家水产种业体系来说，应当向"育繁推一体化"方向发展，即将良种的研发、扩繁和推广形成科学、完整的体系，加强遗传育种中心、国家级和省级良种场建设，完善水产良种体系，提升良种保种供种能力。

从种业企业来说，也应当向"育繁推一体化"方向发展，形成完整的生产体系，提高核心竞争力和市场占有率。将企业作为种业的主体不仅是种业发展的内在要求，也是发达国家种业发展的成功经验。充分发挥企业在商业化育种、成果转化与应用等方面的主导作用，对具有育种能力、市场占有率较高、经营规模较大、已有"育繁推一体化"规模的种业企业予以重点支持，增强其创新能力。

第二章 <<<

凡纳滨对虾生物学基础

凡纳滨对虾（*Litopenaeus vannamei*）在分类学上隶属于节肢动物门（Arthropoda）、甲壳纲（Crustacea）、十足目（Decapoda）、游泳亚目（Natantia）、对虾科（Penaeidae）、滨对虾属（*Litopenaeus*），俗称南美白对虾。凡纳滨对虾原产于太平洋西海岸至墨西哥湾中部，主要分布在秘鲁北部至墨西哥湾沿岸，自然栖息水深不超过 72m，是一种热带型底栖种类。自然海域分布的凡纳滨对虾体重可超过 100g，是北美洲和南美洲很重要的养殖品种。凡纳滨对虾具有生命力强、适应范围广、抗病力强、生长速度快、对饲料蛋白含量要求低、出肉率高、离水存活时间长等优点，是集约化高产养殖的优良品种，是当今世界公认的三大优良高产对虾养殖品种之一。

凡纳滨对虾能在水温为 9～40℃的水域中存活，生长水温为 15～38℃，最适生长温度为 22～35℃，对高温忍受极限可达 43.5℃（渐变幅度），对低温适应能力较差，18℃时便停止摄食，9℃时开始出现死亡；为广盐性虾类，其盐度适应范围 0.5～45，最适盐度范围为 10～25，低盐度驯化后可在 1～2 盐度中生活，也可以在淡水池塘中养殖；对 pH 的适应范围为 7.3～8.6，最适 pH 为 7.7～8.3，如超出此范围，则影响其生长；具有抗低氧能力，可忍耐的最低溶解氧为 1.2mg/L，在养殖过程中通常要求水体溶解氧高于 4.0mg/L；氨态氮要求在 0.4mg/L 以下。

第一节　外部形态和内部构造

一、外部形态

凡纳滨对虾体型为梭形，修长，腹部发达。体色为淡青蓝色，甲壳较薄，全身不具斑纹。躯体分为头胸部及腹部两部分，头胸甲较短，与腹部的比例为 1∶3，其外形见图 2-1。头胸部由头部六个体节及胸部八个体节愈合而成，外被一完整大型甲壳，称头胸甲。头胸甲前端中央突出前伸，形成额角，额角尖端的长度不超出第一触角柄的第二节，其上、下缘常具齿，齿式为 5～9/2～4。头胸甲表面具若干锐利突起的刺，隆起的脊以及凹陷的沟等结构，为重要的分类特征。头胸甲以其内部脏器的位置等划分为若干个区，并以此命名位于其上的刺、脊、沟等。凡纳滨对虾具肝刺及触角刺，不具颊刺及鳃甲刺；侧沟短，到胃上刺下方即消失；肝脊明显。头胸甲的分区见图 2-2。腹部由七节体节组成，各节甲壳相互分离而由薄膜的关节膜相连，可以自由伸屈。腹部体节由前而后依次变小，最末一节为尖锐三角形，称为尾节，尾节腹面基部为肛门开口处。除尾节外，每一节具一对双肢型游泳足，第六对腹肢向后延伸，与尾节共同组成尾扇，司游泳及弹跳功能。

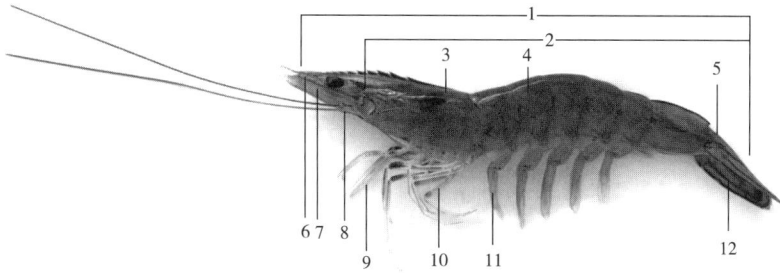

图 2-1　凡纳滨对虾外部形态

1. 全长　2. 体长　3. 头胸部　4. 腹部　5. 尾节　6. 第一触角　7. 第二触角　8. 第三颚足
9. 第三步足（螯状）　10. 第五步足（爪状）　11. 游泳足　12. 尾节

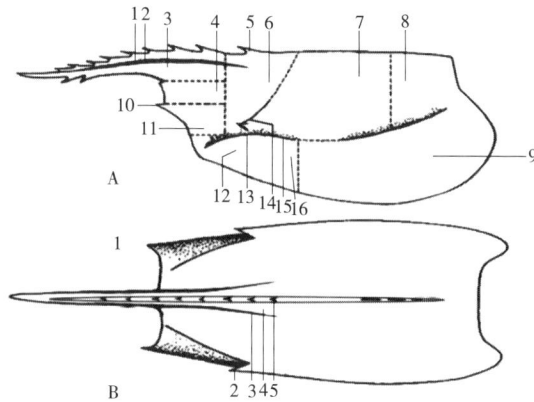

图 2-2　凡纳滨对虾的头胸甲

A 侧面观：1. 额角侧脊　2. 额角侧沟　3. 额区　4. 眼区　5. 胃上刺　6. 胃区　7. 肝区　8. 心区
9. 鳃区　10. 触角刺　11. 触角区　12. 颊区　13. 肝刺　14. 颈脊　15. 肝沟　16. 肝脊；
B 背面观：1. 触角刺　2. 肝刺　3. 胃上刺　4. 额角侧脊　5. 额角侧沟

（一）头胸部

除头部第一节具 1 对大的具柄复眼及末端尾节无附肢外，每节具 1 对附肢，并由所司功能各异而特化。头部 5 对，依次为第一触角 1 对，第二触角 1 对，大颚 1 对，小颚 2 对；胸部的 8 对附肢，依次为颚足 3 对，步足 5 对。头胸部腹面前端有口，周围有大颚、小颚及颚足形成的口器包围。后侧缘与体壁之间有鳃腔，内有司呼吸功能的各类鳃，雌虾在头胸部腹面后部有纳精囊结构。

复眼及各节的附肢结构及功能详述如下：

复眼：复眼圆，半球形，具眼柄，由数个小眼组成，位于第一触角上的眼窝中，活动时离开眼窝，可向上、下及两侧转动，单眼水平视野 200°。

第一触角：由柄部及两条触角鞭组成。柄部三节，其第一节背部凹下形成眼窝，内侧邻近内侧附肢，可用于清除眼球表面污物，在第一节基部具一平衡囊。触角鞭位于柄部第三节末端，外侧者较长称之为外鞭或上鞭，内侧者较短称之为内鞭或下鞭。触角鞭被认为是嗅觉器官及触觉感受器官。平衡囊内有砂粒等用以司体位及姿态平衡等功能。

第二触角：基肢两节，第一节不明显，称为柄腕，第二节极粗大，其上生有由外肢形成的宽叶片状第二触角鳞片。鳞片内部有内肢，基部三节为柄部，端部为细长多节的触角鞭，通常大于体长。鳞片可向侧方转动，在游泳时起平衡作用，亦是构成呼吸器官的组成部分。第二触角鞭是检测振动的特化器官，司体前、背面及后侧方向的机械感觉功能。

大颚：由门齿突、臼齿突及触须组成。门齿突扁平，边缘具小齿，可切断及扯碎食物。臼齿突圆而厚，表面有突起，可以磨碎食物。触须位于齿突侧面，为两节宽大叶片状结构。大颚与其后的其他头胸部附肢及前几对胸节附肢共同组成的口器，用以咀嚼、磨碎食物。

第一小颚：由平面弯曲的薄片组成。内侧两片为原肢基板，边缘具浓密刺状刚毛，外侧一片为内肢，由两到三节组成。第二小颚紧贴于大颚下方，为口器的组成部分，辅助咀嚼和进食活动。

第二小颚：二大片原肢节，各分为两小片。内肢细小，外肢发达呈叶片状，称为颚舟片。颚舟片位于鳃腔之中，其有节奏地鼓动，使水流在鳃腔中流过，以助呼吸。第二小颚亦是对虾口器的组成部分。

第一颚足：为胸部的第一对附肢，形状似第二小颚，基肢两节，内肢五节，细长外肢片状不分节。

第二颚足：基肢二节，内肢五节，末两节向基部折回，外肢长大，多节，周缘密生刚毛，活动时向头胸甲外伸出，第二颚足可开启和关闭口窝以协助进食。

第三颚足：形态与第二颚足相似，内肢五节，细长棒状，遍生密毛，末端两节有雌、雄差异。外肢发达，多节，活动时向头胸甲外侧伸出。第三颚足可协助抱持食物，以利进食。

第一至五步足：为第四至八对胸肢。内肢五节，发达，外肢退化。第一至三对步足的上肢十分发达，为螯状；第四、五对步足无上肢，呈爪状。螯状步足背节、掌节表面有感觉毛及成排小突起和具齿内垫，具有化感、清理及探查食物等功能。爪状步足主要为爬行器官，用于爬行和支持身体。各附肢形态见图 2-3。

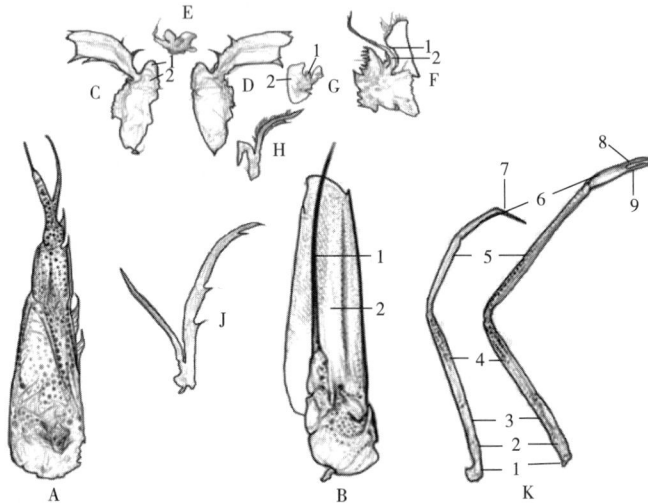

图 2-3　凡纳滨对虾的附肢

A 第一触角；B 第二触角：1. 触鞭　2. 鳞片；C 大颚内面：1. 门齿　2. 臼齿；D 大颚外面；E 第一小颚；F 第二小颚：1. 内肢　2. 外肢（颚舟片）；G 第一颚足：1. 肢鳃　2. 足鳃；H 第二颚足；J 第三颚足；K. 步足：1. 底节　2. 基节　3. 座节　4. 长节　5. 腕节　6. 掌节　7. 指节　8. 不动指　9. 可动指

（二）腹部

腹部附肢包括五对游泳足，一对尾肢。第一至五腹肢：腹肢基肢多为一节，其上有分节或不分节的内肢与不分节的外肢，内、外肢周缘具浓密刚毛。第一、二腹肢通常为雌雄异形，雌体第一腹肢内肢极小，雄体第一腹肢内肢变形成雄性交接器，用于在交配时传递精荚。雄性第二腹肢内侧具有小型附属肢体，称为雄性附肢。腹肢司游泳功能。

尾肢：为第六腹节的附肢。基肢一节，短粗，生有扁而宽大的内、外肢。外肢通常具有横缝或褶，可有一定程度的弯曲和折叠。尾肢与尾节一起构成尾扇。在游泳时可通过尾扇保持平衡，遇敌害时急速击水使身体向后弹跳。

二、内部构造

（一）体壁

对虾具一薄的体壁，由外骨骼和其下方的真皮层组成。体表具透明的淡青色硬质外壳，称甲壳，为"外骨骼"，其主要成分为几丁质、蛋白质复合物及钙盐等，具支撑体形及保护内部器官的功能。甲壳不仅分布在体表，某些部分突入体内形成所谓的"内骨骼"。在前肠、直肠及鳃腔的表面为内表皮构成。表皮层在虾类蜕皮时发生巨大变化，旧壳被吸收、蜕去，新壳形成并逐渐硬化构成新的甲壳。

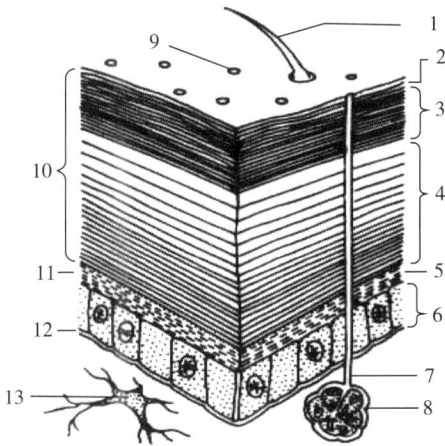

图 2-4　甲壳类表皮结构

1. 刚毛　2. 上表皮层　3. 外表皮层　4. 内表皮层　5. 膜层
6. 上皮细胞层　7. 壳腺导管　8. 壳腺　9. 色素细胞
10. 钙化层　11. 未钙化层　12. 底膜　13. 色素细胞
（仿 Lowery，1960）

体壁结构分为数层，甲壳之下为结缔组织形成的底膜，其上有柱状上皮细胞层，甲壳是由该上皮细胞层分泌而来。上皮细胞层之外为表皮层，又称角质层，可分为三层：最内为内表皮层，约占表皮厚度之半，为几丁质-蛋白质复合物，由纤维层形成，分为钙化层和非钙化的薄膜层；向外为外表皮层，略薄于内表皮层，钙化程度高；最外层为较薄的上表皮层，其最外面为一较厚的纤维层。底膜之下的结缔组织中有壳腺存在，通过壳腺管开口于上表皮层。表皮上生有各类感受刚毛，多为机械感受器，某些特定部位存在有化学感受器。表皮结构见图 2-4。

色素细胞存在于底膜之下的结缔组织中，呈星状，有放射状或枝状分支。色素细胞内含有色素颗粒，有单色素细胞（分别含有红、黑、褐、白、黄等色素颗粒）、双色素细胞（含有红、黄等色素颗粒）、三色素细胞（含有红、黄、蓝等色素颗粒）以及四色素细胞（含有红、黄、蓝、白等色素颗粒）。色素颗粒在色素细胞中的聚集、扩散及消长使动物的体色发生变化。色素颗粒的移动受中枢神经系统产生的激素所调控。

（二）肌肉系统

肌肉分为躯干肌及附肢肌，以及内部脏器中的肌肉，多为横纹肌，通过收缩与伸展控制虾类身体运动、附肢动作及内部脏器运动等。各部肌肉由一组或数组肌肉群共同组成，相互配合，完成一定的生理功能。各肌肉群内肌肉作用往往相互拮抗，完成不同的运动，如伸肌和屈肌、外展肌和内收肌等。分布于腹部的肌肉最为发达，用于腹部的弯曲活动。各部肌肉大都以分布的位置及具体功用来命名。

（三）消化系统

消化系统由口、食道、胃、肠、肛门以及一个大的消化腺组成。根据发生来源可分为外胚层发育而来的前肠、后肠以及中胚层发育而来的中肠。对虾消化系统组成见图2-5。

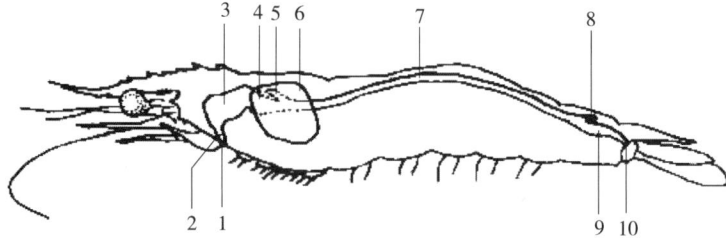

图2-5 消化系统组成

1.口 2.食道 3.贲门胃 4.幽门胃 5.中肠前盲囊 6.肝胰脏
7.中肠 8.中肠后盲囊 9.后肠 10.肛门

（王克行，1997）

1. 前肠（包括口、食道和胃）

（1）口 位于头胸部腹面，被上唇及由大颚、第一小颚、第二小颚和三对颚足组成的口器所包被。

（2）食道 口后即为一短而直的食道，食道内口开口于胃。食道壁较厚，由管腔向外依次为黏膜、黏膜下层、肌层和外膜。黏膜由单层柱状上皮细胞和基膜组成，向腔内形成许多皱褶，表面覆有几丁质层，分布有刚毛。黏膜下层主要是疏松结缔组织，其中有血管和食道腺分布。肌层为不同走向的横纹肌肌束，形成纵行肌和环肌层。外膜为薄层结缔组织。

（3）胃 分为前、后两腔，前腔称贲门胃，后腔称幽门胃。贲门胃壁由内向外包括几丁质层、黏膜、黏膜下层、肌层和外膜，黏膜由单层柱状上皮细胞组成，表面有几丁质形成的骨片、中央齿和侧齿组成的胃磨，用来磨碎食物；黏膜下层主要是疏松结缔组织，血窦丰富，结缔组织内有放射肌和沿身体纵向排列的纵肌束，环肌层不连续。幽门胃壁由几丁质层、黏膜、黏膜下层、肌层和外膜组成，黏膜下层主要是疏松结缔组织，内有纵肌束和大量管泡状胃腺，外有薄层环行肌，这些纵肌和环肌有节律地运动使食物与消化酶完全混合，并向肠道移动。幽门胃中有复杂的几丁质刚毛及骨片。用来过滤食物糜。

2. 中肠 为一长管状器官，从胃后消化腺开口处向腹部后端延伸直至第六腹节处与后肠相连；在与胃及后肠相连处分别有中肠前盲囊和中肠后盲囊存在，盲囊的功能不详，在虾类各类群中，盲囊的数量、位置及形态有变化。中肠壁由黏膜、黏膜下层、肌层和外膜组成，黏膜层由单层柱状细胞组成，分为分泌型细胞和吸收型细胞两类。中肠没有几丁质。黏膜下层结缔组织中有许多血隙和多细胞球状皮肤腺，分布有连续环肌及成束的纵肌以完成肠的蠕动功能。中肠壁向腔内突出形成发达的皱褶，每条皱褶的上皮又形成许多小皱褶，增大吸收营养物质的面积。

3. 后肠　结构似中肠，短而粗，内表面有几丁质表皮覆盖，黏膜下层结缔组织中有后肠腺，为分支管状腺，环肌及成束的纵肌发达，在肌肉的作用下推动肠道蠕动，使粪便进入直肠经肛门排出。肛门狭缝状，位于尾节腹面。

4. 肝胰腺　称为消化腺或中肠腺，为一对黄褐色复管状腺体，位于头胸部中央，心脏之前方，包被在中肠前端及幽门胃之外。由于肝脏和胰脏混合在一起，故称为肝胰腺。肝胰脏由中肠分化而来，由多级分支的囊状肝管组成，最终的分支称肝小管，各级肝管由结缔组织连接在一起，外包一层被膜，组成完整的肝胰腺，结缔组织中有血窦分布。肝小管具单层柱状上皮细胞构成的管壁，内为具有许多微绒毛状突起的腔室，肝管内腔汇集后开口于胃与中肠相连处。肝胰腺细胞可以分为下列 4 种类型：①分泌细胞（B 细胞），细胞柱状，具一大液泡和一些小液泡，液泡内含有少量细颗粒状物；②吸收细胞（R 细胞），细胞高柱状，具有颗粒状内含物的，在肝小管中数量最多；③纤维细胞（F 细胞），细胞长柱状，散布在B 细胞和 R 细胞之间，细胞质中含有许多酶原颗粒；④胚细胞（E 细胞），集中于肝小管末端，埋在其他三种细胞基部，被认为是未分化的细胞。

消化腺的主要功能为分泌消化酶和吸收、贮存营养物质。中肠亦有部分吸收功能，前肠和后肠无吸收功能。凡纳滨对虾摄取食物后，经大颚等口器进行初步咀嚼、撕碎后经食道进入胃中，在胃中被进一步磨碎，并与来自肝胰腺的消化分泌物混合、消化。混合食糜经幽门胃过滤后，颗粒小于 $1\mu m$ 的液体进入消化腺管中被进一步消化、吸收，部分较大的颗粒返回胃中重新消化，大部分未被消化的食物残渣进入中肠。在中肠前部分泌产生一层围食膜包被在残渣之外，将其向后输送。肠中残渣输送是由肠蠕动来完成的，肠道有规律地蠕动，残渣在围食膜中由前向后运动进入后肠，随肛门间歇性地开闭被排出体外。

消化道内存在各种活性酶，酸性磷酸酶（ACP）和碱性磷酸酶（AKP）在磷化物和其他一些营养物质的消化和吸收起着重要的作用。ACP 是溶酶体的指示酶，起着细胞消化的功能；AKP 与物质的跨膜运物有关，它的存在说明细胞具有吸收的功能；酯酶（EST）在消化脂肪类物质中起着重要的作用；醇脱氢酶（EC）的作用是水解卵磷脂，使其游离出脂肪酸。以上各种酶在所观察的各个时期幼体中的中肠和中肠腺中均呈现阳性，但前肠无酶活性显示，这说明前肠无消化作用，只起运输、研磨和搅拌食物的作用，消化作用发生在中肠和中肠腺。

（四）呼吸系统

对虾的呼吸器官是鳃，为枝状鳃，由其位置不同分为侧鳃、关节鳃、足鳃及肢鳃。侧鳃直接生在身体左右侧壁上，关节鳃生在胸肢基节与身体相连的关节膜上，而足鳃则生在颚足或步足的基节上，肢鳃着生于胸部附肢底节外面。虾类的鳃生在胸部两侧，各胸节鳃的数量与种类因种而异。表示各胸节上鳃的种类和数量的序式称为鳃式，是分类学上鉴别种类的重要依据。每个鳃由中央的鳃轴及两侧的鳃瓣、鳃丝组成。鳃轴中有入鳃血管和出鳃血管，由鳃轴向两侧发出鳃瓣。枝状鳃的鳃瓣具多分支的鳃丝，鳃丝的末端多有两叉形分支（图 2-6）。鳃十分宽广的表面积可用来进行气体交换，血液经入鳃血管进入鳃轴，再进入鳃瓣，然后在鳃瓣处鳃丝上进行气体交换，充氧的血液再经鳃轴内的出鳃血管流回心脏。

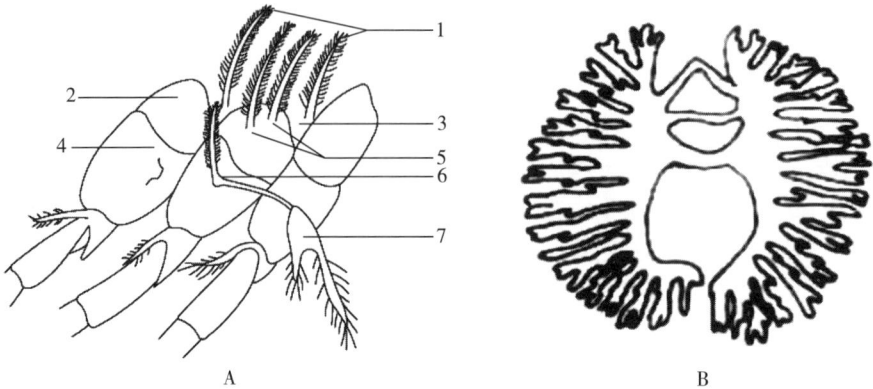

图2-6 呼吸器官

A1. 侧鳃 2. 关节膜 3. 体壁 4. 基节 5. 关节鳃 6. 足鳃 7. 肢鳃;B 枝状鳃横切面

（A. 刘瑞玉,1982;B. 堵南山,1993）

对虾头胸甲侧下缘游离,鳃腔内还有第二小颚外肢伸入,其在鳃腔内不断摆动使鳃腔中的水发生流动以利于呼吸。呼吸时水流流经鳃腔,在鳃上进行气体交换后流出鳃腔,鳃腔内的第二小颚颚舟片还可使水倒流冲刷鳃表面的污附物。潜底时以第一触角和第二触角、大颚须以及第一小颚外叶组成呼吸管,水流即从呼吸管进入鳃腔然后自鳃盖下缘流出。

（五）循环系统

循环系统属开管系统,即血液在流动中经开放的血窦完成循环。循环系统由心脏、动脉、血窦、血液等组成。循环系统见图2-7。

1. 心脏 心脏位于头胸部近后端消化腺的背后侧,呈多边形,外壁结实,致密,内具空腔;具多对心孔,心孔为血液进入心脏的通道,有瓣膜以防止血液倒流。心脏壁由心肌构成,外被结缔组织形成的心外膜。心脏外面有一大的空腔即围心腔,有韧带将心脏连接于围心脏壁。

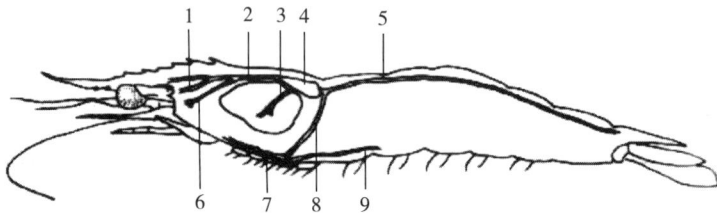

图2-7 循环系统

1. 眼动脉 2. 前侧动脉 3. 肝动脉 4. 心脏 5. 背腹动脉

6. 触角动脉 7. 胸下动脉 8. 脑动脉 9. 腹下动脉

（仿山东海洋学院,1961）

心脏的发生来源于中胚层细胞。凡纳滨对虾心脏发生过程未见报道,这里引用中国明对虾心脏发生过程。中国明对虾心脏的发生始于无节幼体第3期（N_3）,首先在头胸甲皱褶部位,腹侧部的中胚层细胞（细胞较小,细胞核多呈卵圆形）不断分裂增殖、向背部迁移、聚集在中肠背部两侧,此即心脏原基细胞。其中一部分中胚层细胞沿着中肠背部向背中线迁移而形成一中胚层板,该中胚层板两侧向背面上卷,至无节幼体第4期（N_4）,上卷的中胚层板两侧与背部体壁接触，形成最初的心脏。此时心脏的底壁和侧壁均由单层细胞组成，细胞呈梭形，细胞核较大，大多数呈椭圆形，顶壁尚没有形成，暂时由幼体的背部体壁替代。随着幼体的发育，心脏在形态和结构上发生了很大变化，心脏体积至无节幼体第 6 期（N_6）以后显著增大，组成心脏壁的细胞至溞状幼体第 1 期（Z_1）分化成单层的心肌细胞，此细胞呈细长梭形，核为圆形或卵圆形，同时心脏两侧壁细胞通过增殖继续向背中线延伸，于溞状幼体第 2 期（Z_2）合拢形成心脏顶壁，至此心脏具有完整的形态结构。心肌细胞在糠虾幼体期高度发达，不但在数量和体积方面显著增加，而且自糠虾幼体第 1 期（M_1）以后，心肌纤维沿背腹方向向心腔内延伸形成隔膜，将心腔分隔为多个部分，心壁的组成在仔虾时期发生了明显的变化，自仔虾第 1 期（P_1）起，心肌细胞外包有一层结缔组织细胞组成的心外膜（即心脏壁由心外膜和心肌细胞组成），且心外膜沿不同方向向外延伸形成悬韧带附着在围心腔壁上，随着仔虾的不断发育，心外膜的厚度逐渐增加，其组成细胞由单层变为数层。与成虾心脏相比较，发育至仔虾期的心脏，其基本结构已与成虾无明显差异，但心外膜、心肌的厚度和心肌的复杂程度尚需进一步发育。心孔最早出现在无节幼体第 5 期（N_5），是由心壁细胞直接向内凹陷而成，心孔处无心外膜包被。心瓣膜则是由心壁细胞向心腔内延伸分化而成。

2. 动脉　由心脏发出 7 条动脉分布全身各部分。①前大动脉 1 条，由心脏前端中央发出，供头胸甲前部各器官的血液，凡纳滨对虾前大动脉退化，为眼等器官提供营养，亦称之为眼动脉。②背腹动脉 1 条，自心脏后端中央发出，沿身体背侧向体后端延伸，沿途发出分枝分布于腹部肌肉、中肠、生殖腺及腹足等处。③胸动脉 1 条，自背腹动脉基部分出，自肠道旁侧垂直下行，穿过腹神经链上之神经孔至腹部腹面，而后分别向前后分支形成胸下动脉和腹下动脉，合称神经下动脉，前者分布于胸肢组织，后者向后延伸至腹部。④前侧动脉 1 对，由前大动脉两侧发出分布于头胸部前端组织、器官触角等附肢。⑤肝动脉 1 对，由心脏腹面发出，分布于肝胰脏和生殖腺等处。动脉自心脏发出后逐渐分支，最后开口于身体各部组织间隙。

3. 血窦围心腔　血窦是虾类的静脉系统，由组织来的血液在身体各部的血窦汇合然后输回心脏，参加再次循环。血窦主要有围心窦、胸血窦、背血窦、腹血窦以及组织间的小血窦。①围心窦又称围心腔，是由组成心脏原基的另一部分中胚层细胞，在中胚层板形成的同时，自中肠背部两侧向外迁移，最后与两侧体壁接触逐步形成，腔壁由薄层结缔组织和角质层组成，有肌肉分布，可以收缩以吸引血液流入，围心腔两侧有血道与鳃血管相通；②背血窦位于头部背面；③胸血窦位于胸部腹面；④腹血窦位于腹部背面和腹面；各血窦收集来自各组织、器官的静脉血后，除腹、背血窦部分外，汇入胸血窦进入鳃血管进行气体交换，再经出鳃血管进入围心窦。

4. 血液　血液由血细胞和血浆组成。血细胞体积占总血量的 1% 以下。血细胞为卵圆形或椭圆形，最早出现于无节幼体第 1 期（N_1），分散于身体各处中胚层细胞形成的腔隙中。由细胞质中是否含有颗粒或由颗粒的大小而可分为三类，即小颗粒细胞、大颗粒细胞及无颗粒细胞。小颗粒细胞细胞核清晰，略偏于一侧，细胞质中含有黑色小颗粒；大颗粒细胞细胞质中含有大量较大颗粒，折光性强，核较小，位于细胞中央；无颗粒细胞又称透明细胞，核大且占细胞体大部分，细胞质少，薄层状包被细胞核外周，无颗粒状物质。有学者认为小颗粒细胞为吞噬细胞，参与清理创伤及防御过程；大颗粒细胞参与凝血过程；无颗粒细胞可能为前两者的初始形态。

血浆为血液的主要部分，含有血蓝蛋白，为含铜的呼吸色素，非氧合状态下为白色或无色，氧合状态下呈蓝色，通常聚集为较大的分子。血液的主要成分有 Na^+、Cl^-、K^+、Ca^{2+}、Mg^{2+}、蛋白、游离氨基酸、低聚糖、葡萄糖、脂类等。

血液的生理功能主要为物质合成、贮藏及运输。血液成分、物质浓度及血量随蜕皮活动呈周期性变动，并参与渗透压及离子调节。在外界环境变化时以及病理状况下常会发生形态及功能上的变化，如在有细菌感染的情况下凝血时间将大大延迟。

虾类的造血组织为外被结缔组织的系列结节，位于前肠背方额角基部及消化腺前方腹部，由其产生血细胞和血蓝素细胞，后者生成血蓝素并将其释放入血浆中。其他血细胞也参与血蓝素合成过程。

（六）排泄系统

排泄器官为颚腺和触角腺。颚腺仅见于幼体，成体为触角腺。触角腺由中胚层发育而来，位于第二触角基部。触角腺分为腺质部与膜质部两部分，腺质部包括一致密的腺体及通向膀胱的排泄管，膜质部为一膨大的膀胱，有尿道开口于第二触角基部的乳突上。触角腺腺体囊状，排泄管连接腺体与膀胱。膀胱为一薄壁囊状器官。虾类的触角腺见图 2-8。

凡纳滨对虾为排氨型代谢动物，蛋白质代谢的最终排泄氮大部分以氨的形式，通过鳃以气体交换的形式排出体外。触角腺的主要功能是渗透压调节及离子平衡。此外，后肠也能排泄一部分氮废物。排泄的尿除水分外，主要是氨盐，同时也含有少量的尿素与尿酸。

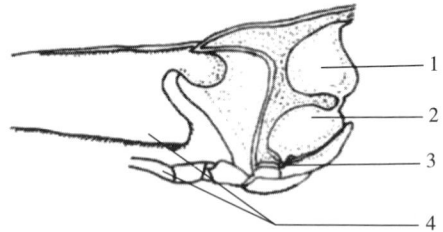

图 2-8　触角腺
1. 绿腺　2. 膀胱　3. 排泄孔　4. 第二触角
（仿山东海洋学院，1961）

（七）生殖系统

雌、雄异体，生殖器官差异显著。

1. 雄性生殖系统　由精巢、输精管及精荚囊等组成。

精巢成对，位于消化腺背方，心脏之前下方。虾类的精巢多分有精巢叶，左右精巢在第二叶基部愈合，各精巢叶有细管汇合于输精管基部，然后扩张形成粗大的输精管。

输精管自精巢发出，有两次弯曲，分为三段，自中段后变细形成输精管，在其端部有一扩大的精荚囊（也称贮精囊），生殖孔开口于第五步足基部。

精荚囊内有精荚，为包被精子的豆荚状鞘，其结构由瓣状体和豆状体组成，瓣状体在交配后留在虾体外，为交配标志，称为交配栓。雄虾交配后，在 5~10d 内可重新产生新的精荚。其结构见图 2-9A。

交接器由雄虾第一对腹肢的左右内肢联合特化为半管状结构，在交配时将精荚送到雌虾的纳精囊中，见图 2-10。

2. 雌性生殖系统　由卵巢、输卵管及交接器组成。

卵巢多叶，位于消化腺背方。前叶 1 对向头胸部前方腹面伸展，然后向上方折曲；侧叶

6对包被肝胰腺并向腹面延伸，最末一侧叶充分延展时后达头胸甲后侧缘处；后叶长，向后延伸直至尾节前方，在腹部逐节变细，成熟时在各节内膨大并向腹面方向垂下。卵巢壁由致密的结缔组织膜构成，内为生殖上皮，被结缔组织分为许多卵囊。卵巢外没有明显的肌纤维，在卵巢成熟过程中，整个卵巢的体积扩张，卵子在卵囊壁上发育、成熟。输卵管细管状，自第五侧叶处向腹面延伸，开口于第三步足基部的生殖孔。雌性生殖系统见图2-9B。

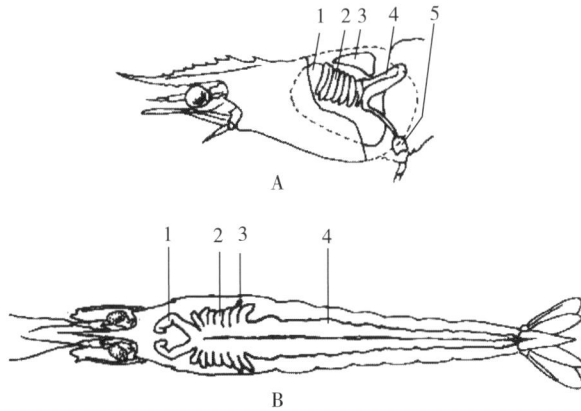

图2-9　生殖系统

A雄性生殖系统：1. 肝胰腺　2. 精巢　3. 心脏　4 输精管　5. 精荚囊；
B雌性生殖系统：1. 卵巢前叶　2 卵巢侧叶　3. 输卵管　4. 卵巢后叶

（王克行，1997）

交接器位于胸部腹面第四、五对步足之间，为接受和贮存精荚的地方，根据贮存精荚方式的不同，分为闭合式和开放式两种。①闭合式交接器，呈一个袋状，又称为纳精囊，交配时雄虾将精荚送到雌虾的纳精囊内，精荚在纳精囊内可保存较长时间，直到蜕皮时把它蜕掉。②开放式交接器，由骨片、刚毛以及表皮的衍生物共同组成的黏附精荚的结构，位于成熟个体第四五对步足间的外骨骼，其结构见图2-10。当交配时，雄虾把精荚黏附其上，通过骨片和刚毛从及精荚本身的黏液把精荚固定，精荚露在体外，与水直接接触，产卵后，精荚即脱落。凡纳滨对虾交接器属开放式类型。

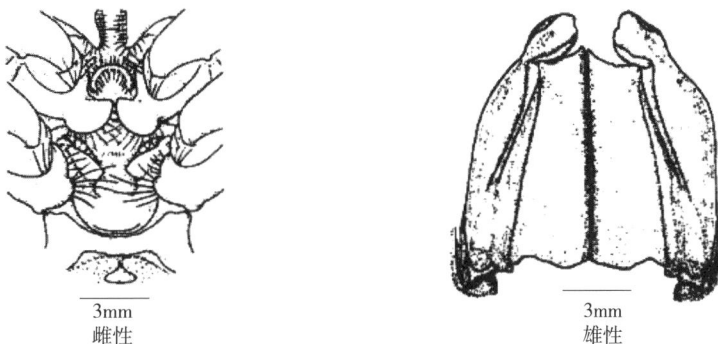

3mm
雌性

3mm
雄性

图2-10　凡纳滨对虾雌雄交接器

(八) 神经系统和感觉器官

1. 神经系统 对虾的神经系统是链状神经系统，各体节神经节多有合并现象。

中枢神经系统由脑及腹神经索组成。脑由前脑、中脑和后脑三部分组成，由头部前三对神经节愈合而成。前脑为嗅觉中心、视觉中心，由此发出视神经、触角神经及头部皮肤神经。由后脑向后发出一对粗大神经形成围咽神经环，在食道后下方与咽下神经节相连。在围咽神经环上有食道侧神经节，发出胃神经。两食道侧神经节之间有横联神经形成食道后神经联合，并由其发出1对神经分泌器官——后接索器，见图2-11。

咽下神经节由头部后3对神经节及胸部前2对神经节愈合而成，由围咽神经环与脑相接。咽下神经节发出大颚、小颚神经及前2对颚足神经，向后发出腹神经索。

腹神经索由体左右两支合并而成，外被结缔组织。在胸部有5个神经节，最后1个是由第七、八胸节神经节合并而成，依次发出第三颚足、第一至三对步足及第四、五对步足神经。在第四、五胸神经节之间有一孔道，为胸动脉孔，有胸动脉穿过。腹神经索由胸部后延，变细进入腹部，在腹部各节各形成一神经节，并由此发出游泳足神经。最末一神经节发达，由此发出多对神经于尾部肌肉及尾节内。

交感神经系统在胸部，由围咽神经环上的食道侧神经节发出多对神经，控制胃、肝胰腺及相关肌肉组织的食物输送及消化、吸收过程。心脏背面的心神经由围咽神经节及其后的神经节发出，控制心脏搏动。腹部的交感神经多由腹部最后一神经节发出，分布于中肠、直肠及肛门控制肠道活动。

2. 感觉器官 主要有化学感受器、触觉器及感光器等。

（1）化学感受器 一般认为第一触角鞭为特化嗅觉器官，此外口器与螯足上也分布有化学受体，可感受嗅觉和味觉。嗅觉器官有复杂的中枢神经联系，可感受到较低浓度的刺激物，而味觉器官的神经联系较简单，需要较高浓度的刺激物。化学感受器由化学感受刚毛组成，化学感受刚毛长圆锥状，基部膨大，第一触角神经支配的感觉神经元细胞在其下聚集排列。

（2）触觉感受器 主要有分布于体表的各种刚毛、绒毛结构以及平衡囊。各类司触觉的刚毛、绒毛又称感觉毛、触毛，一般遍布全身甲壳表面，其分布方式因种类不同而异。通常在附肢上存在有多种感觉毛以感知外界。第二触角鞭被认为是检测振动的特化器官，触角鞭上各节均具刚毛，对虾在活动时两触角鞭向左右及背侧方向弯曲，平行伸向躯体后方，用以

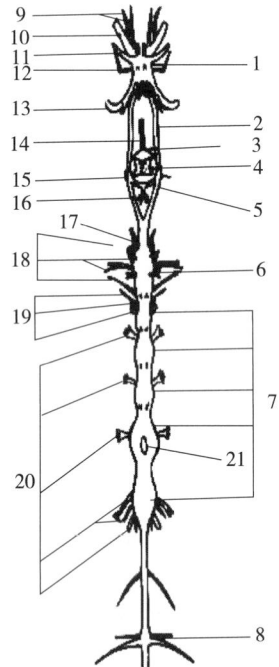

图 2-11 神经系统

1. 脑 2. 围咽神经环 3. 胃神经 4. 食道
5. 后脑神经索 6. 咽下神经节 7. 第三至八胸神经节 8. 腹部第一神经节 9. 第一触角神经
10. 平衡囊神经 11. 眼神经 12. 动眼神经
13. 第二触角神经 14. 返回神经 15. 上唇神经 16. 后接索器 17. 间颚神经 18. 大、小颚神经 19. 第一至第三颚足神经 20. 第一至第五步足神经 21. 胸动脉孔
（仿 Young）

感知来自周围的振动。平衡囊为特化的触觉器，通常位于第一触角底节基部，由体壁内凹形成。内凹的空腔即为平衡囊腔，腔壁上生有多种感觉刚毛，腔室内有平衡石，多为外界进入的砂粒。平衡囊的功能为平衡虾体的矢轴旋转。

（3）感光器官　为眼，幼体时具简单的单眼，成体时具一对大而具柄的复眼。复眼由许多个小眼组成。每个小眼由角膜、晶状体、视网膜细胞、基膜及色素组成，视网膜细胞为光受体，内含色素，通过视神经与前脑相连，小眼周围具有吸收和反射光线的色素层。每个小眼均可感知光线并形成影像，全部小眼形成的影像即为复眼影像。由各小眼分别感知的像点联合形成的物体总影像称之为并列影像，由若干小眼接受的光集中形成的影像称为叠加影像，凡纳滨对虾的生活习性为昼伏夜出一般形成叠加像。各种影像的形成由色素的移动来调节完成，受来自窦腺及后接索器的神经分泌物的控制。

（九）内分泌系统

由神经内分泌系统和非神经内分泌系统组成，前者包括脑和中枢神经的神经分泌细胞、位于眼柄内的 X-器官、窦腺以及后接索器、围心器等组成；后者则包括 Y-器官、大颚器以及促雄性腺等。内分泌系统见图 2-12。

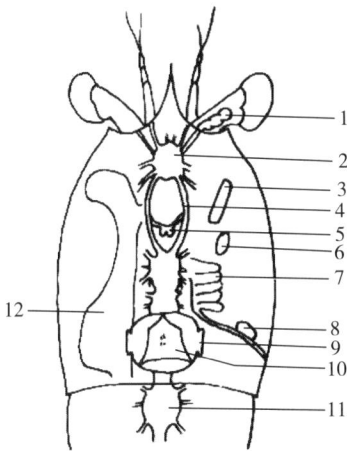

图 2-12　内分泌器官示意图
1. X-器官窦腺　2. 脑　3. Y-器官
4. 围咽神经环　5. 后接索器　6. 大颚器
7. 精巢　8. 促雄性腺　9. 围心腔
10. 心脏　11. 腹部第一神经　12. 卵巢
（王克行，1997）

1. 神经内分泌器官　神经内分泌器官由神经内分泌细胞群组成，产生神经内分泌物，通过神经轴突传至神经-血器官，释放至血液内，作用于各效应器官，如 X-器官窦腺；后接索器和围心器的分泌物则直接释放进入血窦。

（1）后接索器官　后接索器官位于围咽神经分支上，由该神经分支扩张而成，亦为神经-血器官。其神经纤维及神经内分泌物来自围咽神经环神经和神经节之神经合成细胞。后接索器和围心脏的神经内分泌产物主要为各种胺类和多肽类，用于控制色素活动，促进心脏功能及呼吸活动，此外还参与渗透压和离子调控过程。

（2）X-器官窦腺　X-器官位于对虾眼柄内，与窦腺合称 X-器官窦腺复合体。X-器官为神经分泌细胞的集合体，由 5 个神经分泌细胞团组成，产生神经内分泌物质，并由神经纤维导入窦腺。窦腺并非腺体，而是一种神经-血器官，由大量的神经轴突终端聚集而成，以薄膜与血管相隔，为 X-器官的神经分泌物质的贮藏和释放部位。X-器官窦腺可以调控对虾的生殖、发育和蜕皮等重要生理功能。

观察 X-器官窦腺超微结构，X-器官窦腺复合体由两部分组成。X-器官神经分泌细胞发出的轴突到达血窦周围后开始分支、膨大，包裹血窦形成一个神经血窦器，即窦腺。切片中，窦腺呈囊状，轴突、膨大的末梢和胶质细胞及其突起紧密缠绕，构成窦腺的壁，中央是血窦腔。窦腺壁的内侧覆盖一层无定形的神经衬膜。中央血窦形成许多小血窦，深入窦腺的壁内，使整个窦腺浸浴在血液中。神经胶质细胞主要起支持和运输营养的作用，散布于腺体中，呈椭圆形或不规则形状，核大，几乎占据整个细胞，异染色质较多，分布于核周，细胞质中可见微丝、微管，线粒体多，呈椭圆形，细胞突起紧密缠绕神经末梢，使神经末梢形成双膜包裹的结构。

组成窦腺的主要结构成分是神经分泌末梢。膨大的末梢中充满了电子致密的神经分泌颗粒，微丝、微管消失，可见少量的线粒体和光面内质网。根据神经分泌颗粒的大小、形状、电子致密度及轴浆密度等特征，区分出 4 种类型的神经末梢。每种末梢中只含一种电子致密的神经分泌颗粒，颗粒的直径范围为 137～236nm，呈圆形或近圆形。Ⅰ型神经末梢为大型末梢，数量较多，分泌颗粒的直径也最大，但电子密度最低；Ⅱ型末梢为小型神经末梢，数量较少（19.5%），分泌颗粒的电子密度最高；Ⅲ型神经末梢为中小型神经分泌末梢，数量最多（36.3%），内含中小型颗粒，电子密度较高；Ⅳ型末梢最少（14.7%），神经分泌颗粒最小，电子密度中等。

对虾的蜕皮和性腺发育都受眼柄神经内分泌系统调节。X-器官窦腺复合体分泌的蜕皮抑制激素（MIH）和性腺抑制激素（GIH）通过靶器官抑制蜕皮和性腺发育，因此在正常情况下，切除眼柄能明显缩短蜕皮周期，增加蜕皮次数，同样切除眼柄也能显著促使性腺发育。然而切除凡纳滨对虾眼柄后，蜕皮周期不但没有缩短，反而延长了，说明这种调节在对虾特定的发育阶段是多向的，取决于对虾内部的生理机制，以及环境因子对它的影响程度。正如 Quackenbush 所指出的那样，切除眼柄可以加速蜕皮和性腺发育，但这两种功能并不能同时发挥。对于尚未进入成熟阶段的凡纳滨对虾，切除眼柄所起的作用主要是缩短蜕皮周期、加速蜕皮和生长，而对于即将进入性腺发育阶段的凡纳滨对虾来说，其作用主要是促进性腺发育。因此可以推测：在成体以前阶段，X-器官窦腺复合体中 MIH 的含量要高于 GIH 的含量，GIH 所占比例较小，因此切除眼柄后对性腺发育的影响并不大，而对分泌蜕皮激素的 Y-器官的抑制却大大减轻了，从而加速了蜕皮的进行；反之，发育至成体阶段，在内部生理机制的变化和环境因子（如光照、温度、饵料等）的共同作用下，GIH 在 X-器官窦腺复合体中占了主导地位，一旦切除眼柄，性腺就可迅速发育。

X-器官窦腺复合体分泌色素集中激素和色素扩散激素来调节体色变化；

2. 非神经内分泌器官

（1）Y-器官　为来源外胚层的非神经内分泌器官，Y-器官的活动受咽下神经节神经支配，分泌物受 X-器官分泌物调控。Y-器官的主要分泌物为蜕皮激素，主要成分为 20-羟蜕皮酮及共同产物，其分泌在蜕皮之前达到高峰，随蜕皮活动开始迅速下降，恢复正常。

（2）促雄性腺　位于输精管末端，贴于精荚囊之侧，为中胚层来源的分泌腺，其分泌物具有使性腺原基发育为雄性生殖腺，并促使雄体出现第二性征的功能。

（3）大颚器官　成对分布于大颚基部，其分泌产物被认为是一种性腺刺激激素，可促进卵黄合成及卵巢发育。大颚器官的活动亦受 X-器官窦腺复合体神经内分泌物调控。

3. 神经分泌物质的释放方式

一般认为胞吐作用是神经分泌物质的主要释放方式。胞吐作用发生时，颗粒膜首先与一定位置的末梢膜融合，随即裂开，使颗粒内容物与胞外相通，然后颗粒释放到胞外，并扩散到血腔中，残留的膜通过胞纳作用再回到轴浆中，形成清亮的小泡。

此节内容请参见王克行主编的《虾蟹类增养殖学》（中国农业出版社，1997）和梁华芳主编的《甲壳动物增养殖学》（中国农业出版社，2023）。

第二节　生活习性

一、蜕皮

蜕皮对于虾类来说是极其重要的，会影响虾类的形态、生理和行为变化，为虾类完成变态发育以及生长所需，又是导致畸形、死亡、被捕食的重要原因。狭义的蜕皮仅指虾从旧壳中脱出的短暂过程，广义的蜕皮过程则是一个连续的变化过程，凡纳滨对虾通过蜕皮完成变态发育以及生长，无节幼体经 6 次蜕皮发育成溞状幼体 1 期，溞状幼体蜕皮 3 次变态为糠虾幼体，再经 3 次蜕皮变为仔虾。正常水温下（28℃左右），15g 以下的仔虾 3～6d 蜕 1 次皮，15g 以上的仔虾 20～30d 蜕 1 次皮，蜕皮贯穿整个生命周期。

（一）蜕皮过程的分期

甲壳由位于其下的真皮层上皮细胞分泌而来，由三层结构组成。最外层为薄薄的上表皮层，然后为较厚的，钙化程度高的外表皮层，最内层为厚的内表皮层。甲壳及真皮层在蜕皮过程中变化复杂，依其结构、形态学变化，结合虾类的行为可将蜕皮过程分为五期。

1. A 期（蜕皮后期）　此期虾体刚自旧壳中蜕出，新壳柔软有弹性，仅上表皮层、外表皮层存在，开始分泌内表皮层，真皮层上皮细胞缩小。虾体大量吸水使新壳充分伸展至最大尺度，新壳短时不能支持身体。对虾活力弱，不摄食。

2. B 期（后续期）　表皮钙化开始，新壳逐渐硬化，可支持身体，体长不再增加；内表皮继续分泌，真皮层上皮细胞开始静息。虾体开始排出体内的水分，开始摄食。

3. C 期（蜕皮间期）　表皮继续钙化，内表皮层分泌完成，新壳形成，真皮层上皮细胞静息；对虾大量摄食，物质积累，体内水分含量逐渐恢复正常，完成组织生长，并为下次蜕皮进行物质准备。

4. D 期（蜕皮前期）　此期为蜕皮做形态上、生理上的准备，变化最大，可分为以下几个亚期：

D_0 期：真皮层与表皮层分离，上皮细胞开始增大。

D_1 期：真皮层上皮细胞增生，出现贮藏细胞。

D_2 期：旧壳的内表皮开始被吸收，血钙水平上升，新表皮开始分泌（外表皮层），对虾此时摄食减少。

D_3 期：新表皮继续分泌，旧壳吸收完成，新表皮与旧壳分离明显，摄食停止。

D_4 期：新外表皮分泌完成，虾体开始吸水，准备蜕皮。

5. E 期（蜕皮期）　虾体大量吸水，旧壳破裂，弹动身体自旧壳中蜕出。蜕皮期一般较短，为数秒钟或数分钟。

虾类蜕皮多发生在夜间。临近蜕皮的虾活动频率加快，蜕皮时甲壳膨松，腹部向胸部折叠，反复屈伸。随着身体的剧烈弹动，头胸甲向上翻起，身体屈曲自壳中蜕出，然后继续弹动身体，将尾部与附肢自旧壳中抽出，食道、胃以及后肠的表皮亦同时蜕下。刚蜕皮的虾活动力弱，有时会侧卧水底，幼体及仔虾蜕皮后可正常游动。

蜕皮期间新生成的甲壳不依赖于旧壳，生成的新壳在蜕皮前在旧壳下呈皱褶样。在变态蜕皮过程中，可以观察到新生成的结构在旧壳下折叠、增长，蜕皮后充分伸展。因此，可以在体外观察甲壳的变化，估计蜕皮期。

（二）应用刚毛发育阶段作为蜕皮分期的标准

刚毛是附肢（如尾肢、腹足和触角）表面的衍生物，刚毛的发育程度在不同的附肢及同一附肢不同的部位不是完全相同的。如腹足刚毛处在 D_0 期，而触角上的大多数刚毛仍处在晚期不蜕皮（C_3）期，同样腹足近身体关节部位的刚毛进入蜕皮前期时，而腹足末梢的刚毛仍处在不蜕皮期。蜕皮周期分成 5 个阶段：A、B、C_{1-3}、D_{0-3} 和 E，包括识别腹足的真皮、刚毛腔、内锥、刚毛器和新生刚毛。

1. 阶段 A（蜕皮后期） 刚蜕皮的对虾不活跃，不摄食，外壳柔软未钙化，刚毛腔内充满了半透明的纤维状刚毛基质，表皮半透明，刚毛基部真皮的颗粒比后期少。

2. 阶段 B（蜕皮后期） 外壳变硬，真皮色素增加，刚毛基质出现颗粒，并开始沿刚毛腔向刚毛基部缩回，至后期内锥（圆锥形的基质）开始在每个刚毛内形成。

3. 阶段 C（不蜕皮期） 分为 C_1、C_2、C_3 期，外壳钙化完成，对虾活跃，重新摄食

C_1 期：内锥形成完毕，刚毛腔内几乎全部中空，基质清晰可见。恢复摄食，活力很强，外壳变硬。

C_2 期：刚毛器官（产生内锥的圆桶形结构）变得清晰可见，摄食最强，活力最大。

C_3 期：刚毛器官更加清晰，内锥轮廓明显，摄食最强，活力最大。

4. 阶段 D（蜕皮前期） 分为以下几期，初期内表皮从真皮上分离。

D_0 期：外壳仍无新表皮，真皮与表皮的分离变的明显，摄食减少，活力最强。

D_{1-1} 期：新表皮出现，真皮凹入，新刚毛开始发育。

D_{1-2} 期：新真皮继续凹入，一些新刚毛上形成羽小支。

D_2 期：新旧皮之间形成空间，所有新刚毛上形成羽小支，刚毛刺扩展到以前刚毛的基部。

D_3 期：旧刚毛器消失，新刚毛更加清晰可辨，旧外壳软化，不摄食。

5. 阶段 E（蜕皮期） 旧外壳蜕掉，不摄食。

刚毛发育阶段给对虾提供了一个既迅速又精确的蜕皮阶段指示法。因为不必杀死对虾，对同一对虾可以进行重复检测，以检查发育速度，这对于测定与蜕皮有关的生理活动有很大的帮助。

（三）蜕皮的生理过程

蜕皮具有复杂的生理过程。蜕皮活动需要消耗大量的能量。旧壳吸收及吸水使血液成分发生剧烈变化，新皮合成，表皮矿化及蛋白质沉淀需要动用大量物质积累，在蜕皮、组织生长、减少水分含量以及在蜕皮过程中各相关内分泌器官的活动，使对虾体内生理过程呈现周期性变化。蜕皮期对虾摄食停止，通过动用贮存物质及旧壳的再吸收完成新皮合成及维持代谢。消化腺和真皮层是主要的物质贮藏场所，消化腺中贮存大量脂类物质，真皮层在蜕皮之前出现贮藏细胞，旧壳在蜕皮之前则被大量吸收。钙在蜕皮中具有重要意义，表皮硬化需要大量的钙，所需要的钙质可由旧壳再吸收获得，但大部分要从水中补充。海洋虾类可通过鳃吸收海水中的钙质。

虾类一生要经过多次蜕皮。在幼体阶段，随着蜕皮，虾的形态结构不断变化，由简单到

复杂，直至发育完善。故幼体阶段的蜕皮又称发育蜕皮或变态蜕皮；形态发育完善的幼虾除交接器的变化外，蜕皮时已无形态上的变化，其后的蜕皮又称为生长蜕皮；在交配期雌性个体在交尾前要先行蜕皮，以便在新壳硬化之前进行交配，此次蜕皮又称生殖蜕皮。蜕皮除与生长、变态有关，还可通过蜕皮蜕掉甲壳上的附着物和寄生虫，可使残肢再生，因此蜕皮对于对虾的生存有重要意义。在病理条件下虾类还会出现某些异常蜕皮的现象，有时会导致畸形或死亡。

（四）影响虾类蜕皮的环境因素

影响虾类蜕皮的环境因素主要有盐度、光照、水温等。

1. 盐度对蜕皮的影响　在对虾养殖生产中，雨后的池塘表面常常漂浮着大量的对虾壳，因此很多人认为突然降低盐度会加快对虾的蜕皮。在实验室水族箱内研究了盐度波动幅度对凡纳滨对虾蜕皮的影响，实验对虾的初始体重为（2.01±0.02）g，投喂人工配合饲料，实验起始盐度均为24，水温（28.0±1.0）℃，以每天降低或升高6个盐度，使实验水体的盐度最终分别为6、12、18、24、30五个梯度。实验结果表明：不同盐度水平下，蜕皮周期呈单谷模型，在6～18盐度范围内，蜕皮周期随盐度升高而缩短，盐度18时蜕皮周期最短，之后随着盐度升高而蜕皮周期延长，盐度6时蜕皮周期和其他盐度实验组相比差异显著（$P<0.05$）。在低盐度条件下，凡纳滨对虾蜕皮后表皮钙化困难，导致蜕皮周期延长，增长缓慢，这可能与蜕皮后早期钙化需要从海水中吸收大量的钙，而低盐度水体的钙含量较少有关。

2. 光照对蜕皮的影响

（1）光照度对凡纳滨对虾幼体变态发育时间的影响　光照度通过影响MIH的合成和释放而影响对虾的蜕皮，长时间光照抑制MIH的合成和释放，而短光照和持续黑暗则相反。欧黄思（2015）实验设置4个光照度：（0±0）lx、（1 500±150）lx、（5 500±550）lx、（12 000±1 200）lx，每一实验组设3个重复，光照周期为14L：10D。研究表明，在4种光照条件下，光照度越高，幼体变态发育越慢。$Z_1 \rightarrow Z_2$，0lx组的幼体变态发育时间最短，约35.5h，12 000lx组的时间约41.5h；$Z_2 \rightarrow Z_3$，0lx约33.7h，12 000lx组约47.3h，差异显著（$P<0.05$）；$Z_3 \rightarrow M_1$，光照条件下的变态发育时间都显著比黑暗对照组长，0lx约39.7h，12 000lx组约54.7h，差异显著（$P<0.05$）。$M_1 \rightarrow M_3$，0lx组的幼体变态发育时间约76.5h，12 000lx组的时间约72.5h，差异不显著（$P>0.05$）。$M_3 \rightarrow P_1$，0lx组的幼体变态发育时间约42.7h，12 000L组的时间约41.3h，差异不显著（$P>0.05$）。

幼体变态发育受到光照度的影响主要是在溞状幼体期，光照度越高，幼体的变态时间越长、存活率越低。尤其溞状幼体变态为糠虾幼体时，12 000lx组存活率下降非常明显，溞状幼体在12 000lx强光下，无法顺利变态成糠虾。在糠虾期时，光照对幼体的变态发育的影响差异较小，$M_1 \rightarrow M_3$，5 500lx和1 500lx组幼体的变态发育时间和存活率差异都不大，幼体对光照度的适应范围逐渐增加，P_1各组间变态发育时间没有显著差异，12 000lx光照度下，幼体仍可以适应并正常生长。P_1光照组存活率显著低于黑暗对照组，更多的是因为溞状幼体期幼体存活率显著下降的缘故。

注：Z为溞状幼体，M为糠虾幼体，P为仔虾。下角标阿拉伯数字代表各阶段分期。全书余同。

（2）光色对凡纳滨对虾幼体变态发育时间的影响 设4种光色源：红光、黄光、蓝光和绿光，光照度为（400±50）lx，以黑暗组为空白对照组，每种光色实验组设3个平行。光照周期为14L：10D。结果表明，不同光色对凡纳滨对虾幼体变态发育的时间是有差异的，各组间 $Z_1 \rightarrow P_1$ 的时间比较：对照组234.2h，红光组241.8h，黄光组241.2h，绿光组256.8h，蓝光组262.8h；黑暗<黄光<红光<绿光<蓝光。$Z_1 \rightarrow Z_3$，幼体受到红光和黄光的影响最大，尤其在 Z_1，黄光组的幼体变态发育的时间最长为67.0h，差异显著（$P<0.05$），其次是红光60.5h（$P<0.05$），蓝光和绿光组幼体变态发育持续的时间接近，分别为48.5h和49.7h，差异不显著（$P>0.05$），对照组幼体变态发育的时间最短为40.2h（$P<0.05$）。$M_1 \rightarrow M_3$，红光组，幼体的变态发育持续的时间最短（$P<0.05$），其次是黄光组（$P<0.05$）。蓝光组和绿光组，糠虾期后期的变态发育时间显著长于对照组（$P<0.05$）。$M_3 \rightarrow P_1$，蓝光组幼体变态发育的时间显著比其他组长（$P<0.05$）；黄光和红光组幼体变态发育持续的时间差异不显著（$P>0.05$），但显著短于对照组（$P<0.05$）。

推测凡纳滨对虾幼体溞状幼体的复眼对蓝光较敏感，从而对幼体的生长发育产生影响。蓝光下幼体机能受到不利影响，生长滞后。同时，在溞状幼体期时，红光和黄光对幼体的变态发育影响比蓝光大，幼体变态发育在 Z_1 时严重滞后，分别为60.5h和67.0h；糠虾期时，蓝光对幼体的变态发育的影响仍然较大，幼体同样出现变态发育滞后的情况，但红光和黄光下的幼体则没有出现变态发育滞后的情况，可能是糠虾阶段的幼体对红光和黄光的敏感度发生变化，说明凡纳滨对虾幼体在不同的发育阶段，对不同色光的敏感度是不同的。总之，红光和黄光对溞状期幼体是有害的；蓝光和绿光对幼体整个发育阶段都有影响，使幼体的生长发育减慢。

3. 水温对蜕皮的影响 水温对凡纳滨对虾幼体的变态发育和存活有显著影响。在27℃、30℃、33℃、36℃这4种温度实验组中，$Z_1 \rightarrow M_1$，温度越高，幼体的变态发育时间越短，尤其溞状幼体前期，各组幼体的发育时间差异最大，其中，36℃组最短，41.3h，与其他组比较差异显著（$P<0.05$）；27℃组最长，47.5h，显著长于其他水温组（$P<0.05$）。溞状幼体变糠虾幼体时，幼体变态发育时间差异缩小，36℃组最短，40.2h，其次是33℃和27℃，最长的是30℃组，45.2h。$M_1 \rightarrow P_1$，各组幼体的变态发育时间差异继续缩小，36℃组112.6h，33℃组114.6h，30℃组117.7h，27℃组123.8，差异不显著（$P>0.05$）。说明，糠虾期，幼体对温度的适应能力增强，温度升高到33℃，再升高温度时对虾的生长速度差异不大，但低温培育的幼体发育仍然有一定滞后。$Z_1 \rightarrow P_1$ 变态发育总时长，36℃组为232.2h，33℃组为241.8h，30℃组为252.3h，27℃组为260.2h，各组对虾的变态发育总时长为36℃<33℃<30℃<27℃，差异显著（$P<0.05$）。

4. 去除眼柄对蜕皮的影响 关于去眼柄对甲壳动物蜕皮和生长的影响，国内外皆有一些报道，如切除眼柄的凡纳滨对虾亲虾生长缓慢、蜕皮周期延长，而其成虾单、双侧眼柄去除后蜕皮周期缩短等。王芳等（2004）研究去眼柄对凡纳滨对虾稚虾蜕皮和生长的影响，实验在水族箱内进行，实验对虾的初始体重约为2.26g，投喂的饲料为人工配合饲料，实验持续40d。实验结果：①去眼柄显著加快了稚虾的蜕皮，蜕皮周期由原来的14.6d缩短到11.4d。②去眼柄稚虾的摄食率（FId）和食物转化效率分别比正常组低7.91%和6.23%，特定生长率比正常组低14.74%，但经检验差异均未达到显著水平。③去眼柄对虾用于蜕皮的能量比正常组高 54.39%，经检验差异达到显著水平，而其他各部分能量比例差异不显著。实验结果表明：去眼柄缩短了对虾的蜕皮周期，但对对虾的生长并未产生显著的影响。一般认为，去眼柄后，由于影响了蜕皮抑制激素（MIH）的分泌，对虾将较多的能量用于蜕皮，导致蜕皮加快，蜕皮周期缩短；但由于去眼柄对对虾的摄食率和食物转化效率没有产生显著的影响，对虾用在生长的能量比例与正常组相比差异不显著，故对其生长未产生显著的影响。

对虾的增长呈阶梯式，即在蜕皮时，快速增长，蜕皮之后至下一次蜕皮前，体长几乎很少增加，说明尽管对虾的生活史中生长必然伴随蜕皮，但每次蜕皮只为对虾的身体生长提供机会，充足的饵料供应和优良营养条件才能促进对虾的蜕皮增长。虾体生长和蜕皮步调一致，但两种生理活动的调节方式是各自独立的。

二、生长

凡纳滨对虾通过蜕皮完成生长，因此生长速度有赖于蜕皮的次数和再次蜕皮时体长与体重的增加程度，大约每隔数天或数周蜕皮一次。每次蜕皮体长与体重的增加随对虾本身大小而变化，生长期中的平均增长速度为 0.7～1.1mm/d。

虾类生长的测量包括线性测量和重量测量，常用的测量方法如下：

全长：额剑前端至尾节末端的长度；

体长：眼柄基部或额角基部眼眶缘至尾节末端的长度；

头胸甲长：眼窝后缘连线中央至头胸甲中线后缘的长度；

体重：对虾总湿重；

尾重（商业用）：除去头胸部、后腹部的重量。

虾类的生长可用体长与体重对时间的增长来描述，对虾类寿命较短的个体多用月龄来描述，寿命较长的种类则多用年龄。一般采用 Von Bertalanffy 的生长模型：

$$L_t = L_\infty \left[1 - e^{-k(t-t_0)} \right]$$
$$W_t = W_\infty \left[1 - e^{-k(t-t_0)} \right]^3$$

L_t 为时间 t 时的长度；L_∞ 为渐近长度；W_t 为时间 t 时的体重；W_∞ 为渐近体重；K 为生长系数；t_0 为生长开始时的假设月龄。

各种虾类体长与体重的关系大体呈立方关系，可用公式 $W = aL^b$ 描述之，式中 W 为体重；L 为体长；a、b 分别为系数。用最小二乘法求算 a、b 值。张灵侠等（2006）研究两个凡纳滨对虾家系体重与体长的关系，得出池养凡纳滨对虾体重和体长的关系式：

$$W = 0.005\,9L^{3.289\,5}$$

公式 $W = aL^b$ 是由 Von Bertalanffy 生长模型演变而来。对于公式中的参数 b，很多作者讨论了它代表的生物学意义，认为参数 b 可以①表示重量增加系数与体长增加系数之比；②表示同一瞬时相对体重增长率与相对体长增长率之比；③判断是否处于等速生长。由凡纳滨对虾生长曲线可以看出，在生长前期，体长相对体重增长快，呈强速性增长，随着虾的长大，异速性减弱，发育趋于均匀，体长和体重都接近渐近值。

在人工养殖条件下，体长与体重的关系多受养殖环境及饲养条件的影响，可能与上述关系不尽相符，可用下述关系衡量养殖虾类的肥满度，即：

$$肥满度＝（体重/体长^3）×100$$

虾类的生长与性别有关，对虾类在生长前期雄性快于雌性，雄性成熟后个体生长速度降低而造成雌性生长快于雄性，最终形成雌性个体显著大于雄性个体。

（一）水温对生长的影响

水温对变温动物的生命活动影响最为显著。在适温范围内对虾代谢作用随温度升高而加速以获得快速生长，高于或低于这个温度范围，生长将减慢甚至停止。凡纳滨对虾忍受的高、低温极限为41℃和4℃，在18～35℃水温范围内均可摄食和生长，而在24～33℃摄食和生长较好，且随温度的升高，摄食能力和生长速度增强。28～32℃是生长和摄食的最适水温，在此温度下摄食和生长均可达到峰值。水温33～35℃时生长速下降。欧黄思（2015）实验设置4个温度组，虾苗养殖40d后，36℃组的平均体重和体长分别为3.37g/尾和6.82cm/尾；33℃组的平均体重和体长最高，分别为3.69g/尾和7.38cm/尾；30℃组的平均体重和体长分别为3.44/尾和6.80cm/尾；27℃组的平均体重和体长最低，为3.07g/尾和6.34cm/尾，差异易著（$P<0.05$）。

研究结果表明在凡纳滨幼体培育过程中，一定范围内提高水体温度可以促进幼体的变态发育，但36℃以上的培育水温会对凡纳滨对虾幼体造成损伤，致使培育存活率明显下降，同时，27℃低温培育的幼体也会影响到凡纳滨对虾幼体的机能，说明低温同样会使机体产生一定程度负面影响。

培育温度对培育出的虾苗的抗逆性会有一定的影响，适当提高培育温度有利于提高虾苗的氨氮和亚硝酸盐的耐受能力。降低温度培育幼体，可以一定程度上提高幼体的存活率，并提高虾苗的耐干露能力，但温度过低，幼体变态发育会出现滞后，尤其在溞状幼体期更明显，培育出的仔虾的后期养殖体重和体长也会出现参差不齐的情况，影响养殖效果。为了使凡纳滨对虾养殖效益更高，缩短育苗时间、提高幼体存活率，凡纳滨对虾的育苗水温控制在30～33℃最为适宜。

（二）盐度对生长的影响

1. 促使渗透调节，消耗代谢能量　凡纳滨对虾等渗点在盐度25附近（Castille 和 Lawrence，1981）。盐度变化主要是促使对虾围绕其等渗点进行渗透压调节，这是需要耗费能量的生理过程，导致对虾代谢能量消耗，进而影响其生长。朱春华（2002）在8种不同盐度条件下比较凡纳滨对虾生长性能，结果表明：盐度显著地影响对虾生长，在盐度为18的养殖水体中其生长速度最快、存活率高、投饵系数较低。

凡纳滨对虾可通过血淋巴的渗透调节和离子调节来适应外界环境盐度的变化，具有二重性：对虾在高盐度，需将体内多余的盐分排出体外，保持体内的正常水分；在较低的盐度条件下又需要摄取足够的盐分，排掉多余的水分。在这种渗透压主动调节过程中，对虾要消耗体内储存的能量，以适应外界的盐度变化，因而代谢率升高。不过，代谢率对盐度反应的差异可因驯化时间、个体大小及健康状况等因素而异，长时间的盐度驯化可消除不同盐度下代谢率的差异。

2. 无机盐离子缺少影响对虾的生存和生长　Ca^{2+}、Mg^{2+} 单因子静态急性毒性实验表明，凡纳滨对虾在无添加 Ca^{2+}、Mg^{2+} 的纯淡水（经曝气除氯）中，12h内就全部死亡；在添加了 NaCl（0.2%）而不添加 Ca^{2+}、Mg^{2+} 的蒸馏水中，虽然48h后对虾存活率为80%，但在 5d 后也全部死亡；在既添加 NaCl（0.2%）又同时添加 Ca^{2+}、Mg^{2+} 的水中，生理活动一切正常。从 Mg^{2+} 单因子实验中可以看出，Mg^{2+} 对凡纳滨对虾的生存影响不大，但在正交实验中，存活率则随着 Ca^{2+}/Mg^{2+} 比值的增大而上升，当达到 1∶3 时，则随着 Ca^{2+}/Mg^{2+} 比值的继续增大而下降，而且 Ca^{2+}/Mg^{2+} 比值对对虾的发育变态影响较大，其主要原因是与 Ca^{2+} 的浓度有一定的关系。

Ca^{2+}、Mg^{2+} 的多寡不仅直接影响到凡纳滨对虾的存活，对其生长影响也很大。虾类的生长是通过蜕皮来实现其阶梯式体长增长的。即在蜕皮时体长快速增加，而蜕皮之后到下次蜕皮前体长很少增加。蜕皮伴随虾类的整个生命过程，每次蜕皮后表皮钙化需要大量的钙质。Dall 等研究发现，对虾类没有钙的贮存机制，蜕皮后早期钙化对钙的需要量突然增加，必须从水中吸收获得。在低 Ca^{2+} 的水体中，获取 Ca^{2+} 相对较少，蜕皮后表皮钙化困难，导致蜕皮间隔延长，从而表现出增长缓慢。从 Ca^{2+}/Mg^{2+} 为 1∶3 对凡纳滨对虾生长实验来看，虽然能在较短的时间内生存在高于或低于正常海水的 Ca^{2+} 水中，但随着时间的延长，Ca^{2+} 则成了生长的限制因子。因此认为只有一定的离子浓度和离子比例才能满足凡纳滨对虾的生理需要，水环境中的离子组成及总量对生存及生长有着重要的影响。由此可见，即使水中保持一定的盐度，但缺乏 Ca^{2+}、Mg^{2+}，对虾仍无法生存和生长，说明了 Ca^{2+}、Mg^{2+} 对对虾生存和生长起着重要作用，这对于在内陆水域开展凡纳滨对虾养殖具有一定的参考和指导意义。

（三）温度和盐度双因子交互作用对生长率的影响

刘鹏（2009）设计 4 个温度水平为 20℃、24℃、28℃、32℃，4 个盐度水平为 38、30、22、14，共 16 个温度-盐度的实验组合。研究表明凡纳滨对虾的生长率随温度的升高而升高，随盐度的降低而升高。在盐度 14、温度 32℃时生长率最高，为 6.764%；盐度 38、温度 20℃时生长率最低，为 2.968%。另外，盐度分别为 38、30、22、14，生长率随温度升高而升高的幅度分别为 1.473、2.831、3.161、3.550，升高幅度随盐度的降低而升高，平均升高值为 2.754。在温度分别为 20℃、24℃、28℃、32℃时，生长率随盐度降低而升高的幅度分别为 0.563、1.152、1.152、2.640，降低幅度随温度的升高而增大，平均降低值为 1.466。可以看出凡纳滨对虾生长率受温度的影响要远远大于其受盐度的影响。另外，本研究中的低盐度下，凡纳滨对虾生长率随温度升高而变化的幅度最大，这说明在低盐度下，温度的变化对凡纳滨对虾的影响要高于高盐度下温度变化对其的影响。

温度为 20℃时，对虾生长率随盐度下降而升高的幅度最小，在 32℃时幅度最大，这说明在高温度下盐度的变化对凡纳滨对虾的影响要高于低温度下盐度变化对其的影响。

温度、盐度双因素交互作用对凡纳滨对虾生长率的影响可用方程 $R_F = 0.323\,696\,S^{0.055}\,e^{0.34T}$ 表达，式中 R_F 为生长率，S 为盐度，T 为水温。在实际的凡纳滨对虾养殖过程中，可以通过本模型来模拟各个温度、盐度条件下凡纳滨对虾的生长状况，为实际养殖生产提供一些必要的参数。

（四）光照对生长的影响

光照周期对甲壳动物个体发育、幼体的存活率和生长均有影响，这种影响因种而异，且与个体发育的不同阶段有关。虾类多为底栖生活，不喜强光。在人工条件下观察到强烈日光照射下对虾孵化率低，幼体畸形率较高，死亡率高。凡纳滨对虾 $Z_1 \sim M_3$ 通常控制光照度在

200～2 000lx，P_1～P_{12}通常控制光照度在 2 000～20 000lx。养殖池塘中过高的透明度会使对虾生长减慢。

光照对凡纳滨对虾越冬亲虾的成活率和性腺发育影响并不明显。因此，越冬室内不必花费较多的资金安装调光、遮光设备。但为避免水质变化和藻类繁生乃至附生于亲虾体表，光线不宜过强，以 500～1 500lx 光照度为宜。

（五）溶解氧和氨氮对生长的影响

1. 溶解氧 溶解氧是凡纳滨对虾养殖生态环境中的重要指标之一，直接或间接影响凡纳滨对虾的生长和成活率。陈琴等（2001）对 2 种规格凡纳滨对虾的耗氧率和窒息点进行了测定。结果表明，凡纳滨对虾的耗氧率随体重的增加而减小，耗氧量和窒息点随体重的增加而增加。平均体长 53.33mm、体重 1.48g 的凡纳滨对虾耗氧率是 0.449 3mg/（g·h），窒息点 0.666 3mg/L；平均体长 70.88mm、体重 3.49g 时，耗氧率为 0.300 4mg/（g·h），窒息点 1.018 6mg/L。凡纳滨对虾的耗氧率呈现明显的昼夜变化规律，耗氧率在一昼夜中有两个高峰（19：00 和 21：00），第一高峰略高，这与其昼伏夜出的生活习性有关，此时增加投喂可提高饲料利用率。崔莹等（2003）研究发现，凡纳滨对虾（体长 3.14～3.27cm）的瞬时耗氧速率随溶解氧的降低而增大，呼吸类型不属于顺应型，昏迷点和窒息点随盐度增大而减小。

2. 氨氮 氨氮是水产养殖系统中普遍存在的有毒物质，在高浓度时对虾蟹类有致死作用，即使在低于致死浓度的条件对对虾生理功能如氧消耗、氮排泄、腺苷三磷酸酶（ATPase）活性及渗透压等也有显著影响。氨氮在水中以离子铵和非离子铵两种形式存在，其中非离子铵因不具电荷，具有相对高的脂溶性，故容易透过细胞膜，是总氨氮中对生物起毒性作用的主要部分。Lin 等（2001）研究发现，总氨氮和非离子氨氮对凡纳滨对虾的安全浓度分别为 3.55mg/L 和 0.16mg/L；而孙国铭等（2002）研究发现，总氨氮和非离子氨氮对凡纳滨对虾的安全浓度分别为 2.667mg/L 和 0.201mg/L。因此，在凡纳滨对虾养殖过程中，控制水体中的氨氮含量成为一项至关重要的工作。

（六）营养因子对生长的影响

在人工养殖的条件下，虾类生长所需的能量主要从饲料中获得。李广丽等（2001）研究了不同蛋白质水平对凡纳滨对虾生长的影响，发现蛋白质含量水平在 42.37%～44.12% 其生长速度最快。凡纳滨对虾是杂食性虾类，对碳水化合物的需求量较高。Rosas 等（2001）研究了不同碳水化合物水平对凡纳滨对虾生长的影响，发现饲料中添加 6%～23% 的碳水化合物可促进对虾生长。

营养因子对凡纳滨对虾代谢的影响主要表现在对特殊动力作用（SDA）的影响。由于 SDA 主要是由蛋白质代谢引起的，因此饲料蛋白水平对 SDA 具有相当大的影响。Rosas 等（2001）研究发现，摄食高蛋白质饲料的凡纳滨对虾的代谢率大于摄食低蛋白饲料的对虾。

（七）群居的密度对生长的影响

动物群居的密度亦影响其生长速度，较高的密度导致生长减慢。Sturmer 和 Lawreuce（1987）报道了凡纳滨对虾仔虾在不同密度培养下的生长情况，在培养 7d 后，125 尾/m^2 的密度下生活的对虾生长远快于 250 尾/m^2 和 500 尾/m^2 的密度下生长的对虾。在人工养殖的条件下，对虾生长与密度呈负相关的关系。

欧黄思（2015）实验设置 4 个养殖密度 D_1（10×10^4 尾/m^3）、D_2（20×10^4 尾/m^3）、D_3（30×10^4 尾/m^3）和 D_4（40×10^4 尾/m^3），每实验组设置 3 个重复，培育温度控制在（31 ± 1）℃。观察不同培育密度下，凡纳滨对虾幼体的变态发育时间。$Z_1 \rightarrow P_1$ 总时间，分别为 215.7h、222.7h、238.5h、247.2h，用时最长的是 D_4 组，变态发育时长显著长于 D_1 及 D_2 组（$P < 0.05$）；$M_1 \rightarrow P_1$ 总时间，分别为 85.2h、92.0h、107.7h、117.8h，D_4 组幼体的变态发育时间显著长于 D_1、D_2 组幼体的变态发育时间（$P < 0.05$）。结果表明，幼体变态发育到糠虾期时，其变态发育受到培育密度的影响更加明显，幼体培育密度高的情况下，变态发育时间会延长。

随着水产养殖业的发展和养殖技术的不断提高，逐渐从粗放型向集约化发展。但是，人们往往为了追求眼前的利益，片面强调高产，忽视养殖水域的生物承载能力，超密度、超负荷放养，导致水环境恶化。因此，掌握合理的对虾放养密度一直是水产养殖十分强调的重要原则，但在具体实施中普遍带有经验性。

三、自切与再生

凡纳滨对虾在遭遇天敌或相互争斗受困时，常常会自行使被困的附肢脱落，以使个体摆脱天敌，迅速逃逸；在附肢有机械损伤时虾类亦会自行钳去残肢或使其脱落。这种现象称为自切。自切是对虾的防御手段，是一种保护性适应。自切时对虾的步足由于肌肉的收缩而弯曲，自其底节与座节之间的关节处从腹面向背面裂开、断落。在断落处，由于几丁质薄膜的封闭作用及血液的凝集而使创面自行封闭，因而自切时几乎没有血液的流失。自切是一种反射作用，人工刺激虾类的脑神经节可引起相关步足的自切，在水质环境污染、动物突然受到强烈刺激时亦可观察到自切现象的发生，有时自切程度相当严重。

自切的附肢经过一段时间，大多可以重新生出，称为再生。在自切残端处新生的附肢由上皮形成，初时为细管状突起，逐渐长大，形成新的附肢。新生的附肢两度弯曲折叠在几丁质表皮之下，当动物再次蜕皮时新生附肢就伸展开来，形成再生的小附肢，一般要经过 2～3 次蜕皮后再生的附肢才能恢复到原来的大小。再生的速度与程度与个体及环境有关，未成熟的个体再生较快，成熟的个体再生速度减慢。

第三节　摄　　食

一、食性与饵料组成

绝大部分虾类营底栖生活，从底质及底层水体中摄取食物，为杂食性。由于对虾栖息水域不同，生境各异，季节变化以及处于不同发育期等原因，其食性及饵料组成均有变化。

凡纳滨对虾的幼体多营浮游生活，一般以浮游藻类、原生动物以及水中的悬浮颗粒为食。溞状幼体和糠虾幼体的饵料组成多以甲藻、硅藻为主，其中以舟形藻为多，也摄食少量的桡足类及其幼体、双壳类幼体、多毛类幼体等。幼虾逐渐由营浮游生活向营底栖生活转变，其饵料组成也由以浮游生物为主转向以底栖生物为主。主要生物饵料类群包括小型甲壳动物，如介形类、糠虾类、底栖桡足类、小型多毛类、软体动物幼贝等。

成虾主要以底栖甲壳类为食，亦喜食贝类，尤喜食双壳贝类。此外多毛类、蛇尾类、小鱼以及藻类，沉积物碎屑等亦常在对虾胃中出现。浮游动物在对虾胃含物中出现的频率也低于底栖动物，成虾通常不摄食微型藻类。在人工饲养条件下，对人工配合饲料的营养需求低，饲料的粗蛋白含量在 25％～30％就可满足其营养需求。

二、摄食

（一）摄食方式

摄食方式随对虾个体发育而有变化，幼体阶段摄食方式为滤食性，以附肢划动滤食水中的微型浮游藻类及悬浮颗粒；发育至糠虾幼体，其摄食方式亦由滤食性为主逐渐转向捕食性为主；幼虾营底栖生活，其摄食方式完全为捕食性。

成虾觅食以嗅觉和触觉为主，觅食时一般在水底爬行，以螯足来探查，行进中使用步足在身体两侧摆动以探查食物，有时亦使用步足在底质中探查。一旦发现食物后，即以螯足及颚足抱持食物送进口中。大颚用于撕扯、切割及磨碎食物，小颚则用来协助把持、咀嚼食物，有抱持食物在水中一边游动、一边进食的习性。

（二）摄食强度

凡纳滨对虾的摄食强度在不同的生活阶段、不同的生理时期有很大的差异。在适温期快速生长时摄食强度大，多数个体胃处于饱满或半饱满状态。在冬季水温较低的情况下，摄食强度较低，空胃、残胃者较多。在交尾季节中，雄性个体通常摄食强度较低，空胃、残胃者可达 60％以上，交尾结束后则强烈索饵。在环境不良或病理状况下，摄食强度会大大下降，甚至完全停止摄食。

（三）摄食周期

有明显的摄食周期，通常白天潜伏，夜间觅食，一般在日落后活跃，捕食旺盛，夜间摄食明显多于白天。人工条件下培养的对虾，除非在蜕皮变态的情况下有较长时间的摄食停顿外，一般观察不到有明显的摄食周期。

（四）对饵料的选择性

对虾具有一定的嗜食性和摄食偏好，在饲喂同种饵料时，明显地表现出对新鲜饵料的偏爱。

（五）摄食行为

摄食行为除了受接触饵料传来的物理性刺激而引起感应外，还会受从饵料溶出物成分引起的化学性刺激感应。一般把能使虾集中于饵料周围的化学物质叫做促引诱物质，把具有促进对虾摄食、持续、吞入等一系列摄食行动的化学物质叫做促摄食物质。对于对虾来说，很多物质同时具有促引诱和促摄食作用，一般都以促摄食物质处理。

三、温度和盐度对摄食率及转化率的影响

温度对对虾摄食量、消化率及转化率的影响显著，在适温范围内，随温度的升高摄食量、消化率迅速增加。许多研究者的研究已表明盐度也是影响对虾摄食的主要因素之一。

（一）温度和盐度对摄食率、消化率的影响

摄食量是指一次投饲对虾所吃的食物量。摄食量又有绝对摄食量和相对摄食量之分。绝对摄食量是指对虾一次摄食的数量（g）；相对摄食量又称为摄食率（％），是指绝对摄食量

占体重的百分比。摄食率随温度的升高而升高，随盐度的降低而降低。研究发现，凡纳滨对虾在盐度38、温度32℃时摄食率最高，为3.601％；在盐度14，温度20℃时摄食率最小，为0.657％。另外，盐度分别为38、30、22、14，摄食率随温度升高而升高的幅度分别为2.520、2.152、2.100、1.632，平均升高2.101；在温度分别为20℃、24℃、28℃、32℃时，摄食率随盐度降低而降低的幅度分别为0.423、0.642、0.978、1.312，平均降低0.839。可以看出凡纳滨对虾摄食率随温度变化而变化的幅度要远远大于其随盐度变化而变化的幅度。温度、盐度双因素交互作用对摄食率的影响可用方程 $R_G = 0.024\,67S^{0.102}e^{0.474T}$ 表达，式中 R_G 为摄食率，S 为盐度，T 为水温。在凡纳滨对虾养殖过程中，可以通过本模型来模拟各个条件下凡纳滨对虾的摄食状况，对于饵料的合理投放有一定的指导意义。

饲料中被对虾消化吸收的营养物质称为可消化营养物质，可消化营养物质即不随粪便排出的那部分饲料占食入营养物质的百分比称为消化率。在适宜温度范围内，虾类消化率随温度的升高而增高，但过高的水温对其消化功能的产生负面影响。

（二）温度和盐度对食物转化率的影响

食物转化率是指摄取的食物能量分配给生长能量的比例，是营养生理研究中的一个重要内容。食物转化率随温度的升高而升高，随盐度的降低而降低。研究发现，凡纳滨对虾在盐度38、温度32℃时食物转化率最高，为45.45％；盐度14、温度20℃时食物转化率最小，为8.831。另外，盐度分别为38、30、22、14，食物转化率随温度升高而升高的幅度分别为27.118、24.678、28.432、24.014，升高幅度随盐度的降低没有太大变动，平均升高26.061。在温度分别为20℃、24℃、28℃、32℃时，食物转化率随盐度降低而降低的幅度分别为9.507、11.225、15.084、12.611，平均降低12.107。在温度为28℃时，凡纳滨对虾食物转化率随盐度变化而变化的幅度较大，说明该温度下盐度的变化对食物转化率有较大影响。

温度、盐度双因素交互作用对凡纳滨对虾食物转化率的影响可以用 $E_F = 0.460S^{0.087}e^{0.544T}$ 来表示，式中 E_F 为食物转换率，S 为盐度，T 为水温。通过此方程可以模拟各个条件下的凡纳滨对虾食物转化率，有助于减少粪便对养殖水环境的污染，同时对提高饲料利用率、降低生产成本有重要意义。

四、补偿生长

在自然界，动物常因食物种类或丰度的空间分布、季节更替和环境剧变等原因遭受饥饿的胁迫。有些动物在饥饿一段时间后再恢复摄食时，其生长速度将超过一直正常摄食的个体，表现出一个快速的迸发式的生长，这种现象称为补偿生长。目前有关水产动物补偿生长的研究多见于鱼类方面的报道，在虾类，仅有对克氏原螯虾和中国明对虾补偿生长现象的少数报道。林小涛等（2004）以凡纳滨对虾为实验对象研究对虾的补偿生长，实验设对照组以及饥饿处理组 S_1、S_2、S_3、S_4、S_5 和 S_6 共7组，分别饥饿0d（对照组）、1d、2d、3d、4d、5d和6d后再投喂，实验共进行20d。研究结果如下：

（一）饥饿对虾体生化组成的影响

在饥饿过程中，虾体靠消耗自身贮存的能量以维持生命活动。对身体贮存能量物质的利用，不同的虾类情况不一，有的主要消耗脂肪和糖原，也有少数种类主要消耗蛋白质。在饥饿1～6d的过程中，凡纳滨对虾的干重显著下降，与此同时，脂肪和碳水化合物含量均有下降，而蛋白质含量没有明显变化。这说明在饥饿过程中各种生化成分的比例发生了改变，且虾体当中的脂肪、蛋白质和碳水化合物的绝对量均有所减少，即这3种能量物质均有部分被利用。

与对照组相比，饥饿1d的凡纳滨对虾的能值以及脂肪、蛋白质、碳水化合物和灰分含量的变化并不明显，但饥饿2d以上的脂肪含量和能值明显下降，灰分含量上升，说明虾体受饥饿的胁迫由第二天开始变得强烈。

饥饿期间虾体生化组成的变化会影响到恢复摄食后能量物质的存储和利用。如脂肪，饥饿时间越长，含量越低，在恢复摄食后更能迅速地累积，以最短的恢复生长时间在实验结束时使其含量达到与对照组和其他饥饿组相似的水平。从正常摄食的对照组来看，蛋白质含量会随着生长而增加，碳水化合物含量会下降。由于蛋白质含量在饥饿期间没有明显的变化，恢复摄食后其增长速率在各饥饿组之间似乎也没有明显差异。因此，饥饿时间越短，即恢复摄食时间越长的，实验结束时其蛋白质含量就越高。虽然碳水化合物在饥饿期间含量有所下降，但由于在恢复摄食过程中蛋白质含量增加幅度较大，因此各饥饿组的碳水化合物含量仍呈下降的趋势，且各组的下降幅度与蛋白质含量的增加相对应，即饥饿时间越短，恢复摄食时间越长的，其下降幅度也越大。

（二）补偿生长

根据补偿生长量的大小将虾类的补偿生长分为4类：超补偿生长、完全补偿生长、部分（有限）补偿生长和不能补偿生长。从目前的情况来看，补偿生长的有无及补偿生长的程度主要由恢复摄食期间的生长率和恢复摄食后的对虾体重与在相同时间内持续饱喂的对照组进行比较而判定。在凡纳滨对虾的实验中，除S_1组外，其余各饥饿处理组在恢复摄食后总的干重生长率明显高于对照组，说明继饥饿后具有补偿生长效应。由于实验结束时S_1、S_2和S_3组的平均个体体重与对照组无显著性差异，而S_4、S_5、S_6组仍显著低于对照组，因此，如果以体重作为判断补偿生长程度的指标，可以认为前三组出现了完全补偿生长效应，后三组只是出现了部分补偿生长效应。如果以实验结束时虾体的各种生化组成作为判断指标，S_1、S_2、S_3组的水分、脂肪、灰分、能值、蛋白质和碳水化合物含量都接近或达到了对照组水平，因此可以认为这3组同样达到了完全补偿生长。S_4、S_5、S_6组的水分、脂肪、灰分和能值含量也接近或达到了对照组的水平，但是由于蛋白质和碳水化合物的含量与对照组存在明显的差异，因此以生化组成作为指标也同样可以认为这3组只是出现了部分补偿生长。鉴于凡纳滨对虾在饥饿和恢复摄食的过程中，伴随着体重的改变，其身体的生化组成也会发生变化，可以认为以生化组成作为其中一个指标比单纯考察体重更能客观地反映虾体生理上的质量的变化，从而更能准确地反映凡纳滨对虾对饥饿胁迫的反应和补偿生长的实质。

（三）补偿生长的机制

关于动物补偿生长的生理机制目前尚无定论。一种观点认为，动物在恢复摄食后仍继续保持饥饿时的较低代谢水平，从而把更多的能量用于生长，即通过提高食物转化率来实现补偿生长；另一种观点认为，补偿生长主要是通过增大摄食量而实现的；也有观点认为补偿生长是以上两种因素共同作用的结果。

甲壳类动物周期性蜕皮的特性，决定了恢复摄食期间凡纳滨对虾的湿重生长率及相关的食物转化率呈波动变化。各饥饿组在恢复摄食初期湿重摄食率高于对照组。但以后逐步恢复。而从恢复摄食期间总的干重和摄食率来看，S_1、S_2和S_3组与对照组没有明显差异，这主要是由于这3组的恢复摄食时间较长，后期较低的摄食率掩盖了初期的高摄食率。在恢复摄食过程中，各饥饿处理组总的干重指标和能量指标的食物转化率均显著高于对照组，其中，S_4、S_5和S_6组甚至达到极显著水平，但各饥饿处理组的湿重指标的食物转化率与对照组并无明显的区别。这是因为，食物转化率是指一定时间内生长量与摄食量之比值，在恢复生长过程中，食物的性质及营养价值是不变的，但体重的增长却因体成分，特别是水分含量的变化而在湿重和干重指标上有很大的差别。因此，即使体成分组成发生较大变化，而在湿重上不一定能反映出来，造成湿重指标的食物转化率没有明显变化的假象。综上所述，可以认为凡纳滨对虾的补偿生长主要是通过在恢复摄食过程中摄食率和食物转化率的提高共同作用的结果。

第四节　繁　　殖

一、配子与性腺发育

（一）卵子

卵多呈圆形或长圆形，卵黄丰富，外被卵膜。卵的密度略大于水，产在水中多沉于水底。卵子由卵巢中的卵母细胞发育而来。随着卵子的发生、成熟，卵巢的体积、颜色有明显的变化。初期的卵巢，体积纤细，无色透明，从外观难以辨认。随着卵巢的发育，透过甲壳可明显地看到卵巢色泽的变化，颜色由无色透明变为白色，而后土黄色，随着卵巢进一步发育成熟，颜色逐渐变为橙色。卵巢的颜色与卵子发育、卵黄积累有关。

（二）精子

精子没有尾部，不能主动运动，表面有原生质突起，属于单一棘突类型。精子主要由前端棘突、中间帽状体和后主体部构成。精子大多呈鸭梨状。细胞核占据精子主体部的大部分，核内含非浓缩凝絮状染色质，核外无完整核膜包绕。细胞质带包围在细胞核外部。精子前部顶端有锥形的顶体（中间帽状体），最前端为尖锐突起的棘突，受精时精子以棘突与卵子结合，并伴有复杂的顶体反应变化。

精子由精巢内精原细胞经初级精母细胞、次级精母细胞发育形成。对虾类的精子直径在$2\sim8\mu m$。精子成熟后，通过输精管下行至贮精囊，在输精管中相互聚集，外被薄膜形成簇状精子团块称之为精荚，交配之前被存于贮精囊中。精荚分为两部分，一部分内含密集的精子团块，称之为豆状部；另一部分为不含精子的瓣状部，又称翼状部。交配时，豆状部被置入纳精囊中，而瓣状部保留在体外，呈薄膜样在水中伸展。

（三）性腺发育

1. 卵巢发育　具有明显的体积与色泽的变化。根据卵巢的体积、颜色和卵细胞的大小、形状、结构组成等，将卵巢发育分为6期。

Ⅰ期（增殖期）：为卵原细胞增殖期，体外观察几乎看不出卵巢的形态和色泽。解剖观察，卵巢各叶均呈短的细管状，集中于头胸部，半透明。切片观察，卵巢壁厚，卵巢腔大；中央卵管内充满正在增殖的卵原细胞；边缘卵室内含少量由卵原细胞发育而来的小生长期的卵母细胞。

Ⅱ期（小生长期）：此期是卵母细胞发育期。卵巢体积相对增大，体外观察隐约可见。解剖观察，卵巢前、侧叶增大较明显，后叶仍呈细带状向尾部延伸。整个卵巢呈淡青色。切片观察，卵巢壁稍变薄，卵巢腔缩小；中央卵管内的卵原细胞增殖活动减弱，发育为小生长期的卵母细胞不断向卵巢中央和卵室内迁移，卵母细胞无卵黄颗粒。

Ⅲ期（大生长期）：是指卵母细胞卵黄积累时期。由于卵黄的不断积累，卵径不断增大，卵巢体积迅速增加，颜色不断加深，对虾类卵黄为绿色。此期是虾亲体培育的关键阶段，卵巢体积明显增大，外观清晰可见其轮廓。卵巢前、侧叶集中分布于头胸部，后叶呈细管状沿背部延伸至尾节。解剖观察，前、侧叶肥大，呈乳黄色，前叶延伸至眼区，侧叶向头胸甲两侧延伸、膨大；后叶前端膨大，乳黄色，后段细长，淡青色。切片观察，卵巢壁继续变薄，卵巢腔狭小；中央卵管内卵原细胞少；卵巢内充满含有卵黄颗粒的卵母细胞。

Ⅳ期（将成熟期）：卵巢体积基本达到最大，外观清晰可见其形态。解剖观察，前、侧叶在头胸部非常饱满、明显，背部呈红褐色，腹面为均匀的乳黄色，其中前叶到达眼区后折回呈弯指状；后叶前端结构与侧叶相似，后段呈间断的乳黄色延伸至尾节。切片观察，卵巢壁很薄，卵母细胞充满卵黄。

Ⅴ期（成熟期）：卵黄积累终止。卵进入成熟分裂，卵核消失，虾类卵内周边体（皮质棒）增长。一旦外界环境适宜，虾即开始产卵。卵巢达到最大丰满度，即将产卵。外观清晰可见占满整个头胸部，呈暗红色，背部暗红色带延伸至尾节。解剖观察，前、侧叶及后叶前端体积膨胀，背部色素暗红色，腹面深乳黄色。卵巢壁极薄，成熟卵粒极易流出。切片观察，卵巢内充满成熟的卵子。

Ⅵ期（恢复期）：虾有多次产卵的特点。首批成熟的卵子排出之后，卵巢进入恢复期；另一批卵母细胞开始进入生长期，并迅速完成卵黄的积累而再次成熟，再次产卵。雌性与雄性性腺成熟速度随种类而异。有些种类同步成熟，交配后很快产卵；第一次产卵完毕后，卵巢萎缩，体积变小。紧接着卵巢中原来处于休止期的卵母细胞开始发育，进行再次成熟、产卵。

2. 精巢发育 精巢内分有精巢叶，共 16 叶，各精巢叶有细管汇合于输精管基部。精子发生于精巢管的外缘生发层，由精原细胞减数分裂发育而成，精原细胞经过细胞核、内质网等的一系列变化形成精子。根据顶体形成过程中超微结构的变化，把精子发生过程分为精原细胞、初级精母细胞、次级精母细胞、精子细胞、精子 5 个阶段。精子发生过程中化学成分也有相应的变化，精原细胞，精母细胞，早期精细胞核内均含有丰富的碱性蛋白，但在精细胞变态成精子过程中，只有顶体内出现碱性蛋白，核内没有碱性蛋白，在成熟精子中外顶体层碱性蛋白多于内顶体层，棘突中无碱性蛋白存在。精子的形成是连续的，因此在成熟的对虾精巢中可随时见到处于不同发育阶段的精细胞，成熟后的雄虾可持续地产生精子，具有多次交配的能力。

Ⅰ精原细胞：紧贴精巢管。细胞和细胞核均为多角形。细胞大小为 $11.5\mu m$，胞质的大部分区域电子密度较高，可见内质网囊泡分布其中；少部分区域电子密度较低，可见少数几个线粒体分布其中；胞膜结构清晰。细胞核大小为 $5.8\mu m$，仅占精原细胞的小部分，核质与胞质有明显界线，核膜清晰可见，胞质中的内质网小泡大都和核膜相连。核质电子密度高，核内染色质较均匀，部分染色质凝聚成异染色质团，分散于核内。

Ⅱ初级精母细胞：圆形为主，偶尔可见多角形。细胞大小无明显变化，为12.8μm。胞质电子密度明显降低，整个胞质都被内质网囊泡所布满，线粒体数量明显增加且体积增大，胞质中游离核糖体丰富，分布均匀。核为卵圆形或多角形，细胞核大小为9.1μm，体积明显比精原细胞大，占据了整个初级精母细胞的绝大部分，双层核膜结构清晰，很多膜复合体与之相连，核异染色质基本凝聚成团，彼此相连，绝大部分靠近核内膜。

Ⅲ次级精母细胞：大小为13.6μm，核大小为9.3μm。其细胞质和核均发生了明显的变化。胞质中的内质网逐渐减少并转变为内质网囊泡，线粒体消失。核异染色质凝聚程度更高，且脱离核膜区域向核中间靠拢，双层核膜结构清晰。

Ⅳ精子细胞：胞质中出现和核膜平行的环核内质网，内质网囊泡的数量减少，在核一端的细胞质中出现一堆比较大的内质网囊泡，称为顶体囊泡团。核异染色质开始解聚合并重新分散到细胞核，双层核膜结构仍清晰。到中期核异染色质完全解聚合成絮状染色质，双层核膜消失，顶体开始出现，顶体和细胞核之间由一条明显的电子密度较高的带状区域分开，细胞质仅剩一点点包围着细胞核并处于顶体的另一端。后期精子细胞的顶体区域越来越大，开始形成棘突的原基，同时亚顶体区域的电子密度开始低于顶体区域，并逐渐从顶体区域中分离出来。

Ⅴ精子：由精子细胞完成一定的形态结构后形成，主要的形态变化为棘突和亚顶体区的形成。棘突位于顶体的前端，电子密度和顶体的非常相似，都非常高，明显高于细胞核、细胞质带和亚顶体区，成熟精子的棘突为4.8μm。亚顶体区位于顶体和细胞核之间，相互之间存在着明显的界线。亚顶体区由两部分构成，一部分为电子密度极低的区域，靠近顶体区域，称为亚顶体腔；另一部分为电子密度较高的区域，被称为亚顶体区颗粒。成熟精子的主体部为圆球状，长径5.2μm，短径4.2μm。

在凡纳滨对虾精子发生的过程中，目前仅发现有线粒体、核糖体和内质网，未能发现有典型的高尔基体的存在。

（四）影响性腺成熟的因素

1. 水温

（1）对产卵量、卵巢成熟期的影响　雌虾的产卵量、卵巢成熟期受温度影响极显著，连续产卵间隔时间受温度影响显著。30℃以内时，温度越高，产卵量越大，卵巢成熟期和连续产卵间隔时间越短；温度高于30℃对产卵量、卵巢成熟期和连续产卵间隔时间有抑制。温度30℃时卵巢发育情况最好，平均产卵量为16.6×10⁴粒/尾，卵巢成熟期为143.2h，连续产卵间隔时间为75.0h。

（2）对精子总数、精子活力、精荚成熟期的影响　雄虾的精子总数、精子活力、精荚成熟期受温度影响极显著。26℃时平均精子总数最高，为10.5×10⁶个，精子活力最高，高于30℃时精子数量和活力均下降。34℃时精荚成熟期最短，平均为140.8h，提高温度可加快精荚发育。

2. 盐度

（1）对产卵量、卵巢成熟期、性腺指数的影响　雌虾的产卵量、卵巢成熟期、性腺指数受盐度影响极显著。盐度越高，产卵量越大，卵巢成熟期越短，性腺指数越大。盐度30时

对虾平均产卵量为 17.3×10^4 粒/尾，卵巢成熟期为 145.2h，性腺指数为 0.049。提高盐度可增加产卵量、加快卵巢发育。盐度 20 时对虾连续产卵率高达 90.0%，而盐度 30 时连续产卵率为 60.0%，降低盐度能提高连续产卵率。

（2）对精荚重量、精子总数、精子活力的影响　雄虾的精荚重量、精子总数、精子活力受盐度影响显著。盐度高时精荚重量较大，而精子总数较少，精子活力较低。盐度 15～25 时，精子总数和精子活力相对较高，盐度大于 25 对精子总数和精子活力有抑制。

3. 光照度

（1）对卵巢成熟期、卵径的影响　雌虾的卵巢成熟期、卵径受光照度影响极显著，光照度小于 1 000lx，有利于缩短卵巢成熟期、增大卵径，当光照度为 100～1 000lx 时，卵巢平均成熟期最短，为 171.2h、10～100lx 时，卵径明显大于其他各组；光照度大于 10 000lx，对卵巢成熟期、卵径及产卵率都有明显抑制作用。

（2）对精荚重量、精子总数的影响　雄虾的精荚重量、精子总数受光照度影响极显著，精荚成熟期受光照度影响显著。当光照度为 100～1 000lx 时，平均精子总数最多，达 11.3×10^6；光照度为 10～100lx 时，精荚平均成熟期最短，为 137.6h；光照度为 10～100lx 时，精荚重量相对最大；光照度大于 10 000lx 时，精荚重量和精子总数较低，精荚成熟期较长。凡纳滨对虾雄虾精子活力及性腺指数受光照度影响不显著。因此，光照度在 1 000lx 以内比较适合凡纳滨对虾性腺发育。

4. 饵料

（1）对雌虾的影响　雌虾的产卵量、卵巢成熟期受饵料影响极显著，性腺指数受饵料影响显著。摄食沙蚕和饵料的混合组的对虾平均产卵量和性腺指数最大，分别为 16.6×10^4 粒/尾和 0.045；仅摄食沙蚕组对虾平均卵巢成熟期最短，为 154.4h。沙蚕组和混合组在产卵率和连续产卵率上也有明显优势，其中沙蚕组产卵率最高，为 95.0%，混合组连续产卵率最高，为 83.3%。沙蚕组和混合组凡纳滨对虾雌虾产卵量与性腺指数较大，卵巢成熟期较短，说明沙蚕和其他饵料混合投喂有利于凡纳滨对虾的卵巢发育。

（2）对雄虾的影响　雄虾的精荚重量、精子总数、精子活力、精荚成熟期和性腺指数受饵料影响均不显著。

5. 内分泌腺　控制性腺发育的内部机制主要为内分泌腺的作用，X-器官分泌性腺抑制激素，抑制性腺发育，Y-器官、大颚器官分别分泌激素促进性腺发育及卵黄合成。切除眼柄可有效地去除 X-器官对性腺发育的抑制作用，促进性腺发育。

二、精荚

1. 精荚的形态　精荚成对，贮存在精囊中，每侧各一个，由精子、精荚基质、精荚壁三部分构成，形状球形。其优劣直接影响卵子的受精率和人工育苗的产量。在对虾受精前，精荚具有传输和保护精子的双重作用。

2. 精荚的形成　精荚的精子团、初级和次级精荚层由输精管的前三段分泌物包被形成，精荚的其余部分由精囊形成。输精管在精荚形成过程中起重要作用，一般认为精荚是在精子从精巢进入输精管前段以后，由输精管上皮细胞分泌物随即包被精子团形成的，精荚壁则是由这些分泌物逐渐沉积而成，是一种非细胞结构的物质。从中段输精管到精囊，形成精荚的物质的通过是明显不连续的。精荚的形成与蜕皮周期有关，在蜕皮间期精荚在输精管末端逐渐形成，夜间蜕皮时移到精囊。

3. 精荚的再生 精子的发生是连续的、非同步的，从精巢中排出的时间有先有后，精巢中产生的精子数量远远超过了形成一对精荚所需要的精子，这决定了雄虾具有多次交配的能力。精荚可以再生。精荚再生分为四个阶段：①未发育阶段，少量不透明乳白色黏液，没有精子和精子团。②早期发育阶段，大量黏液，其中有薄而硬的片状物质但没有精子和精子团。③晚期发育阶段，白色柔软具有精子团。④成熟阶段，精荚变硬具浅黄色或浅橙色。每阶段持续的时间与对虾种类、眼柄是否切除及精荚摘除方式有关。种间差异、生理状态、营养条件和环境因素等都可能影响精荚的再生时间。研究发现凡纳滨对虾的再生需要 2~4d。

4. 精荚、精子的质量评价 评价指标主要有精荚重量和外观、精子总数、活精子的百分含量、畸形精子的百分含量。评价方法主要有形态观察法、生物染色剂法、卵水诱导反应。

（1）形态观察法 是评价精子质量普遍采用的方法。畸形精子表现为主体部畸形，棘突弯曲或缺少。健康的精荚是具有正常形态的白色精荚；早期退化的精荚有黑色素沉着，前末端可能变黑；中期退化的精荚变成黑褐色，黑化部分扩展到更多的区域，周边区域可能糜烂；严重退化的精荚表面完全变黑，糜烂的区域进一步扩大。精荚的黏度对于雌虾获得受精能力是很重要的，黏稠的分泌物贮存在纳精囊，可能影响精子获能，精荚形态结构的改变可以影响精荚的黏度，进而影响交尾时黏附到纳精囊，从而影响受精率。精荚颜色、膨胀度和外观能指示精子质量，但不能为精子质量提供数量上的检测依据。形态观察法比较直观，却易受以下因素的影响：精子悬液的制备方法、雄虾的年龄、交尾频率、种间差异。

（2）生物染色剂法 一般采用台盼蓝和吖啶橙作为生物染色剂。用台盼蓝染色时，活精子不被染色，死精子膜间隙变大而被染成蓝色；吖啶橙用来评价核膜的完整性，具有完整核膜的精子呈淡绿色，活力弱的精子呈黄色或橙色，死精子呈黑红色。但有时棘突缺少、弯曲的精子台盼蓝染色时无色，吖啶橙染色时呈淡绿色，而不是黄色、橙色或黑红色。因此，仅用这种方法可能对活精子的比例有过高的估计。生物染色剂法多与形态观察法共同使用，以区分活精子和畸形精子，在精子活力方面得到更多的信息。

（3）卵水诱导反应 与卵水发生反应的精子比例可用来评价精子质量。Pratoomchat 等采用了检测卵的受精率和无节幼体的孵化率来评价精子的质量。

三、性征与繁殖方式

（一）性征

凡纳滨对虾为雌、雄异体，一般从外形上易于辨别。雌、雄个体通常不等大，雌体多大于雄体。第二性征明显，其形态、结构、位置等多为分类特征。雌虾具有开放式交接器，交接器是由甲壳、骨片等形成的囊状结构，仅在第四、五对步足间腹甲上由甲壳皱褶、突起及刚毛等甲壳衍生物形成一区域用于接纳精荚，精荚多黏附其上；雄虾的交接器由第一腹肢特化而成，左右两片，可相互连锁，中央纵行曲卷呈筒形，交配时用以传递精荚；②在雌性个体生殖孔位于第三步足基部，雄性则位于第五步足基部；③雄性在第二腹肢内缘基尚有一小的雄性腹肢。

（二）繁殖方式

繁殖为体外受精、体外发育。具封闭式纳精囊的种类交配后精荚贮于纳精囊中，具开放式交接器的种类精荚则黏附于其中，产卵时同时排出精子，在水中受精、发育、孵化。

四、交配

凡纳滨对虾雌虾不具纳精囊，属于开放性的纳精囊类型，其繁殖顺序为：蜕皮（雌体）→成熟→交配（受精）→产卵→孵化。交配发生于雌虾卵巢充分成熟后。交配活动发生在雌虾产卵前的几个小时内，性成熟的雌虾释放信息素，引诱雄虾追逐并发生交配行为，其交配活动可发生在雌虾两次蜕皮之间的任何阶段，主要和雌虾性成熟的程度有关，只有成熟的雌虾才能接受交配行为。凡纳滨对虾交配通常发生在傍晚 6：00 左右，天刚暗时，在交配发生前 1～2d 即可观察到追尾现象，追尾时，雄虾靠近并追逐雌虾，游动速度比较快，一般雄虾头部位于雌虾尾部下方作同步游泳，这一过程时间较长，反复多次才能成功。真正交配时间仅 2～3min，交配时雄虾转身向上，头尾一致与雌虾腹部相对，将雌虾抱住，释放精荚并将其粘贴到雌虾第 3～5 对步足间的纳精囊上，如果交配不成，雄虾会立即转身，并重复上述动作。交配后的雌虾于 21：00 至次日 4：00 产卵。产卵时，雌虾边产卵边将精荚内的精子同时释放，精卵在海水中完成受精作用。未交配或精荚脱落的雌虾当晚正常产卵，但不能受精孵化。这期间还观察到雄虾追逐性腺未成熟的雌虾，甚至雄虾追逐雄虾的现象。

雌虾与雄虾性腺成熟不同步。繁殖生产中，成熟雌虾平均 5～7d 产卵一次，而且自然交配率较低，通常只有 50%～60%。雄虾则平均 7～10d 交配一次，精子的发生是连续的、非同步的，从精巢中排出的时间有先有后，精巢中产生的精子数量远远超过了形成一对精荚所需要的精子，这决定了雄虾具有多次交配的能力。

五、产卵

对虾在交配后数小时至数天内产卵，产卵均发生在夜间，通常为 21：00—24：00，随产卵盛期过后产卵时间逐渐延迟为次日 00：00—04：00。在产卵前多静伏水底，临近产卵时游向水体表层，在水中缓慢游行，有时有躬身屈背的动作。卵子在游动中产出，呈雾状由生殖孔喷出，在腹肢的急速划动下分散于水中。卵的比重略大于水，产出后缓慢下沉，在人工条件下稍加搅动即可在水中长时间悬浮。产卵时如亲虾匍匐于水底，会造成腹肢划水效果不良以至于卵子不能充分分散而黏连成块，影响正常受精和发育。

产卵活动一般仅持续数分钟，产卵时一般的惊扰不会使其停止产卵，人工条件下移动正在产卵的亲虾会使其暂停产卵，通常在安定下来后，会继续产卵直至产完。产卵期长，且次数多，卵量也越来越多，从第一次产卵 10 万粒，到产卵后期可能达 50 万粒。

六、受精与胚胎发育

卵子产出后与精荚释放出的精子相遇受精后在水中发育。大致的受精过程为：卵子产出时处于第一次成熟分裂中期，入水后由在卵巢内受挤压形成的不规则近圆多边形逐渐变为圆形；精子到达卵子表面，以棘突附于卵表面，数量一般不超过 20 个；精子出现顶体反应并与卵子表面结合；卵子内棒状周边体向外排出，在卵子周围形成胶质膜层；

随后精子完成顶体反应，进入卵子内，以后形成精原核；精子进入卵后，卵子继续并完成第一次成熟分裂，放出第一极体，然后开始形成并举起受精膜，在卵子与受精膜之间出现明显的围卵腔；受精膜举起之后，紧接着进行第二次成熟分裂，放出第二极体。第二极体自卵向受精膜方向升起，最终抵达受精膜，与第一极体相对排列于卵膜内外；随后受精结束，开始卵裂；未受精的卵子在水中亦可举起卵膜，只是不会进行卵裂发育。受精过程可以分为6个阶段（图2-13）。

1. 精子的最初附着 精子在卵产出后与卵子结合，一个卵子上可附着约20个精子，精子以前端的棘突附着于卵上（图2-13 A）。

2. 初级顶体反应 精子棘突缩回，顶体囊出现胞吐现象，然后与卵子表面结合（图2-13 B）。

3. 凝胶排放 卵内的凝胶物质自卵内溢出，在卵外周围形成非均质的胶体，然后形成凝胶层（图2-13 B、C）。

4. 次级顶体反应 精子被凝胶包被，释放顶体丝完成顶体反应（图2-13 D）。

5. 受精作用 精子与卵子膜融合，传递细胞核，形成雄性原核（图2-13 E）。

6. 受精膜形成 受精膜形成并上举，未参与受精的精子脱落。对虾卵子产入海水中后，形态发生一系列变化：首先由不规则状态变成圆球状，继之产生胶质膜（周边体），渐渐变厚、变松，出现黏液泡。周边体的出现可作为卵子即将成熟的标志。对虾卵子受精后，卵膜受到刺激离开

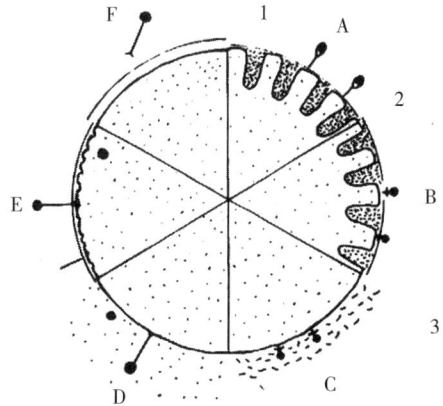

图2-13　对虾的精卵相互作用
（仿Clark等）

1. 卵膜　2. 凝胶　3. 凝胶层　A精卵结合；
B凝胶排出；C胶质层形成，顶体反应完成；
D受精；E精原核及受精膜形成；
F受精膜举起，多余精子脱落

卵黄的表面而涨大、举起，形成受精膜。受精膜与卵表面新的质膜之间形成一个明显的腔隙，即围卵腔，腔内有透明的胶状液。文献认为该胶状液主要是精子入卵后由卵子本身排出的，其中也有精子带入的少量水分。受精膜的举起可作为精子入卵的标志，可推断，精子入卵的时间是在卵第二次成熟分裂的中期，受精后放出第二极体。也有人认为精子在第一次成熟分裂完成以前进入卵内（图2-13 F）。

虾类的卵富含卵黄，为完全卵裂，并有螺裂卵裂的特征。卵子在受精后1～2h开始卵裂，第一次为经裂，由卵子的动物极至植物极分成两个等大的分裂球，第二次也是经裂，与前次分裂面成垂直方向分裂成4个分裂球，此时即出现螺旋卵裂的特征，4个分裂球交错排列；第三次为纬裂，形成8个等大的分裂球；以后继续分裂，分裂球排列由于螺旋卵裂的影响而不规则，但分裂球的大小大致相等。在受精后5～6h，发育为圆球形的囊胚，植物极的分裂球比动物极的略大些。

以内陷方式形成原肠，两个内胚层母细胞内陷入囊胚腔中，不久中胚层细胞也出现于囊胚腔中，128细胞期内陷明显，背唇外展作用最快，胚孔近似三角形，在受精后15～16h原肠形成，胚孔闭合。

随后胚胎依次出现第二触角原基、大颚原基及第一触角原基，此时胚胎可见到3对原基

隆起，称之为肢芽期，以后肢芽分化出内外肢并端生刚毛，胚体前端腹面中央出现红色眼点，胚体在卵膜内逐渐可以转动，此时胚胎称为膜内无节幼体，不久幼体破膜孵化。胚胎发育速度随水温而异，一般对虾类的胚胎发育需 13～24h。

对虾类胚胎发育至膜内无节幼体后孵化，孵化过程大多相似，幼体在膜内不断转动，以身体附生之刺和刚毛刺破卵膜，然后幼体摇动身体，甩掉卵膜而进入水中，成为自由生活的幼体。

未受精卵的卵粒形状不规则，入水后则渐变成圆球状，呈黄灰色，卵黄较少，属中黄卵。卵体仅有一层极薄而柔软的卵黄膜，无卵孔，亦无卵极标志。在海水中，部分卵粒始终保持该状态，部分卵粒径 2～11min 形成均匀而半透明的、花边状的胶质膜，即周边体，周边体渐渐变厚，结构变松，内有胶质层颗粒（黏液泡）出现，4～18min 后放出第一极体，胶质层颗粒渐渐消失，以后则停止变化。

七、幼体发育

凡纳滨对虾孵化出的幼体要经复杂的变态发育才能变成与成体相似的幼虾。幼体在发育过程中每蜕皮一次，变态一次，随着蜕皮变态其形态构造越来越完善，生活习性也发生相应变化，主要的幼体阶段包括无节幼体、溞状幼体、糠虾幼体、后期幼体等阶段（图 2-14），各阶段又划分为不同的期别。

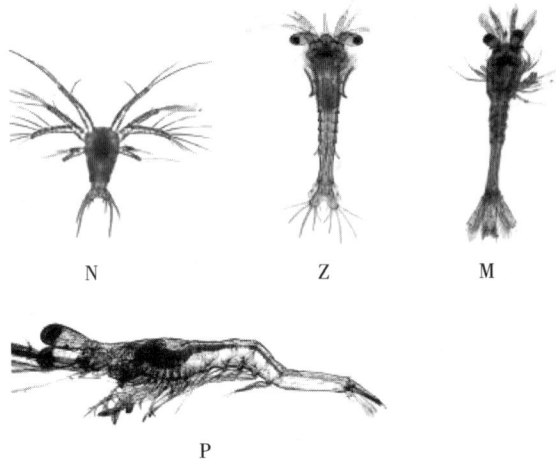

图 2-14　凡纳滨对虾各期幼体形态
N 无节幼体；Z 溞状幼体；M 糠虾形幼体；P 仔虾

无节幼体（nauplius，N）：幼体卵圆形、倒梨形，具 3 对附肢，为游泳器官，体不分节，具尾叉，幼体不摄食，吸取卵黄营养，营浮游生活，一般分为 6 期。后期无节幼体出现其他附肢雏芽，体节增加，有时又称后无节幼体。

溞状幼体（zoea，Z）：体分为头胸部与腹部，分节明显，出现复眼，颚足双枝型为运动器官，后期尾肢生出，形成尾扇。溞状幼体亦为浮游生活，开始摄食，多为滤食性，后期具捕食能力。

糠虾幼体（mysis，M）：腹部发达，出现腹肢，胸肢双肢型，营浮游生活，捕食能力强。

后期幼体（post larva，P）：又称十足幼体（decapodit），即虾类的最末一期幼体，具全部体节与附肢，外形与成体相似，有属的分类阶元的典型特征。此时生活习性常有改变，底栖种类在此期放弃浮游习性，转入底栖生活，经一次或数次蜕皮变为幼虾，又称仔虾。

八、繁殖与环境

繁殖活动与环境条件密切相关，对虾性腺的成熟、交配活动、产卵孵化以及胚胎发育、幼体发育等过程无不在一定的环境条件下进行，环境条件的改变将阻滞或促进繁殖进程，在人工条件下繁殖尤为重要。

盐度：一般需要盐度 30 以上。

温度：在适温范围内，升高温度是促进性腺发育的有效方法。凡纳滨对虾繁殖的温度一般在 27～29℃，26℃以下的温度对繁殖活动可能会产生影响。

光照度：一般认为弱光对凡纳滨对虾性腺成熟有利，亲虾繁育池光照度一般在 5 000～10 000lx，孵化池光照度一般在 1 000～2 000 lx。

海水组成：普通海水对繁殖无不利影响，在低盐度地区及人工配制海水用于繁殖时，海水的组成以及离子比例就显得十分重要了。在低盐地区以化学方法提高盐度用于繁殖时，钙、镁的比例可能是个限制因素。虾类繁殖用海水的基本组成见表 2-1。

重金属离子：海水中的重金属离子对于对虾繁殖的影响主要是阻止幼体及胚胎发育。Quinby-Hunt 和 Turekian（1983）引述了海水中重金属离子的适宜浓度（表 2-2）。

表 2-1　海水基本组成

离子	含量（g/kg）
氢化物	19.344
钠	10.773
硫酸盐	2.712
镁	1.294
钙	0.412
钾	0.399
碳酸氢盐	0.142
溴化物	0.067
锶	0.007 9
硼	0.004 5
氟化物	0.001 3

表 2-2　海水中某些元素的适宜浓度

元素	浓度（μg/L）	作者
铬（Cr）	330	Cranston，1979

（续）

元素	浓度（$\mu g/L$）	作者
锰（Mn）	10	Landing 等，1980
铁（Fe）	40	Cordon 等，1982
钴（Co）	2	Knauer 等，1982
镍（Ni）	480	Bruland，1980
铜（Cu）	120	Bruland，1980
锌（Zn）	390	Bruland，1980
硒（Se）	170	Measures 等，1980
镉（Cd）	70	Bruland，1980
汞（Hg）	6	Mukherji 等，1979
铅（Pb）	1	Schaule 等，1981

第五节　种　　质

虾类种质资源是指具有一定遗传物质、对虾类生产和选育有现实或潜在利用价值的虾类，包括虾类的野生种、家养种、品系，可以是个体，可以是部分器官或组织，也可以是染色体或基因片段。虾类种质的鉴定与评价是其利用的前提。未经鉴定的种质只是一种性能不明的原材料，而未经评价的种质保存材料只不过是一种珍藏品。虾类种质的鉴定和评价是从表型和遗传型两方面着手，从不同的水平上予以检测，包括形态、养殖性能、染色体、同工酶与蛋白质、线粒体 DNA 及核 DNA 等，然后予以综合判定。研究虾类种质不仅侧重于遗传秉性及其在渔业利用上的表现性状，还要着眼保护，以利永续的开发利用。

一、染色体核型分析

染色体数目为 2n＝88，核型公式为 2n＝88＝76m＋8sm＋4st（图 2-15）

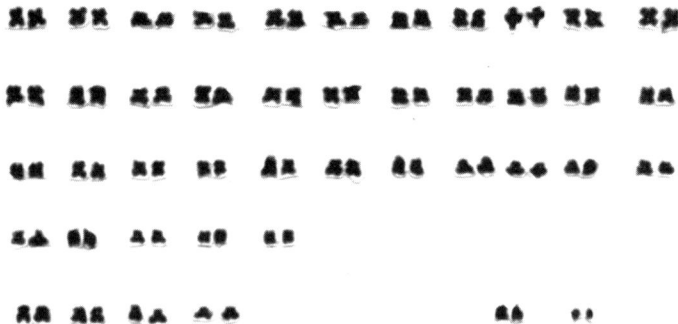

图 2-15　凡纳滨对虾染色体核型

二、生化遗传学特性

同工酶分析采用垂直聚丙烯酰胺梯度凝胶电泳技术，对凡纳滨对虾肌肉进行了生化遗传分析，电泳图为一条酶带，无多态性（图 2-16）。

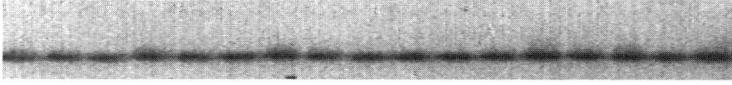

图 2-16　肌肉组织 LDH 聚丙烯酰胺凝胶电泳
（资料来源：农业农村部水产种质监督检验测试中心）

三、遗传多样性分析

李锋等（2006）对引进的凡纳滨对虾亲虾及其子代作了遗传多样性研究，结果显示，凡纳滨对虾第一个引进亲本群体的遗传距离是 $0.195\,9\pm0.039\,2$，子代对虾的遗传距离为 $0.143\,5\pm0.026\,8$；第二个引进亲本群体的遗传距离是 $0.092\,2\pm0.018\,9$，子代对虾的遗传距离为 $0.062\,1\pm0.014\,8$。两个亲本群体间的遗传距离为 $0.654\,6\pm0.079\,4$，两个子代群体间的遗传距离为 $0.708\,7\pm0.065\,6$。两个亲本群体和两个子代群体间存在较大的遗传距离，这可能与亲本的引进有关，这两个亲本群体都是从夏威夷引进的 SPF 亲虾，而 SPF 亲虾的选育要经过数代，在选育过程中会造成遗传变异，多样性降低，引进的批次不同，其遗传距离也会不同。两批亲本多态位点百分数分别为 61.54%、50.52%，表明凡纳滨对虾亲本的遗传多样性相对丰富，但第二批亲本的子代对虾多样性较低，为 30.11%。这说明即使是引进的亲本，也不是都具有优良的性状，如果再继续用这样的亲本产生的子代虾来作亲本，其后代可能更少变异，造成种质资源退化，品种生长缓慢，抗病力下降等不良后果。

参 考 文 献

蔡生力，戴习林，臧维玲，等，2002. 凡纳滨对虾的性腺发育、交配、产卵和受精 [J]. 中国水产科学，9（4）：335-339.

陈昌生，纪德华，王兴标，等，2004. Ca^{2+}、Mg^{2+} 对凡纳滨对虾存活及生长的影响 [J]. 水产学报，28（4）：413-418.

郭标，2015. 光照和温度波动对凡纳滨对虾蜕皮和生长的影响及机制的初步研究 [D]. 青岛：中国海洋大学.

李锋，林继辉，刘楚吾，等，2006. 凡纳滨对虾引进亲虾及其子一代的遗传多样性研究 [J]. 海洋科学，30（4）：64-68.

林小涛，周小壮，于赫男，等，2004. 饥饿对南美白对虾生化组成及补偿生长的影响 [J]. 水产学报，28（1）：47-53.

刘鹏，2009. 温度和盐度双因子交互作用对凡纳滨对虾生长、代谢的影响研究 [D]. 青岛：中国海洋大学.

吕峰，巩杰，倪建忠，等，2018. 不同饵料投喂对凡纳滨对虾亲虾性腺成熟及 E75 基因表达的影响 [J]. 特种动物研究（15）：198-199，202.

麦贤杰，黄伟健，叶富良，等，2009. 对虾健康养殖学 [M]. 北京：海洋出版社，16-86.

欧黄恩，2015. 光照、温度及密度对凡纳滨对虾幼体生长、抗逆性和抗氧化酶活性的影响 [D]. 湛江：广东海洋大学.

王芳，穆迎春，董双林，等，2004，去眼柄对凡纳滨对虾稚虾蜕皮和生长的影响 [J]. 中国海洋大学学报，34（3）：371-376.

王克行，1997. 虾蟹类增养殖学 [M]. 北京：中国农业出版社，6-46.

王兴强，曹梅，马甡，等，2006. 盐度对凡纳滨对虾存活、生长和能量收支的影响 [J]. 海洋水产研究，27（1）：8-13.

王兴强，马甡，董双林，2006. 凡纳滨对虾生物学及养殖生态学研究进展 [J]. 海洋湖沼通报（4）：94-100.

许尤厚，刘学东，张吕平，等，2010. 凡纳滨对虾精子发生的超微结构研究 [J]. 热带海洋学报，29（4）：89-93.

薛敏，罗琳，曹海宁，等，2003，几种促摄食物质对南美白对虾摄食行为的影响 [J]. 饲料广角，13：27-28.

颜素芬，姜永华，2004. 凡纳滨对虾卵巢结构及发育的组织学研究 [J]. 海洋湖沼通报（2），52-58.

姚卫军，2010. 不同生态条件对凡纳滨对虾亲虾性腺发育的影响 [D]. 湛江：广东海洋大学.

张彬，韦嫔媛，熊建华，等，2014. 凡纳滨对虾精子超微结构及遗传失活的研究 [J]. 广西师范大学学报（自然科学版），32（4）：126-134.

张灵侠，沈琪，胡超群，等，2006. 两个凡纳滨对虾家系体重与体长的关系 [J]. 热带海洋学报，25（1）：23-26。

朱春华，2002. 盐度对南美白对虾生长性能的影响 [J]. 水产养殖（3）：25-27。

第三章 <<<

凡纳滨对虾健康养殖理论基础

第一节　健康养殖的概念

一、健康养殖的概念

养殖生产行为是人类利用主观能动性改造自然、最大限度地获取物质产品的过程。所谓健康养殖，目前的解释是：对可养殖的、有较高经济价值的、水生生物优良的健康种苗，提供适宜的水生态环境或人工养殖水体，使其健康生长，就是在种苗的培育、养殖、商品产出的整个养殖过程中，使养殖对象与外部环境之间、养殖对象之间、养殖对象内部本身的微环境之间达到自然的协调、平衡，同时提供营养全面、合理的适口饲料，加强疾病的预防与治疗，从而生产出符合人类需要的优质、健康的绿色食品，这一整个人为的协调平衡的养殖过程即为健康养殖，具有整体性、宏观性和与自然协调的内涵。健康养殖概念的提出，目的是使养殖行为更加符合客观规律，使人与自然和谐发展。当然，随着科技的进步、社会的发展，健康养殖概念的内涵和外延都将随之发生变化，以适应时代的需求。

（一）水产健康养殖理念的起源与发展

在有限的渔业资源情况下，渔业的可持续增长必然要在养殖渔业上寻求发展，增加养殖密度，提高单位水体产量，适当增加可养面积。水产品作为优良的食物蛋白源，为世界水产养殖业提供了巨大的发展空间。但由于水产养殖系统的生态复杂性及人们关于可持续发展意识的不足，传统养殖面临许多严峻问题：养殖水域生态环境恶化；渔业资源受损、生物多样性减少；大幅度提高单位面积产量，养殖比较效益下降；主要养殖品种疫病严重，多呈暴发性流行；为防治疾病，大量施用药物，导致环境污染和食物污染，水产品质量下降，对人类食品安全构成威胁；赤潮、病害、污染事故频繁发生，渔业经济损失剧增。这些问题已成为水产养殖业发展的巨大障碍，同时也给一切违背自然规律的生产活动敲响了警钟。

健康养殖理念的产生可以追溯到 1972 年由联合国有关会议提出的"水产品健康与生态养殖"的概念。这一具有高度前瞻性概念的提出，标志着人类当时就已意识到养殖水产品对人类的健康安全性及传统养殖模式对环境的影响等问题，可以说是"渔业可持续发展"理念和"健康养殖"理念的前身。但随着经济时代的到来，追求短期经济效益成了人们从事养殖生产的中心目标，当时人们对生态养殖的概念十分陌生，而且水产养殖问题尚未明显暴露，因此，概念的提出并未引起人们的重视。到了 20 世纪 80 年代，海水养殖业较发达的日本因受到养殖环境问题的困扰，特别是网箱养殖的残饵、粪便等堆积物的处理方法，特定区域（海湾）内的养殖容量及养殖对环境的影响等，开始重视并加强了有关健康养殖的研究。20世纪 90 年代初，在亚洲开发银行的支持下，亚太水产养殖网组织实施了亚洲现行主要养殖方式的环境评估项目，对亚洲的水产养殖可持续发展研究作出了建议，以"主要养殖方式对环境的影响"为中心内容的水产养殖可持续发展研究提上了日程，随后十余年，亚洲、大洋洲、欧洲、美洲都在该领域开展了广泛研究，在养殖环境监测、养殖系统内部水质调控、微生物生态防病技术等方面取得了一些进展，并推动了生态养殖模式的研究与发展。1995年10月，联合国粮农组织第28届大会审议通过了《负责任渔业行为守则》，其中的"负责任水产养殖"内容对国家管辖区内发展水产养殖、涉跨境水生生态系统的水产养殖、利用水生遗传资源、基层水产生产行为与产品质量等方面作了明确规定，大体上体现了健康养殖的基本框架要求。近年来，随着人们对现行养殖模式带来的诸多问题，如养殖面积扩大、养殖效益明显下降、化学药品滥用及残饵、排泄物污染水体、养殖产品质量降低、海域水质富营养化、赤潮频繁发生、水域生物多样性减少等的认识日渐广泛和加深，以及随着人类健康安全意识的提高及生产、贸易全球化的推进，人们把养殖产品的健康安全性问题，如药物残留、转基因水产品的安全性、引进物种的生态安全性等自然地同健康养殖联系在一起，也就赋予健康养殖概念新的内涵。因而，新的健康养殖概念实际上涵盖了生态养殖的概念，是负责任水产养殖的发展与延伸。

（二）国外水产健康养殖的发展现状

随着健康养殖的理论被越来越广泛的理解与接受，其相关研究也在世界范围内逐渐展开。20世纪90年代中后期以来，国际上健康养殖的研究内容主要涉及不同养殖方式的环境影响评估，养殖生态环境的保护与修复；养殖系统内的水质调控技术（包括微生物生态调控）；病害的生物防治技术；水生生物的遗传多样性保护；水产养殖中优质饲料与绿色渔药研发；健康种质资源与育种技术以及水产品质量安全等领域。在推行健康养殖的品种上，比较有代表性的是美国的淡水鲍和挪威的大西洋鲑，这些品种的养殖技术措施体现了健康养殖的理念，首先是这两种鱼类的养殖生物学、生态环境基础理论的研究比较深入，养殖设施先进，操作机械化程度高，水产品的质量也很高，有明确的卫生标准。主要措施是，不间断地进行品种选育，保证养殖良种化；建立严格的养殖防疫体系，包括鱼病监测系统，开发疫苗与强化鱼体免疫功能的免疫增强剂，如多糖类药物，从亲体、幼苗，直到养成各阶段均可使用疫苗，使养殖成活率大幅度提高，减少药物使用量。在微观基础上，由于分子生物学技术对各个学科的不断渗透，水产养殖，特别是健康养殖也由于分子生物学的渗透而迈入了发展的新时期。运用限制性片段多态性（RFLP）技术、扩增片段长度多态性（AFLP）技术来直接鉴定病原微生物和特定的寄生虫；DNA疫苗（或基因工程疫苗）成功地用于免疫保护。但微生物、微生态技术及许多具体的健康养殖技术的有效性有待进一步评价。发达国家和地区对健康水产品的呼声越来越高，对健康养殖研究的进程亦在加快。

（三）我国水产健康养殖的发展现状

我国"健康养殖"概念的雏形，最早出现于20世纪90年代中后期海水养殖界，是继1993年我国对虾养殖业遭受白斑综合征重创之后，对传统养殖模式存在的种种缺陷进行反思的结果。只是当时"健康养殖"概念局限于强调通过改善养殖环境达到养殖品种健康生长的目的。日趋严重的生态危机、市场危机、诚信危机使越来越多的人清醒地认识到发展健康养殖是我国对虾养殖业可持续发展的唯一出路。虽然我国最近几年健康养殖思想逐渐深入人心，然而对虾养殖的生产仍然没有摆脱疫病的侵袭，主要原因有 3 个，一是白斑综合征病原的宿主是广泛存在于天然水域的甲壳类，使用鲜活饵料催熟亲虾是用于凡纳滨对虾亲虾培育最为传统的方法，而鲜活的沙蚕、牡蛎和鱿鱼等饵料往往携带病毒；二是气候条件对养殖环境的影响复杂多变，一旦养殖条件发生了对对虾产生胁迫的影响，即可能发生暴发性流行病，造成对虾大批死亡；三是由于亲体及虾苗携带白斑综合征病毒，致使养殖阶段的风险大大提高。因此，迫使对虾养殖者必须对所有对虾养殖生产环节的工艺技术进行重新思考，不能再按传统的养殖方式进行生产，必须以健康养殖观点，建立新的养殖模式，加强对病原体及环境的控制能力。为达到这个目的，必须采用新的技术手段改造产业的技术结构。生产实践证明，采取健康管理措施，降低养殖密度，保持水环境稳定避免虾体应激，选择养殖抗病能力强的品种，可以有效地控制发病率。

近年来，我国健康养殖研究蓬勃发展，对微生物生态学进行了长期研究，光合细菌等有益微生物制剂及有益微藻的应用，在养殖系统内微生物生态修复、水质调控、病害预防上取得了显著效果；建立了疾病防控体系，开发了一整套疾病诊断技术和专门的水产药物；凡纳滨对虾的选育工作成绩显著，已获得 12 个经农业农村部审定通过的水产新品种；通过向饲料中添加各种微生物制剂来提高饲料营养水平，提高饲料转化率，减少残饵，降低对养殖环境的污染，向环保型饲料发展。健康养殖技术不断取得成功和推广，特别是 2008 年农业部发布了《关于组织推荐农业部水产健康养殖示范场的通知》后，全国各地建立了水产健康养殖示范场，进一步推进了水产健康养殖发展，并取得了巨大的经济效益。

二、健康养殖应用基础研究

健康养殖技术必须以科学理论和科学实验为依据，养殖条件和养殖环境必须满足养殖品种的生态生理、营养生理、繁殖生理的要求。应用基础研究是先进养殖技术研究的理论依据，它涉及阐明水生经济动物对其栖息生活的环境之间的复杂关系。养殖品种不仅有其本身的生态生理学要求，与外部环境也有密不可分的关系，研究生态系统的高效能量流动、物质循环和信息联系等基本功能，才能提出健康养殖的管理措施，获得较高的经济效益和生态效益。健康养殖应用基础研究目前着重研究的有如下内容：

1. 对虾单养和多元养殖的群体生态学 研究养殖系统中的能流、物流、提高养殖系统的能量效率及物质转化效率，建立最适的养殖结构。

2. 养殖水域生态要素对对虾生长的影响 研究养殖水域（池塘、工厂化水池等）的生态要素对对虾生长、生理变化及行为的影响；研究养殖水质自身污染和外源使用渔药污染及其变化对对虾健康的影响。

3. 对虾生态生理、营养生理及繁殖生理的应用基础研究 研究并提出对虾生态生理适宜状态的参数及营养要求。为了提出最适的养殖工艺，必须研究对虾健康标准参数及应激条件下的免疫功能的变化。加强对养殖环境微生物的生态生理、遗传学及其生态功能的研究，以便有效利用微生物控制养殖环境，提高对虾的健康水平。研究对虾的营养需求，可以科学地调整人工配合饲料配方，合理使用添加剂，提高环保饲料利用率。

4. 对虾遗传育种的基础理论研究与育种技术创新 研究对虾的重要性状遗传基础；克隆控制高产、优质、抗逆、抗病虫、资源高效利用等重要性状的关键基因，解析基因功能，阐明重要性状形成的分子机制；利用表型组、基因组、表观组、转录组、蛋白组、代谢组等组学技术，阐明重要性状的 DNA-代谢产物网络、蛋白互作网络、转录调控网络和基因调控网络等。创新育种技术。研发分子设计育种、染色体细胞工程与诱变育种技术，与传统育种技术相结合，建立优良新品种的高效育种技术体系。强化种苗安全高效生产与质量控制技术研究，制定种苗规模化、标准化生产以及精准化质量控制技术标准，完善品种纯度快速检测技术，提高种苗质量和种苗生产效率。

三、健康养殖主要技术措施

(一) 选育良好的种质

种质是水产健康养殖的物质基础，是基本的生产资料。要实施健康养殖首先要从种质的选择抓起，良好的种质是进行健康养殖的根本保证，选好种苗既不增加成本却可以增加效益，同时也可以避免因虾病频发、大量用药而造成环境污染和影响人体健康。

1. 培育 SPF 和 SPR 亲虾　致病性病毒在养殖对虾中的传播存在着垂直传播和水平传播两种途径。所谓垂直传播是指带病毒的繁殖用亲虾可以通过受精卵，将其体内的病毒垂直传递给仔虾；而水平传播是指携带病毒的对虾在养殖过程中可以将其体内的病毒，通过水体等（媒介）传递给养殖在同一水体中的其他健康对虾个体。无论是垂直传播还是水平传播途径，只有在亲虾或者仔虾的体内存在病毒时，这两种传播途径才能导致病毒性疾病在新的对虾群体中传播和流行。因此，人们认为如果能让所养殖对虾的体内不携带病毒的话，就不会有病毒的传播和疾病的流行了。基于人们对于上述病毒传播途径及其病毒病传播与流行的认识和理解，认为如果饲养的是不带有病毒的对虾，病毒病也就不可能发生了。在 1990 年左右由美国的夏威夷海洋研究所建立和发展起了 SPF 亲虾体系，1995年开始正式以家系为基础进行选育。从 20 世纪 90 年代初开始，一些有实力的对虾育种企业亦开始了培育 SPF 和抗特定病原（Specific Pathogen Resistant，SPR）的亲虾，并且同时开始了对全世界的虾养殖区域销售 SPF 和 SPR 对虾种苗的商业活动，对降低对虾的养殖风险起到一定作用。

2. 选育对虾新品种　目前我国在种质培育方面采用现代生物技术与传统育种技术相结合的方法，培育生长速度快、抗病、抗逆性强的优质品种，采用基于家系的多性状复合育种技术进行培育：①对收集到的养殖群体采用 AFLP 或简单序列重复标记（SSR）等分子生物学技术进行群体的遗传多样性检测，结合杂交后代的生长性能及成活率状况，通过遗传多样性及配合力分析，建立遗传多样性丰富的基础群体。②基于最佳线性无偏预测法（BLUP）家系育种值评价，构建育种核心群，即每一选育世代，都采用人工定向交尾技术大规模建立家系，基于测定的数据和系谱信息通过 BLUP 方法计算出个体或者家系性状的育种值，根据选择指数选择家系以及家系内生长较快的个体，构建育种核心群。③基于世代累积效应育成新品种，即通过至少连续 4 代选育，形成生长速度快、养殖成活率高、遗传及表型性状稳定的新品种。截至 2022 年，全国水产原种和良种审定委员会通过的凡纳滨对虾新品种有 12个：凡纳滨对虾"科海 1 号"、凡纳滨对虾"中科 1 号"、凡纳滨对虾"中兴 1 号"、凡纳滨对虾"桂海 1 号"、凡纳滨对虾"壬海 1 号"、凡纳滨对虾"广泰 1 号"、凡纳滨对虾"海兴农 2 号"、凡纳滨对虾"正金阳 1 号"、凡纳滨对虾"兴海 1 号"、凡纳滨对虾"海兴农 3

号"、凡纳滨对虾"渤海 1 号"、凡纳滨对虾"海茂 1 号"。

（二）调控合适的养殖水环境

水是对虾生活的载体，水环境的好坏，直接影响到对虾的健康。要做到健康养殖，为对虾创建一个优质的水域生态环境是关键。在养殖过程中要严格遵守"肥、活、嫩、爽"的养殖水质标准，及时开启增氧机，有效地使用有益菌、浮游微藻营养素，配合使用其他养殖水环境调节剂，降解、转化对虾养殖代谢产物，平衡藻相与菌相，培育合适的养殖水环境。

1. 清塘、水体消毒 上一茬养殖虾收获后要彻底清塘。放虾苗前池水要进行消毒，选择低毒、高效的水体消毒剂，合理进行水体消毒，要求既能有效消毒灭菌，又对浮游微藻影响不大。

2. 营造具有优良浮游微藻和有益微生物的养殖生态环境 养殖前，池塘和池水经消毒处理，微生物总体水平较低，需及时施加有益微生物快速形成有益微生物优势菌群，抑制有害菌的滋生，快速降解、转化有机物，促进优良浮游微藻的平稳繁殖，净化养殖环境；还要培育有益藻类，改善虾塘水环境的微藻组成。养虾池的养殖生态环境通过浮游微藻藻相与菌相演变生成，所以池塘进水之后，要先养好水才放苗。

（1）维护稳定优良的浮游微藻种群 养虾池塘中培养和维护稳定的优良浮游微藻种群，需施用浮游微藻营养素提高养殖水体营养水平。不同微藻有不同的营养需求，施用时根据虾池营养状况科学配制营养素并合理使用。营养素配制原则是：溶解态的氮、磷元素比大于10：1，其他元素适量。亦可直接使用单细胞藻类营养素。

（2）施用有益菌调控养殖生态环境 光合细菌是一种能够利用光能进行生长繁殖的水生微生物，它在繁殖时能释放具有抗病力的酵素，从而提高虾的抗病力，减少发病率。施放光合细菌还可显著降低水体中的氨氮、亚硝态氮、硫化氢等有害物质，减少污染，减少有机物耗氧量，从而改善水质；它还能抑制其他病害微生物生长，减少虾类病害，所以要充分利用光合细菌来净化水质、促进养殖对象生长、预防病害。在养殖池塘中施放芽孢杆菌，能快速降解养殖代谢产物，促进优良浮游微藻繁殖，抑制有害菌繁殖，促进有益菌形成优势，改善水体质量。还可利用乳酸杆菌、硝化细菌、EM 复合菌剂等生物制剂来净化水质，使用水质改良剂（活性炭、陶土等）来调节改良水质。

（3）养殖环境常规调控 一般来说，池底有机质较多、水中肥度不足时，选择使用微生物型调节剂；水体混浊、呈黄泥水色时，选择使用高效净水型调节剂；养殖动物发病或应激反应时，选择使用中草药型调节剂。养殖中后期，使用沸石粉或以沸石粉为基质配制的养殖环境调节剂，以吸附小分子污染物，使水质清新，并防控浮游微藻过度繁殖。暴雨后往往池底容易缺氧，可以泼洒活性钙产品增加水体钙含量和硬度，同时改善池底氧气状况。pH 过高或不稳定、水混浊、泡沫多时，施用腐殖酸，以络合溶解态有机质，使水质清新，而且可以调节酸碱度和平衡浮游微藻藻相；暴雨后 pH 太低时，可以泼洒少量石灰水，再使用有益菌。养殖水体缺氧和浮游微藻繁殖不良时，使用增氧剂（粉末状增氧剂可用于缺氧浮头救急，粒状和片状增氧剂可用于底部增氧）。

（三）采用"以防为主，防重于治"的疾病防治方针

与传统的养殖方式相比，健康养殖对对虾的疾病防治更为严格。因为传统养殖方式中对疾病的防治一般用的是化学药品，如卤素类、氧化剂（$KMnO_4$ 等）、抗菌药（磺胺类、抗生素）等，这些药物在防治了养殖对象疾病的同时，既污染了水质又对人体的健康造成影响，特别是那些高残留、高富集的药品。目前，我国在健康养殖的疾病防治上采用的是"以防为主，防重于治"的方针，及早发现病情、及早采取措施。上一茬养殖对虾收获后，虾塘要彻底清淤、晒池/洗池，彻底消毒。在养殖期间，妥善使用 ClO_2 制剂、强力碘制剂等水体消毒剂对水体进行消毒，养殖过程中每隔 $7\sim10d$ 施用芽孢杆菌，及时降解转化养殖代谢产物。加强养殖对虾的营养免疫调控，适当加喂益生菌、酶制剂、免疫蛋白、免疫多糖、多种维生素等物质，增强对虾的非特异性免疫功能，提高对病毒的抵抗力。气候变化时期或对虾应激状态时，可饲喂板蓝根、大青叶、地丁、大蒜等中草药，提高对虾抗病力和抗应激力。

病害控制时需安全用药，使用"二小"（残留小、用量小）、具有"三证"（兽药生产许可证、批准文号、产品执行标准）的高效安全渔药，在使用渔药时建立处方制，严格遵守渔药说明书的用法用量，注意保证药物使用的间隔期、休药期和轮换制。严格禁止使用"二高"（高毒、高残留）、"三致"（致癌、致畸、致突变）药物。

（四）投喂环保型饲料

提倡健康养殖，前提条件就是要使用环保型饲料，向饲料中添加各种生物制剂以达到健康养殖的要求，如：在饲料中添加肽聚糖能增加甲壳类的免疫防御能力；添加复合酶能促进对虾生长、提高饲料利用率；添加低聚糖类如甘露寡糖、果寡糖等低聚糖，可以提供肠道内有益微生物生长繁殖所必需的"双歧因子"，促进有益微生物生长、控制有害微生物繁殖；添加小肽类来调控生长发育与其他生理行为；添加微生态制剂，很多益生菌菌体本身含有丰富的营养物质（如蛋白质、多种维生素、氨基酸、多种微量元素等），为对虾提供营养成分，菌体能在消化道内产生淀粉酶、脂肪酶和蛋白酶等酶类物质，提高消化效率，还能分泌产生抑菌物质，杀死其周围的有害菌或抑制有害菌的定植和生长。通过向饲料中添加各种生物制剂来提高饲料营养水平，提高饲料转化率，减少残饵，降低对养殖环境的污染，这正是水产健康养殖所追求的。

第二节 养殖环境的调控

对虾养殖的关键在于养水，有效地使用有益菌、浮游微藻营养素，配合使用其他养殖水环境调节剂，降解、转化对虾养殖代谢产物，平衡藻相与菌相，营造良好养殖生态，是遵循对虾生态生理特性和虾池生态特点，应对当前对虾环境污染和病害频繁发生、促进对虾健康生长、保障养殖对虾质量安全的关键。

一、对虾养成期间的水质要求

影响对虾养殖水体质量的因子较为复杂，且各因子的变化情况差别较大，为确保对虾养殖生产的顺利开展，应综合考虑各项主要水质因子的影响效应，做到"心中有数、综合管理"。具体指标可参考表 3-1 所述。

表 3-1 对虾养殖水环境主要参数

参数项目	限制量	适宜量
水色	蓝绿；黑褐；白浊；清澈	绿；黄绿；黄褐
透明度（cm）	<20，>100	$30\sim40$
水温（℃）	<18，>33	$25\sim32$
盐度	<0.2，>34	$10\sim20$
pH	<7.0，>9.3	$7.8\sim8.6$
溶解氧（mg/L）	<3.0	>5.0
总氨氮（mg/L）	>0.6	<0.4
亚硝酸氮（mg/L）	>3	<2
硫化氢（mg/L）	>0.03	<0.03
化学耗氧量（mg/L）	>4.0	<3.0
总碱度（mg/L）	<20	$30\sim200$
水表面泡沫	水搅动停止后，泡沫难消散	搅动停止后，泡沫消散快

（一）水色

水色所反映的是水体中浮游微藻的种类和数量的表观情况，通常正常的水色为绿色、黄绿色或浅褐色。水色呈绿色表明水体中的浮游微藻以绿藻为主，浅褐色则表明水体中的浮游微藻以硅藻为优势种。

（二）透明度

透明度是反映水体中浮游微藻数量和有机质的一个重要指标，若浮游藻类数量丰富和有机质含量高则水体的透明度相应会低，反之，则透明度明显增大。对虾养殖水体透明度一般为 30~40cm 较为适宜。

（三）水温

水温是影响对虾健康生长的重要因子之一。凡纳滨对虾的适温范围较广，在人工养殖条件下可适应水温为 15~40℃，最适水温为 25~32℃。水温长时间低于 18℃ 或高于 33℃ 时，对虾会处于胁迫状态，抗病力下降，食欲减退或停止摄食；对虾长时间处于水温 15℃ 的低温条件下会出现昏迷状态，低于 9℃ 时死亡。养殖过程通常要求水温保持相对稳定、平缓变化，一般每两天测定一次水温，若遇到气候突变，如气温骤升或寒潮来袭、连续大暴雨，对水温的监测应该相应加强。

（四）盐度

水体的盐度主要影响对虾渗透压调节机能，养殖水体盐度的高低和平衡情况对对虾的健康生长具有重要的影响，应尽量为养殖对虾提供一个相对稳定的盐度条件。凡纳滨对虾是广盐性虾类，能适应的盐度范围较宽，盐度为 0.2~34 均可，养殖生产的最适生长盐度为 10~20。在淡水中也可养成。若遇到气候突变，连续大暴雨，则应加强对水体盐度的监测。

（五）pH

pH 反映的是水体的酸碱情况，通常对虾较为适宜在弱碱性（pH 为 7.8~8.6）环境中生长。当水体 pH 低于 7，对虾会处于胁迫状态，出现个体生长不整齐，活动受限制，影响正常蜕皮生长。从某种意义上看，pH 也作为判定水质好坏的一个重要指标，在过高的 pH 条件下，水中氨氮的毒性将会大大增强，不利于对虾的健康生长；若 pH 较低，表明水体中的有机物含量可能过多，水体受到了一定污染。

（六）溶解氧

水体中的溶解氧是维系水生生物生命的重要因子，不仅直接影响养殖对虾的生命活动，而且与水体的化学状态密切相关，在养殖过程中需予以高度的关注。

养殖水体中的溶解氧含量主要来源于水中浮游植物的光合作用和空气中的氧气地溶入，增氧机的开动可加速氧气在水体中的溶解与扩散。通常，白天由于浮游藻类的光合作用，溶解氧含量较高，有时甚至达到 10mg/L 以上；在夜间因光合作用停止，供氧亦相应停止，池中所有生物均进行呼吸作用，导致水体中的溶解氧含量大幅降低，黎明前有时可降至 1mg/L 以下，导致对虾缺氧窒息造成大量死亡；在连续阴雨光照度较弱的天气下，微藻光合作用产氧效率大幅降低，溶解氧含量处于较低水平。所以，养殖过程应特别关注夜间和连续阴雨天养殖水体中的溶解氧情况。凡纳滨对虾的缺氧窒息点在 0.50～1.53mg/L，个体规格与耐受低氧的能力存在一定的关系，个体越大，耐低氧能力越差；在蜕皮生长时，虾体对溶解氧的需求会有所提高，低氧条件不利于其顺利蜕皮。对于对虾养殖水体而言，日常的水体溶解氧不低于 3.0mg/L，最适宜为 5.0mg/L 以上。有条件的养殖场可配置一台便携式溶解氧仪，以随时监控各个养殖池塘的溶解氧情况，掌握水体中溶解氧含量的变化，为采取有效的管理措施，降低养殖风险提供可靠的数据支持。但由于养殖水体环境是一个相对运动的生态体系，不同的水层之间、距离增氧机的远近、风向改变等因素均对水体的溶解氧含量存在极大的影响，所以，利用溶解氧仪监测养殖水体溶解氧情况时，应多选几个监测点进行测定，尽量避免因测量误差产生的误导性管理。

（七）总氨氮、亚硝酸氮

虾池中的氨态氮（NH_3-N）、亚硝酸氮（NO_2^--N）主要来源于生物尸体、生物的排泄物、残饵、有机碎屑等有机质降解。水体中无机氮的存在形式除上述 2 种之外，还有硝酸氮（NO_3^--N）和离子态氮（NH_4^+-N），这 4 种类型的氮化合物在不同的条件下，通过氧化还原反应相互转化，形成一个复杂的平衡体系（图 3-1）。但在此 4 种氮化合物中主要以 NH_3-N、NO_2^--N 对对虾的毒性最大。对虾氨氮中毒典型症状有：一是食欲下降，发生厌食减食和停食；二是免疫机能明显下降，容易感染各种疾病；三是肝胰脏发生病变，红肿积水，常伴有鳃基腐烂；四是病虾出现浮头、游边。如不及时处理塘水，死亡率极高，甚至整池死亡。一般应将 NH_3-N 的浓度控制在低于 0.4mg/L，将 NO_2^--N 的浓度控制在低于 2.0mg/L。

$$NH_4^+\text{-N} \longleftrightarrow NH_3\text{-N} \longleftrightarrow NO_2^-\text{-N} \longleftrightarrow NO_3^-\text{-N}$$

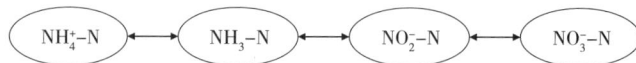

图 3-1　养殖池塘水体中无机氮的存在形式

（八）硫化氢

对于对虾而言，硫化氢是一种具有强烈毒性的物质，它主要存在于池塘底部，是由沉积于底部的含硫物质还原而形成的。通常应将硫化氢的含量控制在 0.03mg/L 以下。若监测到硫化氢含量稍高时，可使用氧化性物质如生石灰、高锰酸钾等将其氧化，以降低其毒性，或

在养殖池底部使用 $1kg/m^2$ 的氧化铁与硫化氢反应产生无毒的硫化铁沉淀，从而降低养殖环境中硫化氢的含量。

（九）化学耗氧量

化学耗氧量（COD）是以化学方法测量水样中需要被氧化的还原性物质的量。水样在一定条件下，以氧化 1L 水样中还原性物质所消耗的氧化剂的量为指标，折算成每升水样全部被氧化后，需要的氧的毫克数，以 mg/L 表示，反映了水样中受还原性物质污染的程度。该指标也作为衡量有机物相对含量的综合指标之一。当测得养殖水体中的 COD 较高时即表明水体富含有机质，水体的溶解氧含量将会因有机质的氧化分解而急剧下降，从而造成水体缺氧。因此，有效调控养殖水体的 COD 处于一个适当的水平，使 COD 不超过 3mg/L，有利于保持水体溶解氧，促进对虾健康生长。

二、养殖水环境的监测

水环境监测是对虾养殖管理中的重要环节之一，通过监测及时了解养殖水体的各项因子，可为采取有效的调控措施提供依据。对虾养殖水质监测的常用方法可参考表 3-2。

目前，市场上已有不少采用比色法检测养殖水体溶解氧、氨态氮、亚硝酸态氮等因子的试剂盒，由于其检测数据存在一定的误差，所测数据只是一个大概值，仅能作为参考，若希望得到更为确切的浓度值，有条件的养殖场可配套一套简易型水质分析仪，以便准确检测各项水质指标。

此外，由于养殖水体中不同位点的水质指标存在较大的差别，为保证监测数据可全面反映水体环境质量，在取样时应多点取样，采用合适的取水器，获取不同水层的水样。

表 3-2　对虾养殖水质监测方法

项目	方法
水色	观察浮游微藻情况可用"玻璃杯透光法"或用显微镜镜检，主要是观测水体中浮游藻类的种类和数量。
透明度	采用"黑白盘"法观测，也可用目测法判断。
温度	温度计测定。
盐度	使用"比重计"或"波美计"，通过测定水体的比重再换算得到单位水体中的盐类含量。
pH	使用电极法（pH 计）或比色法（化学试剂反应显色）。电极法测得的 pH 误差相对较小，比色法的误差较大。
溶解氧	无机分析法或溶解氧仪测定，多点取样与监测。
氨氮	水质分析仪或试剂盒比色法监测。
亚硝酸氮	水质分析仪或试剂盒比色法监测。
硫化氢	无机分析法或水质分析仪监测，取底层水或泥样。
化学耗氧量	无机分析法或水质分析仪监测。

三、养殖水环境的物理调控

在养殖生产中一般所采用的水环境物理调控法有：添换水、曝气、过滤、机械增氧、吸附、沉淀等。具体采用何种方式对水环境进行调控，应该根据养殖生产中水环境的具体情况而定。

（一）添换水

为保证养殖对虾的健康生长，对虾养殖实施前期全封闭和中后期半封闭相结合的管养模式。其中，在养殖前期全封闭，即放苗前进水到一定水深，放苗后养殖前期不换水和添水；养殖中后期半封闭，即中期逐渐加水至满水位，后期视水质变化和水源质量实施有限量水交换。水交换原则为一次添（换）水量为养殖池塘总水量的 $5\%\sim15\%$，保持养殖水环境的稳定。在添（换）水过程中应特别注意所加入水源的质量，避免由此引入污染源和病原，有条件的养殖场应设置蓄水池和消毒池，对所加入的水源进行沉淀、消毒等预处理，再引入养殖池。

（二）过滤

采用过滤法可去除水体中悬浮性或沉淀性的颗粒物及其他一些生物，高效的过滤方法还可有效去除水体中的病原微生物，进而起到防病的效果。目前过滤的主要形式有网滤、沙滤、滤器过滤等。网滤主要是去除水体中粒径稍大的杂质或生物，具体使用时可根据过滤对象的情况，选择合适网孔的筛绢网对水体进行过滤，一般情况下选择 $60\sim80$ 目的筛绢网即可；沙滤主要是利用沙粒间的缝隙对水体进行过滤，其过滤效果与所选择沙粒的大小密切相关，沙粒粒径越小其过滤效果越好，但也越容易被污物堵塞，因此，不必一力追求细沙过滤，而是根据实际需要选择合适的沙粒过滤即可。过滤器的种类较多，根据压力情况可分为一般机械式过滤器、加压式过滤器等；根据过滤填料的类型则可分为石英砂、珊瑚砂、麦饭石、沸石、活性炭、硅胶等。相对大面积的对虾养殖生产而言，过滤器的成本相对较高，可过滤水的体积亦相对较小，因此，较为适宜在对虾育苗场、工厂化的养殖模式下使用。

（三）机械增氧

在现有技术中，对虾养殖池塘主要是依靠增氧机增加养殖水体的溶解氧含量。通常所采用的增氧机类型主要有水车式增氧机、水下小叶轮式增氧机、底喷式增氧机等，也有的地方采用罗茨鼓风机、漩涡式充气机和气举泵等机械。无论哪种方式，主要都是加速空气与水体的接触，使空气中氧气尽量溶入水体，从而增高水体溶解氧含量。

使用增氧机不仅能起到增氧的效果，还可使养殖水体产生流动，从而达到动水及增氧的双重效果。其中充气式增氧机形成的是上下层水体对流，叶轮式增氧机则可形成整个养殖水体的环流。因此，在实际应用中应选择合适的增氧机类型，对增氧机进行合理布局，对保障对虾养殖顺利开展具有重要的现实意义。

增氧机开动时间的把握也应特别注意。一方面，如果增氧机经常性开启，虽然能起到良好的增氧效果，但同时也增大了电力成本，造成整体养殖效益的下降；另一方面，若开机不足、不及时，则又起不到良好的增氧效果。通常，在夜晚、阴雨天气时应保持增氧机的开启，而在天气晴好的白天，由于浮游微藻的光合作用产氧已基本能满足需要，则可间断停开。但对于实行高密度、集约化的对虾养殖而言，增氧机开启时间应相对延长，但主要还是应根据水体中的溶解氧含量制定具体的增氧方案。

（四）吸附与沉淀

养殖过程中若发现水体混浊，水中含有大量的悬浮物，就应该考虑采用有效的方法将其进行吸附、沉淀，进而去除，以保持养殖水体的"清爽"。一般可选用沸石粉、活性碳等多孔性物质，对水体中的悬浮物进行吸附，并使水体静止一段时间，使之得以絮凝、沉降，待发现水体悬浮物明显减少时，再采用底层排水法，将吸附、沉淀的污物排出池外。至于沸石粉、活性炭等沉淀剂的添加量，应根据养殖水体的混浊度、悬浮颗粒的主要类型等具体情况而定。

（五）控温

气候变凉、水温下降时，采用工厂化养殖模式进行对虾养殖时，多会配备一套控温系统，以使水温保持在适宜对虾生长的范围。南方对虾养殖地区其低温时期较短，养殖面积相对较大，配备控温系统可行性不高，所以可在寒潮来袭之前，采用加盖暖棚的方法进行控温，可保持水温不骤降，在冬季也可以进行对虾养殖。由于海水温度相对稳定，深层地下水的水温较高（有的可达到 28～30℃），因此，有的地区则采用加入海水和深层地下水的方法以维持水温。但总体而言，盖暖棚法的保险系数相对较高，成本适中，能较好地满足南方大部分养殖地区的生产实际需求。

四、养殖水环境的化学调控

养殖水体环境的优劣对对虾养殖成功与否具有重要的影响，水体中的腐败有机质及其所产生的有害无机产物可使整个养殖水环境恶化，诱发疾病，甚至导致养殖对虾的大量死亡。因此，对虾养殖中的水体质量管理不容忽视。

一般来说，养殖中后期每隔 10～15d，可以使用水产养殖环境调节剂，以吸附小分子污染物，使水质清新，并防控浮游微藻过度繁殖。养殖过程中，视养殖环境变化的具体状况，适当选用微生物型、高效净水型、中草药型等调节剂。

（一）pH调节

通常养殖过程中 pH 较低时可使用适量的生石灰化水全池泼洒，以提高水体的 pH，但具体用量要视水体 pH 的具体情况而定。当遇到 pH 过高或不稳定、水混浊、泡沫较多时，可施用腐植酸，以络合溶解态有机质，使水质清新，改善水体质量，并且能够调节水体酸碱度和平衡浮游微藻藻相（图 3-2）。此外，当 pH 过高或不稳定时可使用碳酸氢钠，通过其所释放的碳酸氢根离子、氢根离子、碳酸根离子以平衡水体中的 pH。

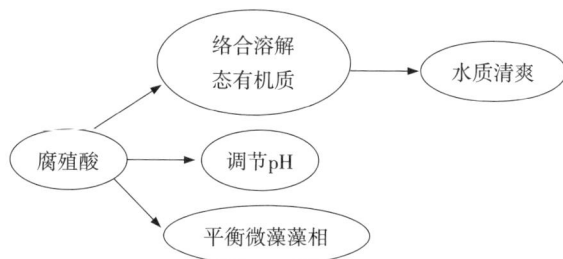

图 3-2 腐殖酸作用效果

（二）增氧剂调节

对虾属于底栖类生物，若放养密度稍高、管理措施不当，在养殖中、后期极易造成底层水体缺氧，如沉积物氧化分解、夜晚微藻无光合作用停止供氧、气候突变、倾盆暴雨等因素均易造成水体缺氧。此时，可适量投入增氧剂，以增加水体的溶解氧供给，改善虾池底质环境，保证对虾的健康生长。

1. 双氧水 双氧水实为过氧化氢溶液，是一种无色、无味的液体，投放至养殖水体中可释放出大量的氧气，具有较强的氧化作用。因此，双氧水既可增加水体溶解氧，又可杀菌消毒、氧化水体中的还原性物质，改善养殖环境，可作为对虾浮头时的急救剂。但其在强光、高热等条件下极不稳定容易分解，故在使用时应把握好时机。双氧水的用量主要和其所含过氧化氢的浓度与养殖生产实际有关，一般规格的双氧水含过氧化氢量为 $2.5\% \sim 3.5\%$，一些高浓度的双氧水则为 $26\% \sim 28\%$，因此，在使用时应根据所选用双氧水的过氧化氢含量和水体缺氧的具体情况适量使用。

2. 过氧化钙 使用的过氧化钙多为含结晶水的晶体，容易潮解，微溶于水，与水反应可形成氢氧化钙和氧气。因此，它具有供氧、平衡 pH 及杀菌消毒等多重功效。目前市售的过氧化钙有粉末状和颗粒状两种形态，一般若用于底部增氧的多选用颗粒状的，若用于水体增氧则可选用粉末状的。其用量应视水体当时的溶解氧含量、对虾放养密度和养殖池的具体情况而定。对于增氧系统配套完善的水泥池和铺膜池，其用量可适当减少以降低成本；而对于增氧系统配套稍显薄弱的土池，由于其水体和底泥中的有机质含量相对较多，故用量可稍稍加大，一般可把用量控制在 $7.5 \sim 15.0 \text{kg}/(\text{hm}^2 \cdot \text{m})$。

3. 过碳酸钠 过碳酸钠是一种碳酸钠与过氧化氢耦合而成的化合物，无味、无毒、水溶性好，能释放出稳定的碱性过氧化氢，而过氧化氢在养殖水体中即可反应释放氧气，从而达到增氧的目的。在存放过碳酸钠时应确保密封包装，保持干燥，避免高温和日照。其使用量一般为 $7.5 \sim 15.0 \text{kg}/(\text{hm}^2 \cdot \text{m})$，但实际使用时还应根据对虾放养密度、水体固有溶解氧含量和养殖池增氧系统配套等具体情况而酌量增减。

（三）消毒调节

消毒剂对于杀菌除害、为养殖对虾营造良好的生物环境具有重要的作用。但是，若所选用的消毒剂种类或用量不当，不但会对养殖对虾产生极大的负面影响，还有可能严重影响所生产对虾的品质及其食用安全。所以，选择高效、安全的消毒剂，在不影响对虾品质的前提下，有效控制病害的发生，为对虾提供一个健康、安全的生长环境具有重要的意义。目前较常使用的消毒剂主要有以下几个种类：

1. 生石灰 生石灰的主要成分为氧化钙，当其与水反应可形成氢氧化钙，同时还可释放出大量的热量，因此，一方面它即可提高养殖水体的 pH，减少水体中硫化氢的含量，另一方面还能起到一定的杀菌效果。此外，它能促进对养殖池中铜、铁、锌等重金属的络合作用，以降低金属离子对养殖对虾的毒害作用。通常生石灰在养殖前作为池底消毒剂和底质改良剂时，用量为 $1.50 \sim 2.25 \text{t}/\text{hm}^2$；在养殖过程中作为水质、底质改良剂时，用量为 $15 \sim 30 \text{mg}/\text{L}$，但还需根据水体的 pH 情况酌量增减。

2. 含氯消毒剂 含氯消毒剂主要是依靠氯元素的强氧化性，氧化养殖水体中的病原生物、有机质及其他一些还原性物质，从而达到消毒、灭菌，净化水质的效果。其种类也较多，常用的有：漂白粉、二氧化氯、二氯异氰脲酸钠、三氯异氰脲酸钠等。其中又以后三种的效果为佳。通常漂白粉的用量为 $1 \sim 1.5 \text{mg}/\text{L}$、二氧化氯为 $0.1 \sim 0.2 \text{mg}/\text{L}$、二氯异氰脲酸钠 $0.3 \sim 0.6 \text{mg}/\text{L}$、三氯异氰脲酸钠 $0.2 \sim 0.5 \text{mg}/\text{L}$。但在具体使用时还应视养殖中的具体情况进行增减。

3. 高锰酸钾　高锰酸钾为紫褐色晶体，易溶于水，在碱性水体中可形成沉淀。它属于强氧化剂，可氧化养殖水体或底层沉积物中的有机质或还原性物质，同时，通过强氧化作用还可破坏微生物和原生动物体内的活性物质，从而起到消毒灭菌的效果。在对虾养殖中其药浴的安全浓度为 10mg/L，水体泼洒方式则为 4～7mg/L，但具体用量还需视养殖水体的具体情况而定。

4. 甲醛　为无色透明液体，具有刺激性气味。它主要通过作用于细胞基质，使之烷基化，或直接作用于蛋白质使之变性，从而达到杀菌、驱虫的效果。其安全用量为 10～20mg/L。

5. 碘消毒剂　碘属于卤族元素，具有较强的氧化性，一方面它可通过氧化作用杀灭病原生物，另一方面还可作用于病原生物的活性蛋白使之失活，达到阻止病原生物正常生理活动的效果。但由于碘易挥发，又不溶于水，故多将其与有机表面活性剂或季铵盐进行络合，既保证碘的高效性，又确保其易于保存及使用。通常对虾养殖过程中其使用量为 3.0～4.5kg/（hm^2·m）。

五、养殖水环境的生物调控

（一）对虾养殖池的主要生物构成

虾池中的主要生物有对虾、浮游微藻、浮游动物、细菌。对虾作为养殖对象，浮游植物、浮游动物及细菌作为转化者，共同构建了一个小型的养殖生态系统。

浮游微藻主要包含绿藻、硅藻、蓝藻、甲藻等。其中，绿藻和硅藻为优良种类，一定数量的浮游绿藻和硅藻能够产生溶解氧，吸收有害物质，形成合适透明度和水色，抑制有害藻类和有害细菌，而且可以作为对虾幼体和浮游动物的活饵料，但数量过多会引起夜间耗氧过多；蓝藻和甲藻为有害种类，其生长繁殖过程会释放有害毒素，对对虾生长不利，而且还会抑制有益藻类，使水质败坏。

浮游动物的种类包括桡足类、枝角类、轮虫等。在养殖前期，浮游动物可以作为幼虾的优良活饵料，其能滤食浮游植物、细菌和有机碎屑，促进虾池物质循环，但过量繁殖易引起水体透明度增大。

养殖池中存在着各种各样的细菌，其作用不同，能力不同。按代谢机制可分为好气菌、厌气菌、兼性厌气菌；按属性可分为有益菌、有害菌、条件致病菌、致病菌。养殖过程产生的代谢产物需要由细菌来进行降解和转化，细菌是养虾池物质循化过程必不可少的成员。

（二）对虾养殖池中主要生物之间的相互关系

虾池中对虾与浮游微藻、浮游动物、细菌之间存在着互相依存的关系（图 3-3）。对虾以配合饲料为主要食物，养殖前期可以摄食浮游微藻、浮游动物、细菌团粒，养殖后期可以摄食细菌团粒；对虾的代谢产物、残存饲料、浮游动植物的残体通过细菌的降解作用，转化成为营养元素，培养浮游微藻，进而培养浮游动物；细菌在降解转化代谢产物的过程中，自身繁殖成为细菌团粒。

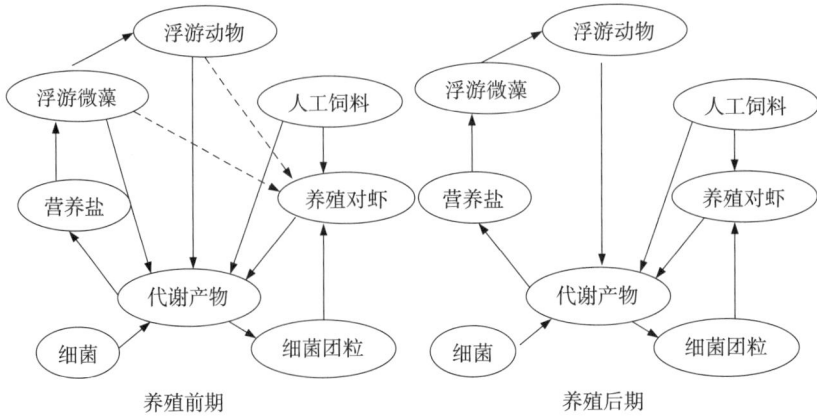

养殖前期　　　　　　　　　　　　　养殖后期

图 3-3　养虾池塘中对虾与浮游微藻、浮游动物、细菌之间的关系

（三）虾池水环境调控的关键

虾池环境调控的关键体现在培养和维持稳定的、优良的浮游微藻类种群和培育有益的微生物种群，并使其成为两个方面的优势种群，通过优良浮游微藻和有益细菌的共同作用，降解转化养殖代谢产物，调节水质，抑制有害微藻和有害细菌的滋生，营造适宜对虾健康生长的良好生态环境（图 3-4）。

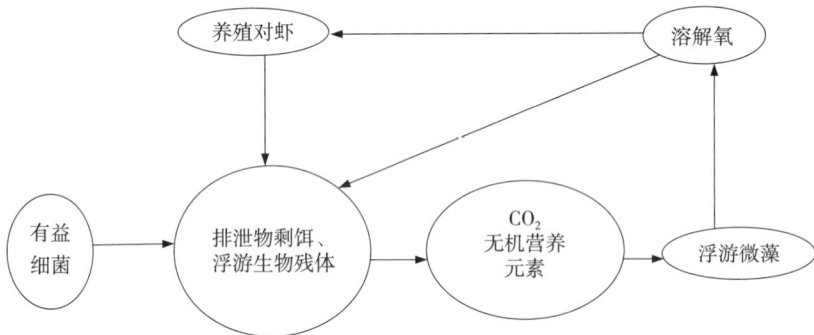

图 3-4　浮游微藻和有益菌在虾池物质循环中的作用

（四）虾池水环境生物调控剂

1. 有益菌剂

（1）芽孢杆菌　水产养殖中常用的芽孢杆菌主要有枯草芽孢杆菌和地衣芽孢杆菌。有益芽孢杆菌能够分泌丰富的胞外酶系，降解淀粉、葡萄糖、脂肪、蛋白质、纤维素、核酸、磷脂等大分子有机物，性状稳定，不易变异，对环境适应性强，在咸淡水环境、pH 3～10、温度 5～45℃均能繁殖，兼有好气和厌气双重代谢机制，产物无毒无害。在虾池中施放芽孢杆菌制剂能够快速降解养殖代谢产物，减少有机物在池底的累积，促进物质循环利用，促进优良浮游微藻繁殖，延缓池底老化，同时抑制有害菌繁殖，促进有益菌形成优势，改善水体质量。

（2）光合细菌　光合细菌是一类有光合色素、能进行光合作用但不放氧的原核生物，能利用硫化氢、有机酸做碳源，利用铵盐、氨基酸、氮气、硝酸盐、尿素做氮源，但不能利用淀粉、葡萄糖、脂肪、蛋白质等大分子有机物。在虾池中施加光合细菌制剂能够吸收养殖水体中的氨氮、亚硝酸盐、硫化氢等有害因子；减缓养殖水体富营养化程度，平衡浮游单细胞藻类藻相，调节酸碱度。

（3）乳酸杆菌　乳酸杆菌不仅可降解大分子的有机物，还可降低养殖水体中的亚硝酸盐含量，具有良好的净化水质的效果。EM复合菌剂以乳酸杆菌为主体，辅以酵母菌等多种微生物共培共生而成，其结构复杂，性能稳定。养殖过程中将其泼洒于水体，可起到分解有机物、平衡浮游微藻类的繁殖、吸收养殖水体中的氨氮、亚硝酸盐、硫化氢等有害因子及净化水质的作用。

（4）硝化细菌　硝化细菌是亚硝酸细菌和硝酸细菌两类细菌的合称，前者主要是将氨氮氧化成亚硝酸盐，后者则将亚硝酸盐氧化成硝酸盐。一般硝化细菌除个别种类外，多为严格的自养细菌，它们通过氧化氨或亚硝酸盐获得能量，同时以二氧化碳为碳源，而不需要有机营养物质。在硝化细菌进行硝化作用时均需氧气参与，依靠细胞色素酶系统把电子传递给氧，从而完成整个生理活动。一些自养亚硝酸细菌也可在低氧浓度中生长，但此时进行反硝化作用产生一氧化氮或二氧化氮，不能彻底还原到氮气。硝化细菌一般在生长时需有固体物质表面予以附着，但也有报道发现个别种类能很好地进行游离生长。硝化细菌生长较为缓慢，即使在适宜的培养条件下，其平均每代时间也需要10h，这主要与其氧化氨氮或亚硝酸盐时的产能低及所产生能力仅小部分用于合成菌体有关。

在对虾养殖过程中科学使用硝化细菌有利于降低养殖环境中的氨氮和亚硝酸盐的含量，避免因这两种物质的积累而导致的对虾中毒现象，有利于对虾的健康生长。硝化细菌的具体用量应根据水体中氨氮、亚硝酸盐的浓度以及水质管理措施等酌量增减。

2. 培养单细胞藻类营养素　对虾养殖水体要求有一定的水色，即需要一定量的浮游单细胞藻类，一般来说，水体透明度在30～60cm，浮游单细胞藻类数量在10^5～10^7个/mL为宜。浮游单细胞藻类浮游生活于水体中，主要是依靠细胞本身直接吸收溶解于水体中的营养成分，浮游单细胞藻类的良好繁殖生长需要一定浓度的营养素，而且不同种类对各种营养元素的需求不同，而对虾养殖水体中含有的营养素不能满足浮游单细胞藻类良好繁殖生长的要求，所以需要给养殖水体施加各种营养素。另一方面，养殖池塘淤泥一般呈了阴离子状态，容易吸附阳离子物质。所以，营养素的配制必须符合浮游单细胞藻类的营养需求和养殖池塘的生态特点，不仅含有能够溶解于水体中的氮、磷、钾、碳、硅及微量元素，具备不易被池塘底泥吸附、迅速溶解于水中的特性，而且要配比合理，符合绿藻、硅藻、隐藻、金藻等优良浮游单细胞藻类的特点。常见的营养素种类主要有无机复合营养素、无机有机复合营养素、无机有机生物复合营养素。

（1）无机复合营养素　无机复合营养素多由氮、磷、硅、钾等多种无机元素复合组成，不同养殖水体中的浮游单细胞藻种类不同，应该针对养殖水体中的浮游单细胞藻种类的生理特性配比营养素，以满足水体中优良单细胞藻类生长繁殖的需要。无机复合营养素较为适宜那些池底具有一定的沉积物或养殖水源营养水平较高的养殖池使用。

（2）无机有机复合营养素　对于养殖时间不长或水源较为贫瘠，又或者是以水泥、地膜作为建筑材料的一类对虾养殖池，可选用无机有机复合营养素。它主要是由一些可被浮游单细胞藻类直接利用的无机营养盐与有机营养素复配而成。虽然藻类无法直接利用有机营养素，但加入有机营养素的目的主要是通过养殖水体生态系统的转化，将有机营养素逐渐释放至水体中，从而源源不断地被藻类所利用。总体而言，复合营养素中的无机成分是为浮游单细胞藻类得以迅速生长、繁殖直接提供营养供给，从而使之尽快形成优势藻相；有机成分则为浮游单细胞藻类提供持续性的营养供应，保证藻类的群落结构的持久平衡。

（3）无机有机生物复合营养素　在无机有机复合营养素的基础上加入有益菌及其发酵物质，有利于有机营养成分在短时间内被快速降解转化形成可被藻类利用的营养盐，其利用效率要高于未添加有益菌及其发酵物质的无机有机复合营养素。

（五）虾池水环境生物调控方法

1. 单细胞藻类营养调控法

（1）放苗前的调控　放养虾苗之前，必须先培养单细胞藻类，一方面使养殖水体具有一定水色和透明度，优化养殖水环境，另一方面培养虾苗和幼虾的优良活饵料。所以，必须往养殖池塘施放单细胞藻类营养素，使养殖水体具有一定营养水平（图3-5）。

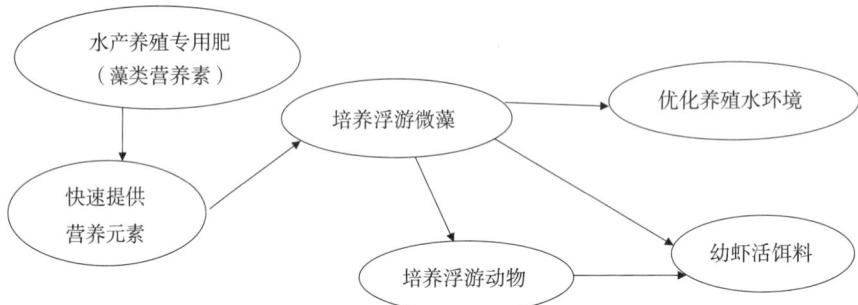

图3-5　单细胞藻类营养调控作用

施放单细胞藻类营养素时，应该根据养殖池的特点选用合适的营养素种类，并妥善使用。对于新开的养殖池或铺膜池、水泥池、沙底池等无有机质沉积的养殖池，应考虑选用无机有机复合营养素或无机有机生物复合营养素，这样既可快速为养殖水体中的浮游单细胞藻类提供可直接利用的营养元素，又可为养殖水体储存一定的营养物质，通过有益菌的作用不断释放出单细胞藻类所需的营养物质，从而保证为单细胞藻类的生长、繁殖提供持续的营养供给。对于有机质沉淀较多的养殖池，尤其是一些经多年养殖未能清淤的池塘，则应选用无机复合营养素，以迅速培养养殖水体中的单细胞藻类，形成优良藻相，同时搭配投入一定量的有益微生物制剂，以降解转化池底的有机质，从而源源不断地释放出单细胞藻类所需的营养物质，达到既清洁池底又提供藻类营养的"化废为宝"作用。

（2）养殖前期的调控　在养殖前期，浮游单细胞藻类的繁殖快速消耗养殖水体中的营养元素，加上浮游动物和虾苗的掠食，容易造成水体营养欠缺，从而引起单细胞藻类繁殖缓慢，水色变清，透明度加大。所以，放苗前使用单细胞藻类营养素后7～10d，需追施营养素，以补充养殖水体的营养水平，保障浮游单细胞藻类繁殖生长的需求，保持优良水色和合适的透明度，以利于对虾的生长。此时，可视养殖池塘的营养状况施用无机复合营养素或有机无机复合营养素，也可选用溶解态的复合营养素。

（3）养殖过程的调控　在养殖过程因大雨、降温、消毒剂使用不当，均容易引起单细胞藻类死亡，使水色变清，透明度变大，此时则需要施用芽孢杆菌降解藻类残体，同时补施无机复合营养素或溶解态复合营养素，重新培养浮游单细胞藻类，营造良好水色。

（4）虾塘定向培育微藻优势种群　对虾疾病的发生与环境因素密切有关，环境不仅影响病原体的数量，也影响虾体抗病能力。水质和底质败坏而诱发弧菌等致病菌的大量繁殖，导致疾病发生，但对虾疾病的暴发不仅与环境中致病菌与病毒数量呈正相关，更多的是放养密度的增加而导致生态失衡的综合因素所致。在对虾养殖的水环境中因氨氮等有毒物质的增加，使对虾的抗病力降低（主要是与对虾抗病力有关的酶活性降低），因而提高了对致病菌的易感染性。因此，养殖过程中通过调节好生态系统平衡，定向培育和维持虾塘内微藻优势种群，保持良好的藻相，可以增强对虾抗病力，减少疾病的暴发。

黄翔鹄研究表明，波吉卵囊藻和微绿球藻是虾塘中广泛存在的优势藻种。引入固定化波吉卵囊藻和微绿球藻作为对虾养殖水体的微生态良性调控的主要结构，能改善水质、提高对虾的抗病力。波吉卵囊藻对氨氮的吸收较强，微绿球藻对亚硝酸盐的吸收较强，这与微藻不同种的生物学特性有关。因此，选择性具有特异性吸收能力的微藻，才能提高养殖水体中废物的转化率或降解效率。由于固定化微藻的生理活性在较长时间内保持稳定，在一定程度上保证微藻种群优势，在对虾养殖环境中更为有效地发挥其生物学特性；固定化微藻技术用于人工调控微藻的群落结构，在一定程度上有效控制微藻的种类组成和防止虾池中微藻数量过多，从而维持整个养殖系统的动态平衡。

2. 有益菌调控法

（1）芽孢杆菌调控法

①放苗前的调控　芽孢杆菌可以快速降解养殖池塘中的有机物，使之转化成为有利于浮游单细胞藻类生长繁殖所需的无机营养元素。所以，在放养虾苗之前施用芽孢杆菌，可以通过芽孢杆菌的作用降解转化养殖池塘中的有机物质（池底积累的有机物或者施肥带入的有机质），为浮游单细胞藻类提供源源不断的营养素，稳定藻类的生长繁殖，同时，促使有益菌繁殖成为优势菌相，抑制有害菌和有害藻类的繁殖，而且，形成有益菌团可以作为对虾的补充活饵料（图3-6）。

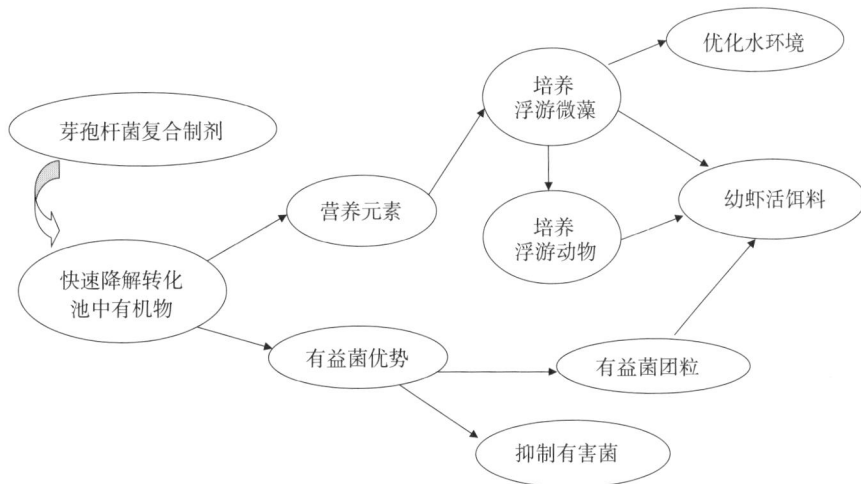

图3-6　芽孢杆菌作用

对于经过多年养殖、底层沉积物较为丰富的养殖池，在放苗前施用一定量的芽孢杆菌，通过微生物对底层沉积物的降解，一方面可源源不断地为养殖水体中的浮游微藻提供营养物质，另一方面还可有效改善底质环境，为对虾营造良好的生态环境。实践表明，在对虾养殖前期投入芽孢杆菌制剂可有效促进水体中优良浮游单细胞藻的生长，使养殖水体在较长时间内保持清新的黄绿色或茶褐色，并且还可形成优良的菌相，抑制病原生物的滋长，从而保证养殖对虾的健康生长。

②养殖过程的调控 对虾养殖过程中每天都产生代谢产物，其中大分子的有机质，如粪便、残存饲料、浮游生物残体等要依靠化能异养细菌进行降解转化。而在自然界的竞争中，要保持有益菌的优势地位，需要定期外加芽孢杆菌。所以，放苗前施放芽孢杆菌以后，养殖过程中每隔7～15d需补施芽孢杆菌，直到收获，这样做可以起到平衡微藻藻相、削减富营养化、抑制有害菌和形成有益菌团粒的作用（图3-7）。一般来说，在养殖前期以增加浮游单细胞藻类数量为主，施放有机载体的芽孢杆菌；养殖中后期以稳定浮游单细胞藻类、净化水质为主，施放无机载体的芽孢杆菌为好。

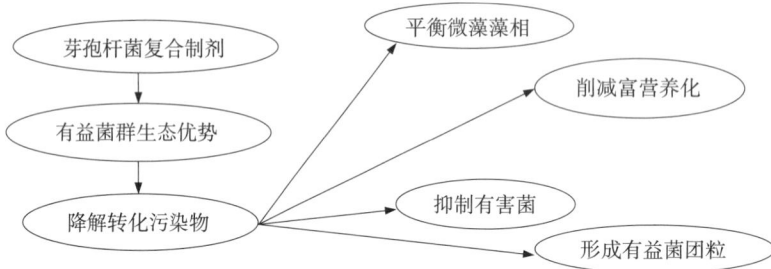

图3-7 养殖过程定期施用芽孢杆菌作用

在对虾养殖过程中科学使用芽孢杆菌制剂，可有效促进养殖水体中的优良浮游微藻的生长繁殖，同时还可抑制有害藻蓝藻的生长，这对优化对虾养殖环境，避免因水体环境突变所引发的对虾应激反应和病害发生，具有积极的作用。

（2）光合细菌调控法 光合细菌通过光合作用可以吸收利用养殖水体的无机营养元素，起到净化水质的作用。当水体富营养化严重，浮游单细胞藻类过度繁殖时，施放光合细菌能与浮游微藻争夺营养，避免因藻类过度繁殖而导致水色过浓、透明度低的情况出现，所以，可以使用光合细菌控制藻类生态，规避养殖水体藻相"老化"。在阴雨天气时，光合细菌可以替代浮游单细胞藻类进行光合作用，吸收养殖水体中过量的营养盐，减轻水体富营养化，优化水体环境质量。而且，光合细菌能够有效吸收氨氮。所以，养殖过程出现浮游单细胞藻类繁殖过度、氨氮过高、阴雨天气等情况时，施用光合细菌制剂能够有效改善养殖水环境的质量（图3-8）。

通过对光合细菌净化对虾养殖废水进行系统研究，发现它可降低对虾养殖废水中的COD、NH_4^+-N、PO_4^{3-}-P含量，其中尤以高浓度的光合细菌对NH_4^+-N、NO_3^--N、PO_4^{3-}-P的去除效果最为显著。但光合细菌对NO_2^--N的降解效果不大明显。

（3）乳酸杆菌调控法 乳酸杆菌不仅可以快速利用溶解态有机物，如有机酸、糖、肽等，而且还可以快速降解亚硝酸盐，使水质清新。此外，由于乳酸杆菌生命活动过程产酸，

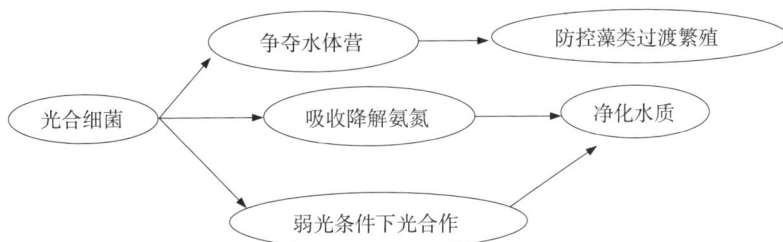

图 3-8　光合细菌调控作用

故还可起到调节养殖水体酸碱度的作用（图 3-9）。所以，养殖过程中出现水质老化、溶解态有机物多、亚硝酸盐高、pH 过高等情况时，可施用乳酸杆菌制剂。

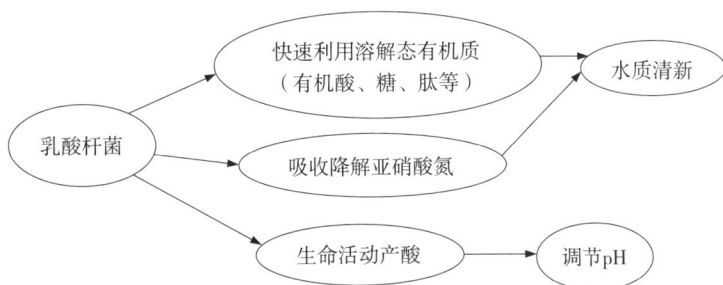

图 3-9　乳酸杆菌调控作用

研究表明，乳酸杆菌对对虾养殖过程中的残余饲料和养殖废水等主要污染物具有良好的降解效果。其中对 NO_2-N、NO_3^--N、PO_4-P 等指标的降解效果尤其显著，但对 NH_3-N 和 COD 的降解效果则不大明显。因此，在使用微生物制剂时，不应只依赖于某一种微生物，而应充分了解不同微生物间的特性，并根据养殖环境中的主要污染指标，选择合适的微生物才能取得良好的效果。同时，亦可选择多种微生物进行合理搭配，通过多菌种间的协同作用，切实降解累积于对虾养殖池塘中的不同污染源，从而达到优化养殖环境，促进对虾健康生长的目的。

（4）有益菌的协同调控法　微生物制剂中不同的菌种，由于其生理、生化特性各有不同，所具有的优势也存在一定的差别。将不同种类的微生物进行有效搭配使用，对养殖水环境的调控效果往往要优于单菌种的使用。养殖过程中，当浮游单细胞藻类繁殖不良时，可同时施用肥水型乳酸杆菌或肥水型光合细菌和芽孢杆菌。乳酸杆菌或光合细菌起净化水质作用，同时其培养液含有多种藻类生长所需的营养成分，可促进浮游单细胞藻类快速繁殖；芽孢杆菌可快速降解池塘中的有机物，使之转化成为浮游单细胞藻类生长所需的营养成分；两者协同作用，既可净化水质和底质，又可促进优良浮游微藻的稳定生长（图 3-10）。

研究表明，光合细菌和芽孢杆菌协同净化对对虾养殖水体中的 COD、氨氮、亚硝酸盐含量的降低具有显著的效果。研究还表明，将芽孢杆菌、乳酸杆菌和光合细菌协同施用可优化对虾养殖水体质量，降低水体中的 COD、氨氮、亚硝酸盐含量。

3. 水生植物调控法　集约化对虾养殖会产生大量废物，其中包括大量的无机氮和无机磷，在养殖过程中引入江蓠、裙带菜等水生植物，有利于吸收养殖水体中富含的营养物质，

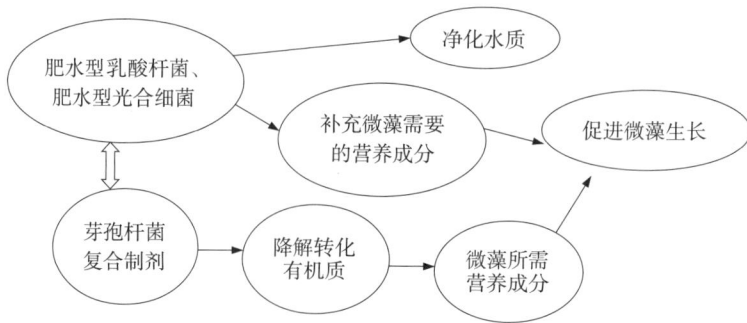

图 3-10　有益菌协同调控作用

在一定程度上降低水体富营养化水平，从而起到优化水质环境的效用。

　　江蓠是经济价值较高的大型海藻，广泛分布热带、亚热带和温带海区。其中细基江蓠繁枝变种由于可以发芽繁殖，不需要利用孢子进行幼苗培育，可直接用来作为种苗，栽培方法比较简单，已成为我国目前的主要栽培种类。它可在半咸淡水塘底部呈半悬浮状态生长，对盐度的适应范围广，对氮磷具有较强的吸收能力，适合用于优化养殖水质环境。将有益微生物与江蓠协同净化养殖水体，亦可取得明显的效果，显著降低养殖水体富营养化水平。

　　江蓠对 N、P 的吸收是江蓠生长的需要，净化水质的前提是江蓠能够健康的生长。密度过大，不利于江蓠的生长，以 $3kg/m^2$ 的密度进行投放，江蓠有足够的空间健康生长。密度过大会阻碍水流，影响江蓠的生长，同时会释放出更多的 NO_2^-，这将对其他生物造成毒害作用。江蓠生长导致 NO_2-N 升高，这可能是由于 NO_3-N 被江蓠细胞吸收后，在胞内硝酸还原酶的作用下还原成 NO_2-N，而后者又从细胞内分泌，释放到水样中，从而导致 NO_2-N升高。江蓠是优先吸收 NH_4-N，而后再吸收 NO_3-N；在无光照的情况下，江蓠同样起到吸收降解 NH_4-N、PO_4-P 的作用。

　　水体温度对江蓠吸收水体中的营养物质有明显的影响，当水温逐渐从 32.1℃ 上升至37℃的过程中，氨氮略有下降，硝氮降低，磷酸盐降低，说明这是一个吸收过程；当水温逐渐从 37℃下降至 31.5℃的过程中，水体中氨氮稳定，硝氮，磷酸盐均升高，这说明江蓠并不是一直在吸收。有学者也曾提出在温度超过 30℃时细基江蓠繁枝变种生长缓慢，温度超过 35℃的时候，细基江蓠繁枝变种就停止吸收，因此，科学控制江蓠放养的水层可以有效避免江蓠长时间处于高温条件，从而保证其对水体营养物质的吸收效率。

第三节　对虾营养免疫调控

一、对虾免疫调控机理研究进展

　　对虾大规模高密度养殖、过剩投饵以及各种抗生素的滥用，诱发了病原微生物的耐药性，致使对虾遭受更严重的病害。因此，在阐明对虾的机体防御和调控机制的基础上，寻求高效、环保的对虾病害防治方法及药物已成为研究的重点。

　　对虾的免疫防御属于非特异性免疫，又称先天免疫或固有免疫。非特异性免疫是生物一生下来就具有，如炎症反应是一生下来就有的能力。固有免疫对各种入侵的病原微生物能快速反应，而特异性免疫需要经历一个过程才能获得。

虾类体液中不含免疫球蛋白，而体液中含有的血细胞、凝集素、抗菌肽、溶菌酶、超氧化物歧化酶、酸性磷酸酶、碱性磷酸酶以及血细胞释放的酚氧化酶系统等免疫因子，构成虾类的免疫防御体，这些酶的活性反映了机体免疫的强弱，而总抗氧化能力更加综合反映了机体非酶抗氧化系统和抗氧化酶系统共同的抗氧化作用。可见对虾拥有比较完善的非特异性免疫系统，包括细胞免疫和体液免疫，但两者密切相关，没有严格的界限，参与体液免疫的许多成分在血淋巴细胞内合成并释放，对虾的体液免疫也需要血淋巴细胞的参与。当机体受到微生物入侵，对虾会立刻启动相关的免疫级联反应，一方面触发血细胞的吞噬、包囊和凝集等免疫反应；另一方面也会诱发体液中酶、免疫因子以及调节因子的防御功能。近年来，随着对虾防卫机制研究的不断深入，采用免疫学方法防治对虾病害已取得了明显的成效。

（一）对虾的细胞免疫系统

对虾的细胞免疫反应是由血细胞及其释放到血浆中的多种因子产生的。血细胞随血液循环分布到身体各处，在防御过程中起着识别、吞噬、包囊黑色素形成、和细胞通讯的作用，发挥着吞噬、结节、包囊等免疫防御功能。

1. 血细胞的来源　对虾血细胞不能有丝分裂，它们的更新依赖造血组织的造血作用。目前人们还不清楚虾类造血组织的真正位置，研究发现不同虾的造血组织的定位都不一样。

2. 血细胞的分类　对虾血细胞分类与命名的一般依据是血细胞胞质中颗粒的有无、多少以及大小，大致划分为：无颗粒细胞（或透明细胞）、小颗粒细胞、大颗粒细胞。目前已有多个研究将单克隆抗体技术用于对虾的血细胞分类和鉴定研究，但是统一的标准尚未建立。

3. 血细胞的功能　血细胞不仅在形态上有差异，在细胞化学和功能上也有所不同，分为三种类型：无颗粒细胞，拥有较高的核质比，细胞中存在数量众多的小体，细胞内缺少颗粒，无酚氧化酶活性，主要完成吞噬作用；小颗粒细胞，含有小细胞质颗粒以及少量的酚氧化酶原，能与微生物特异组分（如脂多糖 LPS 和 β-1,3-葡聚糖等）结合而发生脱颗粒，脱颗粒作用的强弱关系到异物识别能力，是免疫反应的关键细胞；大颗粒细胞，含有大颗粒和大量酚氧化酶原成分，不具有吞噬功能。

在免疫反应过程中，3 种血细胞协同工作。小颗粒细胞发生胞吐作用，释放酚氧化酶原系统的组分，既可以刺激无颗粒细胞的吞噬能力，又可以刺激大颗粒细胞释放更多的酚氧化酶系统的组分，从而引发对虾的整体细胞免疫反应。在血细胞的具体功能上，主要表现为吞噬、包囊、结节等作用。

（1）吞噬作用　当病原体或异物入侵时，血细胞主要通过无颗粒细胞吞噬作用在细胞内部将其清除；吞噬过程包括异物的识别、黏附、聚集、摄入、清除等，由模式识别蛋白（Pattern recognition proteins，PRPs）介导的对异物的识别是免疫反应的第一步。PRPs 能够识别病原微生物，并引发一系列免疫反应，包括吞噬、包裹和酚氧化酶原级联等，不同种类的 PRPs 能够特异识别并结合不同的微生物表面分子，如革兰氏阳性菌的肽聚糖、革兰氏阴性菌的脂多糖，以及真菌的 β-1,3-葡聚糖等。在无脊椎动物中，尚未发现具有特异的选择性的细胞黏附因子，但是存在多种不同类型的细胞黏附因子，如 Ig-like 蛋白、细胞黏附蛋白、钙黏蛋白、Toll 受体和整合素，研究表明细胞黏附蛋白与细胞免疫及酚氧化酶原激活系统有密切的关联，具有细胞黏连作用和过氧化物酶活性。另外，丝氨酸蛋白酶类似物在免疫识别、细胞黏附和免疫调节方面也都扮演重要角色。在黏附完成后，病原菌被吞噬进入细胞内形成吞噬小体，随后细胞分泌降解酶，以及通过呼吸暴发产生活性氧中间物杀伤吞噬入细胞的病原菌。

（2）包囊作用　当入侵物的直径大于 $10\mu m$ 时，对虾通过多个细胞间构成致密的纤维状网络将其包裹在内，随之发生黑化作用杀死入侵物。血细胞分泌的蛋白质是构成包囊膜的重要成分，有研究人员发现在注入鳗弧菌的中国明对虾体内，多种器官和组织均有包囊，小颗粒细胞和大颗粒细胞会释放颗粒并与周围细胞相黏接，在包囊中心是不透明的非结构团块，包囊中有黑色素存在.

（3）结节作用　当病原菌数目过多时，血细胞则会通过结节作用移除入侵的病原菌。与包囊作用不同，结节作用不仅在血细胞间形成连接，而且在血细胞与病原菌间产生连接，这些聚集体通常是在酚氧化酶的作用下发生黑化反应。

（二）对虾的体液免疫系统

体液免疫系统在对虾的免疫防御反应中具有非常重要的作用，体液中含有多种非特异性的酶或因子，它们相互交联，协同合作抵御外来入侵的异物，抑制病原体的生长和扩散，或直接将其杀灭并排出体外。

1. 体液中具有免疫作用的酶　根据作用机制，体液中具有免疫作用的酶可分为氧化活性酶和非氧化活性酶两大类。

（1）氧化活性酶

①超氧化物歧化酶（Superoxide dismutase，SOD）　SOD 是一种重要的抗氧化酶，作为活性氧参与清除体内的自由基，在防御机体衰老及防止生物分子损伤等方面具有极为重要的作用。Harman 于 1956 年提出自由基理论：在健康的生物体内，自由基的产生与消除处于平衡状态，当细菌等异物侵入机体后，吞噬细胞的吞噬作用会引发机体呼吸暴发，从而产生大量具有杀菌作用的活性 O^{2-}、OH^- 及其活性衍生物 H_2O_2 等，但过量的活性氧物质会对机体产生危害，扰乱、破坏体内一些重要的生化过程，导致代谢混乱，正常生理功能失调，体内免疫水平下降，潜在的病原被激活，因而有效而快速地清除活性氧物质是机体行使正常功能和存活的关键。这就由抗氧化防御机制来执行，其中包括 SOD 清除超氧离子。SOD 能有效消除体内多余的自由基，进而免除自由基对生物体的伤害，同时又能增强吞噬细胞的防御能力，因此 SOD 活性已成为衡量对虾免疫状态的定量指标。

②过氧化物酶（Peroxidase，POD）和过氧化氢酶（Catalase，CAT）　对虾在呼吸暴发产生的过量 H_2O_2 可由 POD 和 CAT 负责清除。刘树青等发现对虾在注射免疫多糖后，血清中的 POD 活性普遍增高，认为可以通过提高血液中 POD 的活性，来清除体内多余的自由基，以减少自由基对正常细胞的损伤，从而提高机体的解毒免疫功能和防病抗病能力。

（2）非氧化活性酶

①溶菌酶（Lysozyme，LSZ）　LSZ 是一类碱性蛋白，主要杀灭革兰阳性菌，能够水解构成细菌细胞壁成分的多糖胞壁质中的 N-乙酰葡萄糖胺与 N-乙酰胞壁酸之间的 β-1，4-糖

苷键，从而使细菌的细胞壁破损，细胞崩解。LSZ 存在于对虾的血细胞和血液中，在免疫活动中发挥着重要的作用。LSZ 是吞噬细胞杀菌的物质基础，当吞噬细胞对异物颗粒进行吞噬和包囊后，细胞内的溶酶体会与异物进行融合，发生脱颗粒现象，外来入侵的微生物可以被其中的 LSZ 等直接杀死，随后再进一步将它们水解消化，并将水解消化后的残渣排出细胞外，从而抵御病原菌的侵袭。LSZ 还作用于病毒蛋白从而使病毒失活。

②酸性磷酸酶（Acid phosphatase，ACP）和碱性磷酸酶（Alkaline phosphatase，ALP） ACP 和 ALP 都为磷酸单酯酶，是对虾溶酶体的重要组成部分，在血细胞进行吞噬和包囊反应中，往往会伴随有 ACP 的释放。ACP 主要来源于颗粒细胞的颗粒体，在酸性环境中可通过水解作用将表面带有磷酸酯的异物破坏或降解，在碱性条件下，ALP 可使磷酸单脂水解成乙醇和磷酸，并促进物质的摄取和转运，为二磷酸腺苷（Adenosine diphosphate，ADP）磷酸化形成 ATP 提供更多的无机酸。

③酯酶（Esterase，EST） EST 是酯类水解的重要酶系，是最复杂最具有多态性的酶系，也是体内参与脂类化合物水解并进入中间代谢的重要酶系。

④酚氧化酶（Phenoloxidase，PO）及酚氧化酶原激活系统 酚氧化酶又被称为酪氨酸酶，是一种含铜的氧化还原酶，在对虾血细胞内以酚氧化物酶原的形式存在，是一条单一的多肽链，可被酚氧化酶原激活酶水解为 60kD 和 62kD 具酚氧化酶活性的酶分子。PO 能够催化单酚羟化成二酚，再把二酚氧化成醌，醌在非酶促条件下形成反应终产物黑色素。黑色素及其形成过程中的中间产物均为高活性物质，通过多种方式参与宿主的防御反应，它们抑制病原体胞外蛋白酶和几丁质酶的活性，从而在伤口愈合、抑制甚至杀死病原体方面发挥着重要作用。它还可能作为调理素，促进血细胞的吞噬和包裹作用，介导凝集和凝固。对虾受伤后在角质层、细菌感染后在结节处以及寄生虫感染后的包囊形成过程中均有色素形成。

2. 体液中具有免疫作用的因子 凝集素和溶血素是无脊椎动物体内两种重要的非特异性免疫防御因子。

（1）凝集素（Lectin） 凝集素广泛存在于生物体中，是一类对特定细胞多糖具有亲和力的、能选择凝集动物血细胞和某些微生物细胞的、多价构型的热敏蛋白或糖蛋白复合物。凝集素的最大特征在于它们能够识别糖蛋白和糖肽，特别是细胞膜中复杂的碳水化合物结构，即细胞膜表面的碳水化合物决定簇——糖基，因此，一种凝集素具有对某一种特异性糖基专一性结合的能力，研究表明凡纳滨对虾凝集素能与 D-葡萄糖、D-果糖和 D-半乳糖等 3 种糖发生结合。凝集素的活性需 Ca^{2+} 激活，是对虾体内的一种重要的免疫识别因子。根据糖识别域肽链序列的不同，可分为钙离子激活的 C 型凝集素，依赖巯基激活的 S 型凝集素，配体为甘露糖-6-磷酸盐的 P 型凝集素。

（2）溶血素（Hemolysin） 是无脊椎动物免疫防御系统中的一种重要的非特异性免疫因子，溶血素的作用可能类似于脊椎动物的补体系统，参与调理作用，可以与异物细胞表面的特异性糖链结合，破坏细胞膜，溶解异物细胞，可能与杀菌作用以及酚氧化酶原激活系统有关。对虾的溶血素具有一定的可诱导性，曹建香等在凡纳滨对虾的溶血性研究中发现，Mg^{2+} 能促进溶血作用，Mn^{2+} 对溶血作用无影响，而 Ca^{2+} 和 Ba^{2+} 对溶血作用表现出轻微抑制。

（3）抗菌肽（Antimicrobial peptides）　是对虾在诱导条件下产生的一类小分子活性肽类物质，能够抑制或杀死外源性病原体。抗菌肽可分为三大类：含有二硫桥的环型抗菌肽、存在 α-螺旋结构的两亲线性抗菌肽、富含脯氨酸或者甘氨酸抗菌肽。抗菌肽的作用机制尚未被完全了解，普遍认为多数抗菌肽杀死靶微生物无需受体介导，可利用静电作用穿过带负电的细菌细胞壁，少数需要受体的协助达到作用靶位细胞膜，增加膜的通透性引起病原菌的死亡。其中研究较为透彻的是从凡纳滨对虾血淋巴中分离的 Penaeidins，拥有抗细菌及抗真菌活性，Penaeidins C 端的部分保守序列使其能够与几丁质相连，从而参与几丁质聚合及伤口愈合。

（4）蛋白酶抑制剂（Protease inhibitors）　存在于血淋巴中，已在几种不同类型对虾中发现，可在不影响自身蛋白酶活性作用下，抑制微生物的蛋白酶。Pacifastin 蛋白以及 α-巨球蛋白，作为丝氨酸蛋白酶抑制剂，能够调节酚氧化酶原激活酶活性，间接作用于对虾免疫系统。

（5）血蓝蛋白（Hemocyanin）　血蓝蛋白是一种与呼吸作用有关的蛋白质，是节肢动物和软体动物血淋巴中的含铜呼吸蛋白，其主要功能是氧的载体，此外还具有调节渗透压、储存蛋白质、脱皮激素转运和产生抗真菌肽等功能。而且，在胰岛素、SOD 和肌体内凝集因子、抗菌肽等生物防御因子的作用下，能转化为酚氧化酶。近几年研究发现，血蓝蛋白在SOD 以及胰蛋白酶等激活下表现出酚氧化酶免疫活性，其自身或者降解产生的肽段还具有抗菌活性；研究者发现凡纳滨对虾血蓝蛋白对副溶血弧菌、溶藻酸弧菌呈现凝集活性，但其凝集活性较一般凝集素要低 1～2 个数量级，该凝集反应同样被半乳糖、葡萄糖、甘露醇和乙酰神经氨酸显著抑制。

二、对虾营养免疫调控剂

在养殖过程中可通过拌料投喂一些有益菌、维生素、中草药、多糖类、多肽类等物质，调控养殖对虾的营养免疫机能，增强体质，提高机体抗病能力，这一类物质可称为营养免疫调控剂（亦称免疫增强剂）。营养免疫调控剂应用在水产养殖中，可以降低由于病原感染而导致的死亡，提高养殖效益，它们的作用主要表现为：预防病毒病、增强对寄生虫的抵抗能力、降低条件致病菌造成的死亡率、提高抗菌物质的效率等。

（一）常见营养免疫调控剂种类

1. 多糖类　主要有海藻多糖、葡聚糖、脂多糖、肽聚糖等，可增强对虾凝血活性，提高血清的超氧化物歧化酶、溶菌酶、碱性磷酸酶、酸性磷酸酶等非特异性免疫因子活性。

2. 维生素　具有免疫增强作用的维生素主要是维生素 C 和维生素 E。这两种维生素也是对虾重要的营养物质，其主要功能为抗氧化，具有保护脂溶性细胞膜和不饱和脂肪酸不被氧化的作用。作为免疫增强剂添加在饲料中使用，可增强对虾体质，提高机体中的溶菌酶和酚氧化酶等非特异性免疫因子活性，同时对提高吞噬细胞的活性有一定的促进作用，提高吞噬细胞对副溶血弧菌与溶藻弧菌的吞噬活力。

3. 有益菌制剂　包括芽孢杆菌、乳酸杆菌、酵母菌等有益菌制剂，用于增强凡纳滨对虾的消化机能，提高对营养物质的吸收利用效率，提升机体非特异性免疫因子的活性，抑制有害菌的生长繁殖，提高对病原的综合抗感染能力。

4. 中草药制剂　包括黄芪、板蓝根、金银花等单种及多种复方中草药制剂，可用于抑制或破坏病毒、病菌的增殖能力，提高血清酚氧化酶、过氧化物酶、超氧化物歧化酶等对虾血清中的非特异性免疫因子活性。

很多种类的中草药中含丰富的多糖、生物碱、酮类、萜类、内酯、皂苷、有机酸等物质，它们有增强吞噬细胞功能或增强器官组织抗菌功能、促进或诱导产生干扰素、抗微生物毒素、抗炎作用以及增强血清杀菌素作用和提高溶菌酶活性的功能，可以提高水产动物的免疫力和抗病力。

5. 微量元素　主要有铁、硒、铜、锌等，可用于提高对虾机体中酚氧化酶和超氧化物歧化酶等非特异性免疫因子活性。

6. 昆虫免疫蛋白　主要是从昆虫体内提取的多肽类物质，富含丰富的微量元素、多种活性物质，具有较强的诱食性，利于补充饲料中缺乏的营养成分，增强养殖对虾的体质，提高综合抗病能力。

（二）几种营养免疫调控剂应用

1. 有益菌制剂　常用饲喂型的有益菌主要有芽孢杆菌、乳酸杆菌、酵母菌等，由于芽孢杆菌可耐受饲料加工过程中的高压、高温等条件，因此，可作为添加剂直接加入饲料原料中进行加工制粒；乳酸杆菌、酵母菌则主要通过口服拌料投喂的方式使用。有益菌进入养殖对虾机体后可调节和改良机体消化道内的微生态结构，起到加强和提高对虾生理机能、提高健康水平的作用。一方面，有益菌通过促进对虾消化机能，提高饲料等营养物质的吸收利用效率，增强体质；另一方面还可与肠道内有害菌竞争生态位，抑制有害菌的生长与繁殖，起到改良体内微生态结构，维护微生态平衡的功效。

在饲料中添加芽孢杆菌，有利于提高对虾的消化和免疫机能，可以改良对虾肠道的菌群结构，形成优势种群的菌相抑制弧菌的生长，从而有利于防控以弧菌诱发的养殖对虾病害的发生，促进养殖凡纳滨对虾健康生长。研究表明，在对虾饲料中添加一定量的芽孢杆菌可提高其体内 PO 的活性，有效促进对虾的抗病能力（表3－3、表3－4）。

表3－3　芽孢杆菌对养殖后期对虾的血清、肝胰脏和肌肉 PO 和 SOD 活性的影响

添加量（%）	PO 活性（U/g）			SOD 活性（U/g）		
	肝胰腺	肌肉	血清	肝胰腺	肌肉	血清
0	1.15	—	1.9	180.8	620	540
1.0	1.30	—	4.5	175.6	775	476
3.0	1.65	—	2.4	930.0	723	514
5.0	1.80	—	2.4	108.5	671	476

注：芽孢杆菌添加比例按对虾饲料的质量百分比计算。

据丁贤（2004）和郭志勋（2004）等研究报道，按每立方米水体70尾的密度放养幼虾，养殖56d，每天分三次投料（8：00，17：00，22：00），日投喂量为虾体重的5%～8%，并根据摄食情况调节投喂量。每天换水1/3，养殖全程不进行水体消毒，不投喂任何药物。结果表明在每千克饲料中添加1.0～1.5g的芽孢杆菌可提高凡纳滨对虾的生长速度和饲料利用率，降低饲料系数。

表3-4 芽孢杆菌对凡纳滨对虾生长、成活率、饲料系数和蛋白质效率的影响

项目	添加比例（%）						
	0	0.05	0.10	0.15	0.20	0.25	0.30
开始体重（g/尾）	0.03	0.03	0.03	0.03	0.03	0.03	0.03
结束体重（g/尾）	1.75	1.79	1.89	1.88	1.78	1.67	1.76
增重率（%）	5 725	5 857	6 190	6 159	5 834	5 478	5 771
成活率（%）	94.44	97.22	95.56	97.22	95.00	96.67	94.44
饲料系数	1.44	1.34	1.30	1.30	1.45	1.45	1.44
蛋白质效率	1.59	1.73	1.80	1.79	1.65	1.61	1.65

注：芽孢杆菌添加比例按对虾饲料的质量百分比计算。

2. 中草药制剂 养殖实践表明，在凡纳滨对虾的养殖过程中，合理使用中草药制剂有利于提高对虾消化酶活性、非特异性免疫因子活性及抗病能力等各项指标，并且具有副作用小、无耐药性、无质量安全隐患等优点。中草药的使用效果与其添加量、投喂策略密切相关，但添加量并非越高越好，过量使用可能导致机体用于生长的能量被消耗，不利于对虾的健康生长。只有经研究确定其最佳使用量，在养殖过程中科学使用才能取得良好的效果。

以黄芪、板蓝根等为主要成分的复方中草药饲料添加剂分别以饲料质量的0%、0.05%、0.1%、0.2%、0.4%、0.8%的比例加入饲料中，制备中草药饲料。投喂60d检测对虾成活率及虾体血清中的SOD、PO、抗菌酶及活性氧等多种对虾非特异性免疫因子活性。结果显示，在饲料中添加中草药对SOD、活性氧及抗菌活性影响不明显，但可以提高对虾的PO活性，而PO在识别异物、释放调理素、促进血细胞的吞噬和包囊功能，以及产生杀灭和排除异物的凝集素和溶菌酶等免疫功能方面发挥重要作用，与机体的免疫功能有直接的关系。提高PO活性有利于增强对虾的抗病能力，提高对虾成活率（表3-5）。

表3-5 不同含量中草药的饲料对对虾成活率及部分免疫因子活性的影响

添加量（%）	成活率（%）	PO活性（U/g）	SOD活性（U/g）	抗菌活性（U/g）	活性氧活性（U/g）
0	69.2±14.6	11.0±1.7	933±47	1.54±0.11	1 669±325
0.05	79.2±11.8	12.0±4.2	923±15	1.58±0.11	1 887±296
0.1	80.0±10	14.0±5.3	892±51	1.36±0.12	1 459±188
0.2	92.5±6.6	17.6±3.3	886±187	1.44±0.14	1 656±373
0.4	70.0±4.3	14.7±5.5	902±174	1.38±0.03	1 641±101
0.8	75.8±11.3	9.5±1.5	802±124	1.42±0.06	981±76

注：芽孢杆菌添加比例按对虾饲料的质量百分比计算。

在不同的养殖条件下，由于中草药本身或其他因素的影响，其作用效果可能存在一定差异。中草药的剂量、不同药物间的相互关系、对虾的健康和营养状态，都可能引起相关效果的变化。所以在养殖生产应用时，应根据具体的情况进行科学使用才能取得良好的效果。

3. 中草药与微生物制剂协同使用 中草药中的多糖、苷类能分别或同时激活或抑制淋巴细胞、巨噬细胞、白细胞介素等细胞因子及抗体水平，增强单核吞噬细胞系统活性，从而

提高或调节其免疫功能，但它们只有通过代谢转化后才能发挥其有效作用。例如甘草含有多种有效成分，其中的甘草甜素被服用后并不能被直接吸收利用，而是在肠道菌群的作用下，切去其含糖部分，形成糖原后才被机体吸收至血液而发挥效用。中草药与益生菌制剂在防病、促生长方面是相辅相成的。研究表明，扶正固本类的中草药（如黄芪、党参等）除可增强机体免疫功能外，还可促进双歧杆菌、乳酸杆菌的生长；同时双歧杆菌、乳酸杆菌等能增强机体免疫力，与扶正固本类中草药协同发挥作用。将中草药与微生物制剂进行科学的搭配协同使用，则所取得的效果更为明显（表3-6）。

表3-6　中草药与芽孢杆菌制剂协同使用对凡纳滨对虾生长和存活的影响

组别	成活率 （%）	终末体重 （g）	增重率 （%）	饲料系数	特定生长率 （%）	蛋白质效率	蛋白质积存率 （%）
C	95.83	4.36	116.89	4.12	1.17	0.62	10.49
M	97.92	4.52	136.17	3.96	1.26	0.63	10.92
BM1	96.67	4.67	137.08	3.88	1.28	0.65	11.08
BM2	98.33	5.14	161.65	3.57	1.40	0.72	12.27
B	97.50	4.50	127.89	3.98	1.21	0.63	10.97

注：C对照组；M中草药饲料组，在基础饲料中添加0.2%中草药制剂；B芽孢杆菌饲料组，在基础饲料中添加0.30%芽孢杆菌制剂；BM1中草药和芽孢杆菌饲料组1，在基础饲料中添加0.20%中草药制剂和0.30%芽孢杆菌制剂；BM2中草药和芽孢杆菌饲料组2，在基础饲料中添加0.10%中草药制剂和0.15%芽孢杆菌制剂。

文国樑等（2009）分析不同比例的中草药制剂和芽孢杆菌协同使用对养殖对虾非特异性免疫机能的影响，通过检测对虾机体血清中的PO、SOD、总抗氧化活性、血细胞数、LSZ等各项指标，结果显示，在饲料中添加0.1%～0.2%的中草药制剂和0.1%～0.3%的芽孢杆菌均有利于提高凡纳滨对虾机体的SOD、总抗氧化活性、LSZ等各项指标的活性，但对PO、血细胞数两个指标，不同添加比例组之间存在一定的差异，以饲料中添加0.2%的中草药和0.3%的芽孢杆菌效果最佳。综合各项指标的总体表现，按饲料质量百分比的将0.2%的中草药和0.3%的芽孢杆菌添加到饲料中进行投喂，有利于全面提高对虾的非特异性免疫机能，增强对虾自身抵抗病害的能力（表3-7）。

表3-7　中草药与芽孢杆菌制剂协同使用对凡纳滨对虾非特异性免疫指标的影响

组别	PO （mL）	SOD （mL）	总抗氧化活性 （mL）	血细胞数 （10^5个/mL）	LSZ （mL）
对照组	30.06	0.24	7.41	98.75	1.74
中草药-芽孢杆菌11	17.43	0.46	8.59	99.17	2.08
中草药-芽孢杆菌12	20.21	0.39	7.80	112.08	1.90
中草药-芽孢杆菌13	18.06	0.39	7.62	113.75	2.69
中草药-芽孢杆菌21	27.22	0.29	9.31	98.33	2.63
中草药-芽孢杆菌22	30.45	0.43	7.52	97.50	2.56
中草药-芽孢杆菌23	35.47	0.43	10.83	111.67	2.43

注：中草药-芽孢杆菌11、中草药-芽孢杆菌12、中草药-芽孢杆菌13三个组先在饲料中按质量百分比添加0.1%中草药，再分别以0.1%、0.2%、0.3%的比例添加芽孢杆菌；中草药-芽孢杆菌21、中草药-芽孢杆菌22、中草药-芽孢杆菌23三个组先在饲料中按质量百分比添加0.2%中草药，再分别以0.1%、0.2%、0.3%的比例添加芽孢杆菌。

免疫增强剂的使用时机对其免疫刺激效果的发挥非常重要，应在疾病发生前用于疾病的预防，而不是发病后用于治疗。另外，还须根据各种免疫增强剂的特点，合理确定使用剂量及频率，这对于维持水产动物的健康，提高抗病和抗应激能力，降低养殖成本是非常重要的。

第四节　对虾病害的预防控制

目前，生产性对虾人工养殖系统（包括集约化、半集约化养虾池）采取的是单池养殖、基本不排污或少量排污的生产方式，养虾池既是对虾的摄食场所，又是对虾的排泄场所，也是养殖过程中代谢产物的分解转化场所。养殖过程为了保障对虾的正常生长，必须往养殖池塘中投入大量的配合饲料以及肥料、消毒剂、治疗剂、调节剂、添加剂等，这些投入品势必造成养殖池塘的自身污染，并引起养殖生态发生变化，反过来影响对虾的正常生长。

同时，凡纳滨对虾的病害流行较严重，出现多种病害，如红体、白斑、黑鳃、黄鳃、白浊等疾病。这些病害危害最大的是红体病，可能是桃拉综合征病毒、白斑综合征病毒等病毒综合引起的，通过垂直方式（亲虾通过产卵方式传给虾苗）和水平方式（健康虾摄食带病毒生物感染）等多种渠道传染，病情出现多呈暴发性，传染速度快，死亡率高。

综合对虾病害发生的原因，主要是病原体传染、养殖环境条件起变化和对虾自身免疫能力下降而造成。如何预防控制这些病害传播蔓延，总的原则是实行"预防为主，防治结合"的方针，从"防止病原传染，切断传播途径""精心管养，营造良好生态环境""选择优质饲料，提高对虾自身免疫力"三方面来预防控制对虾病害，促进对虾健康生长。

一、防止病源传染，切断传播途径

目前，研究已发现和确定的白斑综合征病毒的宿主种类近40种，所有的人工养殖对虾均是该病毒的宿主，如斑节对虾、日本囊对虾、长毛明对虾、墨吉明对虾；野生对虾类和新属对虾类也是该病毒的宿主。除对虾外，桡足类中也有白斑综合征病毒的敏感宿主，且在暴发流行期也是养殖对虾白斑综合征病毒的传染源。由此可见，对虾养殖从亲虾选育、产卵、孵化、育苗到养成都要注意防止病原体传染，消除传播途径，减少养殖暴发疾病的概率。

（一）选育优质健康的亲虾进行育苗

选育优质健康的亲虾可以防止病原垂直传播，目前对虾育苗场必须而且是有可能做到的，第一是严格选育亲虾。凡纳滨对虾亲虾应体形完整、附肢齐全、活力健壮、腹部肥满度好、无病无伤、体表光滑、体色鲜艳透明，体长15cm/尾以上，体重45g/尾以上并来源于不同区域、不同品系，防止近亲繁殖。亲虾挑选进池后，按照有关的技术规程强化培育。第二，对进口亲虾和自选育的亲虾，在育苗前进行严格的病毒病菌检测。第三，保证亲虾质量。不能强化亲虾多次产卵，经过半年产卵的亲虾要全部换掉。

（二）选择优质健壮的SPF

选择优质健壮的SPF虾苗，切断垂直传播的途径。对虾育苗场在采用优质无带病毒的亲虾生产同时，应严格执行对虾育苗的操作技术规程，对育苗系统、育苗水体和受精卵、无节幼体进行严格消毒，对育苗的饵料包括浮游生物饵料进行病毒检测，最后要对出池虾苗进行检疫，如发现有问题要及时处理；禁止高温育苗，池水温度不超过 31.5℃，不能使用禁用药物，确保优质健壮的虾苗送到养殖者手里。

目前，SPF 虾苗生产系统还在健全和完善中，养殖者应注意选购优质健壮虾苗，其办法包括：①虾苗活力强，反应灵敏。②个体均匀，没有或极少畸形，体表干净，体色透明清澈，体长 1.0cm 以上。③胃饱满度好，肝脏暗黑色，边缘线清晰，全身无病灶。④一个育苗池（25～30m³ 水体），一般投凡纳滨对虾幼体 30 万～40 万尾，育出虾苗成活率 40% 左右，最好 50% 以上，体长 1cm 左右，培苗时间 17～20d，一般这种情况说明育苗比较正常，未出现过危害性疾病，可以选购，但要防止拼池苗，因其大小规格不一致，影响对虾养成。⑤要详细了解亲虾来源和观察虾苗生长健康情况，如个体大小，活力强弱，体表和内脏是否有病灶，产地来自何处等。⑥有必要时可以做相关测试实验，如做缺氧实验，在 1 个 15～18L 塑料水桶中，加入池水，以每升水投放 20～30 尾虾苗的密度，在不充氧情况下，饲养 24h，观察其是否正常，如果胃、肠都有料，不是空胃空肠，肝脏正常，可视为健壮虾苗，否则，视为不正常。⑦通过 PCR 检测，确定虾苗是否携带白斑综合征病毒、桃拉综合征病毒等特定病毒。

（三）彻底清塘消毒

彻底清塘消毒，防止病原的水平传播。收虾后的虾塘特别是老化的低位塘，底质淤积大量腐败物、病原菌及病毒，形成了一个极为恶劣的生态环境，给对虾养殖带来极大的威胁和危害。因此，必须彻底进行清淤、消毒和暴晒。清污整池之后，在放苗前必须把一切不利于养虾并可能成为病毒的中间宿主的敌害生物、竞争生物，如虾类、蟹类，以及池中各种有害微生物清除干净。清塘消毒的方法是使用药物，药物的使用需根据各类虾塘底质条件及生物留存情况而定。

养殖过程中，如发生桃拉综合征和白斑综合征，而无法挽救时，在排放病虾前，要实行严格毒池，杀死所有带病毒的生物，且不能马上排出大海，根据有关专家研究结果证明，要经过一周后才排出，这样才能消除交叉传染的病原。要达到这个要求，目前有些困难，需通过行业自律和其他手段逐步来解决。

（四）使用过滤消毒海水

使用过滤消毒海水，切断水平传播的途径。水体和空气不能作为游离状态的病毒载体，病毒主要是以生物体（即宿主）为载体的方式进行传播，并通过健康对虾摄食携带病毒的生物体传播。因此，为有效地切断病原的传播渠道，对进水要进行过滤和消毒，有条件的场应专设蓄水池，用水要经过消毒后再进入虾池为好，一般对虾体长在 8cm 前换水都要过滤并消毒。同时也可以采用封闭式循环过滤水，应用有益微生物调控养殖用水处理，效果很好。在有淡水资源的地方，可以补充淡水降低盐度，既可提高对虾生长速度，又可以防止病原体的感染。

二、精心管养，营造良好生态环境

投苗后，虾池环境就处在人为管养状态之中，如何使虾池人工生态系统处于良性循环，使池中藻相、菌相和浮游动物之间处于动态平衡，确保虾池各项水化指标在规定范围之内，有利于防治病害，从而实现对虾养殖的优质高产高效。

（一）合理的放养密度

不提倡高密度放苗，放养密度应根据虾池生产能力的各个要素、预期养殖对虾的经济效益和养殖者的技术管理水平而定。一口虾池的生产能力是有限的，不能无限地挖掘。以设计比较先进、建造标准比较高的高位池来说，虾苗规格为 0.8～1.0cm，每公顷放虾苗 90 万～120 万尾，最高不超过 150 万尾；标粗虾苗为 2.5～3.0cm，每公顷放虾苗 60 万～90 万尾，最高不超过 120 万尾。

（二）科学投喂优质饲料

使用优质的配合饲料和科学的投喂，对稳定虾塘生态环境至关重要。在高位池，由于放苗密度大，投苗第二天就需投喂饲料。在养殖前期（投苗一个月内，虾体长 4.5～5.0cm），投料原则为"宁多勿少"，养殖中后期，每 10d 抛网观察对虾生长情况，估算虾池存虾量，通过观察缯网的饲料剩余量，结合虾池存虾量、虾胃的饱满度、虾体肥壮度、生长速度、虾健康状况以及水质、气候等因素来综合考虑投料量，做到科学投喂。

（三）调控良好水质

虾池水质是包括水色、藻相、菌相等生物因子和溶解氧、pH、氨氮、亚硝氮等理化因子的总称。水色是浮游生物种类组成与总量的综合反映，浮游植物群落结构对水质的稳定性有较大的影响，细菌的数量及类别对对虾的健康和水质变化具有密切的关联，理化因子如盐度、溶解氧、pH、氨氮、硫化氢、亚硝酸盐等对水质变化起着根本作用，因此，养虾过程，必须严格调节控制好水质各项指标。

（四）快速应对不同突发状况

养殖过程中，对虾排泄物、残存饲料、浮游生物尸体、有机碎屑等代谢产物不断在池底积累，在溶解氧充足情况下，这些产物通过池中微生物分解转化，使虾池环境形成良性循环。在溶解氧不足时，便形成恶性循环，使池中藻相、菌相和浮游动物三者出现失衡，给细菌、病毒滋长蔓延创造了条件。当水色变化不大、水化指标偏高或偏低、且未影响对虾健康生长时，可通过换水、养殖水体环境调节剂、有益微生物制剂进行调节和处理，一般不用消毒。暴雨、台风等恶劣天气的出现，会使虾池各项因子突变，虾池出现白浊水，对虾产生应激反应。在下大雨前，应有预见性地使用养殖水体调节剂和投喂"药饵"，并做好排表层水准备；雨过后，要测虾池 pH 和盐度，如 pH 小于 8.0 时，要下石灰或其他底质改良剂调节。如盐度降到零时，有条件的地方要换水，强力增氧，进行消毒，控制细菌繁殖，要科学、慎重选用合适的消毒剂，从而快速有效处理和解决问题。

三、选择优质饲料，增强对虾自身免疫和抗病能力

池塘基础生物饵料和营养全面的优质配合饲料是增强对虾自身免疫和抗病能力的物质基础。优质配合饲料要求在蛋白质、糖类、脂肪、维生素、矿物质等方面，满足对虾生长的能量消耗和机体发育代谢的需要。因此，在选择饲料时，要通过看包装、颗粒、色泽以及闻气味、溶解实验等方法鉴别饲料质量，确保养殖过程使用优质对虾配合饲料。

在投喂时，要根据对虾各个生长时期的要求，喂养不同规格饲料。早期在培养好基础生物饵料同时，要及时在投苗后投喂优质 0 号饲料或虾片，强化保苗、壮苗，中后期要加强营养和提高抗病力，定期或不定期投喂复合维生素、大蒜、中草药等提高免疫力和补充营养，

提高养殖对虾机体抗病力，抵御病害的入侵。

四、合理用药，进行药物防治

（一）对症下药

科学选用虾药，不仅可以防治虾病，而且具有调节新陈代谢、改善消化吸收、促进繁殖生长、提高饲料和肥料效应等功效。对症下药，首先，要诊断正确，只有诊断正确才能进行治疗；其次，要查明病因，弄清病原体的来源，切断病源，改善养殖水域，创造良好的治疗环境；再次，科学选药，选用既要对病体及养殖环境低毒、无害、少残留，又要成本低，在经济上合算的良药。

（二）合理施药

虾病防治中，应根据虾病的发病原因、症状、感染的情况、病程的性质，采取相应的给药方法，才能达到药到病除，节约成本开支，增产稳产，提高养虾经济效益的目的。虾病防治的药物施用方法中，拌料口服法属体内用药，主要发挥吸收作用，其他 2 种方法属体外用药，主要发挥局部作用。具体应采用哪种方法进行预防或治疗，要视虾病的不同种类灵活掌握。给药方式一般有以下 3 种：

1. 遍洒法　此法能彻底杀灭病原体，可用于治疗，也可用于预防。方法是将配制好的药液遍洒养殖池，让虾池水体达到一定的药物浓度，以杀灭虾池水体以及对虾体表的病原体。其缺点是用药量大，池水体积的计算麻烦，副作用比较大。药物的安全范围较小，要谨慎使用，以免造成危害。

采用全池泼洒法，用药时必须先准确计算虾池水体，为此先要测量虾池的长度、宽度和水深，圆形池塘需测出半径，再依下列公式计算体积，长方体虾池体积（m^3）＝长度（m）×宽度（m）×平均水深（m）；圆形虾池水体积（m^3）＝3.14×虾池半径的平方（m^2）×水深（m）。需要说明的是方形养殖池一般是有坡度的，其横、断面呈梯形，在计算体积时其长度和宽度的测量应以水面至池底的 1/2 处为准。用药量的计算为：全池泼洒用药量（g）＝池水体积（m^3）×用药浓度（mg/L）。

2. 浸洗法　此法一般作为运输前后及虾苗转池时的预防消毒，用药时不影响水中浮游生物，用药量少，没有危险性。方法是将虾苗集中在有较高浓度药液的较小容器中，强迫进行短期药浴，以杀灭虾体外表的病原体。用药量的计算为：浸洗用药量（g）＝用水量（m^3）×浸洗药浓度（mg/L）。

3. 拌料口服法　此法适用于虾病的预防和治疗，缺点是病虾已停止摄食或很少摄食，病情较严重时无效。方法是将药物加上一点无毒的黏合剂拌在饲料中，制成药饵投喂，以杀灭虾体内的病原体。用药量的计算为：拌料口服药量（g）＝虾池载虾量（kg）×对虾的服药量（g/kg 体重）。

（三）提高药效

病原生物的抗药性问题，已引起了水产养殖界的广泛重视，解决病虫害的抗药性问题，一是轮换用药，切断病原体抗药种群的形成；二是开展药用增效剂的研制，通过复配，提高药效。在对虾养殖过程，切实注意药物的使用，以下是"用药十忌"。

（1）忌凭经验用药　在疾病发生后，必须在对疾病进行了必要的诊断和病因分析的基础上，结合病情使用对症药物，才能起到有效防果。

（2）忌随意加大药量　任何药物只有在合适的剂量范围内，才能有效地防治疾病。用药时必须严格掌握剂量，不能将治疗剂量作为预防剂量长期使用，不能将浸泡浓度作为泼洒浓度，否则会引起中毒。

（3）忌用药不看养殖阶段　不同的养殖阶段对药物的敏感性是不同的，不能不分对象、用途，一律用同一药品、同一剂量。

（4）忌不明药性乱配伍　有许多药物存在配伍禁忌，不能混用，特别是配伍后药性（毒性）加强的药品更应注意。如呈酸性药物不能与碱性药物混用，杀菌剂不能与活菌制剂混用。

（5）忌混合不均　在饲料中添加口服药物时，尤其在添加小剂量、安全范围小的药物时，必须进行分级充分搅拌，绝不能一次将少量药品直接倒入大量的饲料中。

（6）忌用药后不跟进观察　在用药24h内，要随时观察养殖对虾的活动情况，如发现不正常，必须及时采取适当的解救措施，如无不正常，要做好记录，才能不断总结出经验，提高病害防治技术。

（7）忌不了解药物成分重复用药　由于目前渔药市场比较混乱，同药异名或同名异药的现象十分普遍，因此，在用药时一定要注意避免重复使用同药不同名的药物，以免导致药物中毒和耐药性产生。

（8）忌用药方法不对　有些药物必须用适当的方法才能发挥其有效作用，用药方法不当，或影响治疗效果，或造成中毒。如使用二元包装的二氧化氯时必须将两种成分分开溶解后，再进行混合，否则不仅影响药效，严重时还会发生爆炸，危及生命安全；对水体泼洒药物时，应先喂食后泼洒，禁止一边泼洒药物、一边投喂饲料。

（9）忌用药时间过长　许多药物都有蓄积作用，不能长期使用，否则不仅影响治疗效果，同时还可能影响机体的康复，导致慢性中毒。

（10）忌用药疗程不够　一般泼洒用药连续3d为一个疗程，内服用药3～6d为一个疗程。

（四）及时收捕

避开发病高峰期，降低损失，获取高产、较高的效益，对虾一旦发病就要立即收捕，尽可能在短时间内收捕结束；在对虾已达到商品规格，且虾价较合适时，及时收捕。

第五节　对虾养殖质量安全管理

随着人们生活水平的不断提高，对水产品的要求已从数量型逐步向质量型转变，对水产品的安全性也越来越重视，需要有一套更可靠、更完善的质量安全管理体系。目前，国际上公认的食品安全最佳控制模式是"从农田到餐桌"的全过程质量控制，危害分析与关键控制点（HACCP）是生产安全食品最有效的质量控制体系，水产品HACCP质量控制体系在发达国家得到较好的普及和推广，成为全球水产品检验和质量控制的共同标准。

一、HACCP基本原理

HACCP是危害分析与关键控制点（Hazard Analysis and Critical Control Point）的英

文缩写，包含七个原理。

（一）危害分析

对生产过程的每一个环节进行分析，每个环节是否有引入的、控制的或增加的潜在危害，是否是显著危害，显著危害是指那些可能发生或一旦发生就会造成消费者不可接受的健康风险的危害，同时制定出相应的预防措施，将显著危害消除或降低到可接受水平。

（二）确定关键控制点

对危害分析确定的每个显著危害，必须有一个或多个关键控制点来对其进行控制，一个关键控制点应是生产中的一个特殊点、步骤或过程，以使预防措施能有效地控制危害。

（三）建立关键限值

对每个关键控制点必须设立关键限值，它是与一个关键控制点相联系的每个预防措施所必须满足的标准，确保食品可接受与不可接受的界限。每个关键控制点必须有一个或多个关键限值用于每个显著危害，当生产偏离了关键限值时，应采取纠正措施以确保食品安全。

（四）建立监控程序

监控是对每个关键控制点对应的关键限值的定期测量或观察，以评估一个关键控制点是否受控，并且为将来验证时提供准确的记录。监控需要形成文件化的监控程序、监控对象、监控方法、监控频率和监控人员，构成监控程序的内容。

（五）建立纠正措施

纠正措施是在关键控制点上的监控结果表明失控时所采取的任何措施，包括查找原因和处置不合格产品，使关键控制点重新受控。

（六）建立记录程序

建立有效的记录保持程序，以记录证明 HACCP 体系的操作过程，当发生问题时可追溯原因。

（七）建立验证程序

验证程序的正确制定和执行是 HACCP 计划成功实施的基础，验证的目的是提供置信水平，即计划是建立在严谨的、科学的原则基础上，它足以控制生产过程中出现的危害，而且这种控制正被贯彻执行着。

HACCP 体系是以预防为主的食品安全管理体系，在基本的硬件条件和管理制度满足相关法规要求的前提下，根据以上 HACCP 基本原则进行策划，形成 HACCP 计划，付诸实施并验证其有效性。如果抛开基本的硬件条件和管理制度谈 HACCP 计划，HACCP 计划只能成为空中楼阁；同样，只靠基本的硬件条件和管理制度控制，也不能保证完全消除食品安全隐患。

二、HACCP 在对虾养殖生产质量安全管理中的应用

对应以上 7 个原理，在对虾养殖的质量控制中可以采用以下措施，建立养殖产品质量控制的有效方式和制定相应的制度。

（一）危险分析和预防措施

对虾养殖产品对食用安全的生物危险主要可以确定为携带可以使人致病的病毒、细菌和寄生虫；化学危害主要是携带对人体健康有害的物质，包括药物残留（农药、鱼药等）、有害激素化合物和重金属残留。

对于生物危害的预防措施应是防止种苗和养殖环境存在有害微生物和寄生虫；对于化学危害的预防措施应当防止在养殖环境本底存在这些有害物质和在养殖过程中人为引入该类物质。通过建立水产养殖规范和水产养殖技术操作程序及水体净化作用得到控制。

（二）确定关键控制点

根据危险分析和预防措施评估的结果，制定对虾养殖产品质量控制的关键点。

1. 养殖的环境条件　控制养殖的周边环境卫生、水源水质和底质的环境质量。

2. 种苗　控制有害生物和有害化学物质由种苗引入。

3. 肥料　控制肥料中的有害生物和化学物质。

4. 饲料　控制饲料中的有害化学物质，如抗生素、多氯联苯、二噁英等。

5. 病害防治　禁止使用违禁药物和合理使用非违禁药物。

（三）建立关键限值

根据确定的控制对虾养殖生产质量安全的关键点和我国无公害食品的有关标准确定关键限值。养殖水源应符合《渔业水质标准》（GB 11607—1989）的规定。

（四）对关键点进行监控

对关键点进行事实有效的监控。对种苗质量、养殖环境、鱼药、饲料的质量进行监测检验，确认是否符合有关的关键控制点的限值。企业应采取措施对关键点实施监控，渔业主管部门应委托渔业环境检测和渔业质量检验部门对其监控的有效性进行监督。

（五）制订纠正措施。

当监控结果表明有关键点失控时，应立即根据相应的纠正措施进行纠正，如某个时间对水源水质监控发现，水质变化不符合有关标准，首先必须检讨水质监控的方案是否有缺陷，是否能对水源水质变化进行有效的监控，如不能，必须修改监控方案，同时分析水源水质不符合要求的期间对养殖产品的影响，并采取措施消除影响。

（六）建立有效的记录保持程序

建立各种与风险分析、关键控制点及其监控有关的记录，如投苗记录、施肥记录、饲料使用记录、鱼药使用记录（包括处方、用药时间、实际用药剂量、药物来源等）以及各种监测检验报告等。

（七）验证程序

检验最终产品。一是验证产品是否合格，是否可以准入市场；二是对生产过程中的质量控制体系是否有效进行检验。产品质量出现问题可以根据记录追溯，并修正质量控制体系。

三、对虾养殖良好操作指南

（一）场址选择

1. 潜在危害　土壤中重金属富集和农药残留；水源存在重金属或化学污染、致病微生物。

2. 潜在缺陷　水源致病菌、病毒（白斑综合征病毒/桃拉病毒/皮下及造血组织坏死病毒）或寄生虫（固着类纤毛虫/微孢子虫）污染。

3. 技术措施

（1）调查工农业生产情况　调查场址所在地以往和目前的工农业生产情况，以评估可能存在的污染因素。必要时对土壤中可能存在的污染物（如重金属、农药残留等）进行检测，如检测结果表明此地不适宜对虾养殖，则应另选场址。

（2）调查污染情况 调查周围土地的溢流和排污情况，采取措施避免养殖水体受到污染；应特别注意避免受到粪便污染，因此养殖场应尽可能与居住区隔离。

（二）养殖设施

1. 潜在危害 油污污染。

2. 潜在缺陷 微生物交叉污染、外来生物入侵。

3. 技术措施

（1）控制漏油 池塘养殖机械出现漏油情况的控制。

（2）进排水分开 养虾池塘的进水和排水渠道应分开设置，避免进水和排水互相渗透或混合。

（3）设过滤装置 进水口应设过滤装置，可建造沙滤井或沙滤池，也可在进水口装置80～100目筛绢网，以避免非养殖动物的幼体及卵子进入养殖池塘；

（4）养殖尾水处理 应配置养殖尾水处理设施，尾水需进行无害化处理后排放。

（三）清污整池、消毒除害

1. 潜在危害 非养殖动物和病原体所使用的农药、渔药所造成的化学污染，以及对人体有危害的微生物病原体等。

2. 潜在缺陷 非养殖水生动物幼体及卵子、致对虾发病的微生物病原体等。

3. 技术措施

（1）池塘底质检测 使用时，应对池塘底质进行检测，底质应符合国家标准的相关规定。

（2）池塘整治 养殖开始之前，养殖池塘需进行整治，清除池中的有机污染物、杂草，使用药物清除杂鱼及鱼卵、杂虾及虾卵、螺等非养殖对象，杀灭细菌、寄生虫、病毒等病原体。

（3）遵守渔用药物使用准则 药物的使用必须遵守相关规定。

（4）收获后必须清除池塘淤积 若经过上一茬养殖，收获后必须清除淤积的有机质，水泥底、铺塑料膜的池塘用高压水泵冲洗干净，排干土池水充分暴晒，保持底质疏松通透，使有机质氧化，并选用合适渔药进行消毒除害。

（四）养殖用水管理

1. 潜在危害 化学物质、重金属以及随水体进入养殖环境的对人类有危害的微生物病原体（沙门氏菌、致泻大肠埃希氏菌、副溶血性弧菌）。

2. 潜在缺陷 非养殖水生动物幼体及卵子；导致对虾发病的微生物病原体等。

3. 技术措施

（1）水源质量检验 水源质量应符合相应的要求，进水前需对水源进行检验，符合要求方可使用。

（2）进水需经有效过滤 进水需经有效过滤以后才进入养殖池塘。有条件的可建造沙滤井或沙滤池，也可在进水口装置80～100目筛绢网，以避免非养殖动物的幼体及卵子进入养殖池塘。

（3）水体的处理 水体的处理主要针对随水体进入养殖环境的非养殖动物幼体、细菌、寄生虫、病毒等，保证给养殖对虾充足的养殖空间，以及把微生物病原体控制在最低水平。遵守相关规定，使用安全的水体消毒药物，杀灭随水体进入池塘的微生物病原体。

（4）控水措施 采用封闭与半封闭控水措施；养殖前期以适当添水为主，养殖中后期视生态环境变化少量换水，避免水环境剧烈变动。

（5）养殖尾水处理 养殖尾水应经妥善处理，达到国家相关排放规程（标准）方可排放，防止有危害或缺陷的养殖尾水直接排入养殖区域，造成危害蔓延和病害交叉感染。

（五）营造良好养殖生态环境

1. 潜在危险 寄生虫和细菌等病原体、重金属。

2. 潜在缺陷 优良单细胞藻类（绿藻、硅藻）繁殖不足、富营养化。

3. 技术措施

（1）合理施放单细胞藻营养素（肥料）和有益菌 养殖前期合理地往养殖池塘中施放浮游单细胞藻类营养素（肥料）和有益菌，以促使优良浮游单细胞藻类和有益微生物快速繁殖，从而调控各项理化、生物因子在良好状态之中。使用的藻类营养素（肥料）和有益菌产品必须有产品质量标准和合格证，且具有规范生产手续。养殖中后期不宜大量使用肥料，以免加重池塘环境负荷。

（2）使用有益菌 养殖过程定期或不定期使用芽孢杆菌、光合细菌和乳酸杆菌等有益菌产品，及时降解、转化养殖代谢产物，削减或消除对虾养殖生产的自身污染。

（3）调节水质 视养殖阶段特点和生态环境变化状况，妥善采用生物、化学、物理手段调节水质，使水质环境保持良好与稳定。

（4）装置增养设备 精养、半精养池塘应装置增养设备，防止因密度过高、天气变化等引起水体缺氧和分层现象。

（5）养殖投入品应有合格证 购买和使用养殖投入品应有产品质量标准和合格证，且具有规范生产手续；投入品的贮藏和运输条件应符合标签说明。

（六）种苗与放养

1. 潜在危害 种苗带来的药物（磺胺类、硝基呋喃类、氯霉素等）残留。

2. 潜在缺陷 携带特异性病毒、微生物病原体，虾苗质量差、水处理药物残留。

3. 技术措施

（1）对育苗场进行考察 对育苗场环境及育苗过程进行考察、评估，购买具有种苗生产许可证、不使用违禁渔药的育苗场生产的虾苗。

（2）种苗应符合相应的种苗质量标准 购买 SPF 虾苗或 SPR 虾苗，采购的种苗应符合相应的种苗质量标准，并应由专门人员进行检疫。

（3）适当的放苗密度 以养殖技术、对虾品种和体长（规格）、养殖池塘容量、预期成活率以及预期的收获规格为基础，控制适当的放苗密度。

（七）饲料的采购及使用

1. 潜在危害 化学污染（重金属和药物残留）。

2. 潜在缺陷 变质饲料、营养不全的饲料。

3. 技术措施

（1）饲料应符合相关条例的规定　饲料的选购、使用或自制应符合《饲料和饲料添加剂管理条例》的相关规定，配合饲料应符合相关要求。

（2）配合饲料应具有检验合格证　选购的配合饲料应具有产品质量标准和检验合格证、出口食用动物饲用饲料生产企业登记备案证；注意产品标签中的营养指标是否满足对虾生长需要；选购的饲料添加剂应具有生产许可证、产品批准文号或进口登记许可证和检验合格证。

（3）合理投喂饲料　根据养殖对虾的生理生态特性和养殖密度、池塘条件，合理投喂饲料；设置饲料观测网（台）了解对虾摄食情况，避免因饲料不足或营养不良导致对虾生长不良，或因过度投喂饲料加重养殖环境污染。

（4）不使用变质和过期饲料。

（八）渔药的管理

1. 潜在危害　化学污染、渔药残留。

2. 潜在缺陷　对虾应激、水质突变。

3. 技术措施

（1）渔药使用由专人负责　渔药和其他化学剂及生物制剂应在专业技术人员的指导下，由经过培训的专人负责，并严格按照处方或产品说明书使用。

（2）渔药应有质量检验合格证　渔药及其他化学剂和生物制剂应有产品质量检验合格证、生产许可证、产品批准文号或进口登记许可证，不应购买或使用停用、禁用、淘汰或标签内容不符合相关法规规定的产品和未经批准登记的进口产品。

（3）建立渔药使用监控体系　在使用渔药之前，应建立适当的体系以监控渔药的使用，从而确定受用渔药的对虾批次的停药时间。

（4）死虾或病虾卫生方式销毁　死虾或病虾应以不会导致病害传播的卫生方式销毁，并调查其死亡原因。

（九）收获和运输

1. 潜在危害　无。

2. 潜在缺陷　机械损伤、活虾受惊吓或温度、盐度、溶解氧等的变化造成的肌体或生化方面的改变。

3. 技术措施

（1）保持收获和运输工具的清洁和卫生　应保持收获用具、盛装用具、净化和水过滤系统、运输工具等与养殖产品接触表面的清洁和卫生；捕捞以后按照不同销售用途以卫生的方式及时进行恰当处理。

（2）产品检测符合要求后方可销售　对产品进行全部或部分指标的检测，检测结果不符合要求的产品应采取隔离、净化或延长休药期等措施，产品检测结果符合要求后方可收获和销售。

（3）尽量减少捕捞过程中的机械损伤　捕捞作业应尽量减少对虾的机械损伤；操作应迅速，以保证虾体不会过度暴露于高温下。

参 考 文 献

曹剑香，简纪常，吴灶和，2006. 虾类体液免疫研究进展 [J]. 湛江海洋大学学报，26 (1)：89-93.

曹剑香，简纪常，吴灶和，等，2006. 凡纳滨对虾血清凝集素、溶血素的特性研究 [J]. 海洋科学，30 (6)：1-5.

曹煜成，李卓佳，冯娟，等，2005. 地衣芽孢杆菌胞外产物消化活性的研究 [J]. 热带海洋学报，24 (6)：6-11.

曹煜成，李卓佳，文国樑，2005. 芽孢杆菌胞外产物的研究进展 [J]. 湛江海洋大学学报，25 (6)：86-90.

陈文，李色东，何建国，2006. 对虾养殖质量安全管理与实践 [M]. 北京：中国农业出版社.

崔月明，胡庭俊，秦津，等，2015. 马尾藻多糖脂质体纳米制剂对南美白对虾抗病力的影响 [J]. 江苏农业科学，43 (11)：323-325.

丁贤，李卓佳，陈永青，等，2004. 芽孢杆菌对凡纳对虾生长和消化酶活性的影响 [J]. 中国水产科学，11 (6)：580-584.

黄钦成，申光荣，谭北平，等，2017. 饲料中添加壳寡糖和/或霉菌毒素吸附剂对凡纳滨对虾生长性能、非特异性免疫力及抗病力的影响 [J]. 动物营养学报，29 (11)：4036—4047.

黄翔鹄，李长玲，郑莲，等，2005. 固定化微藻对改善养殖水质和增强对虾抗病力的研究 [J]. 海洋通报，24 (2)：57-62.

黄翔鹄，李长玲，郑莲，等，2005. 固定化微藻对虾池弧菌数量动态的影响 [J]. 水生生物学报，29 (6)：684-688.

李桂英，宋晓玲，孙艳，等，2011. 几株肠道益生菌对凡纳滨对虾非特异免疫力和抗病力的影响 [J]. 中国水产科学，18 (6)：1358-1367.

李静红，黄翔鹄，李色东，2010. 波吉卵囊藻对弧菌生长的影响 [J]. 广东海洋大学学报，30 (3)：33-38.

李日美，申光荣，黄放，等，2018. 小肽对凡纳滨对虾幼虾生长、体成分、非特异性免疫力及抗病力的影响 [J]. 动物营养学报，30 (8)：3082-3090.

李卓佳，曹煜成，杨莺莺，等，2005. 水产动物微生态制剂作用机理的研究进展 [J]. 湛江海洋大学学报，25 (4)：99-102.

李卓佳，林亮，杨莺莺，等，2005. 芽孢杆菌制剂对凡纳滨对虾 *Litopenaeus vannamei* 肠道微生物群落的影响 [J]. 南方水产，1 (3)：58-63.

林亮，李卓佳，郭志勋，等，2005. 施用芽孢杆菌对虾池底泥细菌群落的影响 [J]. 生态学杂志，24 (1)：26-29.

刘昂，查广才；张振霞，等，2013. 对虾免疫系统及调控机制的研究进展 [J]. 韩山师范学院学报，34 (3)：60-66.

刘群芳，曹俊明，黄燕华，等，2013. β-葡聚糖与硒、维生素 E 联合添加对凡纳滨对虾生长、血清免疫和抗氧化指标及抗病力的影响 [J]. 中国水产科学，20 (5)：997-1006.

罗永胜，李卓佳，文国樑，等，2006. 细基江蓠繁枝变种净化养殖废水投放密度的初步研究 [J]. 南方水产，2 (5)：1-12.

罗勇胜，李卓佳，文国樑，等，2006. 芽孢杆菌与光合细菌协同净化养殖水质的研究 [J]. 农业环境科学学报，25 (增刊)：206-210.

麦贤杰，黄伟健，叶富良，等，2009. 对虾健康养殖学 [M]. 北京：海洋出版社.

申玉春，熊邦喜，叶富良，2004. 南美白对虾高位池浮游生物和初级生产力的研究 [J]. 水利渔业，24

（3）：7-10.

申玉春，朱春华，李广丽，等 . 2012. 凡纳滨对虾养殖生物学理论研究与应用［M］. 北京：中国农业出版社 .

宋理平，胡斌，王爱英，等，2010. 抗菌肽对凡纳滨对虾生长和机体免疫的影响［J］. 广东海洋大学学报，30（3）：28-32.

宋盛宪，李色东，陈丹等，2013. 南美白对虾健康养殖技术［M］. 2 版 . 北京：化学工业出版社 .

汪建国，曹煜成，文国樑，等，2014. 南美白对虾高效养殖与疾病防治技术［M］. 北京：化学工业出版社 .

王芸，李健，陈萍，等，2012. 复方中草药对凡纳滨对虾生长及非特异性免疫功能的影响［J］. 中国农学通报，28（29）：109-114.

文国樑，曹煜成，李卓佳，等，2006. 芽孢杆菌合生素在集约化对虾养殖中的应用［J］. 海洋水产研究，27（1）：54-58.

文国樑，李卓佳，郑国全，等，2005. 昆虫免疫蛋白在大规格优质成品对虾养殖中的应用［J］. 淡水渔业，35（6）：34-36.

杨慧婷，2016. 对虾肠道菌群动态平衡的免疫调控研究［D］. 济南：山东大学 .

杨明，2012. 中草药制剂在凡纳滨对虾抗病性能中的应用研究［D］. 厦门：集美大学 .

杨莺莺，李卓佳，林亮，等，2006. 人工饲料饲养的对虾肠道菌群和水体细菌区系的研究［J］. 热带海洋学报，25（3）：53-56.

袁香丽，2017. 低鱼粉饲料添加壳寡糖对凡纳滨对虾生长、免疫和抗副溶血弧菌感染能力的影响［D］. 厦门：集美大学 .

张汉华，李卓佳，郭志勋，等，2005. 有益微生物对海水养虾池浮游生物生态特征的影响研究［J］. 南方水产，1（2）：7-14.

张庆，李卓佳，1999. 复合微生物对养殖水体生态因子的影响［J］. 上海水产大学学报，8（1）：43-47.

周海平，李卓佳，杨莺莺，等 . 2006，乳酸杆菌 LH 对几种水产养殖病原弧菌的抑制作用［J］. 台湾海峡，2（4）：65-67.

第四章 <<<

凡纳滨对虾营养与饲料

近二十年来，随着凡纳滨对虾养殖规模和产量的逐渐上升，对虾营养需求和营养生理方面的研究也迅速发展。在对虾养殖过程中，饲料的营养因素占有重要的作用，不仅饲料成本占对虾养殖成本的50％以上，同时安全优质的配合饲料也是获取对虾高产、稳产的关键条件之一。在集约化高密度的养殖条件下（如高位池养殖），以封闭式或半封闭式来养殖凡纳滨对虾，对虾生理状况及环境条件都发生了较大的变化。因此，养殖户或相关从业人员必须对对虾的营养需求有较全面的了解，才可为对虾选择和配制环保、高效、安全和绿色无公害的配合饲料，这不仅是维护对虾健康成长、提高养殖产量的需要，也是增强养殖对虾抗病力的关键。科学实验和生产实践证明，低劣不良和营养不全面的饲料，不仅无法提供对虾成长和维持健康所必需的营养成分，而且会导致对虾免疫力和抗病力下降、污染水质，直接或间接地造成对虾大规模死亡。因此，对虾营养问题是高效健康养殖中不容忽视的关键之一。

由于饲料原料价格不断攀升，而配合饲料成品价格上涨有限，为了保证饲料工业的正常运行，饲料配方的变动较大，凡纳滨对虾饲料中鱼粉的用量越来越少，杂粕、新型蛋白源等非常规蛋白饲料原料的比例越来越大，饲料中价格相对较为低廉的能量原料的添加比例增加。这使得饲料利用率降低，对虾生长速度减慢，加剧了养殖水体水质的恶化、对虾病害频发。同时，大量未经处理的养殖尾水直接排放到海中，导致我国近海养殖海域海水水质的下降，带来二次污染。

对虾养殖中的另一个主要问题是品质和风味的问题，养殖对虾的风味不如天然捕捞对虾的风味好。在水产养殖日益集约化和规模化快速发展的今天，消费者对水产品品质提出了新要求，更加注重食品的安全性、科学性和经济性。水产品的营养价值、感观特性、加工品质和卫生质量，成为消费者评价水产品品质的主要依据。而影响水产品品质的因素又包括遗传因素、营养因素、养殖水环境、养殖技术管理和加工技术等，其中营养因素是改善水产品品质的主要因素。对虾风味和养殖期所用饲料中成分关系非常密切。目前大部分养殖者，往往重视虾的生长速度和产量，而对对虾的品质和风味还没有高度的重视。

为促进对虾行业的可持续发展，在养殖过程中许多新的课题迫切需要得到解决。第一，如何应用生物技术等手段，开发利用多种饲料资源，以缓解世界性鱼粉、鱼油资源紧缺。第二，如何进行各种营养性和非营养性饲料添加剂的研制，以提高饲料转化效率、提高对虾的抗病抗逆能力、增进养殖对象的机体健康。第三，采用何种营养饲料学对策，以减轻水体环境污染，防止暴发性疾病发生。第四，采用何种营养饲料学方法，提高水产养殖产品的品质和风味，使之成为功能食品，更好地满足国内外消费市场。第五，我国水产动物营养研究与饲料开发起步晚、科研投入不足。因此，针对凡纳滨对虾的营养研究不够系统，在产业上目前尚无法开发出安全优质的全人工配合饲料（节能减排型、高效利用型、改善风味型、环境友好型饲料），致使全人工配合饲料的质量不高，严重制约着我国对虾的养殖规模，养殖产品缺乏国际竞争力，不利于对虾养殖业的健康持续发展。

第一节　对营养物质的需求量

一、蛋白质和必需氨基酸

（一）蛋白质

虾类对蛋白质的需求量，是决定虾类生长最关键的营养物质，也是饲料成本中花费最大的部分。因此，确定对虾配合饲料中蛋白质的最适需要量在对虾饲料生产上极为重要，饲料中蛋白质的作用主要表现为：①提供体组织蛋白的更新、修复以及维持体蛋白质现状。②用于体蛋白的沉积。③作为主要的能量来源。④组成机体各种激素和酶类等具有特殊生物学功能的物质。

对虾对饲料中蛋白质需要量的高低，受多种因素影响。如不同生长阶段、水温、盐度、pH、饲料中蛋白源的营养价值、饲料加工方式及养殖模式等，对凡纳滨对虾的蛋白质的需求有着不同程度的影响。因此，国内外研究者皆将饲料中最适的蛋白源利用与蛋白质需要量作为首要课题进行研究。凡纳滨对虾饲料中蛋白质的适宜需要量为30%以上，与杂食性和肉食性鱼类对蛋白质的需要量相近。这可能与对虾无胃蛋白酶原、幼虾的胃发育不完善、过高的蛋白质不利分泌细胞保护自己、不被消化的特性有关。同时，关于凡纳滨对虾最适蛋白质需要量的研究结果存在较大的差异（表4-1），其主要原因是凡纳滨对虾对饲料蛋白质的需要量，依蛋白质的品质以及饲料中的能量而异。蛋白质的品质主要受到蛋白源消化率、氨基酸组成等的影响。

表4-1　凡纳滨对虾的配合饲料中蛋白质需要量

规格（g）	需要量（干物质%）	资料来源
幼体	37.6	Smith 等，1985
0.03	30.0	Colvin 和 Brand，1977
4.0、9.8、20.8	30.0	Andrew 等，1992

从对虾的生长发育过程看，幼虾比成虾所需的蛋白质水平要高（表4-2）。不同发育阶段的对虾所需蛋白质水平不同。一般说来，仔虾所需求的蛋白质水平高，幼虾次之，成虾较低。蛋白质相对需求量随着虾体增长而减少，但蛋白质的绝对需求量，随虾体的增长而增加。同时，蛋白质对虾类的繁殖能力也有重要作用，亲体性成熟与繁殖过程中，需要合成一些蛋白质、肽类激素、酶和卵黄蛋白等。此外，饲料中蛋白质还为合成体内的一些酶类和遗传物质提供氮源，或者作为能量底物，所以在性腺发育与繁殖期间亲虾对蛋白质的需求量要高于养成阶段。

表4-2 对虾生长所需要的配合饲料中蛋白质推荐值

虾体重（g）	蛋白质需要量（%）
0～0.5	42～45
0.5～3.0	40
3.0～15.0	38
15.0～40.0	26

（二）必需氨基酸平衡与限制性氨基酸

所谓"必需氨基酸"，是指对虾自身不能合成或者合成的速度、数量不能满足其生长，而必须从饲料或者外源添加而摄取获得的氨基酸。研究表明，对虾的必需氨基酸有10种，分别是苏氨酸、缬氨酸、蛋氨酸、异亮氨酸、亮氨酸、苯丙氨酸、赖氨酸、组氨酸、精氨酸和色氨酸。必需氨基酸在饲料中的比例必须符合对虾的营养需要，即达到氨基酸平衡，才能保证对虾生长，否则会出现"木桶效应"，降低饲料效率。研究发现，大多原料中赖氨酸、蛋氨酸、苏氨酸和色氨酸含量不足，被称之为限制性氨基酸，其中，蛋氨酸被认为是第一限制性氨基酸。必需氨基酸的缺乏和不足，均会影响其他氨基酸的吸收。部分试验证明，对虾饲料中添加赖氨酸、蛋氨酸和苏氨酸，可降低饲料系数，提高蛋白质效率等。但在凡纳滨对虾的一些研究中则表明，添加蛋氨酸等结晶氨基酸，对对虾的生长无显著影响。分析其原因认为，可能是由于氨基酸吸收不同步所引起的，主要是饲料中的游离氨基酸在进入对虾中肠之前，绝大部分已被中肠腺吸收，它不仅不能与结合态氨基酸同步吸收，而且会严重地影响别的必需氨基酸同步吸收，从而影响饵料蛋白质效率。现也有研究者认为，添加效果不显著的另一原因可能是晶体氨基酸的使用改变了饲料原有pH，从而影响使用效果。

（三）不同蛋白源的表观消化率

饲料中被动物消化吸收的营养物质称为可消化营养物质，消化率是指可消化营养物质占食入营养物质的百分比，消化率的测定是通过消化试验实现的。

饲料中营养物质的表观消化率是评定饲料营养价值高低的重要指标。消化率一般用表观消化率来表达，计算的一般公式为：饲料营养物质表观消化率（%）＝食入营养物质量（g）－对应粪中营养物质量（g）/食入营养物质量（g）×100。必须指出，粪中营养物质量一定是对应所食入营养物质的未消化量。

近年来，随着对虾养殖规模的进一步扩大，对虾饲料的需求越来越大。鱼粉作为一种优质的蛋白源，一直是虾类的主要蛋白源，但由于鱼粉的世界性短缺，价格居高不下，因此为了降低养殖成本，用其他蛋白源替代鱼粉蛋白源是虾类营养研究的热点之一。常用作鱼粉蛋白替代物的原料，主要有大豆蛋白产品（如豆粕、膨化豆粕、大豆浓缩蛋白）、植物蛋白浓缩物和谷类加工副产品等。而不同饲料蛋白原料在动物和对虾体内的消化率有所差异。Akiyama等（1989）研究了凡纳滨对虾对常用饲料原料的消化率，表明不同蛋白源在凡纳滨对虾体内的干物质、蛋白质和氨基酸的表观消化率也不同（表4-3）。常用的蛋白原料中干物质的表观消化率大小依次为：大豆分离蛋白＞豆粕＞大豆浓缩蛋白＞玉米蛋白粉＞鱼粉＞乌贼粉＞虾粉。

表 4-3　凡纳滨对虾对原料干物质的表观消化率（%）

原料	干物质表观消化率	虾规格（g）	资料来源
乌贼粉	68.9	1~13	Akiyama 等，1989
虾粉	56.8	1~13	Akiyama 等，1989
豆饼	84.18	1~13	Akiyama 等，1989
豆粕	87.31	2~16	韩斌等，2009
	84.2	0.5~10	Cruz-Suárez 等，2009
全脂大豆粉	55.9	22.3	Akiyama 等，1989
	82.7	0.5~10	Cruz-Suárez 等，2009
大豆浓缩蛋白	82.6	0.5~10	Cruz-Suárez 等，2009
大豆分离蛋白	91.7	0.5~10	Cruz-Suárez 等，2009
玉米蛋白粉	82.61	2~16	韩斌等，2009

　　不仅原料的干物质表观消化率有差异，其蛋白质的表观消化率也有所不同。常用动植物蛋白质原料中蛋白质的表观消化率大小依次为：酪蛋白＞大豆分离蛋白＞大豆浓缩蛋白＞豆粕＞玉米蛋白粉＞鱼粉＞大豆粉。由于蛋白源在体内的消化率存在差异，因此，凡纳滨对虾饲料中，对于不同的蛋白源组成饲料中的，总粗蛋白的需求存在差异（表 4-4）。

表 4-4　凡纳滨对虾对不同原料蛋白质的表观消化率（%）

饲料原料	蛋白质表观消化率	虾规格（g）	资料来源
大豆粉	89.9	22.3	Akiyama 等，1989
	95.7	0.5~10	Cruz-Suárez 等，2009
豆粕	96.9	0.5~10	Cruz-Suárez 等，2009
	94.77	0.45	韩斌等，2009
豆饼	96.4	22.3	Akiyama 等，1989
大豆浓缩蛋白	93.0	0.5~10	Cruz-Suárez 等，2009
大豆分离蛋白	96.2	0.5~10	Cruz-Suárez 等，2009
玉米蛋白粉	90.40	0.45	韩斌等，2009
虾粉	74.6	22.3	Akiyama 等，1989
酪蛋白	99.1	22.3	Akiyama 等，1989

　　目前，关于凡纳滨对虾对植物蛋白源中的氨基酸表观消化率的研究较少。研究表明，凡纳滨对虾对几种大豆制品中氨基酸的表观消化率大小，依次为全脂大豆粉＞大豆分离蛋白＞豆粕＞大豆浓缩蛋白（表 4-5）（Cruz-Suárez 等，2009）。

表 4-5　凡纳滨对虾对四种大豆制品氨基酸的表观消化率（%）

	全脂大豆粉	豆粕	大豆浓缩蛋白	大豆分离蛋白
精氨酸	99.3±0.7[b]	98.5±1.1[b]	95.4±0.2[a]	98.0±1.0[b]

（续）

	全脂大豆粉	豆粕	大豆浓缩蛋白	大豆分离蛋白
组氨酸	96.0±0.7[b]	94.9±0.9[b]	90.9±0.9[a]	95.9±1.3[b]
异亮氨酸	95.1±1.3[b]	95.3±1.2[b]	88.6±1.3[a]	94.5±1.5[b]
亮氨酸	94.9±0.9[b]	93.6±1.4[b]	88.2±1.2[a]	94.3±1.3[b]
赖氨酸	98.0±0.8[b]	96.7±1.4[b]	93.0±0.9[a]	96.6±1.4[b]
蛋氨酸	97.4±2.1[b]	95.7±2.5[b]	91.2±4.0[a]	94.2±1.9[ab]
苯丙氨酸	95.9±0.5[b]	94.8±1.3[b]	89.2±1.1[a]	94.9±1.0[b]
苏氨酸	94.4±0.3[b]	93.1±1.7[b]	88.1±1.6[a]	93.6±1.2[b]
缬氨酸	94.3±0.9[b]	94.7±1.5[b]	87.8±1.0[a]	94.2±1.6[b]
总必需氨基酸	96.2±0.7[b]	95.4±1.3[b]	90.5±1.0[a]	95.3±1.3[b]
甘氨酸	98.0±0.6[c]	97.4±1.9[c]	92.3±1.3[a]	94.9±1.6[b]
天冬氨酸	97.1±0.2[b]	97.0±1.4[b]	92.3±1.3[a]	96.7±1.0[b]
胱氨酸	92.2±0.7[b]	90.7±1.8[b]	84.8±0.5[a]	94.1±1.3[c]
谷氨酸	97.8±0.4[b]	97.4±1.1[b]	93.5±0.9[a]	97.5±1.0[b]
丙氨酸	100.9±2.8[b]	101.7±2.3[b]	96.7±1.0[a]	97.5±1.8[a]
丝氨酸	95.1±0.6[b]	94.6±1.8[b]	89.6±1.6[a]	94.9±0.8[b]
总氨基酸	97.0±0.3[b]	96.4±1.4[b]	91.8±1.0[a]	96.1±1.2[b]

注：同行数据的肩标有不同字母的表示差异显著（$P<0.05$），有相同字母的表示差异不显著（$P>0.05$）。

（四）其他因素对对虾蛋白质需求量的影响

除了蛋白质的品质外，环境条件（水温、溶解氧量、盐度、水质）等因素对对虾蛋白质的需求量也有较大的影响。Shiau 等（1991）认为，虾类蛋白质的需求量受环境盐度的影响，可能是由于虾类养殖于不同盐度的水平下，饲料蛋白质作为能源被利用的情况有所不同，低盐度水体养殖的凡纳滨对虾与高盐度水体养殖的凡纳滨对虾相比，有更高的氨氮排泄量，这意味着对虾在蛋白质利用率方面可能存在差异。Shiau 等（1992）认为，凡纳滨对虾在半咸水中对饲料蛋白的需求量高于在海水中，这可能是因为对虾在不同盐度下渗透调节耗能和对饲料蛋白消化率不同，低盐下用于调节渗透压的蛋白质消耗较大。同时，饲料 pH 对凡纳滨对虾饲料中氨基酸的利用有影响。以乌贼粉（6％）和花生粉（20％）为蛋白源配成含粗蛋白为 13％和 28％的基础饲料，以冷冻凡纳滨对虾尾部肌肉为蛋白源配制成对照饲料，研究结果表明，对虾摄食添加晶体氨基酸的基础饲料时，生长速度和摄食量随着饲料 pH 的升高而增加，当饲料 pH 达到 8.0 时，对虾的生长速度最快，达到对照组的 85％，生长速度的增加主要归因于氨基酸消化吸收快而导致的摄食量增加。

二、脂类

对虾对饲料中的脂肪含量要求不高，通常粗脂肪需求量为 6％～10％。虽然对虾组织中含脂量较低，但是对饲料脂类中的必需脂肪酸、不饱和脂肪酸、磷脂和胆固醇含量需求较高。

（一）脂类的生理功能

1. 脂类是虾类组织细胞的组成成分 一般组织细胞中含有 $1\%\sim2\%$ 的脂类物质，磷脂、脂蛋白参与细胞膜的构成。虾类组织的修补和新组织的生长，都要求经常从饲料中摄取一定量的脂质。

2. 脂类可提供能量 脂肪等脂类物质是虾体能量的长期贮备形式。

3. 脂类物质是脂溶性维生素的吸收和转运的载体 脂溶性维生素 A、维生素 D、维生素 E、维生素 K 的吸收和转运需要脂类的存在。

4. 脂类提供虾类生长所必需的必需脂肪酸。

5. 脂类可作为合成某些激素和维生素的重要原料。

6. 脂类的额外能量效应，可起到节约蛋白质的作用。

饲料中脂肪缺乏或含量不足，可导致饲料蛋白质利用率下降，虾类代谢紊乱，同时还可发生脂溶性维生素和必需脂肪酸缺乏症。但与海水鱼不同，对虾体内脂肪代谢能力较弱，过多的脂肪会影响对虾的正常生长。凡纳滨对虾对脂类的需求量还不明确，一般认为以 $6\%\sim7.5\%$ 为宜，建议最高水平为 10%（Akiyama 等，1991），同时必须注意亚油酸、亚麻酸等的添加。

（二）必需脂肪酸

研究发现，亚油酸、亚麻酸、二十碳五烯酸、二十二碳六烯酸这 4 种必需脂肪酸在凡纳滨对虾体内不能合成，是凡纳滨对虾的必需脂肪酸，亚油酸、亚麻酸、二十碳五烯酸、二十二碳六烯酸在饲料中的适宜含量，分别为 0.4%、0.3%、0.4%、0.4%。对虾增重率、存活率受饲料中必需脂肪酸含量影响较大，饲料中应适量增加，一般为 $0.5\sim2.0\%$。

Gonzalez-Felix 等（2002）研究了饲料脂类含量对凡纳滨对虾必需脂肪酸需要量的影响，结果表明，对虾对必需脂肪酸的需求量并未随着饲料脂类含量的增加而增加，饲料中含 0.5% 脂类就能满足凡纳滨对虾对 n-3 系列高度不饱和脂肪酸的需要。虽然，饲料中脂类含量增加对对虾的生长没有显著的影响，但肌肉和肝胰脏中脂类显著增加。

（三）胆固醇

胆固醇在动物生命代谢中也具有十分重要的作用，如参与蜕皮激素、性激素以及维生素 D 的合成等，对虾不能合成足够的胆固醇，必须从饲料中获得。因此，如果不能从饲料中得到补充，对虾的生长和成活率都要下降。关于甲壳类动物对胆固醇的需要量研究较多，试验证实，饲料内添加胆固醇对对虾有显著的促进生长和提高成活率的效果，饲料中一般可添加 $0.5\%\sim1.0\%$。

（四）磷脂

磷脂与高密度脂蛋白结合在一起，是凡纳滨对虾血淋巴中载脂的主要脂蛋白，虾饲料中需要磷脂，特别是磷脂酰胆碱。对虾自身能合成磷脂，但合成速度很慢（金泽，1983）。对虾饲料中卵磷脂的适宜添加量为 1% 左右，如果卵磷脂的一碳位上含有 EPA 和 DHA，则卵磷脂需求量可降至 0.4%（李爱杰，1994）。饲料组成、发育阶段和环境条件不同，凡纳滨对虾幼体对磷脂和胆固醇的适宜需要量也会发生变化，变化范围分别在 $1.5\%\sim6.5\%$ 和 $0.13\%\sim0.5\%$（表 4-6）（李超春，2006）。Gong 等（2000）研究表明，当饲料中磷脂含量为 0% 或 1.5% 时，摄食含胆固醇饲料的对虾的瞬时生长速度明显增加；但是，当饲料中磷脂含量增至 3% 或 5% 时，饲料中的胆固醇对对虾的生长无显著影响。相反，当饲料中不添加胆固醇时，磷脂对对虾生长的影响十分显著，当磷脂含量为 3%～5% 时，对虾生长最快；若饲料中含 0.5% 胆固醇，磷脂对对虾的生长无显著影响。在所报道的各种对虾饲料中磷脂的添加水平，变动范围在 0.84%～1.25%。因此，一般认为，凡纳滨对虾饲料中磷脂的添加量也应以 1%～2% 为宜。

表 4-6　凡纳滨对虾对饲料中磷脂和胆固醇的适宜需求量（%）

规格	磷脂	胆固醇	资料来源
仔虾	—	0.5	Emerg，1987
幼虾	—	0.23～0.42	Duerr 和 Walsh，1996
仔虾	1.5（卵磷脂）	—	Cotteau 等，1996
仔虾	6.5（大豆卵磷脂）	—	Cotteau 等，1996
幼虾	1.5	0.20	Gong 等，2000
幼虾	3.0	0.19	Gong 等，2000
幼虾	无磷脂	0.41	Gong 等，2000

（五）添加脂类注意事项

1. 添加量　根据对虾的不同生长阶段、水质因子和饲料营养组成等因素添加量不同，应避免在饲料中过量使用脂类添加物。

2. 品质　脂肪的氧化酸败一般有两种类型：一种是由于油脂中的不饱和双键被空气中氧气中和所氧化，生成分子量较低的醛和酸的复杂混合物；另一种是由于微生物的作用使油脂酸败，在高温、高湿和不通风的情况下，容易发生脂类的酸败。同时，脂肪的氧化酸败会产生大量具有不良气味的化合物，不仅使得脂类的营养价值和饲料适口性下降，而且在氧化过程中产生的大量过氧化物，会破坏某些维生素活性，使蛋白质的消化率显著降低。

三、糖类

（一）糖类的生理功能

1. 糖类及其衍生物是虾类体组织细胞的组成成分　如五碳糖是细胞核酸的组成成分，半乳糖是构成神经组织的必需物质，糖蛋白则参与细胞膜的形成。

2. 糖类可为虾类提供能量　吸收进体内的葡萄糖被氧化分解，并释放出能量供机体利用。

3. 糖类是合成体脂肪的重要原料　当肝脏和肌肉组织中储存足量的糖原后，继续进入体内的糖类则合成脂肪，储存于体内。

4. 糖类可为虾类合成非必需脂肪酸提供碳架　葡萄糖代谢的中间产物如磷酸甘油等，可用于合成一些非必需氨基酸。

5. 糖类可改变蛋白质的利用　当饲料中含有适量的糖类时，可减少蛋白质的分解供能。

（二）对虾对糖类的需求

虾体内虽然存在不同活性的淀粉酶、几丁质分解酶和纤维素酶等，但其利用糖类的能力远比鱼类低，对糖类的需求量亦低于鱼类。虾饲料中糖类的适宜含量为 20%～30%。研究结果表明：饲料中少量的纤维素，有利于促进凡纳滨对虾肠胃的蠕动，能减慢食物在肠道中的通过速度，有利于营养素的吸收利用。另据报道，在凡纳滨对虾饵料中添加 0.52% 葡萄糖胺可改善其生长，而添加甲壳质会使其生长受阻。但 Akiyama 等（1992）认为，甲壳质是虾外骨骼的主要结构成分，对虾的生长有促进作用，建议凡纳滨对虾饲料中甲壳质的最低添加水平为 0.5%。

（三）糖类摄入过多的危害

在对虾养殖中往往希望用最大量的糖类，代替脂肪和蛋白质提供能量，从而起到节约蛋白质作用。然而，由于对虾对糖利用率低，若长时间投喂高糖的饲料，则导致糖类在对虾肝脏中累积，影响对虾生长。

（四）壳多糖

壳多糖是对虾外皮的主要构成成分，有促进对虾生长的作用，而且也是虾壳的构成物质。对虾饲料中壳多糖最多含量为 0.5%，壳多糖通常是由虾壳粉提供的。许多甲壳类动物是病毒载体与携带者，故使用时应注意消毒。

（五）功能性多糖

功能性多糖是目前国际上研究较多的一类特殊活性多糖，如 β-葡聚糖、甘露聚糖、脂多糖和海藻多糖，主要用作虾类养殖过程中的非特异性免疫增强剂。

四、维生素

维生素是一类相对分子量较低的活性物质，是辅酶的一个重要组成部分，在生物体的物质和能量代谢中起重要作用，对对虾而言是不可缺的，尤其是维生素 A、维生素 C 和维生素 E。如在酷暑高温季节，长途运输和捕捞等应激过程中，饲料中缺乏维生素 C 时，对虾易发病死亡。但维生素 C 添加量过多，也会使对虾增重和摄食量降低。此外，许多维生素是营养物质代谢的辅助因子，如维生素 B_6 能促进蛋白质的吸收，维生素 B_1 能促进糖类代谢，维生素 E 与脂肪酸的消化吸收有关。一般配合饲料中，维生素混合物的比例为 2%～4%，其中，维生素 C 的适宜添加量为 0.3%。因为维生素在饲料加工时易受热而遭到破坏，故以维生素复合剂形式加入效果较好。在实际生产中，维生素的添加量往往比需要量要高出许多，以保证在使用过程中，饲料维生素的量能满足对虾的生长。

（一）维生素的生理功能

根据维生素的溶解性，将其分为水溶性维生素和脂溶性维生素两大类。水溶性维生素包括 B 族维生素和维生素 C；脂溶性维生素包括维生素 A、维生素 D、维生素 E 和维生素 K。对虾自身不能合成维生素，各种维生素都是对虾生长所必需的，长期缺乏可导致对虾发育不良，严重时出现病变甚至死亡。

（二）对虾对维生素的需求

对虾在养殖环境中，可以从养殖水体的藻类、菌类中获取多种维生素。在实际生产中需要添加的维生素，主要有维生素 A、维生素 C、维生素 E 和维生素 B_6 等。对虾维生素需求的研究还不够深入，不同研究者的研究结果相差较大，或许与各地区的养殖环境不同有关，所列出的参数，在不同地区养殖场应用时，还要具体调整（表 4-7、表 4-8）（杜少波，

2004)。

表4-7　对虾饲料中维生素的推荐添加值（mg/kg 饲料）

维生素	虾种类				
	日本囊对虾	南美蓝对虾	斑节对虾	中国明对虾	凡纳滨对虾
维生素 C	492	2 500	28 092	10 000	1 000
生物素（B$_7$）	6.3	20	6.4	60	5
泛酸钙	948	300	948	240	500
维生素 D$_3$	19	20	19	—	12.7
胆碱	9 480	1 500	9 480	5 000	3 500
氰钴素（B$_{12}$）	0.1	20	0.1	—	0.3
叶酸（B$_{11}$）	13	100	13	60	15
肌醇	6 320	3 600	6 320	600	4 000
维生素 K	63	46	63	60	40
烟酸（B$_5$）	623	520	623	600	750
比哆醇（B$_6$）	190	60	190	60	120
核黄素（B$_2$）	126	160	126	120	200
硫胺素（B$_1$）	63	100	63	60	120
维生素 A	18	36	40	—	67
维生素 E	482	440	500	2 160	400

表4-8　凡纳滨对虾幼体饵料中各种维生素的推荐用量（mg/kg 饲料）

维生素	用量
硫胺素（B$_1$）	50
核黄素（B$_2$）	40
维生素 B$_6$	80～100
氰钴素（B$_{12}$）	0.1
烟酸（B$_5$）	200
生物素（B$_7$）	1
叶酸（B$_{11}$）	10
肌醇	300
胆碱	400
泛酸（B$_3$）	90～120
维生素 C	1 000
维生素 A	10 000 国际单位
维生素 D	5 000 国际单位
维生素 E	99
维生素 K	5

1. 维生素 C　　研究证明，维生素 C 对于提高凡纳滨对虾成活率至关重要，缺乏维生素 C 存活率显著降低，而且体重小的虾比体重大的虾更为敏感。根据存活和增重结果得出，0.1g 左右的稚虾，饲料中维生素 C 的最低需求量为 120mg/kg，随着体重的增加，饲料中维生素 C 的添加量可以适当降低。有学者研究了不同生长阶段凡纳滨对虾（初始体重分别为 0.1g 和 0.5g）的维生素 C 需求量，研究结果表明，维持凡纳滨对虾正常生长的维生素 C 添加量分别为 120mg/kg 饲料和 41mg/kg 饲料，而以对虾肝胰脏中维生素 C 的积累量为指标，则分别为 120mg/kg 饲料和 90mg/kg 饲料。Lavens 等（1997）研究凡纳滨对虾幼体维生素 C 需求量时发现，饵料中不添加维生素 C（L-抗坏血酸-2-磷酸酯），则生长显著减慢，并以增重为判据，根据折线模型确定出凡纳滨对虾幼体饲料中维生素 C 的需求量为 130mg/kg。以生长、成活和酚氧化酶活性为指标，饲料中维生素 C-2-磷酸酯的适宜添加量为 150mg/kg（周歧存等，2004）。

2. 维生素 E　　维生素 E 是一种脂溶性维生素，是细胞膜重要的抗氧化剂，存在于细胞膜的脂质和脂蛋白中，可以阻止自由基介导的不饱和脂肪酸的过氧化作用。大量学者研究维生素 E 需要量时发现，饲料中添加维生素 E，可显著促进凡纳滨对虾的生长，但当含量达到 100mg/kg 时，增重则不再有明显的差异。因此，凡纳滨对虾维生素 E 的需求量推荐为 100mg/kg。

3. 维生素 A、维生素 D、维生素 K　　维生素 A 对视网膜上光敏化合物视紫质的更新是必要的，并对钙传递、细胞膜和亚细胞膜的完整起到作用，对虾的视觉功能也依赖于维生素 A。而维生素 D 对促进钙、磷在肠道中的吸收及钙、磷在骨基质中的沉积具有重要的作用，对虾壳和虾肉中的钙、磷的吸收和分解也需要维生素 D。He 等（1992）研究了凡纳滨对虾对脂溶性维生素 A、维生素 D、维生素 K 的需求，发现维生素 A、维生素 D 是凡纳滨对虾所必需的，推荐用量分别是 10 000 国际单位/kg 和 5 000 国际单位/kg，而维生素 K 是非必需的。虾青素作为维生素 A 前体物，也可以看作是一种维生素。

4. 类胡萝卜素　　已有研究表明，类胡萝卜素对对虾的性腺发育、卵的成熟和早期幼体发育中色素沉积有重要作用。类胡萝卜素具有防止细胞膜和高度不饱和脂肪酸氧化的作用，在亲虾体内或饲料中含量的增加，可以提高亲虾的繁殖能力。如果胚胎中类胡萝卜素缺乏，会降低幼体的质量。类胡萝卜素对幼体活力的促进作用，可能与抗氧化作用有关。同时，亲体的类胡萝卜素水平还能决定胚胎和摄食前幼体色素细胞及眼点的正常发育。

β-胡萝卜素、虾青素等色素，可改善凡纳滨对虾外壳的色泽，提高其商品价值。某些色素在凡纳滨对虾生长过程中，具有抗氧化、消炎和增强免疫力等功效。在一些特定条件下，某些氨基酸、甜菜碱等作为引诱剂，加入凡纳滨对虾饲料中，除能提高虾的摄食量外，亦能起到一定的营养作用。

另外，免疫增强剂不是对虾必需的营养素，但如果在饲料中适量添加好的免疫增强剂，往往可以取得意想不到的效果，既能提高成活率，又能显著促进生长，同时减少抗生素类药物的用量，如 β-葡聚糖等能提高对虾的免疫力，还能增重 30％以上，还可使对虾感染白斑病毒后延缓死亡 20～30d。

（三）影响维生素需求量的因素

1. 对虾的生长阶段　　不同的生长阶段对维生素的需求不同，如在亲虾繁殖期，维生素

E 量需要增加。

2. 对虾的生理状况 在预防疾病状况下，对虾对维生素 C 的需求量将会增加。

3. 饲料中维生素的利用率 维生素的添加形式不同，利用率存在差异。

4. 维生素间的相互关系 维生素之间存在错综复杂的相互关系，因此一种维生素的需求量受到其他种类维生素含量的影响。

5. 养殖的集约化程度 集约化程度越高，对维生素的量也随着增加。

6. 其他因素 如饲料中脂肪的含量，影响脂溶性维生素的利用率。

五、矿物元素

（一）钙和磷

Davis（1993）研究表明，凡纳滨对虾饲料中添加钙是不必要的，并且钙的添加反而会抑制磷的吸收利用。而饲料中添加磷对于凡纳滨对虾生长相当重要，凡纳滨对虾对磷的需求量，取决于饲料中钙的含量。若不添加钙，基础饲料中含 0.35％的磷，就足够维持对对虾的生长和存活；若添加 10％和 20％的钙，则需相应在饲料中分别添加 0.5％～10％和 10％～20％的磷，才可维持对虾的正常生长。Davis（1993）和 Arnold（1994）研究磷的消化吸收率时发现，凡纳滨对虾对不同磷源中磷的利用率差异很大：磷酸二氢钙，利用率 46.3％；磷酸氢钙，利用率 19.1％；磷酸二氢钾，利用率 68.1％；磷酸二氢钠，利用率 68.2％。因此，建议成本允许的前提下，可考虑使用磷酸二氢钾或磷酸二氢钠作为磷源，这样可降低水环境中的磷污染，这对于凡纳滨对虾健康、可持续养殖也是具有重要的意义。

（二）镁

镁在对虾肌体组织的含量可通过鳃、肠道以及触角等效应器官来调控。Cheng（2000）研究发现，凡纳滨对虾体内镁的含量在蜕皮前后变化不大，随着生长，其体内的镁含量只有轻微的增加。镁可以从养殖水体中获得，也可以在饲料中获得。海水富含镁，其含量高达 1 350mg/L，而且虾血淋巴的镁含量比外界养殖环境的还低。Liu 和 Lawrence（1997）报道，凡纳滨对虾镁的需要量为 0.12％，反映出凡纳滨对虾对镁有较高的需求。如果凡纳滨对虾经淡化后养殖，饲料中镁的添加量还应适当提高。

（三）锌

锌是虾体必需的微量元素，也是凡纳滨对虾体内贮存最多的微量元素，广泛参与机体的新陈代谢。0.058g 的凡纳滨虾锌的需求量为 218mg/kg 饲料（梁德海等，1989）。而 Davis 等（1993）推荐凡纳滨虾的锌需求量为 110mg/kg 饲料。许多研究表明，水产动物对氨基酸螯合锌盐的利用率，要比无机态锌高得多（如 Tan 和 Mai，2001；Paripatananont 和 Lovell，1995；李爱杰等，1996）。若凡纳滨对虾饲料添加氨基酸螯合锌盐，则锌需求量可以显著降低。

（四）铜

铜是对虾血蓝蛋白的组成成分，同时也是多种酶包括细胞色素氧化酶、酪氨酸酶、抗坏血酸酶和酚氧化酶的成分，影响体表色素形成、生殖系统和神经系统的功能，同时影响对虾的非特异性免疫。Davis 等（1993）研究表明，34mg/kg（以饲料计，下同）的铜足以满足凡纳滨对虾的需要，但当铜含量达到 120mg/kg 时，对虾也没有表现出副作用。广东飞禧特水产科技公司的研究表明，对虾蛋白氨酸螯合铜的利用能力，比硫酸铜高出 1 倍以上。商业饲料铜原料除了无机铜外，蛋白质丰富的原料如蒸汽鱼粉、可溶性鱼粉、磷虾粉和酵母等也是不错的铜源。

（五）钴

钴在饲料中的含量较少，通常不超过 0.3％，凡纳滨对虾体内的钴含量为 $1.18\mu g/kg$ 左右（Osuna 等，1993）。有研究表明，对虾对蛋氨酸螯合钴的利用能力比氯化钴高出 1 倍以上。

（六）硒

硒是谷胱甘肽过氧化物酶的重要组分。该酶通过破坏过氧化氢与氢过氧化物，来保护细胞与细胞膜免受氧化作用的破坏，将过氧化氢氧化成水，将脂类的过氧化物氧化成乙醇，以防止细胞免受氧化的毒害作用。因此，硒既是有毒元素，又是动物生命活动所必需的元素。根据 Davis 等（1996）的研究结果，对虾饲料中硒的添加量推荐为 $0.2\sim0.4mg/kg$。

（七）铁

铁是参与脂类氧化代谢的基本元素，二价铁离子在催化脂类氧化代谢比三价铁离子更加有效（Desjardins 等，1987）。缺铁可引起生理问题，铁过量同样也会引起中毒。鉴于对虾配合饲料中富含较多的不饱和脂肪酸，添加二价铁离子在一定程度上，影响饲料的不饱和脂肪酸以及抗坏血酸的稳定性，进而影响饲料品质，因而在商业饲料中，应限定添加二价铁离子的量。尽管饲料中富含相当多的内源性的铁，鱼粉和肉骨粉含铁量为 $400\sim800mg/kg$，油料种子为 $100\sim200mg/kg$，谷物原料中铁以植酸钙镁复合物的形式存在，含量为 $30\sim60mg/kg$，但是对铁的存在形式以及铁的生物利用率研究还较少。

第二节　能量平衡

一、盐度和饲料含糖量对能量平衡的影响

与陆地脊椎动物一样，对虾也可以利用糖类作为能量来源，但其利用糖类的能力比陆地脊椎动物低。对虾趋向于利用更大比例的蛋白质作为能源，但蛋白质的消耗会导致对虾生长速度降低，而对虾蛋白质的消耗受到盐度的影响显著，高盐度下蛋白质消耗较大。高蛋白饲料可以改善凡纳滨对虾的生长情况，因为饲料氨基酸可以作为渗透压调节因子为肌肉提供渗透压调节所需的能量，从而避免因为过多能量消耗而造成的生长缓慢。然而，高蛋白饲料意味着更高的饲料成本，不利于对虾养殖产业的持续发展。有研究表明，在受到盐度胁迫时，糖类可以直接为机体供能。由于机体对渗透压调节是一个耗能过程，糖类具有来源广泛、价格低廉及供应稳定等优点，水产动物营养研究者已将如何提高凡纳滨对虾等水产动物对糖的利用率作为研究热点之一。

（一）糖源对凡纳滨对虾能量平衡的影响

1. 凡纳滨对虾对不同糖类的利用　对虾对糖类利用率受到糖种类的影响，对虾对双糖和多糖的利用率较单糖要高出许多。Shiau 等（1992）研究结果表明，由于葡萄糖作为单糖不能再水解成为更小的糖类，因而其穿过消化道的速率要比双糖和多糖快；双糖和多糖则需要在消化酶的作用下分解成为葡萄糖，因此双糖和多糖通过消化道需要更多的时间，速率相较而言略低，这反而更便于对虾对其消化吸收。孙燕君和聂琴等也认为，单糖与双糖、多糖在消化速度

上的差异主要取决于消化酶的活性。目前，研究发现甲壳动物的糖类消化酶种类有 α-葡糖苷酶、β-半乳糖苷酶、纤维素酶和几丁质酶等，但尚未发现能够专一水解蔗糖的酶。因此，蔗糖和淀粉经过对虾消化道的时候，蔗糖被消化利用的时间会更长一些，也更有利于对虾对糖的吸收利用。对虾摄入的糖可通过糖酵解、TCA 循环、糖异生或 PPP 途径彻底地氧化分解为能量供对虾使用，且糖代谢过程中可转变为其他大分子物质，是机体新陈代谢的重要枢纽。

2. 糖源对凡纳滨对虾能量代谢的影响　　对虾在摄食大量的糖源后，可在己糖激酶的作用下磷酸化，一部分用于能量代谢，另一部分在肝胰腺中转化为糖原、脂肪后转移到肌肉储存。当糖含量不足以直接提供能量的时候，能量代谢需要依赖消耗脂肪或者蛋白质提供能量。因此，当对虾在摄食大量的糖原后，相比于双糖和多糖，葡萄糖转变为肝糖原的速度较快，但机体后续的能量供应不充分，对虾合成糖原的代谢速度会逐渐降低，肝糖原含量会逐渐下降。

（二）盐度对凡纳滨对虾能量平衡的影响

凡纳滨对虾有很强的渗透调节能力，在受到盐度胁迫时，它可通过调节自身血淋巴渗透压和离子含量来维持机体的稳态，然而，这个过程需要消耗更多的能量。王晓丹实验结果表明，对于在盐度为 6～14 的水体中，饲料中添加 15％糖可满足凡纳滨对虾的正常生长；在盐度为 3 时，则需要在凡纳滨对虾饲料中添加更多的糖（20％）来满足其能量需求。可见，在低盐环境中，为保证凡纳滨对虾正常生长，饲料中可通过添加更多的糖来为对虾渗透压调节和离子调节提供能量。

王兴强指出，凡纳滨对虾的能量分配中呼吸消耗能支出占比例最大，占总能的 67.73％～69.50％；其次是生长需要的能量，占总能 16.32％～18.93％；排粪能、排泄能和蜕皮能是能量支出中较小的部分，分别占总能 6.95％～7.61％、5.07％～5.57％和 1.15％～1.28％。盐度可显著地影响对虾生长能、呼吸能和排泄能组分，而对排粪能和蜕皮能组分的影响不显著。盐度为 10、20 和 25 时，对虾呼吸能占总能比例差异不显著，但显著低于 0.5、5 和 35 盐度；当盐度为 18.49 时，对虾生长能占总能比例最高；而呼吸能和排泄能占总能比例最低时的盐度分别为 18.96 和 17.63。

张特研究表明，盐度为 15～25 时，仔虾氮、磷释放率随着盐度的升高而增加，这说明凡纳滨对虾仔虾随着盐度的上升，能量消耗增加，摄入能量的利用率有所降低。在盐度为 30 时，仔虾氮、磷释放率最低，仔虾对摄入能量的利用率最高。

李婷等证明，在盐度 10～31 范围内，随着盐度的升高，无机磷的释放量增大，无机氮的释放量减少，由于无机氮的释放量远比无机磷大。在适宜盐度范围内，随着盐度的上升，对虾的能量消耗减少，对摄入的能量利用率提高。目前，对虾养殖中采用较低盐度防治虾病的方法可能有一定的作用，但低于其适应的盐度范围时，则需消耗较多的能量来调节体内的渗透压以适应环境盐度。

（三）糖源和盐度的交互作用对凡纳滨对虾能量平衡的影响

水生动物在低渗的水环境中生活会比在等渗环境中消耗更多的能量用于调节渗透压平衡。因此，在饲料的能值一定时，适当多增加碳水化合物可能会促进对虾生长。王兴强研究表明，碳水化合物对凡纳滨对虾生长及生长能组分的分配影响显著。盐度低于 16 时，在饲料中添加 29.15％的糖源，对虾生长性能显著提高，且摄食量和摄食能分配于生长的比例也表现出同样的结果。这充分证明在低盐度养殖条件下，饲料中适量增加碳水化合物是有益的，不仅可促进对虾生长又可起到饲料蛋白质节约作用，避免蛋白质过多的用于能量消耗。王吉桥等实验表明，动物在摄食后都有耗氧率增大的现象，即特殊动力作用（SDA）。凡纳滨对虾的SDA效应与饲料的蛋白质含量成正比，且盐度与饲料糖量有显著交互作用。在盐度15、饲料含糖量为0时，SDA占呼吸代谢比重较大。凡纳滨对虾在低盐度（5～15）的水中摄食低糖饲料时比摄食38％含糖量的饲料时，其生长速度快4.6倍；比在高盐度（40）下摄食含糖38％和不含糖饲料时，其生长速度分别快1.8、2.4倍。凡纳滨对虾在低渗环境中调节体内的渗透压，常用饲料蛋白作氨基酸源来充当渗透调节效应因子，代谢物中蛋白质的比例增加，直至完全以蛋白质为能源。氧氮比测定表明，凡纳滨对虾在不同盐度下呼吸代谢的氧氮比随盐度升高而逐渐增大，即高盐度下代谢糖的比例增加。Chen和Lai报道了日本囊对虾在盐度为5～35时，排氨率随盐度下降而升高，并认为由于外界环境渗透压的减少，导致虾体内自由氨基酸的浓度升高。王晓丹推测，低盐度、高蛋白饲料使凡纳滨对虾体内谷氨酸脱氢酶活性增高，改变了物质代谢途径，使SDA增加和氨排泄增加。

二、水温和盐度对能量收支的影响

对虾通过食物摄入获得的能量在生长、新陈代谢、排泄等的重要生命过程中传递，其中蜕皮对于虾来说是主要的能量代谢活动。在生长和其他代谢过程之间分配的能量比率代表能量利用的效率。虾蟹类能量收支模型为摄食能（C）＝生长能（G）＋代谢能（R）＋排泄能（U）＋排粪能（F）＋蜕皮能（E），与鱼类相比多了周期性蜕皮时消耗的能量组分。

不论是自然界还是人工的养殖池塘中，甲壳动物很少处于恒定的环境因子中。由于季节、昼夜循环、天气的突变、水质的变化等各种原因，养殖水体的环境因子会在一定时间内产生一定幅度的急剧或缓慢的波动。另外，甲壳动物在其洄游、索饵等过程中，常需要在水体的不同区域和水层之间游动，有的甚至由于发育和生长的需要，在其生活史中的特定时期，从海洋口上游至江河水，或从江河游入海洋，其间经常遇到水温、盐度、光照等环境条件的变动。摄入能量的分配可能取决于这些变量，有效利用摄入的食物能量是所有生物成功生存的必要条件。对虾在自然或养殖环境中的食物可获得性和质量可能会随着时间的推移而变化，因此代谢过程和生物量积累过程中的能量分配效率也会有所不同。温度、盐度、光照、pH、溶解氧等环境因素对于养殖生物生长代谢影响巨大，了解水温和盐度对凡纳滨对虾能量收支各组分的影响，能为提高其养殖效益提供理论依据。

水温可通过影响摄食继而影响生长和其他代谢过程，如基础代谢、生长以及排泄。对虾的研究表明，随温度升高虾的生长能占摄食能的比例反而有所下降，呼吸能和排泄能却逐渐增加。虽然较高的水温使其具有较高的摄食率，但低水温能使机体基础代谢降低，从而有利于机体同化和合理利用食物中的能量，使更多的能量用于机体生长和繁殖。

高水温条件下，食物能转化为生长能的比例显著降低，随着水温的升高，幼苗的能量生长效率会降低。对虾的能量同化效率随温度的升高而逐渐增加，但能量转化效率却随温度的升高而逐渐下降。对虾的生长能和粪便能占总摄食能量的比例随水温的升高而降低，而代谢能、尿能和蜕皮能所占的比例却随温度的上升而增加。这表明对虾在较高的温度下生长较快主要是增加绝对摄食量，提高吸收效率，减少粪便排泄量。

与相应的恒温相比，变温时对虾的摄食量显著增大，对虾的饵料转化率显著提高。但变温条件下，对虾对食物的消化率与相应的恒温时相比无显著差异。能量收支的研究结果则发现，变温时，对虾摄食能中，用于生长的能量比例显著增加，生长速度加快，从而表明，变温促长的主要机制可归因于变温下摄食量的增大、饵料转化率的提高及其摄食能中用于生长的比例增加（田相利 2005）。

除温度外，盐度被认为是影响对虾生长和存活的最重要的非生物因素。有观点认为水生动物在恒定的最佳盐度下比在波动的条件下能更好地生长。在鱼类中已经报道过盐度波动对水生动物生长的积极影响。然而在对虾的研究中报道，适度的盐度波动可以通过增加摄食量来促进对虾幼虾的生长，因为在该条件下，用于蜕皮的能量较多，蜕皮加快。因此，对于对虾养殖而言，最佳盐度波动幅度可能比恒定盐度更有用，值得注意的是适度的盐度波动可以促进对虾的生长，而过度的盐度波动却抑制对虾的生长。

盐度对甲壳动物呼吸代谢的影响，通常认为是由于环境与体液的渗透压差异造成甲壳动物调节耗能的变化所致。甲壳动物代谢率对盐度的反应是各种各样的，在不同盐度下代谢率可能会有差异，其差异除与生活环境包括盐度、温度、溶解氧水平等有关外，其驯化时间、种类、个体大小、健康状况和发育阶段等也影响代谢率的变化。凡纳滨对虾的耗氧率随盐度的降低而升高。当外界盐度发生变化时，甲壳动物要消耗额外的能量来调节体内渗透压和离子浓度，其代谢率增高，以维持机体内环境的稳定。凡纳滨对虾幼体可能通过调节氮代谢，迅速提高排氨率来调整渗透压。

凡纳滨对虾是一种广盐性生物，每年的降雨和蒸发循环会使该物种暴露在盐度的广泛季节性变化中。在一些地区，渔民可能会加入淡水，以调整低于自然海水盐度的盐度水平，因为普遍认为凡纳滨对虾在微咸水中的生长好于在海水中的生长（Wang and Chen，2006）。盐度对凡纳滨对虾的最大摄食能无显著影响，但极其显著地影响对虾的耗氧率，即凡纳滨对虾的耗氧率随盐度的降低而下降，有研究表明盐度 5 时对虾耗氧率最低；在相同盐度和温度条件下，耗氧率随个体增长而降低。盐度对凡纳滨对虾的排泄影响极其显著，即随盐度的降低，排氨率升高，在盐度 5 时最高。长臂虾和印度对虾处于等渗点时，耗氧率最低。这可能是因为动物处于等渗点时，可减少用于渗透调节的能量。对虾属动物的等渗点为 23.3～26.3，高于罗氏沼虾等淡水虾。中国明对虾的耗氧率在盐度 10～30 时随盐度上升而下降。凡纳滨对虾在盐度 5～25 下的耗氧率却随盐度的降低而下降。这表明凡纳滨对虾不仅是一种广盐性种类，对低盐的耐受性强于中国明对虾，而且在淡水中对能量的利用也更经济。此外，对虾的能量同化效率随盐度的增加而降低。

第三节　对营养物质的消化与吸收

一、消化酶

（一）不同规格对虾的消化吸收与消化酶活性

消化与吸收是包括对虾在内的动物营养过程的始点。在了解对虾对饲料营养需求和进行饲料的配制研究之前，弄清对虾对养分的消化、吸收特点是十分必要的。因而，可以说了解对虾对营养成分及其原料的消化率是合理配制饲料、科学投喂、提高养殖效率和效益的理论基础。

一般来说，饲料经消化系统的物理消化和消化道分泌的酶的消化分解，逐步达到可吸收状态而被消化道上皮所吸收。物理消化的作用是增加消化酶与食物的接触面积，从而提高消化效率。酶的消化作用，是通过消化道分泌的消化液中所含的消化酶对营养物质进行分解的过程，改变营养物质的存在状态。消化的结果是在消化道内产生大量的单糖、二糖、小肽、氨基酸等。

吸收的主要方式有：一是扩散，指物质吸收和运输的一种最基本形式，是消化道中的溶解物质通过生物膜从高浓度向低浓度移动的过程；二是过滤，消化管内的压力足够大的时候可以进行；三是主动运输，一种需要中间载体的逆浓度梯度的耗能的主动吸收过程；四是胞饮作用，细胞直接吞噬食物微粒的过程。

消化酶是指一类能够将食物中的淀粉、蛋白质、脂肪等大分子物质转变成能溶于水的小分子物质，从而促进机体吸收营养物的酶。消化酶根据其消化对象的不同一般分为蛋白酶、脂肪酶、淀粉酶及纤维素酶等。消化酶活性能够很大程度上反映动物对食物养分的利用能力。

不同生长阶段的凡纳滨对虾，其体内消化酶的种类、分布与活性存在不同程度的差异。消化酶的种类主要有如下几大类：一是蛋白分解酶（胰蛋白酶、羧肽酶 A 和羧肽酶 B 等）；二是脂肪分解酶；三是糖类分解酶（淀粉酶、纤维素酶）。

蛋白酶：蛋白质是生命的物质基础，是生命活动的主要承担者。蛋白酶是水解蛋白质肽链的一组酶的总称，根据其在体内的分布，大体上可分为胰蛋白酶和胃蛋白酶。蛋白酶以内切或外切的方式将外源性的肽链切断，水解生成氨基酸，氨基酸进入机体氨基酸库，随后用于合成自身蛋白。

脂肪酶：脂肪酶是羧基酯水解酶类的统称，能够逐步地将甘油三酯水解成甘油和脂肪酸。甘油三酯及脂肪酸随后被机体吸收，通过脂质代谢途径加以利用。

淀粉酶：淀粉酶是水解淀粉和糖原的酶类总称，通过不断地将 α-1,4-糖苷键断开，使多糖转变为单糖，便于机体吸收利用。

纤维素酶：纤维素酶（β-1,4-葡聚糖-4-葡聚糖水解酶）是降解纤维素生成葡萄糖的一组酶的总称，它不是单体酶，而是起协同作用的多组分酶系，是一种复合酶，主要由外切 β-葡聚糖酶、内切 β-葡聚糖酶、β-葡萄糖苷酶木聚糖酶等组成。

在凡纳滨对虾幼体发育过程中，胃蛋白酶和类胰蛋白酶活性逐渐增大，表现为 $Z_2 < M_2 < P_1$，各期类胰蛋白酶的活力均比同期的胃蛋白酶活性高 5 倍左右，在食性转换过程中，P_1 期酶活性比 Z_2 期酶活性和 M_2 期酶活性显著升高（$P < 0.05$），其中各期类胰蛋白酶活性的递增幅度均大于胃蛋白酶。

酶活力也称酶活性，是指酶催化一定化学反应的能力。酶活力的大小可以用在一定条件下，它所催化的某一化学反应的转化速率来表示，即酶催化的转化速率越快，酶的活力就越高；反之，速率越慢，酶的活力就越低。测定酶的活力就是在特定条件下（温度 25℃），1min 内转化 1μmol 底物所需的酶量为一个活力单位。

比活力是酶纯度的量度，即指在特定条件下，单位重量（mg）蛋白质或 RNA 所具有的酶活力单位数，一般用酶活力单位 U/mg 蛋白质表示。酶的比活力在酶学研究中用来衡量酶的纯度，对于同一种酶来说，比活力越大，酶的纯度越高。利用比活力的大小可以用来比较酶制剂中单位质量蛋白质的催化能力，是表示酶的纯度高低的一个重要指标。

凡纳滨对虾各期幼体胃蛋白酶活力及类胰蛋白酶活力见表 4-9 和图 4-1。从表、图可知，M_2 和 P_1 期胃蛋白酶的比活力均显著高于 Z_2 期（$P<0.05$），M_2 和 P_1 之间差异不显著（$P>0.05$），说明胃蛋白酶的活力随着幼体的发育，其活力不断升高。M_2 和 P_1 期类胰蛋白酶的比活力均显著高于 Z_2 期（$P<0.05$），M_2 和 P_1 之间差异不显著（$P>0.05$），说明随着幼体的发育，类胰蛋白酶的活力不断升高。

表 4-9　凡纳滨对虾幼体胃蛋白酶和类胰蛋白酶活力及比活力比较

生长期	胃蛋白酶		类胰蛋白酶	
	酶活力（U）	比活力（U/mg 蛋白质）	酶活力（U）	比活力（U/mg 蛋白质）
Z_2	0.086 ± 0.068^b	0.026 ± 0.021	1.281 ± 0.716^b	0.394 ± 0.205
M_2	0.517 ± 0.185^a	0.164 ± 0.041	3.468 ± 0.742^a	0.868 ± 0.312
P_1	0.680 ± 0.157^a	0.208 ± 0.051	3.656 ± 1.644^a	1.195 ± 0.627

注：纵列数据上标有不同小写字母的表示差异显著（$P<0.05$），有相同字母的表示差异不显著（$P>0.05$）。

酶的活力用比活力表示，比活力＝活力单位/蛋白质含量（数值用平均值±标准差表示）。

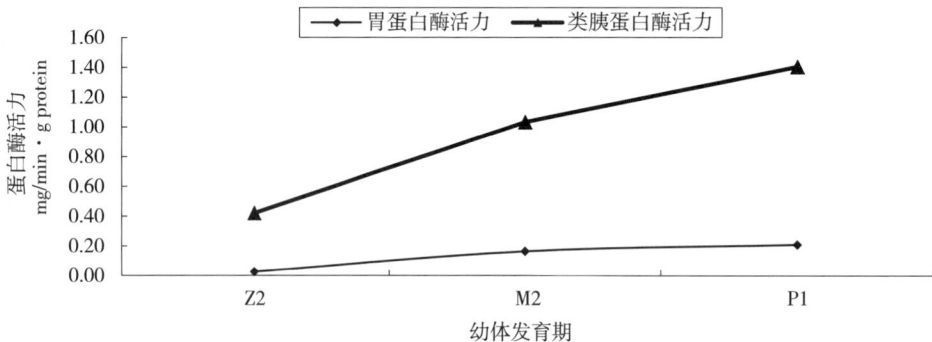

图 4-1　凡纳滨对虾幼体发育期胃蛋白酶和类胰蛋白酶活力的比较

王淑红等（2004）对早期幼虾的消化酶变化规律研究，发现胃蛋白酶和类胰蛋白酶活力变化趋势为 Z→M 期呈上升趋势，类胰蛋白酶比胃蛋白酶活力高 2～4 倍；淀粉酶和纤维素酶活力从 Z→P 逐渐下降，即 Z＞M＞P；脂肪酶活力在 Z 期最佳，淀粉酶和类胰蛋白酶活力比值（A/T）在 Z 期较高。在以 4 种不同类型的动物性开口饵料（包括虾片、轮虫、桡足类、卤虫）培育虾苗时，胃蛋白酶活力依次为：轮虫组＞虾片组和桡足类组＞卤虫组；类胰蛋白酶的活力为：桡足类组＞虾片组＞轮虫组＞卤虫组；淀粉酶活力的变化趋势为：卤虫组＞轮虫组和桡足类组＞虾片组；脂肪酶活力变化趋势为：虾片组＞卤虫组＞轮虫组＞桡足类组；对纤维素酶活力的影响为：卤虫组＞轮虫组＞虾片组＞桡足类组。一般认为，滤食性和杂食性动物的纤维素酶完全由肠道内微生物产生，而肉食性甲壳动物的纤维素酶是退化的，不具备消化纤维素的功能，但王淑红研究结果中，纤维素酶在 Z～M 期均有分布并呈现下降趋势，说明凡纳滨对虾早期幼体阶段具有纤维素酶活力，这与其早期可摄食单细胞藻类的食性是一致的。M 期的淀粉酶最高，说明凡纳滨对虾育苗时可以单细胞藻为开口饵料。

在脂肪酶比活力方面，Z 期显著高于 M 期，这两个发育期与 P 期相比，其变化趋势为 Z＞P＞M（表 4 - 10）。然而，对于淀粉酶活力，M 期的淀粉酶活力显著高于 Z 和 P 期（$P<0.05$）；比活力方面，Z 和 M 期，单位蛋白的淀粉酶活力显著高于 P 期（$P<0.05$）（表 4 - 10）。

表 4 - 10　凡纳滨对虾各期幼体脂肪酶和淀粉酶活力变化

生长阶段	脂肪酶		淀粉酶	
	酶活力（U）	比活力（U/mg 蛋白质）	酶活力（U）	比活力（U/mg 蛋白质）
Z_2	2.67 ± 1.64^a	0.66 ± 0.41^a	2.33 ± 0.05^b	0.52 ± 0.01^a
M_2	1.47 ± 0.43^a	0.27 ± 0.08^b	2.80 ± 0.15^a	0.53 ± 0.04^a
P_1	2.89 ± 0.92^a	0.42 ± 0.13^a	2.45 ± 0.17^b	0.46 ± 0.00^b

注：纵列数据上标有不同小写字母的表示差异显著（$P<0.05$），有相同字母的表示差异不显著（$P>0.05$）。

（二）饲料组成对凡纳滨对虾消化酶活力的影响

饲料中的蛋白质是对虾营养研究的重点。据陈义芳等（2012）报道，凡纳滨对虾在规格为 0.6～4g 时，对蛋白质的需要量为 36%，此时对虾对蛋白质的表观消化率能够达到 85.61%，蛋白酶活力则在饲料蛋白水平为 40% 时最高，可达到 26.67U/mg；淀粉酶活力则在饲料蛋白水平为 32% 时最高；规格为 4～10g 的虾苗在饲料蛋白水平为 36% 时蛋白酶活力可达到最高，为 25.84U/mg；规格为 10～18g 的虾苗，在蛋白含量为 44% 时蛋白酶和淀粉酶活力最高。

除了饲料中的蛋白水平，蛋白源差异同样会引起对虾消化酶活力的变化。迟淑艳等（2011）在对虾饲料中用花生粕替代鱼粉后饲喂（0.75 ± 0.01）g 的健康对虾苗 56d，当替代比例高于 20% 时，肝胰脏蛋白酶和脂肪酶活力显著降低（$P<0.05$），而淀粉酶活力则显著提高（$P<0.05$）。同时，在经过饲料加工工艺处理后，一些植物蛋白源替代鱼粉作为饲料中的蛋白源不仅不会降低凡纳滨对虾的消化酶活力，在替代比例合适时甚至能够起到提升消化酶活力的作用。刘慧玲等（2020）用酶解豆粕蛋白替代鱼粉，在替代比例不超过 50% 时，（1.10 ± 0.02）g 凡纳滨对虾的肝胰腺的蛋白酶和淀粉酶活力显著提升。

饲料中使用大量植物蛋白会引起对虾消化酶活力下降，因此可通过一些添加剂进行改善。齐飞（2015）分别在以植物蛋白源制成的饲料中添加包膜赖氨酸和蛋氨酸（G_1 组）、复合芽孢杆菌（G_2 组）、植酸酶（G_3 组）、核苷酸混合物（G_4 组），饲喂规格为（1.70 ± 0.01）g 的虾苗，结果发现各组胃蛋白酶活力均有升高的趋势。肠蛋白酶活力以 G_3 组最高；G_2 组肝胰腺蛋白酶活力最高，显著高于对照组（G_0）组和 G_1 组（$P<0.5$）。胃淀粉酶活力以 G_2 组最高，其次是 G_3 组；各组肠淀粉酶活力有升高的趋势；肝胰腺淀粉酶活力以 G_2 组最高；除 G_1 组外，各组胃脂肪酶活力有升高的趋势。肠脂肪酶活力以 G_2 组最高；各组肝胰腺脂肪酶活力有升高的趋势，其中以 G_2 组最高，其次是 G_3 组。

迟淑艳等（2010）在低鱼粉饲料中添加微胶囊或晶体蛋氨酸饲喂规格为（0.81 ± 0.01）g 的虾苗，结果表明低鱼粉饲料中添加 TPA 微胶囊蛋氨酸有助于提高凡纳滨对虾蛋白酶和淀粉酶的活力。姚文祥等（2017）发现在较低鱼粉组饲料中添加蛋白酶或氨基酸＋蛋白酶后，对虾的肝胰腺蛋白酶活力显著升高，但肝胰腺脂肪酶、淀粉酶活力无显著变化；单独添加氨基酸对肝胰腺蛋白酶活力无显著影响。然而，还殿宇等（2018）在低鱼粉对虾饲料中添加有机酸盐后，饲喂规格为（4.60±0.05）g 的虾苗，发现对虾肝胰腺蛋白酶和淀粉酶活力均无显著变化。

一些活性物质同样能够改善凡纳滨对虾的消化酶活力。刘明等（2017）用酵母培养物饲喂规格为（5.37±0.18）g 的虾苗 45d 后，在饲料中添加 0.3％、0.5％、1.0％酵母培养物，并继续饲喂对虾，可使对虾肝胰腺蛋白酶活力分别提高 13.35％、16.26％、14.94％，说明添加酵母培养物有提高凡纳滨对虾肠道蛋白酶活力的趋势。熊家等（2018）在饲料中添加酵母水解物饲喂规格为（1.86±0.02）g 的虾苗，发现 3％的酵母水解物添加量能够显著提升对虾肝胰腺的胰蛋白酶和脂肪酶活力，但不会影响对虾肝胰腺淀粉酶活力。许培玉等（2004）研究发现，1％～2％的小肽添加量可显著提高凡纳滨对虾蛋白酶和淀粉酶活力，这说明小肽制品能促进酶活力增加。王国霞等（2009）在饲料中添加淀粉酶、植酸酶、木聚糖酶和蛋白酶，发现不论添加何种单酶都不会显著影响对虾的消化酶活力，说明外源性的消化酶不能够显著影响对虾消化酶活力。

饲料制作工艺同样会对对虾消化酶活力产生影响。袁春营等（2018）将产朊假丝酵母、植物乳杆菌和地衣芽孢杆菌与对虾饲料混合均匀，密封发酵 24h 制成发酵饲料后投喂凡纳滨对虾 6 周，结果发现发酵饲料能够显著或极显著提高凡纳滨对虾胃、肝胰腺和肠道中胃蛋白酶活力，提高凡纳滨对虾肠道中蛋白酶活力，提高凡纳滨对虾肝胰腺及肠道中淀粉酶和脂肪酶活力。

（三）环境对凡纳滨对虾消化酶活力的影响

消化酶的本质是具有消化功能的蛋白质，因此能够影响蛋白质结构的因素都会影响消化酶的活力，如 pH、温度等。

沈文英等（2004）体外实验研究认为，凡纳滨对虾肝脏、肠道、胃的淀粉酶最适温度分别为 30℃、35℃、30～35℃，最适 pH 均为 6.2。肝脏、肠道、胃的蛋白酶最适温度分别为 50～65℃、55～65℃、60℃，肝脏蛋白酶最适 pH 为 8.5～9.0，肠道蛋白酶最适 pH 为 7.5～8.5，胃蛋白酶最适 pH 为 2.0 和 5.5～6.5。脂肪酶的活力很低，肝脏、肠道、胃的脂肪酶最适温度均为 37℃，最适 pH 均为 7.7。同时测定凡纳滨对虾肠道、肝脏、胃组织内的 pH 分别为 6.7～7.0、5.9～6.1、5.1～5.3。在 3 种消化酶各自最适的温度、pH 下进行活力比较，在肝脏、肠道、胃中的活力顺序依次为蛋白酶＞淀粉酶＞脂肪酶。

王国霞等（2008）也进行了相似的试验其通过改变酶促反应的温度和 PH，对凡纳滨对虾消化酶进行离体试验，结果表明，胃、肝胰脏、肠道脂肪酶的最适温度分别为 50℃、30℃、40℃，淀粉酶的最适温度均为 30℃，蛋白酶的最适 pH 分别为 6.0、6.0、7.5，脂肪酶的最适 pH 均为 7.0，淀粉酶的最适 pH 分别为 6.0、7.0、6.5。说明脂肪酶在 pH 中性时活力最高，淀粉酶在 pH 中性偏酸性时活力最高，蛋白酶在胃和肝胰脏偏酸性、在肠道 pH 中性偏碱性时活力最高。在一定温度和 pH 范围内，脂肪酶、淀粉酶的活力均随温度的升高呈先上升后下降的趋势。

二、蛋白质来源和数量与消化率

通过投喂 6 种等能饲料（表 4-11），饲料的动、植物蛋白比为 2：1 和 1：1，每种比例下蛋白质的含量分别是 22％、30％和 38％，比较摄食不同蛋白源对 3 种不同规格（4.0g/尾、9.8g/尾和 20.8g/尾）的凡纳滨对虾消化道中蛋白酶活力的影响，结果发现，消化道的粗提物中未测出胰凝乳蛋白酶和胃蛋白酶活力。饲料蛋白质的含量对各种规格对虾的消化酶活力均有影响，但对大规格对虾（17～30g）的影响强于小规格对虾（＜10g）。摄食动、植物蛋白比为 1：1 饲料的小规格对虾消化道中蛋白酶的比活力低于摄食动、植物蛋白比为 2：1 饲料的小规格对虾（表 4-12）（Lee 等，1984）。这表明随着规格的增长，对虾对饲料蛋白源的适应性增强，可适量增加饲料中植物蛋白的比例。

表 4-11 不同蛋白源对 3 种规格凡纳滨对虾消化道中蛋白酶活力影响的实验饲料配方（％）

饲料原料	动植物蛋白比 2：1			动植物蛋白比 1：1		
	38	30％	22％	38％	30％	22％
虾粉	36.00	30.90	20.60	29.40	21.40	13.40
油鲱鱼粉	3.50	3.50	3.50	3.20	3.20	3.20
乌贼粉	2.00	2.00	2.00	1.50	1.50	1.50
鱼类可溶性物	2.00	2.00	2.00	2.00	2.00	2.00
稻糠	22.75	35.00	36.00	35.00	35.50	35.45
玉米淀粉	12.25	14.40	25.00	7.20	17.50	29.20
α-大豆	3.00	3.00	0.25	6.50	4.00	2.20
大麦谷蛋白	6.00	0.00	0.00	6.25	4.25	2.00
无维生素酪蛋白	3.30	0.00	0.00	0.00	0.00	0.00
α-纤维素	1.00	0.90	1.85	1.00	1.75	2.70
复合维生素	2.00	2.00	2.00	2.00	2.00	2.00
复合矿物元素	1.00	1.00	1.00	1.00	1.00	1.00
鳕肝油	0.70	0.30	0.80	0.45	0.90	1.30
卵磷脂	1.00	1.00	1.00	1.00	1.00	1.00
胆碱	0.50	0.50	0.50	0.50	0.50	0.50
己间位磷酸钠	1.00	1.00	1.00	1.00	1.00	1.00
海带藻酸盐	2.00	2.50	2.50	2.00	2.50	2.50
粗蛋白	38.34	31.84	24.03	36.90	29.50	21.32
粗脂肪	6.10	6.23	5.90	5.93	6.00	6.13
粗纤维	9.85	10.50	10.01	10.05	10.03	9.57
灰分	15.40	15.80	12.80	14.90	12.80	10.50
水分	8.79	6.80	7.85	8.87	7.71	7.97
总能值（kJ/g）	16.49	16.20	16.24	16.45	16.66	16.66

表 4-12 不同蛋白源对 3 种规格凡纳滨对虾消化道中蛋白酶的总活力和比活力的影响

饲料	蛋白酶总活力 [μmol/ (min·g)]			蛋白酶比活力 [μmol/ (min·g)]		
	小规格	中规格	大规格	小规格	中规格	大规格
1:1 (38%)	145.9±10.8[a]	102.3±3.44[a]	106.3±6.8[ab]	0.908±0.1168[a]	1.185±0.101[a]	1.457±0.040[b]
1:1 (30%)	29.8±4.0[b]	79.3±5.5[b]	145.5±5.2[ab]	0.241±0.057[b]	1.061±0.062[b]	1.524±0.109[a]
1:1 (22%)	122.7±27.2[a]	86.0±6.7[ab]	156.4±20.3[a]	0.876±0.220[a]	0.948±0.064[b]	1.280±0.106[a]
2:1 (38%)	149.3±6.9[a]	101.6±6.9[b]	118.1±8.4[a]	1.442±0.089[a]	1.391±0.099[b]	1.251±0.023[a]
2:1 (30%)	137.6±17.3[a]	127.1±8.8[a]	122.6±5.1[a]	1.300±0.154[a]	1.401±0.035[b]	1.306±0.038[a]
2:1 (22%)	140.2±6.6[a]	86.9±4.9[b]	115.0±6.0[a]	1.453±0.046[a]	1.308±0.05[b]	1.397±0.026[a]

注：纵列数据上标有不同小写字母的表示差异显著（$P<0.05$），有相同字母的表示差异不显著（$P>0.05$）。

摄食各种饲料的大、中、小对虾的体重分别为 22.8～25.2g（体长 135.8～140.5mm）、12.6～16.3g（体长 115.0～124.4mm）和 8.4～11.0g（体长 99.8～108.0mm）。实验发现，小规格对虾的生长更易受饲料蛋白含量的影响；大、中规格对虾的生长更易受蛋白质量的影响（表 4-13）（Smith 等，1985）。

对虾对饲料的总消化率、蛋白质消化率和脂类消化率与饲料的组成及对虾规格无显著相关性。一般来说，对虾对两个系列饲料中的高蛋白饲料（36%）的总消化率和蛋白、脂类消化率较高。但是，小规格对虾的蛋白质消化率与蛋白质含量密切相关。许多实验表明，大、中规格的凡纳滨对虾对配合饲料中的动、植物蛋白的消化率相似。Fenucci（1982）发现，体重 7.0g 和 14.0g 的凡纳滨对虾和蓝对虾对含 α-大豆粉饲料中蛋白质的消化率分别为 81.8% 和 84.9%。凡纳滨对虾对蟹肝油中脂类消化率为 45.1%～78.0% 和褐对虾对天然饵料中脂类的消化率为 86.0%～99.0%。

表 4-13 3 种规格凡纳滨对虾摄食不同蛋白源和不同蛋白含量饲料时的生长速度、成活率和消化率

规格	饲料	生长 (g/d)	成活率	消化率 (%)		
				蛋白质	脂类	饲料
大规格	2:1 (36%)	0.12±0.03	68.3±7.6	83.6±2.0	63.2±3.2	52.3±4.4
	2:1 (29%)	0.11±0.01	56.7±5.8	78.7±2.1	49.2±2.1	41.8±4.3
	2:1 (22%)	0.09±0.00	70.0±0.0	80.3±1.2	58.8±0.9	49.6±1.8
	1:1 (36%)	0.12±0.03	80.0±0.0	84.0±1.7	57.0±0.5	51.1±1.7
	1:1 (29%)	0.11±0.03	65.0±14.1	85.4±1.7	62.6±2.4	58.4±1.4
	1:1 (22%)	0.10±0.00	80.0±7.1	80.9±1.8	55.3±0.8	50.6±3.4
中规格	2:1 (36%)	0.19±0.02	65.6±1.9	84.2±0.2	60.0±1.9	49.3±5.4
	2:1 (29%)	0.11±0.02	90.0±10.0	80.7±1.6	52.8±0.0	46.9±5.5
	2:1 (22%)	0.13±0.01	90.0±6.7	80.7±2.6	59.9±3.3	52.1±3.3
	1:1 (36%)	0.18±0.03	81.7±25.9	84.5±1.3	63.8±1.9	53.0±1.1

规格	饲料	生长（g/d）	成活率	消化率（%）		
				蛋白质	脂类	饲料
中规格	1∶1（29%）	0.16±0.02	86.7±0.0	83.0±1.2	56.9±2.9	48.6±5.3
	1∶1（22%）	0.15±0.03	81.7±16.5	84.5±2.4	62.9±1.8	52.2±4.1
	2∶1（36%）	0.21±0.01	91.1±3.8	85.8±1.1	64.8±1.4	53.8±3.6
	2∶1（29%）	0.18±0.01	91.1±5.1	79.2±1.6	45.1±0.6	43.9±2.0
小规格	2∶1（22%）	0.16±0.01	91.1±5.1	79.1±2.1	56.7±0.5	47.5±3.6
	1∶1（36%）	0.20±0.01	93.3±0.0	83.6±1.1	55.2±2.6	47.4±1.7
	1∶1（29%）	0.19±0.02	88.3±2.4	82.5±0.9	53.7±3.2	49.5±1.8
	1∶1（22%）	0.18±0.01	81.7±16.5	78.6±4.7	54.7±1.1	45.5±2.5

目前已测出，凡纳滨对虾消化腺中蛋白水解酶和胰蛋白酶的活力很高，且与饲料中的蛋白源和蛋白含量相适应，即胰蛋白酶的活力随酪蛋白含量的增加而增高，但 α-淀粉酶的活力略有下降（表 4-14）（Moullac 等，1996）。用 Rt PCR 技术扩增淀粉酶 378bp 片段时发现，当饵料含 25% 酪蛋白时，凡纳滨对虾体内具有两种同种型 α-淀粉酶，但当饲料中的酪蛋白含量增至 40% 时，只有一种同种型 α-淀粉酶，表明对虾对淀粉酶的调节发生在转录水平上。

表 4-14 饲料中蛋白含量（非等热量）对凡纳滨对虾体内消化酶活力的影响

酪蛋白含量（%）	胰蛋白酶		α-淀粉酶		胰凝乳蛋白酶	
	比活力（U/mg 蛋白质）	总量（%）	比活力（U/mg 蛋白质）	总量（%）	比活力（U/mg 蛋白质）	总量（%）
25	0.91±0.04[a]	59.8±8.8[a]	54.4±1.3[a]	1.8±0.4[a]	13.9±3.9[a]	7.0±2.0[a]
31	1.06±0.34[ab]	72.8±27.2[ab]	51.6±7.0[ab]	1.4±0.2[a]	13.9±5.1[a]	4.5±0.8[b]
40	1.24±0.06[b]	96.1±14.2[bc]	42.1±5.0[b]	1.1±0.08[b]	14.0±3.1[a]	6.1±1.3[ab]
48	1.18±0.10[ab]	112.1±76.2[c]	48.9±8.6[ab]	2.0±1.1a	12.0±2.7[a]	4.5±2.2[ab]

注：纵列数据上标有不同小写字母的表示差异显著（$P<0.05$），有相同字母的表示差异不显著（$P>0.05$）。

第四节 配合饲料的原料与饲料质量

一、原料种类

自然海区中，对虾最喜欢摄食贝类。从饲料原料营养测定结果看，蚬肉粉、贻贝粉、鱼粉的蛋白质含量较高，氨基酸组成平衡，并且较接近对虾肌肉蛋白质。但蚬肉粉、贻贝粉产量少，成本高。虾头、虾皮等虾壳粉蛋白质含量不高，但可与其他蛋白源搭配，使饲料氨基酸组成较为平衡，并且虾壳粉含有对虾生长发育所必需的脂类、高度不饱和脂肪酸、无机盐、胆固醇和维生素，还含有大量的甲壳素、虾青素等色素，是饲料中必不可少的原料。肉骨粉、猪血粉蛋白质含量虽高，但氨基酸组成不平衡，对虾的消化利用率很差，一般不作为对虾饲料原料，但经特殊工艺处理的动物血球蛋白（即经细胞膜的破碎处理），可代替鱼粉用量的 5%～8%，大大提高饲料的利用率，是一种很好的蛋白质来源。

在植物性原料中，花生饼粕和大豆饼粕是蛋白质含量高、氨基酸组成较齐全、来源广、价格低廉的原料。从测定结果看，大豆饼粕的氨基酸组成优于花生饼粕，只是蛋氨酸含量明显偏低。未经熟化处理的大豆饼粕含有抗胰蛋白酶、血凝素、脲酶和肌醇六磷酸盐，且适口性亦不好，对虾不喜欢摄食，对虾对其消化利用率也较差；花生饼粕适口性好，对虾对其消化利用率高，是对虾饲料的主要植物蛋白源。从营养学上看，酵母是一种很好的饲料原料，但价格高，来源亦不广。麸皮、米糠、面粉的蛋白质含量均较低，但麸皮、米糠的纤维含量高，对虾不易吸收；面粉有一定的黏性，在制粒过程中部分物化，有助于饲料的黏合，且可作为饲料糖分的来源。

二、原料的要求与选择

对虾是杂食性虾类，动物性饲料和植物性饲料均能摄食，但以高蛋白的鲜活动物性饲料为佳。总的来说，对虾摄食动物性饲料，比植物性饲料消化利用的情况要好，因为动物性饲料蛋白质的氨基酸组成完善，与对虾本身的氨基酸组成比较接近，特别是含有对虾所必需的 10 种氨基酸。因此，用于代替活饵的人工配合饲料中，蛋白质的质量应接近活饵，所以有意识地选择适量的动物性高蛋白质原料是必要的。但动物性原料一般价格较高、供应不稳定，为了降低饲料的成本，还要选择某些蛋白质含量高，且必需氨基酸较为齐全的植物性蛋白源。

不同的蛋白源消化率不同，同时其必需氨基酸的组成相差也较大，所以导致了对虾对蛋白质需求的差异（表 4-15）（Akiyama 等，1989）。

表 4-15　各种饲料原料必需氨基酸组成（%）

原料	精氨酸	赖氨酸	亮氨酸	异亮氨酸	苏氨酸	缬氨酸	组氨酸	苯丙氨酸
酪蛋白	92.2	99.5	99.5	99.4	99.1	99.4	99.3	99.4
面筋	98.1	96.7	98.5	98.3	97.2	98.1	98.1	98.7
大豆蛋白	97.5	97.5	96.7	96.8	95.3	96.4	96.7	96.6
大豆粉	91.4	91.5	88.4	90.2	89.3	87.9	86.3	89.6
鱼粉	81.0	83.1	80.7	80.4	80.6	79.4	79.0	79.1
虾粉	81.8	85.7	82.1	81.6	83.7	79.0	75.4	75.6
乌贼粉	79.4	78.6	79.4	77.2	79.7	79.3	73.6	74.1

三、配合饲料主要原料

配制凡纳滨对虾全人工配合饲料的主要原料包括：鱼粉、啤酒酵母、去皮豆粕、玉米蛋白粉、花生饼、虾壳粉、乌贼膏（或乌贼粉）、液体磷脂（磷脂油）、鱼油、面粉等。凡纳滨对虾配合饲料主要营养成分指标见表 4-16。

表 4-16　凡纳滨对虾配合饲料主要营养成分指标（%）

营养成分	幼虾料	中虾料	成虾料
粗蛋白质≥	37.0	36.0	35.0

营养成分	幼虾料	中虾料	成虾料
粗脂肪≥	3.0	3.0	3.0
粗纤维≤	5.0	5.0	5.0
水分≤	12.0	12.0	12.0
粗灰分≤	15.0	15.0	15.0
钙≤	3.5	3.5	3.5
总磷≥	0.8	0.8	0.8
食盐	—	—	—
蛋氨酸≥	0.65	0.55	0.50
赖氨酸≥	1.80	1.60	1.40

1. 鱼粉 进口鱼粉有两种，即白色鱼粉和褐色鱼粉。白色鱼粉的原料主要为鲽、鳕、狭鳕等，呈淡黄色，蛋白质含量为 $65\%\sim70\%$，脂肪含量为 $2\%\sim6\%$，质量较好；褐色鱼粉的原料为沙丁鱼、竹刀鱼、太平洋鲱等，呈褐色，蛋白质含量较前者略低，脂肪含量高，为 $10\%\sim13\%$，富含不饱和脂肪酸。褐色鱼粉多从秘鲁、智利进口，由于原料的不同，智利南部生产的鱼粉质量比北部生产的鱼粉好。

购买鱼粉时应注意鱼粉的质量，避免掺假、掺杂，加强质量检测。除感官检验其色泽、气味和质感，化学检验其粗蛋白、粗脂肪、水分、盐分、灰分和沙分外，还要针对掺假检查其有无掺入尿素、猪血粉、羽毛粉、贝壳粉及饼粕、谷物类。

2. 豆粕（豆饼） 购买豆饼时，除需对粗蛋白含量进行分析外，还需注意检测抗胰蛋白酶值，对抗胰蛋白酶值超标的生豆饼，要先热处理再利用。由于豆粕蛋氨酸含量低，且无黏性、无香味、诱食性差，宜与其他动物性饲料搭配使用。豆粕具有来源广泛，质量相对稳定，赖氨酸含量相对高的特点，其质量要求为：$85\%\geq$蛋白质溶解度$\geq70\%$，$30\%\geq$蛋白质分散指数$\geq15\%$。为提高其利用率，降低抗营养因子，可采用发酵、酶解和浸提的方法。

3. 啤酒酵母 可用作饲料酵母，富含 B 族维生素、矿物质及未知生长因子，外观多呈淡褐色，粗蛋白含量一般为 $40\%\sim60\%$，与鱼粉相比，其蛋氨酸含量稍低。大量试验表明，啤酒酵母是鱼、虾的好饲料，可替代饲料中部分甚至全部鱼粉。质量要求为：酵母细胞数$\geq$20.0 亿个/g。

4. 花生粕（饼） 花生饼的蛋白质品质较好，其蛋白质消化率可达 91.9%（麦康森，1986）。虽然其蛋氨酸、赖氨酸含量略低于大豆饼，但组氨酸、精氨酸含量丰富。花生饼中含较多维生素 B_1，但维生素 A、维生素 D、维生素 B_2 含量较低。

5. 玉米蛋白粉 玉米蛋白粉的氨基酸组成中蛋氨酸、胱氨酸和亮氨酸含量高，同时富含叶黄素，有利于改善虾的体色。

6. 乌贼膏 含有丰富的维生素、胆固醇和必需脂肪酸（二十碳五烯酸和二十二碳六烯酸），诱食性强。质量要求为：挥发性盐基氮$\leq$250mg（以 100g 计），脂肪$\geq22\%$，酸价$\leq$30mg KOH/g。

7. 乌贼及其他软体动物内脏 是加工乌贼制品的下脚料，含蛋白质 60% 左右，氨基酸配比良好，富含精氨酸和组氨酸。含脂肪5％～8％，其中磷脂、胆固醇、维生素含量较多，诱食性好，为良好的饲料原料。

8. 肉粉、肉骨粉 一般呈灰黄或深棕色。由于其原料质量不稳定，因而其营养成分差异较大。一般将粗蛋白含量较高、灰分含量较低的称为肉粉；而将粗蛋白含量相对较低、灰分含量较高的称为肉骨粉。肉粉、肉骨粉粗蛋白含量可达30％～64％，蛋白质消化率则取决于原料和加工方法，一般为60％～90％。由于这类饲料含脂量较多，易氧化酸败，所以在使用和选购时要注意鉴别。

9. 大豆磷脂 除含有脂肪酸外，还有胆碱、肌醇等对虾需要的营养物质。其质量要求为：丙酮不溶物≥50.0％，酸价≤25mg KOH/g。

10. 高筋面粉 有利于对虾饲料制粒，维持适当的水中稳定性和含粉率。同时，面粉也是对虾能量的来源。其质量要求为：湿面筋≥30％。

11. 鱼油 高度不饱和脂肪酸，对对虾有良好的诱食效果。维生素A和维生素D丰富，可作为对虾维生素的来源。

四、饲料添加剂的选择

非营养性添加剂主要有以下几种：

1. 饲用酶制剂 对虾消化系统结构简单，但消化酶系统相当完善。由于凡纳滨对虾消化道比较短，可以通过添加外源消化酶，提高饵料的消化利用率。

2. 微生态制剂 包括乳酸杆菌制剂、芽孢杆菌制剂、真菌及活酵母类制剂。凡纳滨对虾饲料中添加微生态制剂，需考虑耐高温和有益菌在肠道的定植。

3. 寡糖 又称低聚糖，主要包括果寡糖、半乳寡糖、甘露寡糖、大豆寡糖和异麦芽寡糖等。寡聚糖的作用包括：选择性促进有益菌的增殖，阻止病原菌定植，促进其随粪便的排泄，刺激免疫反应，调节氮代谢，提高对蛋白质的利用，减少养殖过程中氨氮的排放量，防止水体污染。对虾主要依靠其非特异性免疫，来抵抗感染疾病的威胁（Adams，1991；Soderhll和Cerenius，1992）。免疫刺激物可以刺激其非特异性免疫，从而使对虾对疾病有更好的抵抗力，这也是当前在对虾商业生产中提高对虾健康状况的重要手段。

4. 抗菌肽 具有抗菌活性的肽类的总称。抗菌肽可以耐受高温，对于酸碱的耐受性也较好，具有抗菌谱广的特性，对细菌、真菌、原虫、病毒和肿瘤细胞都有杀伤作用，但对正常的细胞没有毒副作用。

5. 中草药添加剂 有提供营养、增强免疫、抗应激、抗微生物、抗病毒、提高肉质和改善风味等方面的作用。其毒副作用小，不产生抗药性或抗药性极小。凡纳滨对虾饲料中添加杜仲粉浸膏，有提高抗病率的作用。

6. 着色剂 在饲料中添加着色剂可以改善虾的体色。虾粉、苜蓿、黄玉米和绿藻等都是良好的色源原料，但天然色源成分不稳定，有的价高，故需开发着色剂，所用着色剂多为类胡萝卜素产品。

褐藻酮在对虾体内可转变成为虾青素，在饲料中添加0.02％褐藻酮，喂养4周就有明显效果，是优良的着色剂。虾青素为红色系列着色剂，在饲料中添加虾青素饲喂对虾，在4周后就能看到色彩的改善，经过8周，对虾体内的虾青素即达到最高值。

7. 黏合剂 黏合剂是起黏合成型作用的添加剂。对虾摄食特性为抱食，边游边食，所以要求饲料在水中保持一定时间不溃散。黏合剂是将各种成分黏合在一起，防止饲料成分在水中溶失和溃散，便于鱼虾摄食，提高饲料效率，防止水质恶化。黏合剂具有价格低、用量少、来源广、无毒性、加工简便、不影响鱼虾对营养成分的吸收、黏合效果好、在水中稳定性强等特点。

8. 抗氧化剂 虾饲料中所含的油脂及维生素等很容易氧化分解，产生毒物或造成营养缺乏，因此需添加抗氧化剂，延长饲料保藏期限。目前，普遍使用的抗氧化剂有乙氧基喹啉（EQ，亦称乙氧喹、山道喹）、丁基羟基甲氧苯（BHA）和二丁基羟基甲苯（BHT）。

BHA、BHT、EQ 一般在饲料中添加量为 0.01%～0.02%，当饲料中含脂量较多时应适当增加添加量，BHT、BHA 若与抗坏血酸、柠檬酸、葡萄糖及其他还原剂同时使用，当这些混合还原剂的使用量为 BHT 的 1/4～1/2 时，抗氧化效果特别显著。

五、常用饲料原料的表观消化率

营养物质的特点是可被消化吸收。然而，不同饲料原料的营养物质的可被消化吸收的程度差异较大。这种可被消化吸收的程度可以用消化率表示，一般用消化率来评价饲料营养价值的高低。

饲料的消化率不是其各种原料消化率的平均值。Akiyame 等（1989）研究了凡纳滨对虾对常用饲料原料的消化率。他们在饲料中添加 7% 的黏合剂（4.5% 褐藻酸盐和 2.5% 磷酸二氢钠）、4% 诱食剂（乌贼浆）、1% 三氧化二铝，其余的 88% 分别为酪蛋白、玉米淀粉、白明胶、大豆蛋白、面筋、鱼粉、稻糠、虾粉、大豆粉、乌贼粉、纤维素、几丁质或硅藻砂土等（表 4-17）。在水温 25.0～29.2℃、盐度 30～32 下，用这种饲料喂 22.3g 的凡纳滨对虾，测定对虾对这些饲料原料的消化率。结果发现，凡纳滨对虾对各种饲料原料的消化率差异较大，较好地反映出各种原料的消化性。

表 4-17 凡纳滨对虾对不同饲料原料的消化率

项目	表观蛋白质消化率	表观干物质消化率
饲料原料		
酪蛋白	99.1±0.1[a]	91.4±0.1[a]
面筋	98.0±0.4[a]	85.4±0.4[b]
大豆蛋白	96.4±0.4[a]	84.1±0.8[b]
白明胶	97.3±0.5[a]	85.2±1.2[b]
玉米淀粉	81.1±1.1[c]	68.3±1.6[c]
乌贼粉	79.7±1.7[cd]	68.9±1.0[c]
鱼粉	80.7±1.7[c]	64.3±1.4[d]
虾粉	74.6±1.6[c]	56.8±2.0[e]
大豆粉	89.9±0.9[b]	55.9±1.4[e]
稻糠	76.4±0.8[dc]	40.0±1.5[f]

（续）

项目	表观蛋白质消化率	表观干物质消化率
填充料		
硅藻砂土	51.0±9.5[b]	−5.8±0.6[g]
几丁质	3.0±0.6[h]	−15.6±1.3[h]
纤维素	65.0±0.2[i]	−21.4±5.4[i]

注：纵列数据上标有不同小写字母的表示差异显著（$P<0.05$），相同字母的表示差异不显著（$P>0.05$）。

蛋白质含量较高的纯原料，如酪蛋白、面筋、白明胶和大豆蛋白等，其表观干物质消化率高于含糖量高的原料和生产中常用的原料，表明凡纳滨对虾对蛋白质的利用率高于对糖的利用率，且不受饲料源的影响。在实用饲料原料中，大豆粉的蛋白质消化率高于鱼粉、乌贼粉、稻糠和虾粉。

纯饲料原料的表观蛋白质消化率和氨基酸消化率高于生产中常用的饲料原料，大豆蛋白的表观消化率也高于大豆粉。这表明纯品的蛋白质消化率高。

填充料（硅藻砂土、几丁质和纤维素）的表观干物质消化率为负数是内源性物质造成的。这比凡纳滨对虾幼虾（平均体重 16.8g）在 27.7℃下摄食含 1％、2％和 4％几丁质饲料时的表观消化率（36％）低得多。几丁质（n-乙酰-D-葡萄糖胺）的表观蛋白质消化率偏高，实质是个假象。与其他氨基酸相比，丙氨酸的消化率比较低，其原因是它在体液内的含量很高，常以几丁质围食膜的形式包围在粪中而被排出。

第五节　饲料营养与环境

人们往往采取加大换水量和施用消毒剂、抗生素等方法来改善水质和预防虾病。然而，过量的换水导致虾池水环境变化过大，使对虾对病原体的易感性提高，而且水体中的氮、磷污染物最终还是会随着排换水转移到附近海区，给海域生态环境造成负面影响。药物虽能提高对虾的免疫力，但滥用消毒剂和抗生素可使细菌的耐药性增强，并使对虾产品的药物残留量增加。随着人们生活水平的提高和环保意识的增强，特别是危害分析与关键控制点体系的应用，引进抗病力强的对虾品种，推行无公害养殖，已成为对虾养殖业可持续发展的必然趋势。

一、对虾营养与生态

目前，关于凡纳滨对虾工厂化养殖技术参数的报道主要集中在密度、盐度和温度等少数几个因子的影响上，对其调控机制目前还不十分清楚，制约着对虾工厂化养殖的发展。为提高凡纳滨对虾工厂化养殖的效率，降低养殖成本，实施可持续发展，就必须搞清环境因子（温度、盐度和 pH 等）、营养因子（饵料种类、蛋白质、脂肪和碳水化合物等）和内源因子（发育阶段和体重等）在对虾养殖中的作用机理，而上述这些因子正是水产动物营养生态学的研究范畴。

二、环境因子对凡纳滨对虾营养需求的影响

目前，凡纳滨对虾集约化养殖和工厂化养殖发展迅速，但与其养殖模式相适应的营养需求和配合饲料的研制却严重滞后。学者们对凡纳滨对虾营养需求的研究，大多局限于自然条件下进行的，而对控制条件下的研究相对缺乏，很多方面还是空白。

1. 密度对凡纳滨对虾营养需求的影响　近年来由于集约化养殖和工厂化养殖的发展，人们开始注重研究密度对虾类生长及其能量分配的影响。在较高的密度下，虾类要消耗较多的能量来获取食物和协调种内的关系，因而蛋白质、脂肪和碳水化合物的代谢可能要发生改变。Mahon 等（1990）研究发现，随着密度的升高，虾类的攻击性行为增加，生长速度降低。

2. 盐度对凡纳滨对虾营养需求的影响　许多研究表明，广盐性虾类可通过血淋巴的渗透调节和离子调节，来适应外界环境盐度的变化：在高盐度环境条件下，虾类须将体内多余的盐分排出体外，以保持体内的正常水分；在较低的盐度条件下，又需要摄取足够的盐分，排掉多余的水分。在这种渗透压主动调节过程中，虾类需要消耗体内能量，因而蛋白质、脂肪和碳水化合物的代谢可能要发生改变。

近年来，沿海养殖环境日趋恶化，虾病频繁暴发。学者们认为，低盐度养殖是目前控制虾病流行的一种有效方法，因而人为地降低养殖水体的盐度。潘英等（2001）研究发现，海水养殖虾肌肉的含脂量（3.93%）比淡水养殖虾肌肉的含脂量（2.79%）高，而海水养殖虾肝胰腺的含脂量（12.23%）略低于淡水养殖虾（12.98%），海水养殖虾的必需脂肪酸 n-3/n-6 值较淡水养殖虾高，并证明在低盐度条件下凡纳滨对虾对饲料蛋白质的需求量降低，对碳水化合物的需求量提高。

3. 温度对凡纳滨对虾营养需求的影响　凡纳滨对虾摄食的最佳温度范围为 28～32℃。Wyban 等（1995）研究发现，凡纳滨对虾生长的最适温度因发育阶段的不同而不同，体重<5g 的幼虾，其最适生长温度高于 30℃，而中虾和大虾的最适生长温度为 27℃左右，这与自然状态下凡纳滨对虾在生活史中的地理分布一致。Omondi 等（1995）研究温度对凡纳滨对虾淀粉酶活性的影响，发现淀粉酶活性在低温时较高，当温度高于 22℃时，酶活性随着温度的升高而降低。

三、工厂化养虾水体的营养调控

在凡纳滨对虾工厂化养殖中，氮、磷污染物是养殖生态系统物质正常循环的最大障碍，而人工配合饲料是虾池中最大的氮、磷污染源。据不完全统计，在完全依赖投喂配合饲料的养殖模式下，大约只有 30% 的饲料被用于水产动物的体重增长。如何使氮和磷的污染降低到最低限度，是水产养殖可持续发展的重要研究内容。

1. 工厂化养殖水体中磷的调控　在人工养殖的条件下，饲料中的磷是养殖水体中磷的主要来源，所以饲料中磷的水平对养殖水体的影响很大。为减轻凡纳滨对虾人工养殖中磷的污染，可通过选用低磷配方、添加植酸酶等途径来提高磷的利用率，保证凡纳滨对虾对磷的需要，而且有必要进一步解决饲料中磷的利用率与环境因子和内源因子的关系，准确估计凡纳滨对虾各生长阶段对磷的需要量，降低饲料中的总磷水平，提高磷的利用率，降低水体中

磷的排放量。

2. 工厂化养殖水体中氮的调控　凡纳滨对虾是杂食性虾类，对碳水化合物等能量物质的利用率较高；适宜的蛋白能量比不仅能满足凡纳滨对虾对能量的需求和利用，还有利于蛋白质的利用，可以节约蛋白质，提高饲料效率，改善养殖环境。为了降低水体中氮的排放量，有必要进一步研究蛋白能量比与环境因子和内源因子的关系，降低饲料蛋白水平，提高能量利用率。

3. 微生态制剂对工厂化养殖水体的调控　细菌是养殖水体中散失的配合饲料及对虾粪便的主要分解者，如果水体中能维持高数量级的有益菌，不但能改善水质，而且可促进对虾生长。近年来，学者们开始尝试使用微生物制剂（如光合细菌和芽孢杆菌等）来改善水质，并在鱼类、虾类和贝类的养殖中取得了良好效果。微生态制剂中的许多细菌本身就含有大量的营养物质，如光合细菌富含蛋白质，其粗蛋白含量高达65%，还含有多种维生素、钙、磷和多种微量元素、辅酶Q等。它们在动物消化道内的繁殖代谢，可产生动物生长所必需的各种营养物质，如氨基酸、维生素、胆碱等。

参 考 文 献

陈义方，李卓佳，牛津，等，2012. 饲料蛋白水平对不同规格凡纳滨对虾蛋白质表观消化率和消化酶活性的影响 [J]. 南方水产科学，8（5）：66-71.

迟淑艳，林黑着，谭北平，等，2010. 低鱼粉饲料中添加微胶囊或晶体蛋氨酸对凡纳滨对虾消化酶活性的影响 [J]. 现代农业科技（11）：308-310.

迟淑艳，杨奇慧，周歧存，等，2005. 凡纳滨对虾幼体和仔虾淀粉酶和脂肪酶活力的研究 [J]. 水产科学（4）：4-6.

董晓慧，杨原志，郑石轩，等，2006. 不同形式钴对凡纳滨对虾生长和组织钴含量的影响 [J]. 湛江海洋大学学报（自然科学）（6）：8-12.

杜琦，吴立峰，1996. 长毛对虾配合饲料中大豆磷脂的适宜添加量 [J]. 台湾海峡（15）：62-66.

韩斌，周洪琪，华雪铭，2009. 凡纳滨对虾对玉米蛋白粉表观消化率的研究 [J]. 饲料工业，30（4）：24-25.

胡超群，沈琪，任春华，等，2004. 凡纳滨对虾种苗工程与集约化防病养殖模式 [C] //中国甲壳动物学会. 第四届世界华人虾类养殖研讨会论文摘要汇编. 青岛：中国甲壳动物学会：中国动物学会，31-39.

金泽昭夫，王基炜，1983. 日本对虾的初期饵料——微型胶囊的研制 [J]. 国外水产（1）：36-38.

李爱杰，1996. 水产动物营养与饲料 [M]. 北京：中国农业出版社：8-60.

李超春，周歧存，刘楚吾，2005. 虾蟹类脂类营养研究进展 [J]. 湛江海洋大学学报（1）：73-79.

李婷，梁堪富，李义军，等，2011. 不同条件下凡纳滨对虾（*Litopenaeus vannamei*）能量代谢研究 [J]. 海洋与湖沼，42（1）：41-46.

梁德海，刘发义，1989. 饵料中的锌对中国对虾的影响 [J]. 海洋科学（5）：49-52.

刘发义，李荷芳，1995. 中国对虾矿物质营养的研究 [J]. 海洋科学（4）：32-37.

刘慧玲，闫方权，吴世林，等，2020. 酶解豆粕蛋白替代鱼粉对凡纳滨对虾生长、饲料利用和消化酶的影响 [J]. 水产养殖，41（9）：1-6.

刘明，李文辉，郭丹，等，2017. 酵母培养物对凡纳滨对虾生长性能、消化酶活性及非特异性免疫的影响

［J］. 中国畜牧杂志，53（4）：108-111.

吕慧明，徐善良，2009. 虾蟹能量收支的特点及其影响因素［J］. 水产科学，28（10）：604-608.

麦康森，1986. 对虾（*Penaeus orientalis*）对饵料蛋白质及氨基酸的消化率［J］. 中国海洋大学学报（自然科学版）（4）：45-53.

聂琴，2013. 饲料糖类物质对大菱鲆糖代谢酶活性和基因表达量的影响［D］. 青岛：中国海洋大学.

潘英，王如才，罗永巨，等，2001. 海水和淡水养殖凡纳滨对虾肌肉营养成分的分析比较［J］. 青岛海洋大学学报（自然科学版）（6）：828-834.

齐飞，2015. 四种物质对凡纳滨对虾利用植物蛋白的影响［D］. 武汉：华中农业大学.

沈文英，胡洪国，潘雅娟，2004. 温度和 pH 值对凡纳滨对虾（*Penaeus vannmei*）消化酶活性的影响［J］. 海洋与湖沼（6）：543-548.

孙燕君，龙勇，2007. 南美白凡纳滨对虾营养需求的进展［J］. 齐鲁渔业，24（5）：39-41.

谭北平，阳会军，朱旺明，2001. 凡纳滨对虾的营养需要［J］. 广东饲料（6）：35-37.

田相利，董双林，吴立新，等，2005. 恒温和变温下中国对虾生长和能量收支的比较［J］. 生态学报（11）：2811-2817.

王国霞，黄燕华，周晔，等，2009. 酶制剂对凡纳滨对虾幼虾生长性能及消化酶活性的影响［C］//中国畜牧兽医学会动物营养学分会. 饲料酶制剂的研究与应用. 广州：中国畜牧兽医学会动物营养学分会：169-174.

王吉桥，罗鸣，张德治，等，2004. 水温和盐度对凡纳滨对虾幼虾能量收支的影响［J］. 水产学报（2）：161-166.

王淑红，陈昌生，刘志勇，等，2004. 凡纳滨对虾幼体消化酶活力的初步研究［J］. 厦门大学学报（自然科学版）（3）：389-392.

王晓丹，2016. 凡纳滨对虾适应低盐度胁迫的糖营养和糖代谢研究［D］. 上海：华东师范大学.

王兴强，2004. 凡纳滨对虾（*Litopenaeus vannamei*）生长和生物能量学的初步研究［D］. 青岛：中国海洋大学.

熊家，袁野，罗嘉翔，等，2018. 酵母水解物对凡纳滨对虾生长、消化酶活性和肠道形态的影响［J］. 中国水产科学，25（5）：1012-1021.

许培玉，周洪琪，2004. 小肽制品对凡纳滨对虾蛋白酶和淀粉酶活力的影响［J］. 中国饲料（23）：30-31.

杨奇慧，谭北平，董晓慧，等，2011. 凡纳滨对虾饲料中用花生粕替代鱼粉的研究［J］. 动物营养学报，23（10）：1733-1744.

姚文祥，李小勤，陈佳楠，等，2017. 低鱼粉饲料中添加微囊氨基酸和蛋白酶对凡纳滨对虾生长、营养物质利用和消化酶活性的影响［J］. 上海海洋大学学报，26（6）：880-887.

袁春营，孟阳，毕建才，等，2018. 发酵饲料对凡纳滨对虾消化酶活性与肠道菌群的影响［J］. 饲料工业，39（24）：24-28.

张特，孙成波，关仁磊，2012. 多因子对凡纳滨对虾仔虾能量代谢的影响［J］. 热带生物学报，3（1）：11-15.

周歧存，郑艾，阳会军，等，2004. 维生素 C 和免疫多糖对凡纳滨对虾生长、饲料利用和虾体主要成分的影响［J］. 海洋科学，28（8）：9-13.

朱春华，李广丽，文海翔，2003. 凡纳滨对虾早期幼体消化酶活力的研究［J］. 海洋科学（5）：54-57.

Adams A，1991. Response of penaeid shrimp to exposure to Vibrio species［J］. Fish and Shellfish Immunology，1（1）：59-70.

Akiyama D M，Coellho S P，Lawrence A L，1989. Apprent digestibility of feed stuffs by the marine shimp *Penaeus vannamei*［J］. Boone Nippon Suisan Gakkaishi，55（1）：91-98.

Akiyama D M，Dominy W G，1991. Penaeid shrimp nutrition for the commercial feed industry ［R］. Waimanalo：American Soybean Association and Oceanic Institute，50.

Akiyama D M，Dominy W G，Lawrence A L，1992. Penaeid shrimp nutrition ［M］. Developments in Aquaculture & Fisheries Science，535-568.

Allen D D，Gatlin D M，1996. Dietary mineral requirements of fish and marine crustaceans ［J］. Reviews in Fisheries Science，4 (1)：75-99.

Briggs M R P，Jauncey K，Brown J H，1988. The cholesterol and lecithin requirements of juvenile prawn (*Macrobrachium rosenbergii*) fed semi-purified diets ［J］. Aquaculture，70 (1-2)：121-129.

Chalee P，Somkiat P，Prasat K，et al，1998. Optimal dietary levels of lecithin and cholesterol for black tiger prawn *Penaeus monodon* larvae and post larvae ［J］. Aquaculture，167 (3)：273-281.

Chen J C，Lai S H，1993. Effect of temperature and salinity on the oxygen consumption and ammania-N excret ion of juvenile *Peaens japoniaus* Bate ［J］. Journal of Experimental Marine Biology and Ecology，165 (2)：161-170.

Coutteau P，Camara M R，Sorgeloos P，1996. The effect of different levels and sources of dietary phosphatidylcholine on the growth，survival，stress resistance，and fatty acid composition of postlarval *Penaeus vannamei* ［J］. Aquaculture，147 (3)：261-273.

Davis D A，Arnold C R，1994. Estimation of apparent phosphorus availability from inorganic phosphorus sources for *Penaeus vannamei* ［J］. Aquaculture Amsterdam，127 (2)：245-245.

Davis D A，Lawrence A L，Gatlin D M Ⅲ，1992. Mineral requirements of *Penaeus vannamei*：A preliminary examination of the dietary essentiality for thirteen minerals ［J］. Journal of the World Aquaculture Society，23 (1)：8-14.

Davis D A，Lawrence A L，Gatlin D M Ⅲ，1993. Evaluation of the dietary zinc requirement of *Penaeus vannamei* and effects of phytic acid on zinc and phosphorus bioavailability ［J］. Journal of the World Aquaculture Society，24 (1)：40-47.

Desjardins L M，Hicks B D，Hilton J W，1987. Iron catalyzed oxidation of trout diets and its effect on the growth and physiological response of rainbow trout ［J］. Fish physiology and biochemistry，3 (4)：173-182.

Fenucci J L，de Fenucci A C，Lawrence A L，et al，1982. The assimilation of protein and carbohydrate from prepared diets by the shrimp，*Penaeus stylirostris* ［J］. Journal of the World Mariculture Society，13 (1-4)：134-145.

Gong A H，Addison L，Lawrence A，et al，2000. Lipid nutrition of juvenile *Litopenaeus vannamei*：Ⅱ active components of soybean lecithin ［J］. Aquaculture，190 (3-4)：325-342.

He H，Lawrence A L，1993. Vitamin C requirements of the shrimp *Penaeus vnnamei* ［J］. Aquaculture，114 (3-4)：305 - 316.

He H，Lawrence A L，Liu R，1992. Evaluation of dietary essentiality of fat-soluble vitamins，A，D，E and K for Penaeid shrimp (*Penaeus vannamei*) ［J］. Aquaculture，103 (2)：177-185.

Kanazawa A，Tanaka N，Teshima S，et al，1971. Nutritional requirements of prawn-Ⅱ requirement for sterols ［J］. Bulletin of the Japanese Society of Scientific Fisheries，37 (3)：211-215.

Kanazawa A，Teshima S I，Sakamoto M，1985. Effects of dietary lipids，fatty acids，and phospholipids on growth and survival of prawn (*Penaeus japonicus*) larvae ［J］. Aquaculture，50 (1-2)：39-49.

Klein B，Le M G，Sellos D，et al，1996. Molecular cloning and sequencing of trypsin cDNAs from *Penaeus vannamei* (Crustacea，Decapoda)：use in assessing gene expression during the moult cycle ［J］.

International Journal of Biochemistry and Cell Biology，28（5）：551-563.

Kontara E K，Merchie G，Lavens P，et al，1997. Improved production of postlarval white shrimp through supplementation of L-ascorbyl-2-polyphosphate in their diet ［J］. Aquaculture International，5（2）：127-136.

Lei C H，Hsieh L Y，Chen C K，1989. Effects of salinity on the oxygen consumption and ammonia-N excretion of young juvenile of the grass shrimp，*Penaeus monodon* Fabricius ［J］. Bulletin Institut Zoolgogique Academic Sinica，28（1）：245 - 256.

Liu F Y，Lawrence A L，1997. Dietary manganese requirement of *P. vannamei* ［J］. Chinese Journal of Oceanology and Limnoiogy，15（2）：163-167

Omondi，Stark J R，1995. Some digestive carbohydrases from the midgut gland of *Penaeus indicus* and *Penaeus vannamei* （Decapoda：Penaeidae）［J］. Aquaculture，134（1）：121-135.

Paripatananont T，Lovell T R，1995. Chelated zinc reduces the dietary zinc requirement of channel catfish，*Ictalurus punctatus* ［J］. Aquaculture，133（1）：73-82.

Shiau S Y，Chou B S. 1991. Effects of dietary protein and energy on growth performance of tiger shrimp *Penaeus monodon* reared in seawater ［J］. Nippon Suisan Gakkaishi，57（12）：2271-2276.

Shiau S Y，Lin K P，Chiou C L，1992. Digestibility of different protein sources by *Penaeus monomdon* raised in brackish water and in sea water ［J］. Journal of Applied Aquaculture，1（3）：47-54.

Smith L L，Lawrence A，Strawn K，1985. Growth and digestibility by three sizes of *Penaeus vannamei* Boone：effects of dietary protein level and protein source ［J］. Aquaculture，46（2）：85-96.

Teshima S，Kanazawa A，Kakuta Y，1986. Growth，survival and body lipid composition of the prawn larvae receiving several dietary phospholipids ［J］. Memoirs of Faculty of Fisheries Kagoshima University，35（1）：17-27.

Thongrod S，Boonyaratpalin M，1998. Cholesterol and lecithin requirement of juvenile banana shrimp，*Penaeus merguiensis* ［J］. Aquaculture，161（1）：315-321.

Velasco M，Lawrence A L，Castille F L，et al，2000. Dietary protein requirement for *Litopenaeus vannamei* ［J］. Avances en Nutrición Acuicola：19-22.

Wang X Q，Ma S，Dong S L，2006. Effects of water temperature and dietary carbohydrate levels on growth and energy budget of juvenile *Litopenaeus vanname* ［J］. Chinese Journal of Oceanology and Limnology，24（3）：318-324.

Wyban J，Walsh W A，Godin D M，1995. Temperature effects on growth，feeding rate and feed conversion of the Pacific white shrimp （*Penaeus vannamei*）［J］. Aquaculture，138（1-4）：267-279.

Xie S，Zheng K，Chen J，et al，2011. Effect of water temperature on energy budget of Nile tilapia，*Oreochromis niloticus* ［J］. Aquaculture Nutrition，17（3）：e683-e690.

第五章 <<<

凡纳滨对虾健康种苗繁育技术

第一节 种苗繁育场的选址和建设

一、场址选择

繁育场场址的选择是对虾人工繁殖成败的基础。场地选择得好，既可节省资金，又可以保证对虾育苗工作顺利进行。因此，在建场之前应周密地考察地形，测试水质，了解水环境周年变化情况，审慎选择对虾繁育场地。具体要求是：①场址应选择风浪较小、水质清新的海边，不要在河口地带建对虾繁殖场。一般工厂化育苗场建场底质不受限制，面向外海的岩岸沙滩和内湾的泥质海岸带均可建场，但底质要稳定，地基必须坚固，能承受各种设施尤其是沉淀蓄水池的巨大压力。场地的平均标高与平均海平面应＞8.0m，最佳范围是10～20m，保证在最大潮时即使有台风也淹不到繁育场，同时节省抽水耗能成本。②场址方向最好是坐北朝南，周围水质清净，无工业及城市排污影响，海水中不应含有农药、石油等，重金属离子含量要少，各项物质含量的指标应符合《海水水质标准》（GB 3097—1997）的要求。③同时满足育苗用水水质要求，如盐度25～32、水温20～32℃、pH7.8～8.3、溶解氧≥4mg/L。④有充足的电力供应，淡水资源充裕，能满足生产和生活的需要。⑤场址应尽量靠近公路干线，交通运输方便，车或船可以直接到达。

二、繁育场的规划设计

繁育场的规划设计包括3大系统：①生产系统，包括亲虾培育车间、虾苗培育车间、单细胞藻培育车间、丰年虫培育车间等。②基础设施系统，包括供水系统、水处理系统、供热系统、供气系统、供电系统及备用电源、尾水处理系统等。③生产支撑系统，包括工作人员办公室、品控室、库房、电机房、餐厅、员工宿舍、娱乐场地等。育苗场的设计规模按育苗池的有效水体总容积可分为大、中、小型育苗场。一般来说，有效水体1 000m³以上为大型场，有效水体500～1 000m³为中型场，有效水体500m³以下为小型场。育苗场的规模应视种苗需求量和资金预算多少而定，一般可按每立方米育苗水体每批次（3～15）×10⁴尾设计。除考虑近期需苗量外，还应考虑发展趋势，留有一定的发展余地。

繁育场的总体布局应本着安全生产、使用方便、节约能源、避免干扰的原则，科学布置以取得最佳效益。例如，幼体培育室、饵料培育室需要温度和光照，应设计坐北朝南，以便多采光能和热能；锅炉房烟尘、煤灰、灰渣易污染水源与培育室，应设计在育苗季节季风向的下风处，特别应远离蓄水池和沉淀池；鼓风机房的罗茨风机噪音很大，不能与观察室、化验室设在一起，但又要靠近育苗室以避免送风管拐弯过多增加阻力；在有坡度的地方，应考虑各系统之间的自流输送，如高位水池建于最高处，并按植物饵料室、动物饵料室、幼体培育室的位次排列；配电室、发电室、变电室一般建在场区的一角；办公室、化验室尽量与幼体培育室靠近，而生活区最好与工作区分开。总之，一个合理的布局不仅可提高工作效率，且可获得较高的效益。

繁育场主要设施有亲虾越冬池或暂养池、亲虾培育车间、育苗车间、生物饵料培养车间（包括植物饵料培养池、动物饵料培育室），以及供气、供热、供水、供电系统。如果在河口地区进行海水人工育苗，还需建造蓄卤水池、海水调配室及海水净化装置等。具体分述如下：

（一）亲虾培育车间

亲虾培育室要求调光、保温、防雨、通风、房顶部为石棉瓦或水泥倒制，墙四周设一定量的窗户，有利于通风和调光，窗户设有色窗帘以调节光线。

1. 亲虾培育池 池的面积 $20 \sim 30m^2$/个，深 $80 \sim 100cm$，以半埋式为好，池呈长方形、正方形或椭圆形，四角抹成弧形，池底向一边倾斜，坡度为 $2\% \sim 3\%$。在池底设有排水孔，孔径为 $4.0 \sim 8.0cm$，池底和池壁可均匀涂抹水产专用的无毒油漆。培育池上方安装日光灯。另外，为了便于操作管理，培育池之间留出宽 $60cm$ 的人行道。

2. 产卵、孵化池 产卵、孵化池一般建在亲虾培育室内，为水泥池，大小为 $10 \sim 20m^3$，池深 $1.2m$，呈长方形或正方形。

（二）育苗车间

对虾育苗早期易受冷空气的影响，中、后期在南方易受暴雨影响，故需建育苗车间，进行室内育苗。育苗室的结构和材料要透光、保温和抗风，要经久耐用。一般采用土木结构或用水泥倒制，可用玻璃或玻璃钢波纹瓦盖顶，四周安装玻璃窗。若用玻璃钢波纹瓦盖顶，要求透光率 $60\% \sim 70\%$；如用玻璃天窗，应设布帘，以便调节光线。

育苗池要布局合理、操作方便、经久耐用（图 5-1）。育苗池分为室内育苗池和室外育苗池两种，有座式、半埋式或埋式等几种类型，以半埋式为好。池壁可用钢筋混凝土灌注，也可用砖石砌成，外敷水泥，要求不渗漏、不开裂。

育苗池形状为长方形或正方形，在设计育苗池时要最大限度地利用育苗室内外的有效面积，人行过道不必太宽，宜在 $1m$ 以内。育苗水体 $15 \sim 30m^3$，池深 $1.3 \sim 1.8m$ 为宜。池内角为弧形，池底设有排水孔，孔

图 5-1 室内对虾育苗池

径为 $0.1m$，池底向排水孔以 $2\% \sim 3\%$ 的坡度倾斜。在排水孔外应设置收集虾苗的水槽，槽底部应低于排水孔 $20 \sim 30cm$，槽大小为 $(1.0 \sim 1.2)$ m×$1.0m$×$0.8m$（长向垂直于育苗池壁），用于出苗时安设集苗网箱。集苗槽设有排水孔，与育苗池的排水孔径相等或稍大。

（三）生物饵料培养车间

包括单细胞藻培养池和卤虫孵化池等，其大小及数量应视育苗水体数量而定。利用人工

饵料及卤虫幼体为主的育苗方式，可建少量生物饵料培养池，若采用投喂纯种藻类和卤虫的育苗方式，则需有一定比例的生物饵料池，育苗池、植物性饵料培养池和卤虫卵孵化池三者的体积比为 5：1：0.5 或 10：1：0.5。目前，对虾育苗可利用非生物饵料代替活饵料，以省去建造饵料池的资金及培养生物饵料所花费的人力和物资。部分育苗单位培养大量轮虫替代价格较高的卤虫卵，以降低育苗的成本。概括起来，在育苗中使用的饵料组合常有如下类型：①单细胞藻→轮虫→卤虫幼体。②单胞藻→微粒饵料或微囊饵料→卤虫幼体。

1. 单细胞藻培养池 单细胞藻的生产性培养多用瓷砖池或水泥池。每池 2～10m²，池深 0.8～1.0m，池底设 1 排水孔。为防雨、保温及调节光线，饵料池可建在室内，屋顶需选用透光率较强的材料，晴天光照度为 10 000～20 000lx；也可建在室外，在池顶上挂上遮光网调节光线。为防止池间相互污染，一室可分成几个单元。动、植物性饵料池要分开建造，以免污染。

2. 卤虫孵化槽 多用玻璃钢槽孵化卤虫卵，玻璃钢槽圆锥形，容积 0.5m³，上 2/3 部分为黑色的，不透光，下 1/3 部分透光，底部中央设排水孔，有开关控制。

（四）亲虾越冬池

亲虾越冬方式因地区而有不同。广东、广西、海南和福建南部可利用室外池越冬；江苏以北则需在有加温条件的室内池越冬。室内越冬时要有保温性能好的温室、砖墙、双层窗户，室内光线控制在 500～1 000lx。越冬池分成数口，每口池面积 20～50m²，池深 1.2～1.5m，以长条形水池为好，池底最低处设有 10～15cm 口径的排水孔，便于清除残饵和粪便。为防止亲虾跳跃时碰壁伤体，应在池内距池壁 10cm 处挂一圈网片。

（五）亲虾选育池

亲虾选育池大小和数量依繁育场的规模大小而定，每口面积 100～500m²，水泥底，水深 1.5～2.0m，结构与养成池相类似，有进、排水设施和排污设施。

（六）供水系统

包括蓄水池、沉淀池、高位水塔、沙滤池、水泵和进排水管道等。

1. 抽取海水设施 抽取海区清净新鲜海水，沙质底的海区，简便的方法是埋一 T 形的 PVC 塑料水管，在 T 形字管上钻密度较大的小孔，以便滤水，然后用 120 目和 100 目的筛网包住，埋入沙中 30～50cm。T 形管长共 8～12m，T 形每边 4～6m，在 T 形主水管上装上一阀门，主水管直接连接到抽水泵。若用水量大，可多条滤水管连接在一起，或用可滤水的水泥涵管连接在一起。

较实用的方法是挖海水井取水，海水井直径 2m，深 3～4m。非沙质底海区宜用海水井，挖井的深度要根据海区的底质而定，若底质较酸，则井不能太深，以免 pH 过低。

2. 蓄水池 抽取海区的清净新鲜海水进入蓄水池，此池大小以能满足一个汛期用水即可，也可用比较清净的养虾池代替，一般面积 1.0～1.5hm²，海水经 24～48h 沉淀后即可使用。

3. 沉淀池 总蓄水量应占种苗生产用水量的 50%～80%。为了保证每天供水，沉淀池应隔成 2～3 个，以便轮换使用，池顶需加盖或搭棚遮光。

4. 砂滤池和砂滤罐

（1）砂滤池 培养生物饵料及亲虾产卵、孵化用水必须经过砂滤，除去敌害生物和海水中的浑浊物。砂滤池大小应视海区水质状况及育苗用水量而定，以建两个为好，便于轮换使用。砂滤结构是利用不同大小的卵石、粗砂和细砂组成的装置，要求细砂厚度在80cm以上，砂滤池具有截留、沉淀和凝聚作用，由凝聚作用形成的过滤膜，可阻止有机碎屑通过砂层，比机械过滤效果好，也可起到净化水质的作用。有条件的最好进行二级砂滤。

砂滤池的结构如图5-2所示，池的最上层为细砂，厚度一般80cm，不能小于60cm，因为细砂层太薄，过滤的水不干净，若细砂层太厚，水过滤太慢，不能满足用水的需要。中层为粒度较大的粗砂，是过渡层，厚度20～40cm，下层为小石块，厚度约20cm。底层铺设水泥板，上面留有多个孔，便于滤出的水通过。

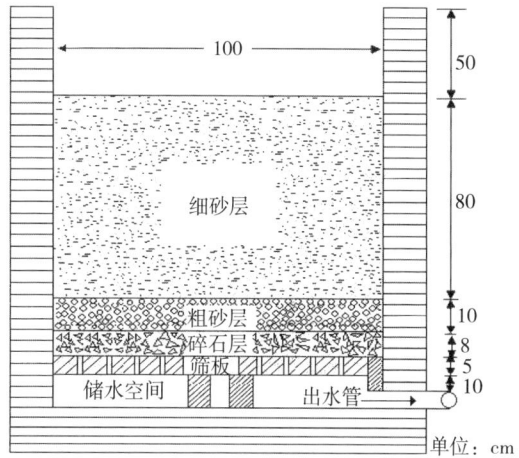

图5-2 砂滤池的结构

（2）**砂滤罐** 常用的石英砂滤罐是利用一种或几种过滤介质，常温操作、耐酸碱、氧化，pH适用范围为2～13。系统配置完善的保护装置和监测仪表，且具有反冲洗功能。在一定的压力下，使需过滤的水通过介质的接触絮凝、吸附、截留，去除杂质，从而达到过滤的目的。其内装的填料有：石英砂、无烟煤、颗粒多孔陶瓷、锰砂等，一般采用石英砂与无烟煤组成双层滤料，用户可根据实际情况选择使用。

正常工作时，需过滤的水通过进水口达到介质层，这时大部分污染物被截留在介质表面上，细小的污染物及其他浮动的有机物被截留在介质层内部，以保证生产系统不受污染物的干扰，能良好的工作。运行后，当水中杂质和各种悬浮物达到一定量的时候，过滤系统能通过压差控制装置实时检测进出口压差，当压差达到设定值时，PLC电控系统（可编程控制系统，是一种数字运算操作的电子系统）会给控制系统中的三通水力控制阀发送信号，三通水力控制阀会通过水路自动控制其对应过滤单元的三通阀门，让其关闭进口通道同时打开排污通道，这时由于排污通道压力较小，其他过滤单元的水会在水的压力作用下由通向该过滤单元的出水口进入，并持续冲刷该过滤单元的介质层，从而达到清洗介质的效果，冲洗后的污水在水压的作用下由该过滤单元的排污口进入排污管道，完成一次排污过程。该种过滤器也可采用定时控制的方式进行排污（图5-3）。

石英砂滤罐特点：①结构紧凑：该设备集混凝反应、过滤、连续清洗于一体。简化了水处理工艺流程，占地面积小，结构简单，安装操作灵活方便。降低了原水处理工艺多环节的能耗和人工管理费用，减轻了操作难度。②混凝反应效果明显：应用混凝反应机理和沉降机理，有效地去除水中的悬浮物和胶体物质，有利于在砂滤区进一步降低出水浊度。③连续自清洗过滤：过滤介质自动循环，连续清洗，无需停机进行反冲洗。

5. 贮水池 水经砂滤后于贮水池中贮存使用。贮水池的贮水量应占育苗和培育亲虾总用水量的30%左右。

图5-3 砂滤罐

6. 高位水塔 建在地势较高的地方，有储水之用。经过砂滤的水被泵入高位水塔中储存，再从高位水塔送入育苗室或饵料培养池中。水塔的容量应不少于育苗室总容量的1/5。

7. 水泵与管道 水泵应根据吸程和扬程的要求选择，一般多使用自吸式离心水泵，其大小应根据育苗水体大小而定。输水管道禁用铅管、铜管、镀锌管和橡皮管，应使用对幼体无害的优质PVC塑料管或水泥管，管的大小配合水泵使用。

（七）充气设备

充气对于育苗有多方面的意义，是工厂化育苗不可缺少的条件。充气系统包括充气机、送气管道、散气石或散气管。

1. 充气机 大规模生产多采用罗茨鼓风机或鲁式鼓风机，它具有风量大、压力稳、气体不含油质和省电等优点。在育苗期间，每分钟内应有占水体1%～1.5%的气量注入水内。因此，鼓风机的规格应根据育苗总水体而定，而风压又与水深有关，水深1.5m以上的育苗池，应选用每平方厘米风压为0.35～0.5kg的鼓风机；水深1m以内可用每平方厘米风压为0.2kg的鼓风机。为保证育苗工作正常运转，鼓风机应配备两台，以供备用和轮换使用。

2. 送气管 分为主管、分管及支管。主管连接鼓风机，常用口径为12～18cm的硬质塑料管；分管口径为6～9cm，也为硬质塑料管；支管口径为0.6～1.0cm的塑料软管，下接散气石。

3. 散气石 散气石一般长为3～8cm、直径2～4cm，多采用200～400号金刚砂制成的砂轮气石。在育苗池中，每平方米池底安放4～6个气石为宜，并在送气管道上设有调节气量的开关。

散气管为塑料管，口径20mm，每隔2cm钻一小孔，孔径0.8mm，排列成一条直线，散气管的布置可根据水池大小及池形来考虑，散气管间距3m左右，与育苗池成纵向排列，可固定于距离池底3～5cm处。

（八）加温设施

控温是对虾育苗的一个重要措施。目前加温的方法有：

1. 锅炉加温 北方育苗多用蒸气锅炉加热，热气通过池内的管道使池水升温，加热管呈环形设置，管道以不锈钢管和钛管为好，若使用铸钢管，为防止管道生锈，需涂敷环氧树脂，并用玻璃纤维布包裹。加热管的设置要利于安装和维修，一般距离池壁、池底各20cm，每池单独设置控制通气量的气阀，也可采用控温装置调控温度。

南方育苗目前多用热水锅炉增温，锅炉大小容量依育苗水体而定，一般用 2～3t 热水锅炉 1～2 个。送热水进池的水管和出池的回水管为镀锌管，装在池里的散热管为钛管或不锈钢管。每个育苗池装有调节开关控制热水的流量。镀锌管和散热管之间用塑料软管连接。

2. 电加热　可用电热棒（钛棒、不锈钢棒）、电热床等在水下加热，也可用电热板等增温，各种加热器均可由控制仪来调节温度。此外，还可利用太阳能、地下热源和工厂余热升温。也可使用暖气装置，使育苗室空气增温，再使育苗池水温逐步上升。

（九）供电设施

应安装三相动力电，并有相应的配电室，此外，为了防止无动力电供应，还应安装 1～2 台三相发电机，设专门人员管理，保证 24h 的电力供应，发电机功率大小依育苗场的需电量来确定。

（十）育苗工具

对虾育苗除有配套设施外，还需有一定的仪器和必要的育苗工具，以便使用时得心应手。育苗工具多种多样，有运送亲虾的帆布桶、饲养亲虾的暂养箱、供亲虾产卵孵化的网箱和网箱架、检查幼体的取样器、换水用的滤水网和虹吸管，还有塑料桶、水勺、抄网及清污用的板刷、扫帚等。这些工具使用前要消毒，专池专用，严防污染。育苗工具并非新的都比旧的好，新的未经处理，有时反而有害，尤其是木制用品（如网箱架）和橡胶用品（橡皮管），使用之前不经过长时间浸泡就会对幼体产生毒害。

第二节　育苗用水的处理

水环境是对虾生存依赖的场所，其好坏直接影响对虾育苗的成败。水环境中影响幼体发育的因素很复杂，有物理的、化学的和生物的等多方因素，只要其中有一项或两项达不到要求，都可能造成育苗困难甚至失败。尽管建场时对水质条件有严格要求，但总有一些不合格的因素存在，加之海况条件也在逐年变化，尤其是近年来海区水质被严重污染，因此，育苗前必须对该地区海水质量进行全面分析检查，发现不合格的指标要及时进行适当处理，保证育苗工作的顺利进行。

一、海水的处理和消毒

目前育苗用水主要采用物理和化学方法处理，目的在于去除水体中有害的溶解成分、胶体物质、颗粒状悬浮物以及病原生物。主要包括物理沉降吸附、物理消毒、化学药物消毒等。

（一）海水的一般处理方法

1. 黑暗沉淀　将海水在沉淀池中黑暗沉淀 48h 以上，靠重力作用，把较大颗粒的泥沙、生物尸体、有机碎屑、胶体物质等沉淀于池底，提高海水透明度。

2. 砂滤　砂滤池由多种不同大小颗粒层组成，依靠水体的重力作用，使水缓慢通过砂滤层，将水中悬浮物质陷于滤料之间，同时滤料的静电效应可把电荷相反的悬浮物质或胶体吸附，能滤掉海水中的绝大部分生物和悬浮物，达到过滤的目的。但过滤的有机物质长期累积在滤料间，在细菌的作用下分解，也会产生有害物质，影响育苗效果。因此，砂滤池的滤料需根据育苗期间用水量和使用频率，2～3个月清洗1次，将细砂搬出，洗去泥浆，再装入砂滤池中，消毒后再使用。

3. 活性炭吸附 活性炭是一种吸附能力很强的物质，1kg颗粒活性炭的表面积可高达10万 m^2。尚未使用的活性炭需使用清水洗去粉尘后方可使用，使用过的活性炭可用热水、蒸汽处理重新使之活化。小型活性炭处理水时，每1～1.5个月更换活性炭1次；大型活性炭处理水时，可根据出水的有机物含量来决定是否更换活性炭，如有机物含量增多，就应更换活性炭。

4. 泡沫分离 泡沫分离法，也称为浮选法、气浮法，是利用气泡表面能吸附多种溶质进行分离和浓缩的方法。在泡沫分离器内部，通过循环水泵与文丘里（Venturi）射流器的联合作用，产生大量的微气泡。在水、气、粒三相混合的体系中，不同介质的相表面上都因受力不平衡而存在界面张力，当微气泡与固体悬浮颗粒接触时，由于表面张力的作用就会产生表面吸附作用。微气泡向上运动时，同向下运动的水流充分混合，水中的悬浮颗粒和胶质（主要是养殖生物的残饵及排泄物等有机物）便附着在微气泡表面上，造成密度小于水的状态，利用浮力原理使其随气泡向上运动，并聚积在上部水面，随着微气泡的不断产生，聚积的气泡便不断被推积到顶部的收集杯中被排出。对图5-4分析，可得出以下影响泡沫分离效率的因素：①气泡的尺寸，如果气泡尺寸太小，其黏附颗粒速度太慢，从而使泡沫分离效率降低。如果气泡尺寸太大，气泡上升短，不利于颗粒的黏附，也会降低泡沫分离器的分离效率。②水流量与空气流量，如果空气流量太多，大部分气泡被排掉，浪费了能源。如果水的流量太多，则气泡与水不能

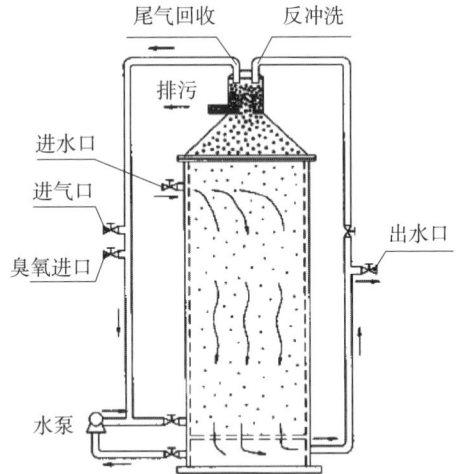

图5-4 蛋白质分离器净水原理

充分接触，颗粒的黏附效果较差，影响了泡沫分离器的分离效率。③水、气、粒三相接触时间，水、气、粒三者接触时间越长，颗粒的黏附效果就越好，从而易于分离；但若接触时间太长，单位时间内处理的水量就会减少，从而降低了泡沫分离器的整体效率。

（二）海水的消毒处理方法

由于近海污染的日益严重，对虾育苗中的疾病也越发突出，给育苗工作带来许多困难，有时甚至造成育苗工作的彻底失败。育苗期危害较大的疾病有病毒病、细菌病和真菌病，其病原来源除与亲体携带有关之外，许多都是由环境传播而来。因此，育苗设施和用水的消毒灭菌越发显得重要。海水的消毒灭菌可分为化学和物理等多种方法。可用细菌过滤器过滤、紫外线照射、臭氧消毒、含氯消毒剂处理等方法将砂滤海水作进一步处理。

1. 紫外线消毒 利用紫外线处理海水，可以抑制微生物的活动和繁殖，杀菌力强而稳定。此外，它还可氧化水中的有机物质，具有改良环境、设备简单、管理方便、节电和经济实惠等特点。常用的紫外线处理装置主要有紫外线消毒器。一般使用的紫外线波长在

400nm 以下，有效波长 240～280nm，最有效为 254nm。紫外线消毒器具有使用方便，效率较高，消毒效果稳定，不产生有害物质，对水无损耗，成本低等特点。

常用的紫外线消毒器有紫外线灯、悬挂式和浸入式紫外线消毒器等。悬挂式消毒器是将紫外线灯管通过支架悬挂于水槽上面，一般灯管距水面及灯管间距均为 15cm 左右，灯管上面加反光罩，槽内水流量为 0.3～0.9m³/h，并在槽内垂直水流方向设挡水板，使水产生湍流而得到均匀的照射消毒；而浸入式消毒器是将灯管浸在水中，通过照射灯管周围的水流而消毒。

2. 化学处理

（1）过氯化处理　如果海水中有害生物较多，不利于育苗，须用此法处理，这是一种较彻底的育苗用水处理方法，常用的化学药物有含氯的次氯酸钠、漂白粉、强氯净、二氧化氯、三氯异氰酸钠等。

育苗中经常使用漂白粉或漂白精来消毒海水、育苗工具和容器，漂白粉含有效氯28%～32%，漂白精含有效氯 60%～70%。它之所以能起到消毒作用，是因为它入水后能很快释放出分子态氯和初生态氧，这些分子态氯和初生态氧则能杀死大多数细菌和有害生物。海水中有效氯量含量为 12.5mg/kg 时，可杀死海水中包括对虾常见致病菌在内的总菌量的65.3%；有效氯含量为 25mg/kg 时，可杀死 85.5% 的细菌；有效氯含量为 50mg/kg 时，可杀死 96.1% 的细菌；有效氯含量为 100mg/kg 时，可杀死 99.1% 的细菌。为了防止余氯对生物体产生毒害，施药后必须经过 1～2d 的暴晒或充气后使余氯浓度小于 0.025mg/kg 方可使用，在考虑蓄水容积及海水合理周转的情况下，一般育苗用水采用 25～30mg/kg 有效氯漂白粉或漂白精进行消毒，对于提高受精卵孵化率和虾苗成活率有显著效果。

以上含氯消毒剂的杀菌作用，随海水中有机物的增加和 pH 的升高而减弱，这种情况可适当增大用药量。含氯消毒剂还可杀死有毒藻类和原生动物，且有降低化学耗氧量和净化水质的作用。

（2）臭氧消毒　臭氧（O_3）是氧气（O_2）的三价同素异构体，在常温下是一种不稳定的淡蓝色气体，有特殊的刺激味，故而得名。臭氧在水中时刻发生还原反应，产生中间物质单原子氧和氢氧根离子，单原子氧氧化能力极强，其氧化还原电位为 2.07V，高于氯（1.36V）、二氧化氯（1.50V）和过氧化氢（1.98V），仅次于现已知最强的氧化剂氟（2.80V）。臭氧处理水是通过臭氧发生器产生臭氧，通入水中处理一段时间后或经专门臭氧处理塔处理，把处理水通过活性炭除去余下的臭氧后，再通入育苗池。除菌时，水中臭氧量为 1.0mg/L。

臭氧处理技术是当前一种先进的净化水技术，其产物无毒，使水中含有饱和溶解氧；臭氧可杀死细菌、病毒和原生动物，具有脱色、除臭、除味的功能；它可以除去水中有毒的氨和硫化氢，净化育苗和养殖水质。臭氧发生器一般可以与泡沫分离器联合使用。

（3）甲醛消毒　用 20～30mL/m³ 甲醛处理育苗用水 24h 后，曝气 2d，可杀灭部分原生动物和细菌，净化水质。

（4）新洁尔灭　用浓度为 5mL/m³ 的新洁尔灭处理育苗用水 24h 后，曝气 2～5d。

（5）含溴、含碘的化合物　如二溴海因、聚维酮碘等使用来消毒海水。对于经过化学处理的育苗用水，必须经幼体试水，确定无毒后方可进行幼体的培育。

二、海水水质的调控

(一) 盐度的调整

对虾育苗的海水盐度最好在 25~32，有时也与亲虾原生存环境的盐度有关，亲虾来自高盐度海区，则育苗时盐度也要相应高一些；反之，其幼体也较耐低盐环境。另外，亲虾虽适盐范围较宽，但对突变盐度的适应仍有一定限度，尤其是性腺进入大生长期的亲虾对盐度的突然变化较为敏感，突变盐度差一般不要超过 3。所以，在盐度满足不了上述条件时，应进行调整。高盐度海水可通过加淡水而降低盐度。其加淡水量可由如下公式计算：

$$V（每立方米海水需加淡水立方米数）=（S_1-S_2）/S_2$$

$$（S_1、S_2 分别为原海水盐度及要求盐度）$$

同样，低盐度海区，需加卤水或食盐来提高海水的盐度。卤水以尚未结晶出盐、波美度为 15°~22° 的较好。如果盐度差在 5 以内，也可用食盐调整。其加盐量可由下式计算：

$$S（每立方米海水需加盐千克数）=S_2-S_1$$

$$（S_1、S_2 分别为原海水盐度及要求盐度）$$

(二) 海水酸碱度的调整

对虾育苗要求海水的 pH 在 7.8~8.4 之间。而有些内湾或经过长渠道输送的海水，由于浮游植物的光合作用，pH 往往过高，甚至达 9 以上，长期贮存的海水也会出现上述情况，用这种海水育苗很困难，育苗前必须经过调整。降低 pH 的方法有多种，由于浮游植物光合作用而使 pH 上升时，应将海水经过黑暗沉淀以减少其光合作用，且借助其呼吸作用增大海水酸性，也可向育苗用水中充 CO_2 以增加酸性或加 $NaHCO_3$，使海水从 pH 8.80~9.00 降到 8.6。此外，亦可用降碱灵、盐酸等降低育苗用水的 pH。有时在加淡水时，池水的 pH 会下降。当 pH 在 7.8 以下时，要用生石灰调节，加生石灰的用量视 pH 的高低而定。生石灰一般用量为 10~20g/m³。

(三) 海水中重金属盐类的调控

海水中的铜、锌等重金属离子对海洋生物生长与发育有重要的作用，但是对虾的卵和幼体对多种重金属离子都很敏感，尤其是汞、锌、铜等离子超量时，将影响对虾的胚胎及个体发育，可使卵子不孵化或幼体死亡，其安全浓度见表 5-1。

表 5-1　常见重金属离子对对虾无节幼体的毒性（mg/L）

金属种类	半致死量（TLm）			安全浓度	
	24h	48h	96h	(1)	(2)
汞 Hg	0.058	0.009 5	0.009	0.000 9	0.000 08
铜 Cu	0.044 5	0.036	0.034	0.007	0.003 4
锌 Zn	0.645	0.340	0.047	0.03	—
铅 Pb	1.68	0.93	0.50	0.085	0.05
镉 Cd	1.60	0.48	0.078	0.014	0.008
银 Ag	0.064	0.053	0.053	0.011	0.005 3

注：(1)、(2) 为《海水水质标准》（GB 3097—199）的第一类、第二类海水水质。（麦贤杰，2009）

当这些重金属离子超标时，可使用螯合剂螯合过多的离子。最常用的是乙二胺四乙酸二钠（EDTA-2Na），为白色粉末状晶体，分子式为 $C_{10}H_{14}O_8N_2Na_2 \cdot 2H_2O$。由于其结构中有两个钠离子，很容易被稳定常数大于 Na^+ 的离子置换，从而起到螯合重金属离子的作用。常见重金属离子稳定常数依次为汞＞镍＞铅＞镉＞锌＞钠。所以，当水中含有重金属盐类时，均可置换出 Na^+ 而生成新的螯合盐类，从而消除了重金属离子的毒性。所以，该螯合剂被公认为是一种作用力强、效力快、使用安全的水质保护剂，目前广泛应用于水产养殖业的种苗生产和养成中。在虾类育苗中，EDTA-2Na 使用浓度是 $2\sim10mg/L$，具体情况视水中重金属离子含量的多少，对亲虾的安全浓度是 $35mg/L$。

第三节　生物饵料培养和人工饲料

在对虾育苗生产中，生物饵料培养是一个必不可少的环节，生物饵料培养的数量及质量直接影响到育苗效果的好坏。生物饵料的适口性好，除含有大量的蛋白质、脂肪和糖类等营养物质之外，还含有丰富的维生素、不饱和脂肪酸以及生命活性物质，其营养价值是人工饵料无法比拟的。生物饵料是对虾育苗饵料的重要组成部分，不但为幼体提供发育所需的营养，而且可以改善水质，抑制细菌的繁殖。对虾的生物饵料主要有单细胞藻类、轮虫、卤虫、酵母菌和光合细菌等。下面简要介绍它们的培养方法。

一、植物性饵料培养

目前对虾育苗最为常用的植物性饵料有中肋骨条藻、牟氏角毛藻、假微型海链藻、威氏海链藻、小球藻等单细胞藻类。要保证单细胞藻类培养成功，主要采取两大措施，一是确保培养条件优化，提供合理而全面的营养和生态条件；二是控制污染的发生。单细胞藻类的一般培养方法主要包括容器工具的消毒、培养液的配制、藻类接种和培养管理等四个环节。

（一）单细胞藻类培养的主要种类

1. 骨条藻类　是应用于对虾育苗最早的生物饵料，一直被公认为最佳饵料。该属具有广温、广盐性，自然分布甚广，易于人工培养，是由多细胞连接而成的长链状群体，易被对虾幼体捕食，因营养丰富易消化而被广泛应用。常用的种类是中肋骨条藻，适温 $15\sim20℃$。近年还从东南亚引进的大型耐高温骨条藻，可在 $20\sim30℃$ 条件下生长，适于高温地区的培养，南方应用广泛。

2. 菱形藻类　是天然水体中对虾幼体的重要饵料，这些藻类无论是个体大小还是营养成分很适合对虾幼体的需要，其中最常用的是小新月菱形藻，该种适温较低，在 $15\sim20℃$ 生长较快，$28℃$ 停止生长并易沉淀，北方使用较多。

3. 三角褐指藻　由许多梭形、卵形或椭圆形个体形成的三角形群体。在培养中有菱形、梭形等多种形态。本种生态习性与小新月菱形藻相似并容易培养，是对虾育苗中常用的饵料。

4. 牟氏角毛藻　是一种个体很小的单细胞角毛藻类，由于具有四根角毛，所以很容易被对虾幼体捕食，其适温为 $25\sim30℃$，适盐范围为 $10\sim28$，很适于向对虾幼体培育池中接种培育，是对虾幼体理想的饵料。另有细质角毛藻也是一种优良的生物饵料。

5. 扁藻类 是具有四条鞭毛的较大型单细胞绿藻，适应性强易于培养，是对虾育苗常用的饵料。该属海水种常用的有四乳突扁藻、亚心形扁藻、青岛大扁藻等三种。前两种个体较小，长 $15\sim18\mu m$，青岛大扁藻体长可达 $20\sim24\mu m$。扁藻作为对虾幼体的饵料比较理想，但是难以被对虾 Z 期消化，所以不宜过早投饵。

6. 海链藻类 细胞壳环面八角形，壳面正圆形，多以胶质丝在壳面边缘连接成链状群体 $4\sim12$ 个细胞，单个细胞贯壳轴长 $20\sim40\mu m$，直径 $5\sim15\mu m$。因其有很高营养价值，且适应性强、易于培养等特点而成为对虾种苗的优良开口饵料。常用的有假微型海链藻亦叫伪矮海链藻、威氏海链藻。

(二)影响单细胞藻类生长繁殖的主要因子

1. 光 在单细胞胞藻培养中是影响生长最重要的因子之一。

（1）光源 太阳光是培养单细胞藻的主要光源，其次也可利用人工光源。

（2）光质 藻类植物在光合作用中吸收的光谱是不同的，不同的光质对藻细胞的生长繁殖和细胞物质的合成产生明显的影响。

（3）光的穿透 光线投射进入藻液中，由于藻细胞的吸收和散射，随着深度的增加，光照度迅速减少。

（4）补偿点 适光范围的低限即所谓补偿光照度，通称为补偿点。在这样的光照度下，细胞光合作用产生的氧量和其呼吸作用消耗的氧量恰相等，细胞只能维持基础代谢，不能生长。

（5）日照时间 日照时间和光照度有密切关系，也受温度及其他环境因子的影响。同种藻类，在同一条件下培养，其生长率是相当恒定的。

2. 温度 在水环境中，温度是一个极重要的生态因子。各种单细胞藻类对温度的要求不同，有其各自的适温范围。当温度变化超出适温范围时，藻类会产生严重的伤害，以至死亡，高温的条件下影响更严重，死亡得更快。而低温下生物的忍耐性较强，一定的低温条件下产生的形态和生理的变化是可逆的，因而可以利用低温使生物呈休眠状态，作较长时间的保存。单细胞藻的藻种或浓缩的单细胞藻饵料都可以在低温情况下保存。中肋骨条藻是广温性种类，生长适宜温度为 $8\sim32℃$，最适温度范围为 $20\sim25℃$；牟氏角毛藻生长适宜温度为 $5\sim30℃$，最适温度范围为 $25\sim30℃$；海链藻生长适宜温度为 $8\sim32℃$，最适温度范围为 $20\sim25℃$；小球藻生长适宜温度为 $10\sim36℃$，最适温度为 $25℃$左右。

3. 盐度 海水盐度对海洋生物的影响主要表现在渗透压和比重上的作用。单细胞藻和其他水生生物一样，对生活环境的盐度变化均有其一定的适应范围和最适范围。单细胞藻对生活环境盐度变化的适应能力大小不同，据此可分为狭盐性种类和广盐性种类。中肋骨条藻是广盐性种类，最适盐度范围为 $25\sim30$；牟氏角毛藻最适盐度范围为 $10\sim25$；海链藻最适盐度范围为 $10\sim25$；小球藻最适盐度范围为 $15\sim45$。

4. 营养 单细胞藻的营养包括大量元素、微量元素和辅助生长物质 3 部分。在单细胞藻的培养中，根据培养对象对营养的要求，采用理想的配方，配成对藻细胞生长繁殖优良的培养液，以提高培养效率。

5. 二氧化碳 在单细胞藻培养中，二氧化碳的供给，可采取下列 3 种方式：

（1）通过搅拌增加水与空气的接触面。

（2）把普通空气从管道通入培养液中。

（3）把二氧化碳含量为 $1\%\sim5\%$ 的混合空气，从管道通入培养液中，可少量连续充气或较大量的间隙充气。二氧化碳通入量不能过大，因为水中二氧化碳含量过多，对藻类细胞有毒害作用。

3 种供给二氧化碳的方式中，以第 3 种通入含二氧化碳的混合空气效果最好，但其设备复杂，成本高，国内只有少数实验室使用。目前，国内单细胞藻饵料培养普遍使用通入普通空气的方法供给：空气中含有 0.03% 的二氧化碳，当培养液缺乏二氧化碳，二氧化碳的分压低时，空气中的二氧化碳能迅速溶解到培养液中。此外，也可以在培养液中加入碳酸氢钠作为补充碳源，效果也很好。

6. 酸碱度 各种单细胞藻对酸碱度有其一定的适应范围。

（三）单细胞藻类培养

1. 单细胞藻类培养的方式 一般来说，单细胞藻类培养分为一、二、三级培养。

（1）一级培养 也称保种或藻种培养，在室内饵料培养室中进行，目的是培养和供应藻种。培养容器为 $100\sim2~000\mathrm{mL}$ 的三角烧瓶，瓶口用消毒的纸巾或纱布包扎。

（2）二级培养 或称中间培养。目的是培养较大量的高密度的纯种藻液，供应生产性接种使用。二级培养一般在室内用大的玻璃容器（如糖果缸）或塑料大袋中进行。

（3）三级培养 也就是生产性的培养，目的是为育苗生产提供饵料。在室内或室外中进行，有封闭式和开放式 2 种类型。可在 $2\sim10\mathrm{m}^3$ 的水泥池、大型玻璃钢水槽和塑料大袋中进行。目前国内采用塑料大袋培养，且效果较好，该方法具有透光性强，操作方便，不占地盘的优点。若育苗场中单细胞培养池面积不够大，不能满足育苗生产时，可采用塑料大袋培养。

2. 容器工具的消毒 消毒的目的是除去影响单细胞藻生长的生物和非生物物质，以保持优势单种生长。消毒是使细菌等微生物数目减少到一个较为"安全"或可以"接受"的水平，是抑菌作用。常用的消毒方法有物理和化学消毒方法。

（1）常用的物理消毒方法

①煮沸消毒 容器和工具于开水中煮沸 $10\sim20\mathrm{min}$。容器和工具要全没入水中，玻璃容器要在冷水时放入，并用纱布包裹。

②电热鼓风干燥箱消毒 将玻璃容器（三角烧瓶）、移液管、金属工具（搪瓷杯、盘）等洗净，沥干水，然后放入烘箱中，加热至 $120℃$ 时，断电，待烘箱内温度下降到 $60℃$ 后取出容器。

（2）常用的化学消毒法

①盐酸处理 主要适用于对新的、未使用过的玻璃仪器的处理，如三角烧瓶、糖果缸等，使用前要用 $20\%\sim50\%$ 的盐酸润洗 $1\sim2$ 遍，再用消毒过的海水或淡水冲洗干净。使用盐酸时要戴乳胶手套，以免被盐酸灼伤皮肤。

②75％酒精消毒 主要适用于中小型容器和工具的消毒，用 75% 的酒精将容器和工具全部涂抹到，维持 $10\mathrm{min}$，然后用消毒海水或淡水冲洗 $2\sim3$ 遍即可。配制 75% 酒精的简单方法：量取 95% 酒精 $750\mathrm{mL}$，加入 $200\mathrm{mL}$ 的蒸馏水，即可配成 75% 酒精 $950\mathrm{mL}$。

③高锰酸钾消毒 主要适用于培养池的消毒。小容器和工具消毒的高锰酸钾溶液浓度为

50mg/L，浸泡消毒物品 5min 后，用消毒海水冲洗干净即可。培养池高锰酸钾消毒的溶液浓度为 30～50mg/L 水，先将水池清洗干净，再用高锰酸钾溶液来涂刷池壁，连刷 2～3 次，10～20min 后，用消毒海水冲洗干净即可。使用高锰酸钾溶液消毒时注意，溶液要现用现配，放置时间长了，消毒效果会降低，当溶液变为棕黄色时，就完全失效了。

3. 水处理 海水进入车间后取水样并用余氯试剂盒检测是否有余氯，以及检验盐度、酸碱度、总碱度是否达到藻类生长范围（盐度 25～30、pH7.9～8.2、总碱度 150～180mg/kg），无余氯且盐度、酸碱度、总碱度合格后，煮沸一级藻培养用的海水，因为原生动物是单细胞藻类的天敌，繁殖速度快，单细胞藻类能否培养成功，关键在于能否有效控制和杀灭原生动物。因此，培养液的严格消毒至关重要。海水煮沸保持沸腾 5min 后，用消毒过的勺子和漏斗将海水装入小口试剂瓶（1 800mL），盖上消毒过的瓶塞，置于洁净的工作台上放置 12h 备用。保种用的海水需要用隔膜真空过滤泵（0.45μm）过滤，装入 1 000mL 三角烧瓶中进行 120℃ 30min 高压灭菌冷却后，加营养盐待用。

4. 接种

（1）配培养液 根据藻类的营养要求，选用合适的配方。优良的单细胞藻培养液配方有许多种，许多书籍中都有介绍，简单的配方仅添加限制性氮、磷、铁、硅。现将一般生产上常用的配方介绍如下。

①绿藻（扁藻、小球藻）配方：硝酸钠 50g、尿素 18g、磷酸二氢钾 5g、柠檬酸铁 0.05g、维生素 $B_1$0.1g、维生素 B_{12}0.005g、1m³ 海水。

②硅藻（角毛藻、三角褐指藻）配方：硝酸钠 50g、磷酸二氢钾 5g、柠檬酸铁 0.05g、硅酸钠 4.5g、维生素 $B_1$0.1g、维生素 B_{12}0.005g、1m³ 海水。

③骨条藻配方：硝酸钠 20g、磷酸二氢钾 7g、柠檬酸铁 0.05g、硅酸钠 5g、维生素 $B_1$0.1g、维生素 B_{12}0.005g、1m³ 海水。

（2）藻种活化 按照营养盐配方配制营养盐，将营养盐按比例加入灭菌好的海水中配制为营养液，然后将营养液分装到试管中（10mL/支）。平板藻种活化前先置于室温下 1h，待温度恒定后方可从平板藻种的培养皿中选取颗粒状、单一、呈深褐色、饱满的藻落，用接种环蘸取，确定接种环上有藻落后，轻轻放入装好营养液的试管中，摇晃接种棒使藻落落入营养液中。

①藻种复壮 通过将活化的藻种经过 S 试管、T 试管、200mL 三角瓶、1 000mL 三角瓶、2 500mL 小口试剂瓶 5 个阶段的筛选淘汰，对藻种进行复壮，每个阶段培养 48h。

②藻种扩大 二、三级培养的过程就是扩大培养，以满足生产性培养的需要来供给大量饵料。

③藻种保存和废弃 需要使用的藻种，放在暗光低温（8℃以下）环境中保存，每一个月需要做一次固体保种；过期或淘汰的藻种用 20mg/kg 漂白粉水处理后丢弃。

④藻种质量评估 主要通过显微镜的观察和微生物的检测跟踪各个阶段的表现和细胞状态来评估。

5. 一级培养

（1）一级培养预处理

①所有使用的玻璃器皿（试管、三角烧瓶、小口试剂瓶、培养皿、玻璃吸管）、充气设

备（橡胶塞、气管）、枪头、枪头盒、毛巾，如有残留藻液先用 20mg/kg 漂白水处理，再用碘液、洗洁精、水按 1∶1∶20 比例的混合液刷洗干净，清洗掉表面的黏附物后再用 10％的盐酸浸泡 4h 以上，然后用淡水冲洗 3 次，置于洁净处晾干备用。

②提前准备好保种和接种需要的各项器具（培养皿、试管、试管盖、250mL 三角烧瓶、橡胶塞、气管、玻璃吸管、枪头、毛巾、棉花塞），并用平口袋包装好，确保高压灭菌时袋子内外气体可以顺畅交换。

③把准备好的器具、海水放入高压灭菌锅中，调节好时间和温度，若没有海水，灭菌锅只需要设置为 121℃，灭菌 20min；若有海水则应设置为 121℃灭菌 30min。

④保种室、培养室、公共走廊、准备室在 22∶00 左右设置定时开关，自动打开紫外灯消毒 2h；操作前将操作台紫外线灯打开照射 15min 后关闭，开风机散气。

（2）水处理　同前文的常用化学消毒法中水处理方式一致。

（3）培养方法

①F 试管阶段培养　同前文的藻种活化方法一致。

②S 试管阶段培养　培养 2d 后的 F 试管，镜检细胞密度，以及观察细胞大小是否均匀、藻液是否无杂质、无沉淀，质量合格后使用玻璃吸管将 1 根 F 试管的液体藻种平分到 6 根分装有培养液的试管（10mL）中进行培养。

③T 试管阶段培养　培养 2d 后的 S 试管，镜检细胞密度，以及观察细胞大小是否均匀、藻液是否无杂质、无沉淀，质量合格后使用玻璃吸管将 1 根 S 试管的液体藻种平分到 6 根分装有培养液的试管（10mL）中进行培养。根据生产需要，接种足量的 T 试管。

④250mL 瓶阶段培养　培养 2d 后的 T 试管，镜检细胞密度，以及观察细胞大小是否均匀、藻液是否无杂质、无沉淀，质量合格后在无菌操作台中，用酒精灯灼烧瓶口后，将 2 根 T 试管倒入 1 个分装有 200mL 培养液的 250mL 三角烧瓶中，并塞好棉花塞进行培养。

⑤1 000mL 瓶阶段培养　培养 2d 后的 250mL 瓶，镜检细胞密度，以及观察细胞大小是否均匀、藻液是否无杂质、无沉淀，质量合格后，用酒精灯灼烧瓶口，将 1 个 250mL 瓶倒入 1 个装有 700mL 培养液的 1 000mL 三角烧瓶中进行充气培养。

⑥一级藻培养　培养 2d 后的 1 000mL 瓶，镜检细胞密度，以及观察细胞大小是否均匀、藻液是否无杂质、无沉淀，质量合格后，根据具体情况按照 5～10 倍的比例接种到分装有 1 800mL 培养液的 2 500mL 瓶中进行充气培养。

⑦培养物存放及废弃　培养期间，将所有藻种放在藻架上接受光照，并充气培养，培养好后再转入下一个阶段。生长不正常或其他原因需要废弃的藻种，用 20mg/kg 漂白粉水处理后倒入污水处理系统。

6. 二级培养

（1）培养前准备工作

①培养室进入要求　工作人员每天进入培养室之前用 75％酒精消毒手脚，穿白大褂，戴一次性医用手套、头罩，换鞋。

②培养场地准备　用 75％的酒精喷洒消毒藻筐（用来搬运一级藻）和塑料盆（放橡胶塞和气管）；配制清洗玻璃仪器的碘液水（100mg/kg）。

③二级培养管准备　检查进水排水开关切换是否正常；使用各项指标检测合格的淡水冲

洗管道，淡水使用量不能少于 1.5t。

④器材处理　进淡水的软管用碘液（100mg/kg）浸泡清洗；将接藻完毕后的气管和瓶塞先过 20mg/kg 的漂白粉水，用清水冲洗后放在 10％的盐酸消毒液浸泡至少 2h；亚克力管接藻完毕，依次轮流使用 10％的盐酸溶液、50mg/kg 的漂白粉水溶液、20mg/kg 的碘液，进行 12h 以上浸泡消毒，消毒完后排掉消毒水，用清水冲洗亚克力管，晾干待用。

⑤水处理　海水进入车间后先取水样并用余氯试剂盒检测是否有余氯，以及检验盐度、酸碱度、总碱度是否达到藻类生长范围（盐度 25～30、pH7.9～8.2、总碱度 150～180mg/kg），检测合格后添加二级营养盐。

⑥二级培养液制备　将 3L 三角烧瓶用纯净水洗干净后 1kg 培养液加入硝酸钠 75mg、磷酸二氢钠 5mg、硅酸钠 30mg、三氯化铁 3.15mg、维生素（B_1 0.1mg、B_{12} 0.000 5mg），配制好后高压灭菌处理（121℃、20min），冷却后使用。需要注意的是维生素是高压冷却后添加。

（2）培养方法

①01 管接种培养　将藻筐里的 10 瓶 2.5L 瓶一级藻倒入装有海水营养盐的亚克力管中，调节气阀，保证充气均匀。

②02 管接种培养　切换亚克力开关，然后打开 01 管下端的开关，利用水压的作用将 01 管中的藻水平分到指定的 02 管中，分好后切换开关，从亚克力上方的进水管添加配制好的营养盐海水，加到指定水位线，调节气阀，保证充气均匀。

③培养质量及效率评估　一般二级 01 管、02 管分别培养 48h 后，海链藻密度达到（80～100）×10^4 个/mL、角毛藻密度达到 100×10^4 个/mL 以上，各项微生物指标检测合格后才能扩培到三级。

④培养物存放及废弃　未使用的二级藻最多只能存放 72h，超过 72h、生长不良或微生物检测不合格的二级藻用漂白粉水消毒后由排水管排入污水处理系统。

7. 三级培养

（1）培养前准备工作

①车间进入要求　进入人员需站立消毒 3s 以上，用 75％酒精喷洒消毒手及手臂，带到车间使用的物品也要用酒精消毒表面。

②三级培养场地准备　接藻管道和下营养盐工具使用淡水清洗晾干；抽完藻的池子用 100mg/kg 碘液＋3 000mg/kg 草酸混合液清洗；气管开关打开一半，晾干待用。

③三级培养池清洗消毒　池子表面用配制 100mg/kg 碘液＋3 000mg/kg 草酸混合液消毒清洗，底部气管用 1 500mg/kg 的双氧水浸泡消毒，洗刷干净后用清水冲洗干净。

④器材处理　下完营养盐的塑料桶用清水冲洗后，放入 1 500mg/kg 的草酸溶液中浸泡，浸泡后用清水冲洗干净待用；水泵、水管及 250 目手抄网使用 200mg/kg 的碘液浸泡；进海水的过滤袋用高压水枪冲洗后放到 2 000mg/kg 的盐酸中浸泡。

⑤水处理　海水进入车间后先取水样并用余氯试剂盒检测是否有余氯，以及检验盐度、酸碱度、总碱度是否达到藻类生长范围（盐度 25～30、pH7.9～8.2、总碱度；150～180mg/kg）。若海水检测未符合要求，则固定技术员可用硫代硫酸钠中和海水余氯，然后使用小苏打调总碱，最后检测合格后，添加三级营养盐，放入顺序依次为硝酸钠、磷酸二氢

钠、乙二胺四乙酸、三氯化铁、硅酸钠。

⑥三级培养液配制 5种营养盐浓度分别为硝酸钠1 000mg/kg、磷酸二氢钠100mg/kg、三氯化铁20mg/kg、硅酸钠300mg/kg、乙二胺四乙酸50mg/kg（图5-5）。

保种室　　　　　　　　　　一级培养　　　　　　　　　　二级培养

三级培养

图5-5　单细胞藻类培养

（2）培养方法

①三级培养接种操作 把250目的尼龙网袋绑在出藻口。排干净管道里的淡水，直至管口出现浓密的藻色，5s后将接藻管放入藻池，抽藻的水泵每停一次，表示接种量已够，可以换下一个池接种，直到接种完毕。

②三级培养质量及效率评估 取培养第一天的藻样，送品控室检测微生物，检测黄菌不能超过100个，且没有绿菌即为合格；另外取培养第三天的藻样，送品控室测其密度和镜检，海链藻密度在$25×10^4$个/mL以上、角毛藻密度在$700×10^4$个/mL以上即为合格。

③培养物存放及废弃 角毛藻浓缩藻现收现用，用不完的浓缩藻可放入4℃的冷藏库冷藏备用，冷藏时间不能超过5d。培藻车间中品控检测不合格的藻，用100mg/kg漂白水处理后，经排水管道排放到污水处理系统。

（3）三级藻收集和浓缩

①每天抽三级藻之前，用300mg/kg的碘液浸泡抽藻管道，然后再抽取淡水把管道冲洗1遍。从准备收藻的池子中取样，进行镜检，镜检合格后才能采收浓缩藻。将放入要抽藻的藻池中，采收浓缩藻前15min停止对藻池充气，用1.1kW的水泵抽取藻池中的浓缩藻。

②使用清水冲洗收藻的地面，并取出已消毒好的白膜铺在地面上，将消毒过的收藻架放在白膜中间。

③将收藻袋绑在藻架上，绑藻袋要求必须缠绕4圈以上，并打开收藻架的开关。

④将消毒后的水管连接在水泵上，打开水泵开关，用藻液冲洗藻架 10s 后将藻管连接到藻架上，开始收藻，将藻袋内的藻液倒入消毒过的 500L 白桶，将藻泥一起冲洗到桶内，注意藻池内最后 5cm 藻液不要，需要排掉。

⑤过程中一边采收一边检测密度，控制角毛藻密度为（600～1 000）×10^4 个/mL、海链藻密度为（150～250）×10^4 个/mL。

⑥采收完毕后，所有工具使用 300mg/kg 的碘液清洗，淡水冲干净后放到指定位置晾干待用。记录好育苗部门用藻记录登记表。

⑦浓缩藻存放　需要储存的浓缩藻，装入清洗晾干的 50L 白桶中，盖好盖子（留少许缝隙供藻类空气交换），盖子上用白板笔清楚标注品种和存入日期，然后用电动三轮车拉入 4℃冷库摆放整齐即可。

（4）浓缩藻运输废弃

①浓缩藻运输　育苗运藻人员在仓库签字确认用藻品种和数量之后方可用电动三轮车到冷库拉藻。浓缩藻运到育苗车间后需要恒温到 20℃左右再使用。

②浓缩藻废弃　冷库存放超过 5d 或者采收后品控检测不合格的浓缩藻，可使用 20mg/kg 漂白水消毒 15min 后，经排水管道排放到污水处理系统。

8. 单细胞藻密度的测定

（1）血细胞计数板计数　把稀释后的藻液摇匀，用吸管吸取少许滴在血细胞计数板上，放在显微镜下观测并进行计数。

（2）离心沉淀法　取出一定体积的藻液，用沉淀剂（少量明矾、三氯化铁）遮光沉淀 0.5h 后，吸去上清液，然后把剩余的少量藻液，再离心沉淀，沉降后再除去上清液，获得藻膏，称量藻膏的重量后，即可算出单位水体的单细胞藻的生物量，进而间接测出密度值。

（3）分光光度法测单细胞藻密度　把待测的单细胞藻液摇匀后盛取少许，视浓度情况稀释 5～10 倍，一般用分光光度计分别测出 3 种不同浓度的光密度值，把光密度值代入经验公式，即可算出相应的密度值，然后再综合运算，得出单细胞藻的密度。

离心沉淀法和分光光度法，对于藻类长势旺盛、杂质少时，误差较少，而当藻液被污染后长势不旺时，所测数值误差较大，而用血细胞计数板计数，工作量虽然较大，但能准确识别藻类与非藻类。

（四）培养管理

单细胞藻的培养管理包括日常管理操作、生长情况检查、问题分析与处理等几个方面。

日常管理操作中要做好以下工作：

1. 充气或搅拌　其作用是补充 CO_2，帮助藻细胞上浮及保持培养液动态防止菌膜形成。在培养中可根据具体情况采用摇动、搅动和充气的方法，如小型培养采用摇动培养瓶的方法，大口玻璃容器采用棒形工具搅动的方法，塑料薄膜袋封闭式培养、玻璃钢桶和水泥池开放式培养采用充气的方法。摇动和搅动每天定时进行，至少 3 次/d，每次半分钟左右。充气一般通入空气，用罗茨鼓风机或小气泵供气，每天注意检查并调整小气阀开关。

2. 调节光照　根据不同藻类对光照的具体要求进行调节。一般来说，培养的饵料微藻都不能忍受强烈的直射光。采用太阳光光源时，可根据天气采用遮阳网或彩条布进行遮阴；采用人工光源时，可控制光照度和时间，如日光灯可选 40～100W，生物反应灯可选 DDF-

400 型反射镝灯，并安装在距水面 2.5m 高处，每平方米布一盏灯。

3. 注意酸碱度变化 温度较高时，藻细胞繁殖快，二氧化碳消耗快，这会导致酸碱度上升。尤其夏季，更应注意检测培养液的酸碱度，酸碱度调节办法是添加适量的盐酸或碳酸氢钠。

4. 防虫、防雨 防止昆虫飞入培养池或及时将昆虫的尸体捞出。下雨时，及时遮盖好培养容器，防止雨水进入培养液。

5. 检查生长情况 培养藻类的生长情况的观察和检查，一般每天上、下午各观察一次，发现问题时及时进行镜检。观察内容如下。

（1）颜色 观察藻类的颜色是否正常，藻色看起来要清爽。扁藻、小球藻呈嫩绿至深绿，若变黄，则生长不良；硅藻（三角褐指藻、小硅藻、角毛藻、骨条藻）为褐色，骨条藻呈亮棕色；金藻呈金褐色，由浅至深。

（2）运动情况 观察藻类有无趋光性，是否上浮，气温高于水温时易上浮。

（3）沉淀 藻类对环境改变敏感，当环境不适时，藻细胞会发生沉淀，正常培养的后期，也会出现少量沉淀。若搅拌后藻细胞上浮，很快又沉淀，则不正常，若沉淀藻体保持原藻色，说明无死亡，有恢复正常的可能。沉淀原因：环境因子不适或营养不足；敌害生物的影响。

（4）附壁 生长不良，出现附壁。

（5）菌膜 藻类培养过程中会有细菌或真菌存在。检查目的是了解藻细胞生长情况以及有无敌害等。

（五）敌害生物的防治

由于目前受生产条件的限制，在单细胞藻的生产性培养中，常会发生敌害生物的污染，从而造成培养失败。到目前为止，还没有找到彻底解决敌害生物的污染的防治措施。敌害生物种类多，能在藻液中迅速大量繁殖，常见的种类主要有细菌、轮虫和原生动物（如腹毛虫、急游虫、尖鼻虫、变形虫）等。敌害生物对单细胞藻的危害，主要是直接吞食单细胞藻和通过分泌代谢产物，对单细胞藻产生毒害作用，当分泌的有害物质还较少时，培养藻类表现为生长缓慢，当分泌的有害物质多时，藻细胞会大量下沉死亡。

1. 主要危害途径 水处理不彻底，如海水消毒时，加热温度不够或药物浓度不够等；容器工具消毒不彻底，肥料不清洁；操作不严格，不遵守操作规程；昆虫带入或雨水带入等。

2. 敌害生物的防治措施 主要采取预防为主，防治结合的原则。预防措施包括：

（1）严格防止污染 增强工作责任心，时时、处处、事事防污染。防治重点放在藻种上，藻种没污染，扩大培养就有保证，因此，要经常检查藻种，一般每 15d 检查 1 次。

（2）保持培养藻类的生长优势和数量优势 利用生物间的拮抗作用，保持藻类良好生长，主要采取选择质量高的藻种，创造适宜的培养环境条件，如光照、温度、盐度和营养，高藻种量接种等措施。

（3）做好藻种的分离、保藏及供应工作。

3. 清除、抑制和杀灭敌害生物的方法

（1）过滤的方法 此方法适用较大型敌害。

（2）使用药物抑制或杀灭敌害生物　抑制或杀灭金藻中的原生动物，可用次氯酸钠（4～8mg/L有效氯）处理海水，处理时间约 2h 为宜，在夜晚进行，绝大多数藻细胞在第 2 天早上都能恢复。

（3）改变培养液的环境条件　对培养液进行酸化处理，降低培养液的酸碱度，配制 1 当量的盐酸，具体做法为向每升藻液加 3mL 1mol/L 的盐酸处理 1h，然后用 1mol/L 氢氧化钠中和，该方法对金藻、扁藻中的尖鼻虫和腹毛虫有一定的处理效果，1～2d 后恢复正常（在 pH 等于 3 的情况下，金藻可存活 24h，硅藻、绿藻存活 1h）；提高培养液比重（以培养藻类之长，攻敌害之短），如扁藻适宜盐度为 8～80，在正常海水中加盐提高比重到 1.56～1.60，处理 24h，可杀死扁藻培养液中的腹毛虫，处理以后再稀释，藻细胞即可恢复正常；盐藻中发生变形虫危害时，可在 1 000mL 培养液中加食盐 70～110g，处理后 15～18d 藻细胞恢复。

（4）生物方法防治　卤虫作为"捕食者"，可控制藻液中的原生动物，因此可在每升培养液中投放 0.1～1 个卤虫，对如利用卤虫控制藻液中的原生动物效果较好；对"老化"的藻种，每升培养液投放 2～3 个卤虫，可起到优化藻种的作用。

二、动物性饵料培养

目前对虾育苗最为常用的动物性饵料有卤虫、轮虫、桡足类等。

（一）卤虫无节幼体

卤虫幼体是虾类育苗不可缺少的饵料，也是高密度育苗的必需条件。刚孵化出的卤虫无节幼体含粗蛋白质 57.4%、粗脂肪 7.4%、灰分 19.2%，含有与对虾组成相似的氨基酸与脂肪酸，因此卤虫幼体是虾幼体最理想的饵料。卤虫幼体是由卤虫卵孵化而得的，卤虫卵的特性和质量是至关重要的。不同产地卤虫卵的质量相差甚大，衡量卤虫卵质量好坏的通用指标是孵化率与孵化效率。孵化率是表示卵子孵出幼体的百分比，孵化效率是指每克卵在标准条件下（盐度 35、温度 25℃、光照度 1 000lx 以上、48h）孵出的幼体总数。美国产的卤虫卵卵径小，我国产的卵径较大。我国埕口盐场产的商品卤虫卵每克含 22×10^4 粒左右，美国进口的卤虫卵每克可含（30～38）$\times10^4$ 粒。优良的卤虫卵每克可孵出无节幼体 30×10^4 个。

卤虫卵必须经过一个滞育期及静止期才能孵化。卤虫卵的滞育状态是进行卵生生活史不可欠缺的，只有当特定的因子将滞育卵激活后，滞育期才能结束。被激活的虫卵称为活性卵，活性卵在环境适宜时（一定范围的水温、盐度、光照及 pH 等）开始发育并孵化出无节幼体。在环境不利时停止发育的卵称为静止期卵，静止期卵在条件适宜时又会发育和孵化。商品卤虫卵是静止期卵。激活因子有低温、脱水干燥及一些人为的理化因子，如将埕口卤虫产下的卵在 30% 的饱和盐水中浸泡 2～3 个月，孵化率可达 91%～94%；莺歌海卤虫卵在室温下，粗盐饱和液中浸泡 2～5 个月，孵化率可达 80%～91%。购买群众采捕的卤虫卵应经过 -20℃ 或饱和卤水贮存数月才能获得较高的孵化率。

1. 卤虫卵孵化　卤虫卵的孵化最好用锥形底的卤虫孵化桶（图 5-6），也可用锥形底水泥池或平底池。孵化池内应有充气设备。

（1）放卵　以 500L 孵化桶为例，提前 12h 在孵化桶中注入约 400L 海水，充气打氧。

放卵前30min在孵化水体中加入黄粉（单宁酸）（每桶6g）。卤虫卵放至孵化水中（每桶0.75kg），放卵后30min加入益生菌（每桶40mL）。

（2）充气　放卵后开启孵化灯，并连续充气，充气的大小以让虫卵和水正常翻滚为宜，水温控制在28～30℃，孵化时间约为24h，待卤虫孵出一定数量时，停止充气，等卵壳下沉后由中层排水，用滤网收取卤虫。未孵化的卵还可加入海水再孵化一次，以提高对卤虫卵的利用率。

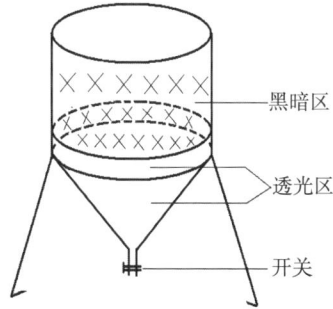

图5-6　卤虫孵化车间及孵化桶

2. 卤虫幼虫收集　待卤虫幼虫孵出一定数量时，停止充气，等卵壳下沉后，拔出各个孵化桶中间的PVC管，活虫通过管道收集到收虫网中。将收集到的活虫倒入连续充氧的分离桶（500L）中，使壳或死卵再次上浮，捞取壳或死卵，待壳或死卵不再上浮，从分离桶的排虫口处用宽35cm、深28cm、150目的手捞网盛接分离后的活虫。收集起来的卤虫幼体经充分洗涤后，用100mL/m³的甲醛溶液消毒5～10min，然后再投喂。因卤虫幼体的营养价值随着时间的延长而下降，故应及时投喂。未孵化的卵还可加入海水再孵化一次。

3. 影响卤虫卵孵化率的因素

（1）温度　多数卤虫卵的最佳孵化温度是25～30℃。低于25℃，孵化时间延长，高于33℃，胚胎的新陈代谢停止，卵孵化不出来。孵化期间最好能保持水温的相对稳定。

（2）盐度与pH　生产上孵化卤虫卵多使用天然海水，但对某些品系来说，半咸水（盐度5）更为有利。这主要是由于低盐度有利于虫卵吸水，并可减少为了破壳而必须产生的甘油量，保持无节幼体所含的能量。pH以7.5～8.5为佳，但在孵化过程中由于呼吸作用会使养殖用水pH下降，此时可使用2.0%的碳酸氢钠维持pH不低于8。

（3）溶解氧　卤虫的胚胎发育过程需要有充足的氧气。孵化中，水中的溶解氧应保持在2mg/L以上，充气不仅可以提供氧气，还有搅拌和防止沉淀的作用。

（4）光照　光是激活滞育期虫卵的条件之一，尤其是淡水浸泡时，光照必不可缺少，孵化槽水面应保证2 000lx以上的照度。

（5）卤虫卵的消毒　虫卵中的杂质及附着在卵壳上的细菌、霉菌孢子、有机碎屑等会影响孵化率，其中的细菌、原生动物等会危及饲育对象。所以，使用土法生产的粗品卵在孵化前必须经过淘洗，最好使用药物消毒，如用含有效氯20×10^{-6}的漂白粉或漂白精溶液浸泡1～2h，或用200×10^{-6}的有效氯处理20min，还可用60×10^{-6}浓度的甲醛浸泡15min。卵子消毒后应充分漂洗再进行孵化。

（二）轮虫培养

1. 轮虫生物学 轮虫是一类很小的多细胞动物，因其前端有一纤毛构成的轮盘，故称轮虫。近海有多种轮虫，一般用褶皱臂尾轮虫作为对虾的幼体饵料，其被甲长 $190\sim200\mu m$，宽 $152\sim202\mu m$，适盐范围很广，盐度 $3\sim43$ 均能生长，最适盐度为 $15\sim25$，最适水温为 $25\sim28℃$。轮虫营养丰富，含蛋白质 52.1%、粗脂肪 15.6%、灰分 17.7%，其不饱和脂肪酸的含量较高，是对虾幼体理想的开口饵料。由于培养轮虫的饵料来源不同，其不饱和脂肪酸含量各异，如利用鲜酵母培养的轮虫的不饱和脂肪酸含量低，使用前应进行强化培育，即投入富含不饱和脂肪酸的绿藻或鱼油（或鱼肝油）拌合酵母投喂 2d，然后再作为对虾幼体的饵料。生产中，轮虫难以满足对虾养殖全过程的需要，一般只作为对虾溞状幼体的饵料。

轮虫的培养可用室内工厂化培育和室外土池培育两种方法，后者较为经济。许多单位还选育了耐低温轮虫，因其可在 $15\sim20℃$ 的温度中繁殖生长，能够满足早期育苗的需要。

2. 褶皱臂尾轮虫的生产性培养方法

（1）单细胞藻培养轮虫 单细胞藻是培养轮虫的首选饵料，不但适口性好，而且单细胞藻中富含各种维生素和不饱和脂肪酸，可提高轮虫培养的产量和质量。常用单细胞藻类有小球藻、微绿球藻、三角褐指藻、等鞭金藻等。由于小球藻具有个体较小、生长繁殖快、对环境适应性强和不易被其他单细胞藻污染等特点，因此，生产上培育轮虫通常是用小球藻作饵料。

在实际生产操作中，要有专门的单细胞藻培养池，且要与轮虫培养池严格分开，防止单细胞藻培养过程受到轮虫污染。一般轮虫培养池容量为 $30\sim40m^3$，藻类培养池容量为 $100\sim200m^3$。在条件许可的情况下，藻类培养池尽可能大些，尽可能优化藻类培养的条件，以保证藻类的快速生长。先在藻类池将藻类培养到一定密度后，收获一定量的藻液投入轮虫池，然后向藻类池加水，施追肥，继续培养藻类。在轮虫培养池加入一半新鲜过滤海水和一半藻液后，接种时轮虫至少每毫升 1 个，经过一段时间培养当轮虫密度达到 $100\sim150$ 个/mL 时，全部收获或带水间收，带水间收时，每天收获 $30\%\sim50\%$ 的水量，然后再加入藻液，继续培养。采用藻类培养轮虫时，单细胞藻的投喂量应在一个合理的范围内，过高或过低均不利于轮虫繁殖。一般采用的单细胞藻最适投喂密度范围（个/mL）：亚心形扁藻为 $(2.5\sim5.0)\times10^4$，新月菱形藻为 5×10^4，盐藻为 1.0×10^4，小球藻为 $(2.0\sim8.0)\times10^4$，等鞭金藻 13.2×10^4，微绿拟球藻为 1.5×10^4。

用单细胞藻投喂轮虫时应注意以下几点：

①选用生长期的单细胞藻 应选用处于指数生长期的单细胞藻，老化的单细胞藻不利于轮虫的生长甚至会使之中毒。老化的单细胞藻还易死亡，继而沉降到池底，影响培养池的水质条件。

②一定的光照 对轮虫培养水体给予一定的光照。

③防止敌害生物 用高密度藻液投喂轮虫时，要用 $300\sim400$ 目的筛绢网袋对藻液进行过滤，防止将桡足类及其幼体、原生动物和蚊子幼虫等敌害生物带入轮虫培养池。

④适当换水 当轮虫培养的密度达到 50 个/mL 时，应每天进行适当地换水。在实际操作中，通常是每天用虹吸的方法，从轮虫培养池中收集部分轮虫来投喂虾苗，收集的量为轮

虫培养池水体的 1/4～1/3，然后补充新的藻类到原来的水位。这样，既可保持轮虫有相对较高的种群密度，又保障对虾有足够的食物，同时又能改善和保持良好的水质，有利于轮虫的快速生长，获得较好的培养效果。

（2）面包酵母和单细胞藻培养轮虫　轮虫大量培养需要的饵料很多，单靠培养单细胞藻来繁殖轮虫往往不能满足生产的需要，必须寻找低成本的替代饵料。酵母是迄今发现的最好的替代饵料，主要包括面包酵母、啤酒酵母、油脂酵母、活性干酵母等。现在用酵母和海水小球藻配合饲喂轮虫，已成为一项规范化的技术。

面包酵母投喂前，用搅拌机充分搅匀，然后均匀泼洒。通常每天每百万轮虫投喂 1.0～1.2g，分 2～4 次投喂。培养 4～5d，当轮虫密度超过 100 个/mL 时，采收水容量的 1/5～1/3。采收后，立即补充采收水量的藻液，继续充气培养，并继续投喂酵母。一般每次培养时间可维持 15～25d，最后全部采收，清池，开始新一轮培养。轮虫培养池中可悬挂海绵状的树脂纤维片，吸附水中悬浮物。

3. 褶皱臂尾轮虫的营养强化　营养强化就是人们根据种苗的营养需要，通过对轮虫饵料的选用或对其营养成分的调节，采取一定的培养措施，来改善或加强轮虫的营养质量。如面包酵母培养的轮虫，有缺乏高度不饱和脂肪酸的营养缺陷，就可采取营养强化的方法来弥补。营养强化的方法主要有 3 种：

（1）单细胞藻强化　一般在轮虫投喂对虾幼体前，用富含高度不饱和脂肪酸的小球藻、微绿球藻或金藻强化喂养面包酵母轮虫 12～24h。

（2）用富含高度不饱和脂肪酸的油脂强化　在轮虫采收后，用富含高度不饱和脂肪酸的油脂，如清鱼肝油强化，具体做法是以鸡蛋黄为乳化剂乳化油脂后，将乳化油脂和面包酵母同时投入培养池，强化 6～12h 即可。油脂的用量依据油脂的种类和轮虫的生物量来确定。

（3）用专用强化剂强化　在轮虫采收后，用专用强化剂强化 6～12h 即可，如国内烟台产 50DE1、日本产 BASE-Aquaran 和比利时产 Selco。强化温度与培育对象水温相同或高 2～3℃，强化轮虫活力效果较好。

（三）其他生物饵料及其培养

1. 光合细菌　是一群在厌氧条件下进行不放氧光合作用的自养细菌。它除具有净化水质的作用外，本身富含营养物质及生理活性物质，是虾苗的优良开口饵料，可增强虾苗的体质。

2. 酵母菌　是近年常用的虾类幼体饲料，含有丰富的蛋白质、脂肪、维生素及生理活性物质。常用的有鲜面包酵母、啤酒酵母及活性干面包酵母。由于其脂肪酸组成满足不了对虾幼体需要，所以仅能充当辅助饵料。

3. 桡足类及枝角类动物　是仔虾的优良饵料，可捕捞投喂，也可经冷冻、冷藏保存后投喂。桡足类及枝角类一般在虾池中通过施肥培藻、接种等进行大规模培养。

（四）对虾幼体的摄食习性

对虾幼体阶段变态频繁，食性的变化一方面是由于口器对食物的选择，另一方面是由于营养需求。无节幼体期依靠体内卵黄等积累的物质提供能量，无口器；Z_1 期具有口器，依靠滤食摄食，以摄食单细胞藻类为主；Z_2 期以滤食为主，略具捕食能力，以单细胞藻类为主，可捕食小型浮游动物如轮虫等；Z_3 期基本以捕食动物性饵料为主，辅以单细胞藻类。糠虾幼体期以捕食浮游动物为主；仔虾前期可捕食浮游动物，但很快即转为以捕食底栖生物为主，缺乏底栖生物时，仍然对浮游动物有很强的捕食能力。幼体的食性转换，可以表现在幼体体内消化酶活性的变化，即随着幼体转化，胃蛋白酶、类胰蛋白酶活力逐渐增大，而淀粉酶活力呈下降趋势，整个转化过程中纤维素酶和脂肪酶活力极微。

对虾育苗期的标准饵料系列是：$Z_1 \sim P$，应用单细胞藻类，如单体角毛藻、扁藻；$Z_2 \sim P$，增加轮虫；$Z_3 \sim P$，增加卤虫无节幼体；P 期以后可增加卤虫成体。

三、人工饲料的准备

（一）幼体的营养需求

对虾幼体期对饵料中的最适蛋白质含量要求，尚未有确切数据，通常在 $35\% \sim 55\%$。不同的蛋白质源对幼体的利用有重要影响，必需氨基酸是否齐全和比例是否合理是决定蛋白质质量的关键因素。Watanenable 研究了凡纳滨对虾幼体所需要的必需氨基酸，它们是蛋氨酸、赖氨酸、亮氨酸、异亮氨酸、苯丙氨酸、缬氨酸、精氨酸、组氨酸、苏氨酸和色氨酸10种。各种必需氨基酸在饵料中适宜的含量是每 100g 干饵料中含蛋氨酸 1.5g、赖氨酸 5.0g、亮氨酸 4.2g、异亮氨酸 2.8g、苯丙氨酸 2.6g、缬氨酸 2.5g、精氨酸 3.5g、组氨酸 1.5g、苏氨酸 2.0g、色氨酸 0.6g。研究人员用同样方法研究了凡纳滨对虾的必需脂肪酸，它们是亚油酸、亚麻酸、二十碳五烯酸和二十二碳六烯酸，其需要量分别是干饵料的 0.7%、0.8%、0.9% 和 0.9%。

（二）人工饵料

对虾幼体的人工饵料种类繁多，有自制饵料和商品饵料等。自制饵料有蛋黄、豆浆、蛋羹、碎蛤肉、碎糠虾肉和毛虾粉等，这些饵料取材方便，价格便宜。豆浆和蛋黄一般用于溞状期饵料，其他用于糠虾幼体期和仔虾期。商品饵料的种类繁多，按其性质可分为下列几个类型。

1. 虾片类 虾片由各种有营养的原料配制而成，含酵母素、氨基酸、维生素及矿物质等，是经过微粒化研磨、乳化后，经机器成形干燥出来。使用时，经 $60 \sim 350$ 目筛绢搓洗后投喂。

2. 黑粒类 又称营养素，为高蛋白饲料之一，因饲料中含有色素，兼有"做水色"作用。投喂该饲料后能使水色加深。

3. 微粒类 将营养原料用黏合剂黏合起来，如车元、海草粉、黑粒粉、保虾苗等。

4. 微囊饲料 饲料外包被胶囊，悬浮性好，不污染水质。

①B.P 微胶囊饲料营养成分含量为粗蛋白 42% 以上、粗脂肪 34% 以上、粗灰分 7% 以下、粗纤维 1% 以下、钙 $4\% \sim 5\%$、磷 $3.5\% \sim 4\%$、盐酸不溶物 2% 以下。

②人工轮虫 同样为微胶囊饲料，用于取代轮虫，蛋白质含量较高。

③高蛋白幼虾饲料 用于取代丰年虫。

④人工浮性微粒子 作用类似虾片。

5. 蓝藻粉类 主要有螺旋藻粉，有的称蓝藻粉。螺旋藻是营养较高的藻类，为全天然饲料，能补充其他饲料的不足，含优质蛋白质、维生素、矿物质、酵素等。其产品采用纯种培养的螺旋藻经急冻后以冻结干燥精制而成，据称是 100% 天然辅助饲料。其营养成分为粗蛋白 64.2%～72.6%，粗脂肪 7.3%，粗纤维 0.60%，粗灰分 4.7%，碳水化合物 12.4%，水分 3.6%。

6. 增效剂类 产品繁杂，主要有育苗精、海肥素、碘射素、氯微素、富鱼素、麦饭石等。

第四节　亲虾培育

一、亲虾的来源和质量要求

（一）亲虾来源

目前，凡纳滨对虾的亲虾来源主要有 2 个途径：一是从泰国、美国、厄瓜多尔等地进口亲虾；二是选用经全国水产原种和良种审定委员会审定通过的凡纳滨对虾新品种，这是我国水产科技工作者自主选育的亲虾。

（二）质量要求

引进的亲虾首先需进行隔离培养，并对其进行携带病原体检测，一般检测指标为急性肝白斑综合征病毒、传染性皮下及造血组织坏死病毒、虹彩病毒、传染性肌肉坏死病毒、桃拉综合征病毒、哈维氏弧菌、对虾肝肠胞虫，检测结果阴性为合格标准。

1. 亲虾健康度 亲虾外表色泽光亮，体表光洁，甲壳晶莹透亮，虾体健壮，活力好，硬度大，附肢、步足、纳精囊、交接器完整，步足的抓附能力强，无机械损伤，鳃体正常（无溃烂，不发黑），无明显的黑斑、褐斑、白斑等伤病。淘汰身体瘦弱、体色异常、红鳃、黑鳃、烂鳃、身黏异物以及有严重外伤的个体。

2. 亲虾个体 因亲虾个体大小在一定范围内与怀卵量成正比，成熟亲虾个体越大，怀卵量也越大所以应挑选个体大、体壮的亲虾。雌虾 8～14 月龄，体重 40g 以上；雄虾 10～18 月龄，体重 35g 以上。

3. 雄虾纳精囊饱满 能看到其内乳白色的精荚。雄虾第五步足基部外观呈饱满的乳白色，精荚颜色越白、越明显，越好。

4. 卵巢发育饱满 自然成熟雌虾的卵巢发育饱满，纵贯整个虾体背面，无变红或变白的间断处，卵巢绿色或浅绿色，边缘轮廓清晰，无白色边缘。

二、亲虾入场

亲虾入场流程包括车间消毒进水、亲虾入池、隔离培养、样品检测、转入亲虾培育车间。亲虾入场需先将亲虾放入隔离区进行隔离培养 15d，同时抽样检测，确定亲虾不携带病原后转入亲虾培育车间。

（一）车间消毒和进水

1. 车间消毒 车间消毒包括隔离区车间和亲虾培育车间消毒，消毒原则是车间内所有池子、器具使用消毒液浸泡和刷洗，可以拆卸的器具全部拆卸清洗及浸泡消毒，消毒后干燥、晾晒。一般使用的消毒药品为甲醛、漂白精和聚维酮碘。具体工作步骤如下表 5-2 所示。

表 5－2　车间消毒步骤表

步骤	内容
1	排空所有池子、桶和循环系统内的水，初步进行内部清洗。
2	拆卸所有的充气管（每条充气管包括塑料气管、充气头和充气阀门均需拆分开），使用 500mg/kg 甲醛溶液浸泡 3d。
3	将亲虾池和产卵池进水，水位约 60cm，使用有效浓度为 500mg/kg 的漂白精溶液浸泡 3d，操作过程中员工必须戴手套和口罩，边加漂白精边进行搅拌使其完全溶解。
4	开启循环水系统，持续运转 3d。
5	排掉池内和循环系统中的水。
6	将循环水系统内的生物球、颗粒滤料等取出，用高压水枪清洗干净，后干燥暴晒 10d 以上。
7	幼体桶等其他桶具，使用 300mg/kg 洗洁精＋200mg/kg 聚维酮碘混合液进行内壁刷洗，刷洗后用清水冲至无洗洁精残留，清洗后的桶具干燥暴晒 10d 以上。

2. 进水　隔离区车间消毒工作完成后亲虾池进水，水位 60cm，总碱 130～150mg/kg，pH 7.8～8.2，加入维生素 C 1mg/kg 抗应激。在亲虾到场前 24h 完成进水工作，之后再进行升温或降温，将温度控制在与打包水水温相差 2℃以内。

（二）亲虾入池

亲虾入池工作包括卸车、抽检、拆箱、消毒、计数、亲虾入池等工序，具体步骤如表 5－3 所示。

表 5－3　亲虾入池步骤

步骤	内容
卸车	卸车，将泡沫箱分雌、雄堆放至车间门口。
抽检	雌、雄各拆一箱，检测打包水盐度、水温、总碱等水质指标。
拆箱消毒清	将泡沫箱拆开，内部的打包袋经 500mg/kg 高锰酸钾消毒清洗后，用清水冲洗干净。
洗适应水温	将消毒清洗后的打包袋打开，并将约为原打包水 1/3 水量的池水舀入打包，重新封闭打包袋，将整袋放入亲虾池，适应水温 0.5h。
亲虾消毒入池	打开打包袋抓出亲虾，在 50mg/kg 聚维酮碘溶液中浸泡消毒 5s 并过清水后，放入亲虾池，打包水丢弃。
投喂干料	亲虾入池后，待其适应环境后补充少量干料，使其恢复体能。

（三）亲虾转场运输

亲虾隔离完成后，进行转场进入亲虾培育车间，依据运输时间长短，转场运输可分为水车充气运输和塑料袋充氧运输。

1. 水车充气运输法　较近的亲虾运输可采取此种转场运输方式。在 100cm×70cm、深 100cm 的玻璃钢桶中，注入 80cm 消毒后的海水，水温调至 25℃。使用捞网在亲虾池内捕捞亲虾，为避免亲虾相互间戳伤，每网 3～5 尾为宜。将捞出的亲虾放入预先准备好的塑料框内（8～10 层），每框装亲虾 4～10 尾（依亲虾和框的大小而定），桶内要不停充气。运输时注意工具消毒，避免剧烈颠簸震动，注意检查充气。

2. 塑料袋充氧运输法　较远的亲虾运输可采取此种转场运输方式。采用厚塑料袋特制的专用亲虾运输袋,将亲虾袋盛水 1/3,水温将至 25℃,每袋装入雌虾 4～10 尾(雄虾10～20 尾,视亲虾大小和运输距离而定),亲虾额角套上塑料小管,防止其刺破塑料袋,充氧密封,并在亲虾袋外放一冰袋或冰瓶以防水温升高,置入特制的泡沫箱中进行运输。这样的运输效果很好,成活率几乎可达 100%。

三、亲虾的越冬培育

亲虾通常要进行越冬培育,以保证有充足和优质的亲虾用于育苗生产。

(一)越冬培育池

分室外和室内两种。大的室外越冬池,池底铺设防渗地膜,池壁为混凝土,面积一般为 0.2～0.3hm²;小的室外池,面积 80～200m²,水深 2.0～2.5m。室内池大小和数量依育苗场的规模大小而定,水泥底,面积 30～50m²/池,水深 1.5～2m。

(二)培育密度

在水质、饵料、增氧有保障的前提下,越冬期间密度可控制在 30～40 尾/m²。但在越冬后期,随着水温升高,需将亲虾及时疏散培育,培育密度为 20～30 尾/m²,以免影响亲虾的性腺发育。选择雌、雄亲虾的比例为 1:(1.0～1.2)。

(三)亲虾选择及入池

从种虾专养池或养成池中按雌雄 1:(1.0～1.2)的比例挑选个体在 13cm 以上、健壮、无外伤的对虾作为亲虾,雄虾要求精荚乳白色,较饱满。亲虾入越冬池前应进行检疫和消毒,检疫方法是随机取样 50～100 尾,用 PCR 法检测有无病毒,携带病毒者不能作亲虾使用。用 300mL/m³ 甲醛溶液对入池的所有亲虾进行 3～5min 药浴。入池时池水温差不能＞2℃,盐度差不能＞3,亲虾不能有外伤,越冬池水深 0.7～1.0m。亲虾入池后逐渐将水温提升到适宜的温度。在越冬期间,亲虾体长仍有增加。

(四)越冬环境的控制

1. 水温 亲虾越冬期间,若温度变化频繁,温差过大,将直接影响越冬亲虾的摄食量,进而影响虾的成活率。亲虾越冬期间,水温在 20～25℃条件下,每尾虾日摄食量控制在体重的 5%左右,可维持越冬亲虾正常生存所需营养物质的最佳摄食率。具体措施是,亲虾入池后,池水温度随自然温度变化而逐渐下降,整个越冬期水温要保持在 20℃以上,翌年初开始升温,具体视生产安排而定,每 5d 提高 1℃左右,直到水温达到 25～26℃,此时亲虾体质好,肌肉结实,性腺开始发育,即可开始准备产卵育苗。

2. 盐度 正常海水的盐度对越冬亲虾的成活率无明显影响,但低盐度不利于亲虾的摄食及性腺发育,且对虾成活率低。实验证明亲虾人工越冬培育生产的最适盐度范围是 25～32,不应低于 20。

3. 增氧 亲虾越冬期间使用鼓风机充气增氧,充气量一般不大,以每分钟供气 0.5%左右,水面呈微波状即可。在室外大池越冬,如无鼓风机充气增氧,则应安装增氧机,保持溶解氧在 5mg/L 以上。

4. 光照 光照对越冬亲虾的成活率和性腺发育影响并不明显。因此,越冬室内不必花费较多的资金安装调光、遮光设备。但为避免水质变化和藻类繁生乃至附生于亲虾体表,室内光线不宜过强,以 500～1 500lx 光照度为宜。

（五）饵料投喂

亲虾在越冬期间对蛋白质和不饱和脂肪酸的要求较高。饵料中蛋白质含量应在 35% 以上。为保证亲虾性腺正常发育，需投喂优质饵料，如优质配合饲料、蛤类、牡蛎、乌贼、鱿鱼和沙蚕等，日投喂量占亲虾体重的 5% 左右，每日投饵 4 次，每次投饵时根据池中残饵调整投饵量。

（六）越冬管理

1. 水质管理 亲虾越冬期间，用水必须经过充分沉淀，严格过滤，盐度以 25～32 为宜。室内越冬的水质管理主要以吸污、换水为主，每天下午将池水排至 40cm 后吸污，吸污时充气量要小，操作要轻，尽量不使虾受到惊吓，吸污完成后，慢慢注水，恢复到原来水位。换水时注意温差和盐度差，务必尽量保持一致。

2. 倒池 根据水质状况 10～15d 倒池一次。倒池时用 300mL/m³ 甲醛药浴亲虾。

3. 控制水温 越冬期间温度不能低于 20℃，以 22～25℃ 为宜。当温度长期处在 20℃ 以下时，雄虾性腺发育慢，18℃ 以下时性腺不发育，易发生"黑精"现象。控制好水温，变化速度不能过快。在暂养过程中要精心管理，做好记录，发现问题及时处理。越冬时间一般持续 30～60d。待亲虾的摄食和活力恢复正常，准备育苗生产时，再转入培育池中进行催熟培育。

（七）病害防治

对虾越冬培育期间，要做好防病工作。亲虾越冬池使用前要用漂白粉 50～100mg/L 或高锰酸钾 50～100mg/L 进行消毒。使用的工具要专池专用。亲虾入池前用 30mg/L 的聚维酮碘消毒 3min。越冬期间亲虾疾病的防治，应从改善水质环境、提高亲虾的抗病能力入手，避免过多使用抗菌药。定期施用聚维酮碘消毒水体，投放光合细菌、芽孢杆菌、EM 复合菌剂等有益微生物制剂改善水质。发现病虾、死虾要及时隔离或捞出。

亲虾越冬期间主要发生褐斑病和烂鳃病，褐斑病的主要症状是对虾甲壳出现不规则的褐色或黑色斑块，病灶溃烂甚至穿透甲壳，病因是机械损伤导致弧菌、气单胞菌、黏细菌等入侵甲壳，破坏几丁质。烂鳃病的主要症状是对虾鳃丝呈灰色或黑色，肿胀，变脆，从边缘向基部坏死、溃烂。防治的方法是：

①倒池，改善越冬池的水质；

②用 300mL/m³ 的甲醛药浴 5min；

③用 0.2g/m³ 的二溴海因水体消毒；

④使用含抗生素的药物饲料，使用量按 0.1%～0.5% 添加，连续投喂 5～7d 为一个疗程。

四、亲虾催熟培育

（一）培育密度

亲虾培育密度与性腺发育密切相关，密度大，摄食量大，残饵与粪便多，容易造成水质恶化，环境压力大，影响到性腺发育的质量，降低亲虾的成活率。因此，亲虾强化培育密度不宜过大，过大会抑制其性腺发育，考虑生产成本，放养的密度要适中，培育密度一般为 3～5 尾/m²，雌雄比例为 2：1。

（二）催熟的方法

1. 剪眼柄　内分泌器官中的 Y-器官和 X-器官共同制约着卵巢的发育，Y-器官促进性腺的发育，X-器官抑制性腺的发育，所以，促进 Y-器官或减弱 X-器官的功能均有利于性腺的发育。目前多采用减弱 X-器官功能的办法，即切除单侧眼柄可促进对虾的性腺发育，这种方法在世界上被普遍用来催熟多种对虾，且行之有效。常用方法有：

（1）切除法　最早的办法是切除一侧眼柄，也有人主张用针刺入眼球内，用挤压法破坏 X-器官。以上两种方法均可造成创口，掌握不好，死亡率较高。

（2）镊烫法　在生产上应用最多、操作简单、方便可行，可防止体液流出，减少细菌感染，提高对虾成活率。用酒精灯将中号医用镊子烧热，夹烫亲虾一侧的眼柄中部，待眼柄变白、微焦时停止加热，放回水中，数日后眼柄自行断落。

镊烫法切除对虾单侧眼柄注意事项：①捉虾时动作要轻、稳，不要让亲虾弹跳。②镊烫眼柄时要认准 X-器官窦腺的位置，把它烫至扁焦。③刚蜕皮的虾不能做手术，否则会引起死亡。

摘除眼柄的时间很关键，X-器官可能对卵母细胞卵黄的积累有抑制作用，所以在卵巢的小生长期末或大生长期初进行手术最为适宜。

2. 加强营养　饵料是性腺发育的物质基础，进入大生长期的卵巢是卵黄积累时期，成熟卵巢可达亲虾体重的 23%，其主要成分是卵黄物质，化学成分是卵黄磷脂蛋白，这些物质主要靠从食物中摄取，也有一小部分由体内肌肉等处积累的营养物转化而来，所以此时应投喂富含蛋白质和磷脂的食物。生产中多以沙蚕、贝肉、乌贼肉、蟹肉等为饵料促进性腺发育。卵巢进入大生长期的亲体食欲旺盛，食量增加，在体质健壮和环境适宜的条件下，日摄食量达体重的 18% 以上，所以，此期保证亲虾食物的质量和数量至关重要。

饵料的种类及投喂数量与性腺发育有密切的关系。饵料日投喂量为亲虾体重的 10%～15%，分早中晚一日三餐投喂，同时应根据亲虾摄食的速度和剩饵情况及时调整投饵量。亲虾的饵料要求质优量足，多以鲜活的沙蚕、鱿鱼为主，沙蚕富含卵磷脂，是亲虾卵巢发育所需的重要物质，有利于性腺发育。为了减少病源的携带量，鲜活饵料在投喂前必须经过严格的杀菌消毒，可用 10mg/kg 聚维酮碘溶液浸泡 20min 再投喂。雄亲虾饵料以鱿鱼为主，约占饵料量的 60%，沙蚕占 30%，干料 10%；雌亲虾以沙蚕为主，约占饵料量的 60%，鱿鱼30%，干料 10%。

关于产卵的诱导方法，如亲体换池、升温、流水均有诱发产卵的作用，但关键还是性腺充分成熟才能产出高质量的卵子，所以生产中主要是靠精心饲养让亲体自然产卵。

（三）亲虾催熟培育环境控制

1. 水温的控制　水温是对虾性腺发育的基础，每一种对虾的性腺发育都有其生物学零度和成熟产卵的有效积温。水温对对虾性腺发育的影响主要表现在对卵子和精子质量及发育速度方面，一般而论，在适宜温度范围内，性腺发育速度与水温成正比，水温高性腺发育快，因而，通过升温的方法，可人为地控制对虾性成熟和产卵时间。但水温升高过快或水温过高均会导致亲虾卵子和精子异常发育而降低卵的孵化率。催熟水温范围 27～30℃，水温恒定在 28～29℃较好，切忌突变，换水温差以不大于 0.5℃为宜。

2. 光照的控制　光照度和光周期都通过影响内分泌从而影响对虾的性腺发育。由于凡纳滨对虾一般栖息于水深 10～20m 的水体中，适应于低光照的繁殖环境，光线可能通过对虾视神经系统影响体内内分泌活动，进而对对虾的繁殖、蜕皮等一系列生理活动过程产生影响。因此，对虾卵巢的发育和成熟需要低光照条件的诱发作用。在强化培育期间，光照度不宜过大，一般光照度要求在 200lx 以下，光周期 12h；相反，强光照条件不但不利于内分泌系统诱导对虾卵巢发育，而且还会产生对虾受惊扰后跳跃、相互碰撞等现象，从而更减缓卵巢的正常发育。在交配池中，光照度可达 1 000～3 000lx。

3. 水质控制

（1）盐度　对虾的性腺发育需要较高的盐度环境，亲虾培育要求海水盐度 28～35，盐度要稳定，盐度过低或突变，会造成亲虾大量蜕皮，影响性腺发育及产卵质量。实践证明，盐度低于 24，亲虾易发生红鳃症和软壳症，产卵质量差，幼体弱小，变态发育不顺利。

（2）pH　培育亲虾的海水 pH 以 7.8～8.3 为宜。若长期在低 pH 的环境里，亲虾易感染原生动物；pH 8.3 以上，水质交换量大，易造成流产而性腺退化。

（3）溶解氧　为了保持充足的溶解氧（5mg/L 以上），应昼夜连续充气，但充气量不宜过大，避免惊扰亲虾。氨氮不超过 0.1mg/L。每日换水前要清除池底残饵、粪便及病、死虾，换水量＜30%。

第五节　产卵与孵化

一、性腺发育与成熟

（一）对虾雄性生殖系统

对虾雄性生殖系统包括精巢、输精管、分泌管道、精囊及交接器 5 个部分。

1. 精巢　未发育期的呈透明状，成熟的精巢呈半透明的乳白色，一对，左右两侧各 7～9 叶，只有第二叶偶有两侧精巢在基部愈合。前两叶精巢短小，其余各叶细长，位于围心窦的前下方，紧贴附于肝胰腺之上，最后一叶贴附于输精管外壁之上。精巢外包结缔组织薄膜，细胞扁圆，内部由同样的结缔组织围成许多弯曲的盲管，盲管之间有血窦存在。生发区紧贴于盲管内侧。

2. 输精管及分泌管道　按管径大小及内部结构差异，输精管可分为前、中、后 3 段，位于头胸甲与腹部交接的空腔。前段从各精巢小叶的基端伸出，多支细管汇成一主管。输精管前段肉眼难以辨别，输精管中段较为粗大，2～3mm，弯曲地伸展于头胸甲两侧，外观清晰，可分为白色浑浊和透明部分，其内分别为分泌管道和输精管道。输精管中段沿鳃后缘下行，之后管径又逐渐变细通达第五步足的基部，与精囊相连。

3. 精囊和精荚　又称贮精囊，位于第五步足的基部，呈乳白色，外包一层荚膜，成熟的精囊壁厚且呈半透明。外观呈桃形，囊壁分数层，在结缔组织包膜之内为肌肉层，多为环肌，细胞核呈梭形。发育成熟的雄虾，精囊内由瓣膜弯曲包围形成精荚。精囊上皮具有分泌功能，分泌物为颗粒状，嗜碱性。性成熟时精囊上皮细胞游离缘为刷状缘。

4. 交接器　又称雄性生殖辅助器，由第一对游泳足内肢特化而成，为位于第一对游泳足之间的膜状结构。随着对虾的生长逐渐发育增大，最终愈合形成大致呈半管形的特殊结构。

（二）雌性生殖系统和卵巢发育

雌性生殖系统包括卵巢、输卵管、纳精囊。

1. 卵巢 卵巢分左右对称的两部分，由头前叶、6～8 对侧叶、后叶 3 部分组成，除了头前叶和尾部汇合在一起，其他部分是分开的。在虾的头胸部卵巢向前方和左右两侧延伸分成若干叶，其中，头前叶沿食道及胃两侧向前延伸到脑部（眼柄基部之间），至体内腔最前沿后，向后折回至胃的上方，前叶的长度大于其全部侧叶的宽度。侧叶有 6～8 对，其中第 1、2 对较为肥大，第 1 对侧叶，沿肝胰脏中部向两侧延伸，第 2 对侧叶最大，沿肝胰脏的背面向两侧延伸到第 3 对鳃内侧，第 6～8 对侧叶较小，其中第 6 侧叶位于第 5、7 侧叶的上方，但又不完全覆盖两叶，其末端可见一半透明小管穿过所对应的胸腔体壁通到同侧第 3 对步足基部的产卵孔。在虾的腹部背面，卵巢沿腹腔肠道向后延伸至尾节基部，在尾节处卵巢两叶先是分开向腹面延伸，然后通过结缔组织系带连接汇合在尾节上，末端呈"O"形，称为腹叶或后叶。卵巢组织结构由卵巢壁、卵室和中央卵管组成。

未成熟卵巢呈薄的透明或半透明的细管状覆盖于肝胰脏表面，随着卵巢发育呈现出无色、白色或者浅色，体积逐渐膨胀增大，前叶和侧叶增大较明显，前叶延伸至眼区，侧叶向头胸甲两侧下方延伸，膨大；成熟卵巢前、侧叶在头胸部非常饱满，其中前叶到达眼区后向上折回，后叶前端膨大，在第一腹节扩大并明显可见，后段细长。卵巢颜色由浅逐渐变深，由乳白色至灰绿或暗绿或蓝绿色。

2. 纳精囊 即雌虾交接器，位于第四、五对步足基部之间的腹甲上，外观呈圆盘形。

在对虾属的种类中，纳精囊的类型大致分为 2 种，即封闭式纳精囊和开放式纳精囊。封闭式纳精囊呈纵向开口，两侧对称，开口的两边缘稍外突，纳精囊的前壁中央有一舌状小突和翼状小骨，外侧有如唇状闭合的厚膜，同底壁共同形成交配和贮存精荚的器官；开放式纳精囊，结构简单，交配后的精荚依靠自身的黏性物质（一种糖蛋白）黏附在雌虾纳精囊处，保留时间一般只有几至十几小时。凡纳滨对虾是开放式纳精囊。

3. 卵巢发育分期和卵子发生 对虾繁殖的一个重要特征是它具有大量充满卵黄的卵，因此卵母细胞发育实际上是卵黄积累的过程。传统上把对虾卵子发生分成两个阶段，即初级卵黄发生阶段和次级卵黄发生阶段。在初级阶段，卵母细胞的直径变化不大，但细胞生理结构变化明显，预示着卵母细胞为下一阶段的卵黄吸收做准备。次级卵黄发生阶段的主要特征是卵母细胞的大小、重量急剧增加，卵黄颗粒大量积累。

二、交配、产卵与孵化

（一）交配

1. 亲虾的挑选 在亲虾催熟时，切除单侧眼柄的亲虾，经 3～7d 培育后，性腺逐渐发育成熟，此时应每天检查亲虾性腺发育情况，性腺成熟的雌虾，从背面观，卵巢饱满，呈橘红色或橘黄色，质地结实，前叶伸至胃区，略呈 V 形。每天 14：00～15：00，把性腺成熟的雌虾挑选出，移至雄虾培育池中交配。在交配池中，要求白天光照度在 500～1 000lx。夜晚打开交配池上方的日光灯照射，一般 40W 的日光灯 1 支/10m²，光照度控制在 120～250lx。

2. 交配行为及注意事项

（1）交配行为 生产过程中，通常将性成熟的雌虾用捞网捞至雄虾池，使其自然交配。

对虾交配一般发生在夜间，交配一般可以观察到 3 个显著阶段。第 1 阶段，观察到追尾现象，雌虾在上面，雄虾在下面，平行游泳。最后有一尾雄虾靠近并追逐雌虾，雄虾游动速度较快，开始吸引雌虾，雌虾的步足抱住雄虾的头胸甲而继续运动，这一阶段时间最长，至少 2h。第 2 阶段，雄虾旋转腹面向上，与雌虾胸腹结合，紧抱住雌虾并与雌虾一起游泳。第 3 阶段，雄虾旋转垂直于雌虾，成功地紧贴于雌虾胸部后端一点的位置，然后，雄虾进而弯曲身体呈 U 形，围绕雌虾胸部，头尾同时轻拍，释放精荚并将其黏附到雌虾第三至五对步足间的位置上，然后雌、雄虾分离。如交配不成功，雄虾会立即转身，并重复上述动作。整个求偶和交配过程，可能持续 0.2～3h。待自然交配 3～4h 后，将交配成功的雌虾捞入孵化池产卵，未交配成功的雌虾捞回雌虾池。

（2）注意事项

①不要惊扰亲虾　在亲虾交配期间不要惊扰亲虾，以免影响其交配活动。

②足够的成熟雄虾　亲虾交配时要配备足够的成熟雄虾，雌雄比例应保持 1∶5 左右。

③适宜水深　池水深度最好保持在 50～70cm。水太浅不利于亲虾的追逐，影响交配。

④及时转移已交配的雌虾　开放式交接器的种类，交配期间检查 2 次，通常为 19∶30 和 23∶30 左右，发现已交配的雌虾要及时转移到产卵池。若已交配亲虾留在池中太久，交配完的雌虾被雄虾追逐多次后精荚易脱落。

（二）产卵

1. 产卵池的准备　在移放产卵亲虾之前，要将产卵池清洗干净，然后消毒、加水、升温、调节盐度等，尽量保持与亲虾培育池的环境一致，并加入 3～5g/m³ 的 EDTA-2Na，调节好气量，把气量调至微波状。

2. 移放产卵亲虾　每天傍晚检查交配池中雌虾的交配情况，已交配的用捞网轻轻捞出，用浓度为 200mL/m³ 的甲醛溶液浸泡 1min，冲洗干净后放入产卵池中。移入产卵池中的亲虾数量不能太多，交配雌虾的密度以 4～6 尾/m³ 为宜。

3. 产卵行为　对虾类多数是夜间产卵，一般产卵前期多在上半夜，后期多数在下半夜产卵。

（1）产卵　临近产卵时，雌虾在水的中上层一边游动一边将成熟的卵子从第三步足基部左右两个产卵孔同时排出，合并成一股灰绿色云雾状卵流，随游泳足搅动的水流向后下方散开，并缓慢下沉。健壮的雌虾，游泳足始终配合着产卵，不停地划动，使产出的卵子均匀地分布，如果雌虾体弱，游泳足划动无力，常使产出的卵子黏成块状，影响卵的受精与孵化。通常产卵过程仅需 2～5min。

（2）卵的受精　卵子在排放到体外的同时，贮存在纳精囊内的精子同时排放水中，在步足和游泳足有节律的划动下，与产生的水流互相混合，精卵充分接触，完成体外受精过程。

刚产出的对虾卵子为不规则圆形，入水后逐渐变为圆球形，电镜下观察，刚产出的卵子表面光滑并有许多浅的小凹。当卵子激活时，小凹处的卵黄破裂并形成一个个蜂窝状的结构。卵子激活反应又称皮层反应，其意义在于激发处于休眠状态的减数分裂继续进行，形成围卵膜，并激活胚胎发育所需的生物合成体系。对虾卵子的激活并不需要精子的参与或存在。

（3）产卵量　产卵量因个体大小和栖息环境的不同而不同。正常情况，每尾雌虾的产卵量在 25 万～40 万粒。对虾类的卵为沉性卵，密度稍大于海水，静水时沉入水底，动荡时即悬浮水中。

4. 产卵后的处理 产卵后，要及时捞出亲虾，放回原培育池中继续培育。将产卵池中的污物清除，若产卵池水中卵的密度超过 50×10^4 粒/m³，要换水洗卵，换水量 3/4 以上，加入的新鲜海水尽量与原池的水保持同温度、同盐度，同时加入 EDTA-2Na，使其在水中的浓度为 $2\sim4g/m^3$；若池中卵的密度小于 50×10^4 粒/m³，可酌情换水或不换水。

5. 洗卵与卵子消毒 目前对虾养殖病害成灾，许多疾病病原体都是通过母体的排泄物扩散到水中，幼体吞食了水中的病原体而受到感染。所以，许多学者提出了无病毒虾苗生产技术，其方法之一是切断亲体与幼体之间的传染途径，即进行洗卵或卵子消毒及消毒培育海水等。洗卵是将收起的卵子，先用 30 目筛网滤去残饵及粪便，再用洁净或消毒海水冲洗 3min，冲洗掉水中的病毒及细菌，再放到培育池孵化及培育。漂粉精（含有效氯 62%～66%）、碘液（2%）等都可用做卵子的消毒，而以漂粉精最为理想，卵子的耐受浓度远远超过其消毒浓度。

6. 其他产卵方式 除在产卵池中的产卵方式外，还有

（1）网箱中产卵孵化 用 80～120 目的筛绢布制成四壁相围、下有底、上无盖的网箱。将网箱配置在网箱架上，放置于水池中，然后将产卵亲虾移放在网箱内产卵，产卵后捞出亲虾，留卵在箱中孵化。待幼体发育至 $N_1\sim N_6$ 期时，将其移到育苗池培育。

（2）育苗池中产卵孵化 将亲虾移入育苗池，待产的卵达到所需数量时，把亲虾捞出，进行吸污，消除亲虾排泄物、残饵和死卵等。

（三）孵化

在受精卵的孵化中，主要的技术工作是控温、调气、改善水质及防病。

1. 孵化密度 为了保证高的孵化率，卵的孵化密度不宜太高，一般为 $(30\sim80) \times 10^4$ 粒/m³。也有将卵子收集在专门的孵化桶内进行高密度孵化，孵化密度 $8\,000 \times 10^4$ 粒/m³，孵化率可达 90%。

2. 控温 孵化适宜水温保持在 28～30℃。对虾的胚胎发育速度在适温范围内随水温的升高而加快，但是升温的速度与幅度一定不能太快和太大，每小时升温速度不应超过 0.5℃，日升温幅度不超过 2℃，还应防止温度的急剧波动。

3. 充气 为了保证胚胎发育的正常进行和孵出幼体的质量，在孵化过程中必需有充足的氧气供应，水中溶解氧应达 5～6mg/L，一般要求孵化池中布气石 1 个/m²，充气使水呈微波状。

4. 孵化管理 为了防止受精卵下沉，孵化过程需要人工用推卵器推卵，在胚胎发育前半程每 0.5h 推一次，后半程每 1h 推一次，将沉于池底的卵轻轻翻动起来。当无节幼体出膜后，推卵间隔每 1h 一次。在孵化过程中及时把脏物用网捞出，并检查胚胎发育情况。在水温 28～30℃时，受精卵经 13～15h，可孵化出无节幼体。

5. 胚胎发育 胚胎发育主要分为卵裂期、囊胚期、原肠期、肢芽期、膜内无节幼体期 5 个时期，主要特征分别如下：

（1）卵裂期 卵子受精后的卵裂方式为完全卵裂，且有螺旋形卵裂的卵子在受精 1～2h 就开始卵裂，先由 1 个细胞分裂成 2 个细胞，再由 2 个细胞分裂成 4 个细胞，以后按几何级

数递增。

（2）囊胚期 当胚胎发育至32细胞时，呈圆球形囊胚，植物极的分裂比动物极慢。

（3）原肠期 以内陷方式形成原肠，至64细胞末期，两个内胚层母细胞内陷入囊胚中，不久中胚层细胞也出现在囊胚腔中。至128细胞期内陷更明显，胚孔近似三角形，在受精后10h左右形成原肠，胚孔闭合。

（4）肢芽期 胚胎依次出现第二触角原基、大颚原基及第一触角原基，此时的胚胎可观察到3对原基隆起。

（5）膜内无节幼体期 肢芽分化出内外肢，肢端生出刚毛，胚体前端腹面中央出现红色眼点，胚体在卵膜内逐渐转动，不久幼体破膜孵出。

6. 无节幼体主要特征 无节幼体分为无节幼体1期（N_1）、无节幼体2期（N_2）、无节幼体3期（N_3）、无节幼体4期（N_4）、无节幼体5期（N_5）和无节幼体6期（N_6），无节幼体各期均有趋光性。各期的特征如表5-4和图5-7所示。

表5-4 无节幼体各期特征

时期	特征
N_1	尾棘1对，附肢刚毛光滑
N_2	尾棘1对，附肢羽状刚毛
N_3	尾棘3对，出现尾凹
N_4	尾棘4对，出现4对附肢芽突
N_5	尾棘6对，出现头胸甲雏形
N_6	尾棘7对，头胸甲雏形增大

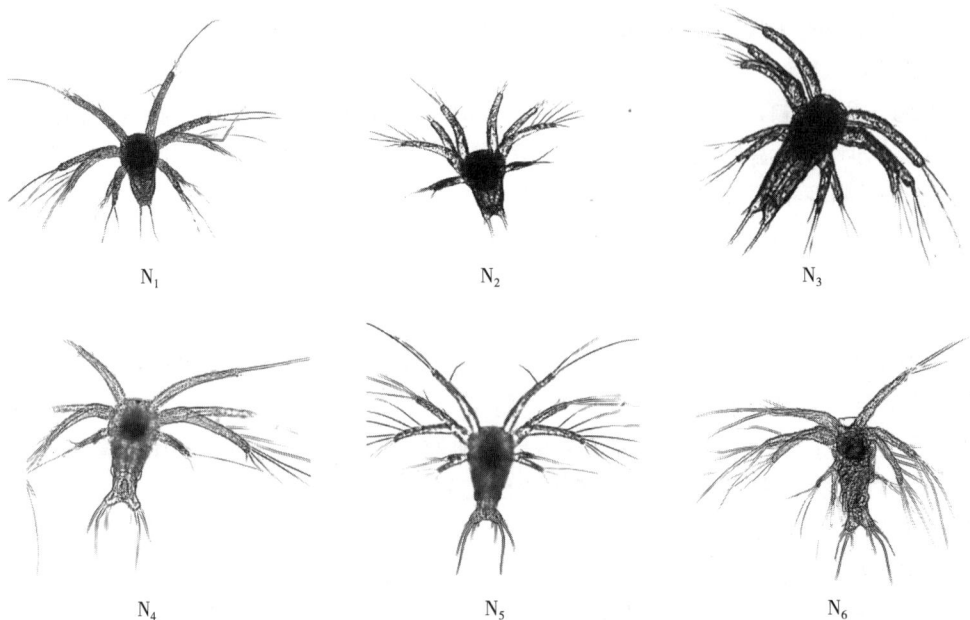

图5-7 无节幼体各期特征

7. 环境条件对孵化的影响

（1）温度的影响　对虾属于变温动物，水温决定其新陈代谢的强度，卵的孵化时间直接受水温的影响，不同种类的对虾，其胚胎发育温度要求不同。在适宜的温度范围内，胚胎发育及孵化时间随水温的升高而加快。

（2）盐度的影响　盐度直接影响对虾胚胎的渗透压调节。但对虾早期胚胎发育阶段需要较高的盐度，对低盐度适应能力较弱，对虾胚胎发育的最适盐度范围为26～35，不同种类又略有差异。当盐度接近可以耐受的上限或下限时，胚胎成活率往往明显降低。盐度也影响对虾胚胎发育的速度。

（3）溶解氧和水质的影响　溶解氧是水生动物维持生命活动的最基本条件。据吴尚勤报道，100粒卵的1h耗氧量，受精卵为$0.8\mu L$，肢芽期为$0.8\mu L$，膜内无节幼体期为$0.8\mu L$。

海水中存在铜、锌等重金属离子对海洋生物生长和发育有重要作用，但过量的重金属离子将影响对虾的胚胎发育，尤其以汞的毒性最大，其次为铜、锌、铅。

（4）光线的影响　对虾胚胎发育需要一定的暗光条件，一般认为弱光条件下孵化率较高，在强光直射条件下对虾的胚胎发育受到限制。

（5）病害、敌害的影响　一些有害生物包括细菌、病毒、真菌、藻类、原生动物、线虫、桡足类等都能对对虾的胚胎发育造成影响。细菌、病毒、真菌中的致病种类能够导致各种病害发生，藻类、原生动物能附着在胚胎表面影响胚胎的正常发育，线虫、桡足类等生物能直接损伤或摄食胚胎。

8. 无节幼体的收集与计数

（1）无节幼体的收集　健康的无节幼体具有趋光性，生产上一般利用此特性在幼体收集前对其进行灯诱筛选，灯诱筛选一般进行2轮，分别为N_2幼体灯诱筛选和N_5幼体灯诱筛选。

孵化池内的幼体发育至N_2时，先进行第一轮灯诱筛选及收集，在孵化池内操作，停气1h，同时开启水池上方60W钨丝灯进行N_2幼体灯诱筛选。健康、活力好的优质幼体由于趋光特性均集中至水面，灯诱1h后打开水口，幼体随水流自上而下流出，在孵化池外部排水口处使用200目筛绢收集N_2幼体。

将收集好的N_2幼体放入准备好水的500L幼体桶中暂养24h，N_2幼体变态发育为N_5幼体，再进行第二轮灯诱筛选，在幼体暂养桶内操作，停气0.5h，同时开启60W钨丝灯进行N_5幼体灯诱筛选，0.5h后使用150目手捞网自上而下捞取中上层N_5无节幼体，此灯诱筛选重复3次，每次间隔时间为15min（表5-5，图5-8）。

表5-5　幼体收集步骤

步骤	内容
第一轮灯诱	孵化池内进行，提前1h停气开灯。
幼体收集	无节幼体缓慢流出，用盆和200目捞网收集，如图5-8所示。
第二轮灯诱	幼体桶中进行，提前1h停气开灯。
幼体收集	使用150目手捞网自上而下捞取中上层N_5幼体，此灯诱筛选重复3次，每次间隔时间为15min，如图5-8所示。

(续)

步骤	内容
幼体计数	按5点法取样并推算幼体量。
清洗消毒	将所有器具使用碘液（200mg/kg）配洗洁精（300mg/kg）洗刷消毒，再用清水冲洗至无洗洁精泡沫后干燥晾晒。

第一轮灯诱 N_2无节幼体收集

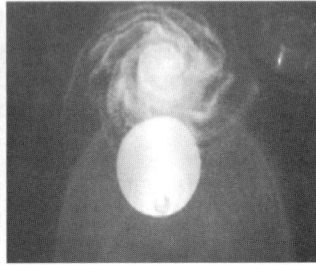

第二轮灯诱 N_5无节幼体收集

图5-8　灯诱

（2）无节幼体取样计数　准备一个100L塑料桶，放入已知量的水，将收集好的幼体用200目筛绢捞入桶中，均匀充气，幼体分布均匀后用塑料瓢随机打取10L幼体水倒入广口塑料盆中，搅拌均匀，用1mL移液枪按5点取样法取样，将样本染色，数出样本中个体，再根据体积推算出桶内幼体量。

第六节　虾苗培育

一、育苗的主要方式

育苗是把对虾的无节幼体培育至0.8～1.0cm仔虾的过程。对虾的幼体发育经过无节幼体、溞状幼体、糠虾幼体、仔虾等阶段，每阶段幼体的大小、行为、食性和摄食习性均不同，因此，在幼体培育过程中要满足其发育的环境条件和营养条件的需要。就我国目前育苗的方式来看，凡纳滨对虾育苗的方式主要有2种，即室内育苗法和室外育苗法。

（一）室内水泥池育苗法

育苗在温室内的水泥池中进行，可根据幼体发育的需要进行控温、调光和充气，人为控制环境条件的程度较高，是工厂化育苗的基础，也是我国目前育苗的主要形式。育苗池为钢筋混凝土结构，要求池底基础坚固，设有充气、供、排水系统和增温设施等。使用这种方法培苗，环境稳定，成活率也较稳定，病害易于控制。缺点是池水净化能力差，若水质控制不好，会造成虾苗参差不齐；育苗成本相对较高。

（二）室外水泥池育苗法

室外水泥育苗池基本结构与室内池大致相同，装置有充气设备和升温设施，有棚架，有透光的塑料瓦或布遮挡过强的直射光。由于露天光照较强，水温起伏较难控制。当无节幼体入池开始，一般用施肥、接种方式在池中繁殖单细胞藻类，也可在专用藻类培养池中培养单细胞藻，待幼体发育到溞状幼体后投喂。Z_2 之后投以轮虫，继而投喂卤虫幼体，直至仔虾出池。室外水泥池育苗是南方进行对虾育苗的主要方式之一。具有幼体发育快、整齐、病害少等优点。同时，培育出的虾苗对外界环境变化的适应能力强，深得养殖户的喜爱。缺点是藻类的生长过于旺盛，死亡的藻容易败坏水质。

在同一育苗场内，可进行室内、室外育苗。早春水温较低时，以室内育苗为主体，室外育苗常为辅助部分。室外育苗多继室内育苗之后，或在室内育苗开始一段时间后进行。在夏天晴朗、温和的天气可进行室外育苗，此时水温相对稳定，效果也比较理思。本书主要介绍室内水泥池育苗过程。

二、育苗前的准备工作

（一）育苗车间器具的清理和消毒

1. 气管、气石和铅坠　用 5 000mg/kg 盐酸加上 500mg/kg 漂白水浸泡 24h 后，用高压水枪冲洗干净并放到指定位置晾晒，浸泡气管时，要先将酸液调配好，然后再将气管放入，并用重物压下，使酸液进入气管内壁，将气管清洗充分。

2. 调节器、烧杯、装烧杯的小桶、温度计、排水器、集苗网、塑料桶、白瓢、洗虫网、捞网、搓料袋、毛巾等　用 2 000mg/kg 碘液浸泡约 12h 后，再用洗洁精清洗，并用淡水冲干净之后放到指定位置晾晒。

3. 过滤袋　先用 5 000mg/kg 高锰酸钾浸泡 1h，再用 1 000mg/kg 草酸浸泡 3~4h，然后用高压水枪冲洗干净，并放在指定位置晾晒。

4. 白膜　收好之后，先在 5 000mg/kg 高锰酸钾溶液浸泡 5min，再用高压水枪冲洗干净，两面都要消毒冲洗干净，再放至指定位置晾晒。

5. 排水井上的盖板　应搬出清洗、消毒并晾晒。

（二）育苗车间清洗和消毒

1. 清洗苗池和车间　育苗车间布置器具之前，用洗洁精将池壁、池底、胶丝以及加温管清洗，需要人工用塑料扫把和刷子刷洗，去除所有黏附的污物，再用淡水冲干净，并将车间走道用淡水冲洗干净后晾干。

2. 苗池、车间过道和排水井用漂白精消毒　苗池清洗完成后，将 7 000mg/kg 漂白精充分溶解，然后一人进行喷洒消毒，将池壁、池底、车间走道以及排水井均匀喷洒，另一人将桶里溶解的漂白精进行搅拌，防止沉底，然后关闭门窗晾置 24h。

3. 清洗车间残余漂白精

（1）**洗洁精清洗** 用洗洁精将池壁、池底、胶丝以及加温管清洗，再用淡水冲干净，并将车间走道和排水井用淡水冲洗干净晾干。

（2）**碘液清洗** 晾干后再用500mg/kg碘液和少量洗洁精将池壁、池底、胶丝以及加温管清洗，再用淡水冲干净。

4. 供气器具的组装和组装前的消毒

（1）**气管调节器零件安装** 先将气管调节器零件安装好，再用500mg/kg碘液浸泡15min，接着将整个气管调节器安装在PVC支气管上。

（2）**安装气石和铅坠** 将每根软气管装上1个气石和1个铅坠，再用500mg/kg碘液将其浸泡15min，之后再装至育苗池气管调节器上，并将其长度调节好，一般以气石正好垂直于池底为准。

（3）**气管排列** 软气管一共6列，装气管的时候左边3列气管往左靠，右边3列气管往右靠，防止白膜积水的时候气管向中间滑落。

5. 供气系统和车间的消毒 用5 000mg/kg高锰酸钾注入池上PVC气管的管道以及软气管进行消毒，每个池底的气石均有高锰酸钾流出为准，5min后再用草酸冲洗，最后用清水反复冲洗干净再将PVC气管开启排气1～2min，将气管内壁残留的水渍清除干净；用500mg/kg高锰酸钾消毒苗池和走道，15min后用淡水清洗干净。

（三）育苗车间布置

车间消毒后要将消毒所用到的消毒黑桶、水泵及其管道等器具收拾出车间，进海水前要将PVC管和PVC弯头拿进车间放在海水管处待用。

1. 温度计 要绑至加温开关附近的胶丝上，温度计前端1～2cm要刚好被苗池水没过。

2. 装烧杯的小桶 每个车间最少要有3个（每4个池最少一个），每个小桶配一个看苗用的烧杯，小桶放置在两池中间靠近中间走道的池壁上，桶内的消毒液每2天更换一次，消毒液为500mg/kg碘液。

3. 配置洗虫网、捞网 每个车间配置1个洗虫网、1个打样用捞网、6～8个塑料桶（20L）、2个白瓢、2个搓料袋、2条擦池毛巾。上述器具均挂于育苗车间搓料区，搓料区的物品悬挂处贴有挂置上述器具的标签放置位置。

（四）育苗池进水

1. 海水管道进口绑过滤袋 进水前将海水管道里的水排到池外1～2min，进水时套2个晾晒干的微密过滤袋。并用过滤袋所带的绳子将其绑紧，防止掉入池中；再用软气管绑一次，防止口部漏水。

2. 更换过滤袋 每进2口池水到指定水位刻度后，更换1次过滤袋，每个池开始进海水时，要将堵水的PVC插管打紧，进水10min后检查出苗口是否漏水。

3. 过滤袋的清洗和消毒 进完水后将用过的过滤袋拿到清洗器具区放到专门泡过滤袋的桶里，先用淡水清洗掉过滤袋的污物，用5 000mg/kg高锰酸钾消毒1～2h，再用1 000mg/kg草酸浸泡30min，进水PVC弯头拿至清洗器具区，清洗后放回指定位置晾晒。

4. 将白膜盖好

（五）育苗池的消毒处理

将育苗场中各类水泥池如高位水池、沉淀池、亲虾培育池、育苗池先注满水，检查有无渗漏，如有渗漏及时修补。经海水冲刷几遍，然后用200mg/L的漂白粉溶液洗刷池子内壁、池沿、池底及走廊、地面等，池内育苗工具也一同浸泡消毒。24h后用200目筛绢网过滤的海水或淡水冲洗干净。

单细胞藻培养池在首次使用前用海水冲洗一遍，再用1：（3～4）浓度的稀盐酸刷洗一遍，最后用淡水或消毒海水冲洗干净待用。

在育苗开始前，先对育苗池进行彻底的消毒，各类水泥池在使用前及使用过程中，均用50mg/L的高锰酸钾消毒。

新建的水泥池在正式使用前要用淡水或海水浸泡、冲洗，使pH稳定在8.5左右，浸泡期一般为1个月以上。来不及浸泡的，可在池壁干后直接喷涂快干、无毒的水产专用涂料。经喷涂的育苗池3～5d后即可投入使用。

（六）育苗用水的调控

育苗用水要经过沉淀、砂滤、网滤，用细菌过滤器过滤、紫外线照射、臭氧消毒、含氯消毒剂处理等作进一步处理。具体参照第二节相关内容。

1. 温度调控 打开总开关以及车间的加温开关，加温育苗水至32℃。进海水的时候，要将每个池温度计绑至合适的位置，当海水完全浸没过加温管就可开启加温开关进行加温。

2. 水体理化指标调控

（1）总碱度调控 根据品控测得放幼体前海水的总碱度，将总碱度调到160～180mg/kg；计算出要用小苏打的量。

小苏打量（g）＝（预调总碱度－现有总碱度）×所调海水的体积（m³）/0.5。

（2）盐度调控 海水盐度达不到33±2时，要加海盐调节盐度至33；海盐用量（kg）＝（33－海水检测盐度）×所调海水体积（m³）。

（3）调好育苗用水后，将气量调至最大，6h后，取一定量水样去品控检测理化指标，不达标要重新进行药品添加，超标要排掉重新进水再调，直至达标为止。

三、幼体的培育

（一）无节幼体的投放

1. 无节幼体的质量要求 要求所培育对虾的无节幼体附肢划动有力，趋光性强，体表干净，附肢刚毛整齐不畸形，不带病原生物。

2. 无节幼体入池

（1）幼体入池前的准备 幼体入池前要对育苗池进行严格的消毒，加水入池时要用1～5μm滤袋过滤，加EDTA-2Na，使其在池水中浓度达2～3g/m³，微弱充气。必要时可加入有益微生物制剂。

（2）无节幼体消毒 当无节幼体运输到育苗车间后，把幼体倒入塑料桶或盆中，静置5～10min，让幼体上浮，污物沉入底部，然后将幼体轻轻移入手抄网（200目筛绢）中，置于预先加了15L育苗池水的塑料盆（水温30℃）中，将幼体缓缓倒入幼体捞网内，再抬起幼体捞网，滤干水，放在200mL/L甲醛溶液或20mL/L聚维酮碘溶液中浸泡30～60s消毒，消毒完成，立即将带有幼体的幼体捞网浸入一个盛有干净海水的盆中，用白瓢舀育苗池水缓缓冲洗捞网中的幼体 1～2 次，移入池中。

（3）无节幼体投放　用白瓢打满一瓢池水，用水托住捞网中的幼体，放入池中，翻转捞网，将幼体轻轻倒入池中；再打一瓢池水，从反面冲洗捞网。幼体入池后要重新计数，确定幼体的最终数量。具体的操作方法是用 100mL 的烧杯，在育苗池中进行多点抽样、计数，取平均值，最后可得到池中幼体的量。

凡纳滨对虾无节幼体的培育密度为（10～20）×10^4尾/m^3。

（4）无节幼体培育管理　无节幼体不摄食，不需投饵。保持微弱充气，水温按不同的种类要求而定，光照度在 200lx 以下。

（二）溞状幼体培育

1. 分期判断

（1）溞状幼体 1 期（Z_1）　显微镜下观察，身体分节，无额角，末期出现复眼雏形；烧杯下观察，身体分节，开始拖粪，连续窜跃式游动，整个溞状幼体均为连续窜跃式游动。一般 N_5 变态至 Z_1 要 26～36h。

（2）溞状幼体 2 期（Z_2）　显微镜下观察，有额角，具眼柄；烧杯下观察，出现身体较 Z_1 有明显的拉长，刚刚变态的时候不明显，但烧杯打起来会发现脱的壳。一般 Z_1 变态至 Z_2 要 24～30h。

（3）溞状幼体 3 期（Z_3）　显微镜下观察，尾节增大，出现尾肢；烧杯下观察，身体较 Z_2 有明显的拉长，尾部出现断节。一般 Z_2 变态至 Z_3 要 24～30h（图 5 - 9）。

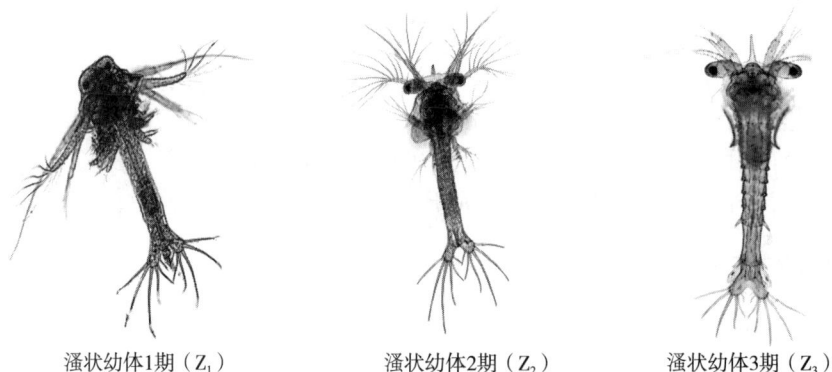

溞状幼体1期（Z_1）　　　　溞状幼体2期（Z_2）　　　　溞状幼体3期（Z_3）

图 5 - 9　溞状幼体发育期

2. 饵料投喂

（1）Z_1 饵料投喂

①鲜活微藻为主，微藻用 250 目网袋或捞网过滤后再投喂，池中微藻密度控制为 2 万～3 万个/mL。

②饲料以虾片为主，AK808 和螺旋藻粉为辅，投喂的量按池中苗的密度和水体的体积来计算，用 250 目网袋过滤再投喂。

（2）Z_2 饵料投喂

①鲜活微藻为主，微藻用 250 目网袋或捞网过滤再投喂，池中藻的密度控制为 3 万～

5 万个/mL。

②饲料以虾片为主，AK808 和螺旋藻粉为辅，投喂的量按池中苗的密度和水体的体积来计算，用 200 目网袋过滤再投喂。

（3）Z_3 饵料投喂

①饲料以虾片为主，AK808 和螺旋藻粉为辅，均用 150 目网袋过滤再投喂，投喂的量按池中苗的密度和水体的体积来计算；

②搭配丰年虫（冻虫）和鲜活微藻，微藻用 250 目网袋或捞网过滤再投喂，池中藻的密度控制为 3 万～5 万个/mL。

3. 水质管理　根据水体的实际情况（如有机物过多、水体发黏、起颗粒等），使用普乐斯、利苗露、利培露、沸石粉等进行水质调节，除了沸石粉外，均用对应时期的网目袋过滤。使用这些药品时根据水体的体积和水质情况决定使用的量，不宜过多和过少；水体过肥可加淡水或海水进行稀释；根据水质和苗的情况，在育苗水体中投喂酵母、乳酸杆菌、芽孢杆菌等有益菌，抑制有害菌的生长，调理水环境，注意有益菌使用的量，不宜过多和过少。

4. 日常观察　每天 9：00—10：00、15：00—16：00、21：00—22：00 看苗，如果苗的状态不理想，则观察次数要增加，技术员根据苗的具体情况可灵活调整具体时间。

5. 药品使用　如拖粪情况不理想，可使用适量的"拖粪宝"，注意使用的量，过多会对苗有伤害，过少达不到预期的效果。使用维生素 C，增加苗的抗逆性，注意使用的量，过多会影响苗的发育。

（三）糠虾幼体培育

1. 分期判断

（1）糠虾幼体 1 期（M_1）　显微镜下观察，步足无螯，游泳足乳突状；烧杯下观察，由连续蹿跃式游动转为倒立，向后方弹跳游动，整个糠虾均为这种游动方式，且身体弯曲度为 90～120°。一般 Z_3 变态至 M_1 要 24～30h。

（2）糠虾幼体 2 期（M_2）　显微镜下观察，游泳足 2 节不动；烧杯下观察，身体较 M_1 有明显的增大，身体弯曲度为 120～150°。一般 M_1 变态至 M_2 要 24～30h。

（3）糠虾幼体 3 期（M_3）　显微镜下观察，第三步足增大，游泳足增长会动；烧杯下观察，身体较 M_2 有明显的增大，身体弯曲度为 150～180°。一般 M_2 变态至 M_3 要 24～30h（图 5 - 10）。

2. 饲料投喂　以虾片为主，螺旋藻粉、AK808 为辅，用 150 目网袋过滤后再投喂；搭配丰年虫（冻虫），每天投喂 4 餐饲料，4 餐丰年虫，投喂的量按水体的肥瘦度来决定。

3. 水质管理　根据水体的实际情况（如有机物过多、水体发黏、起颗粒等），使用普乐斯、利苗露、利培露、沸石粉等进行水质调节，除了沸石粉外，均用对应时期的网目袋过滤。使用这些药品时根据水体的体积和水质情况决定使用的量，不宜过多和过少；根据水质和苗的情况，在育苗水体中投喂酵母、乳酸杆菌、芽孢杆菌等有益菌，抑制有害菌的生长，调理水环境，注意有益菌使用的量，不宜过多和过少；进行适量换水，换水量根据水质情况而定，一般为 20%～30%。

4. 日常观察　同溞状幼体培育。

5. 药品使用　同溞状幼体培育。

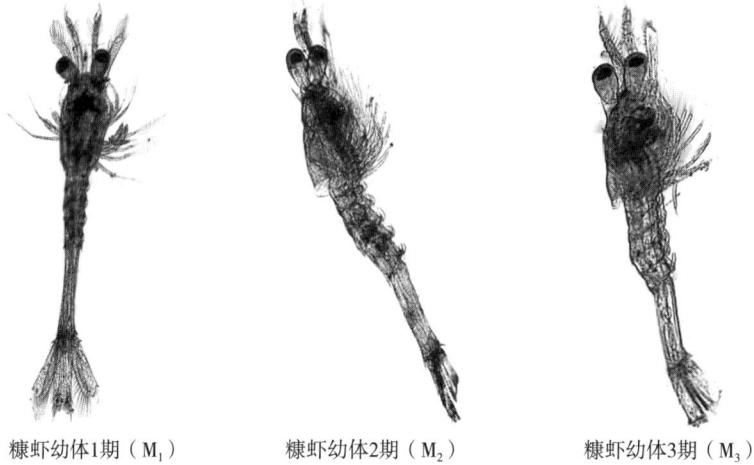

糠虾幼体1期（M_1）　　　　　糠虾幼体2期（M_2）　　　　　糠虾幼体3期（M_3）

图 5-10　糠虾幼体发育期

（四）仔虾培育

1. 分期判断　M_3蜕皮变态即为仔虾，仔虾第一天、第二天依次记为P_1、P_2，以此类推，第 n 天记为P_n。

P_1显微镜下观察，游泳足具羽状刚毛；烧杯下观察，初具虾形，游泳肢发育完全，水平游动，并转向底栖（图 5-11）。

P_1过后，每天一变，各期根据体长判断。P_5苗体长为 5.5～6.5mm，P_7苗体长为 6.5～7.5mm，P_{10}苗体长＞9mm。

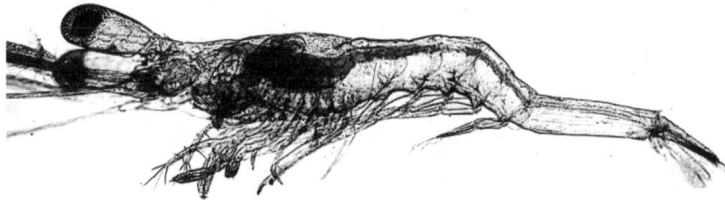

图 5-11　虾苗 P_1 阶段

2. 饲料投喂　饲料以虾片为主，AK808 为辅。当已经变至仔虾的数量小于50%，用120 目网袋过滤后再投喂；当已经变至仔虾的数量大于50%小于80%，用100 目网袋过滤后再投喂；当已经变至仔虾的数目大于80%，用 80 目网袋过滤后再投喂；仔虾体长大于4.5mm 时就可以搅水后投喂。同时搭配丰年虫（活虫），每天投喂 4 餐饲料，4 餐丰年虫，投喂的量按水体的肥瘦度来决定。

3. 水质管理　同糠虾幼体培育，换水量一般为30%～40%。

4. 仔虾数量估算　变仔虾后即可估苗，估苗时要用捞网从底下往上捞，每个池取 4 个点进行估算，每天估算 1 次。

5. 日常观察　同溞状幼体培育。

6. 药品使用　同溞状幼体培育。

（五）培育幼体的管理要点

1. 培育的环境要求

（1）水温　根据不同种类要求和不同的幼体期来确定，在适温范围内，温度越高，幼体发育越快，因此，可采用适温上限来培育虾苗。如培育凡纳滨对虾幼体，Z_1 培育水温为 28～30℃，Z_2 为 30.5～31.0℃，Z_3 为 30.5～31.0℃。升温速度不要太快，每天 0.5～1.0℃为好。整个糠虾幼体期的水温控制在 30.5～32.0℃，M_1 培育水温为 30.5～31.0℃，M_2 为 31.0～31.5℃，M_3 为 31.5～32.0℃。仔虾期前 8d，培育水温控制在 32～31℃，第 9d 以后逐渐降温，直至调节到养殖时所需的水温。

（2）溶解氧　溶解氧 5mg/L 以上。溞状幼体期充气呈微波状，糠虾幼体期充气呈沸腾状，仔虾期充气呈强沸腾状。

（3）pH 7.8～8.6 为宜。

（4）盐度　P_5 前的盐度一般在 25～35，P_5 以后可适当调整盐度。

2. 饵料的投喂　掌握好投饵量是保持水质良好和提高育苗成活率的关键。如果饵料不足，幼体缺乏营养，发育变态慢，活力差，易感染病害；反之，过量投饵，残饵过多沉积于育苗池的底部，容易发臭，引起池水水质恶化，影响幼体的生长和生存，轻则幼体发育速度慢，发育参差不齐，重则引起细菌和原生动物大量繁殖，导致幼体发病。因此，要适量投饵，参考投饵量如下（单细胞藻除外）：

（1）溞状幼体期，投喂人工配合饵料 6 次/d，每次投喂 0.5～1.2g/m³。

（2）糠虾幼体期，投喂配合饵料 6 次/d，每次 1.2～2.5g/m³；每尾幼体投喂卤虫无节幼体 6～20 个/d，分 3～6 次投喂。

（3）仔虾期，P_1～P_{12} 投喂配合饵料 6 次/d，每次 2.5～4.0g/m³，每尾仔虾投喂卤虫无节幼体 20～100 个/d，分 3～6 次投喂。

在育苗过程中除了参照上述投喂量外，还要根据实际幼体摄食情况和水质情况及时调整投饵量，做到既充足，又不会有过多的浪费。另外，在糠虾后期至仔虾期（P_8 前）应多投喂卤虫无节幼体，减少配合饲料的量，这样既可控制好水质，又可培育出优质虾苗。

3. 日常观测和记录　在对虾育苗过程中，每天要进行多次的观测和记录，其中的几次是必需的。

（1）投饵前后的观察　在每次投饵前 0.5h 要进行观察，主要观察池中的饵料多少情况，以确定投喂量。投饵后 0.5h 观察幼体的摄食情况，了解幼体对饵料的摄食能力和喜好程度。

（2）早上观察　幼体大多数情况下是在夜间蜕皮的，发病也多在夜间，因而早上这次观测非常重要，重点观测幼体是否蜕皮、变态，体长是否增长，有没有发病的幼体。

（3）水温的观察　在低温期，尤其是加温过程中，要定时检查池水的温度，防止池中水温上升过高或下降过快。

（4）施药后的观察　在施用抗生素、消毒剂或其他药物后，要观察幼体的反应、幼体的运动状况，是否有幼体下沉，摄食是否减少。

（5）做好记录工作　做好水温、盐度、幼体变态时间、用药的种类和时间等方面的记录。

4. 幼体质量的判别

（1）幼体的生长发育　水温 28～32℃，幼体生长发育良好时，$N_1 \rightarrow Z_1$ 需 30～40h，

$Z_1 \sim M_1$ 需 $3.5 \sim 4.5d$，$M_1 \rightarrow P_1$ 需 $3 \sim 5d$，P_1 培育到 $0.8 \sim 1.0cm$ 的虾苗需 $10 \sim 12d$。

（2）幼体的摄食　幼体摄食良好时，胃肠充满食物，肠蠕动有力。溞状幼体拖便，拖便长度为体长的 $1 \sim 3$ 倍；糠虾幼体大部分（75%以上）拖便，拖便长度为体长的 $0.2 \sim 0.5$ 倍。

（3）幼体的健康状况　健康的幼体活力好、趋光性强，胃肠充满食物，体表不黏附脏物，附肢完整不畸形，体色无白浊、不变红，色素清晰，肌肉饱满。

四、虾苗的室外标粗培育

（一）虾苗室外标粗培育的目的

室外标粗是健康育苗的重要环节和措施。虾苗室外标粗就是将在室内育苗池培育到 $P_8 \sim P_{10}$ 的虾苗在出售给农民放养之前，移至室外露天标粗池继续培育 $5 \sim 6d$，在室外特定的环境下，让虾苗顺利完成其食性的转变，逐渐适应室外养殖生态环境，增强虾苗的体质和对大池养殖环境的适应能力，淘汰劣质的个体，从而提高对虾养成的效果。

（二）虾苗室外标粗培育的方法和要求

1. 水温　自然水温回升到 $25℃$ 以上。

2. 标粗池　为水泥池，蓄水深度 $1.2 \sim 1.3m$，底部设置充气石，$1 \sim 2$ 粒$/m^2$。

3. 密度　标粗放养密度 5 万 ~ 6 万尾$/m^3$。

4. 施肥　在虾苗放养前，应施以适量的无机肥料或鱼糜浆，以促进浮游生物的生长繁殖，营造良好的水色。

5. 投喂　虾苗标粗的初始阶段，仍投喂适量的卤虫无节幼体，兼喂少量的鱼糜浆和虾苗标粗料，以后逐日增大鱼糜浆和虾苗标粗料的投喂比例，逐渐减少投喂直至停喂卤虫无节幼体。

6. 管理　每天根据水色和水质的变化，灵活掌握换水量，让虾苗逐渐适应食物和养殖环境（水温、光照度）的改变。

第七节　育苗池中主要环境因子的调控

幼体对于水环境的要求是不一样的，同一种类在不同的胚胎发育阶段和幼体发育阶段对环境的适应能力也不一样。卵子有卵膜保护，对环境的适应能力强于早期幼体，随着幼体的变态发育，其对于环境的适应能力逐步增强。

对虾幼体培育是在小水体中进行，这个小的生态系统包括物理、化学、生物等因素，它们是相互制约、相互依存的统一整体，这个整体一旦受到破坏，便会出现生态失调，对虾幼体的变态发育就要受到影响，容易被病害侵袭。所以，保持一个接近自然的生态环境至关重要，这是环境调控的基础和原则。不同种类的幼体对环境的要求和适应能力不同，在育苗过程中要因种类而异，创造最佳的环境条件，保证幼体的正常发育。主要水环境因子，如盐度、溶解氧、酸碱度、氨态氮、亚硝酸态氮、病原微生物数量级等，是所有对虾繁育场应列入检测的内容，也是水环境调控的重要内容。

一、水温的调控

在适温范围内水温越高，对虾的幼体发育越快，所以适当提高水温对提早出苗，提高幼体成活率及提高育苗设施的利用率均有好处。但是，过高地提高水温以促进亲虾产卵和幼体快速变态发育，这种做法不利于虾苗的健康成长。所以，水温的控制应合理，尽量控制在对虾在自然环境中繁殖的温度或略高于自然温度，切忌高温育苗，凡纳滨对虾幼体培育的最适水温范围是 28～31℃。此外，温差的大小也是应注意的问题，胚胎发育期对温度的波动较敏感，应尽量保持稳定，育苗期间要求温度 24h 内的变化幅度不超过 2℃，尤其是对卵、幼体做操作处理时，水温要与原培育池温度保持一致。虾苗出池前 3～5d 应逐渐降温到自然水温。换水、洗卵用水都应预热至原池水温度。

二、水质的调控

各期幼体培育过程中，保持 pH 7.8～8.6，溶解氧 5mg/L 以上，化学耗氧量 5mg/L 以下，总氨氮 0.5mg/L 以下，非离子态氨氮 0.1mg/L 以下，亚硝酸盐氮 0.1mg/L 以下。可通过适量投饵、换水、保持适量藻类、使用有益微生物制剂等措施使水质保持良好。

（一）盐度的调控

育苗水的盐度影响着幼体体内的渗透压。对虾对适应环境渗透压有一定的能力，但其幼体的调节能力却有一定的限度，凡纳滨对虾幼体培育的最适盐度范围是 28～34，仔虾期以后则可适应较低的盐度。对虾幼体对于盐度的变化需要一个适应的时间过程，一般 24h 内盐度的变化幅度不应超过 0.5。幼体培育期间应稳定盐度，以免其把能量消耗在调节渗透压上。

（二）pH 的调控

pH 的高低是育苗水质状况的一个重要指标，它直接影响幼体的新陈代谢，并左右着其他化学因子的变化，所以 pH 是对虾育苗中的一个常规测定指标。pH 对对虾幼体的间接影响主要是 pH 左右着水中有毒物质的含量，如水中 H^+ 浓度增加会使水中的 S^{2-} 向 H_2S 方向转化；当 OH^- 增多时，无毒的 NH_4^+ 向有毒的 NH_3 转化。所以，虾类育苗时，pH 一般控制在 7.8～8.5 以接近正常海水的范围。

影响育苗用水 pH 变化的主要原因，包括浮游植物的光合作用、幼体的呼吸作用及残饵、排泄物的分解作用。光合作用消耗水中的 CO_2，使池水 pH 上升而呼吸作用及有机物分解产生 CO_2，使 pH 下降。另外，新的水泥池溶解出大量的碱性物质使 pH 上升。由此看来，低 pH 有利于生物饵料的光合作用，高 pH 有利于幼体的呼吸作用。育苗时，pH 的控制方法主要是通过换水、充气、施放沸石粉、控制单细胞藻密度及泼洒豆浆等。

（三）溶解氧的调控

为保证育苗水体内有足够的氧气供应，应在池内充气，气体经过散气石或多孔管道在池中散气，一般每平方米 1 颗散气石。在整个育苗期间，随着幼体发育，充气量应逐渐增大，到仔虾期充气量最大，使池水呈翻腾状态，这样可防止仔虾的相互残食，每分钟供气量大致在育苗水体的 1‰～2‰。在育苗过程中，应不间断地进行充气，在高密度育苗条件下，中断充气的时间最长不能超过 15min。

（四）硝酸氮、亚硝酸氮和氨氮的调控

育苗水环境中氮的存在形式主要有硝酸氮、亚硝酸氮和氨氮。在育苗过程中，氨氮和亚硝酸盐会升高，甚至超出正常范围，抑制对虾幼体的生长发育，对水生动物甲壳类有较大的毒性。水环境中的氨由非离子氨和离子氨组成，其中非离子氨可透过细胞膜损害组织，毒性较强，海水中的 pH 升高会明显加强非离子氨的毒性。

在氨氮中，分子态氨（NH_3-N）的毒性最强，其毒性大小与 pH 有关，pH 越高，毒性越强。亚硝酸氮是细菌转化氨的产物，毒性较强，因而，要经常检测，如果发现氨氮超标，要及时处理。降低氨氮、亚硝酸氮可通过换水、保持适量藻类、使用有益微生物制剂等使水质保持良好。一般在凡纳滨对虾育苗过程中控制氨氮不高于 2mg/kg，亚硝酸氮不高于 1mg/kg。

（五）化学耗氧量的调控

化学耗氧量是测定水质污染状况最常用的指标，近岸海水的化学耗氧量多在 3mg/L 以下，而育苗池中有时高达 8mg/L 以上，这种过营养型肥水对幼体生长有害。育苗池内化学耗氧量一般控制在 5mg/L 以下。

三、光照的调控

光是海洋环境中的重要生态因子，充足的阳光，可促进育苗池内浮游植物的繁殖，改善水质条件，保持生态环境的平衡和稳定。无节幼体期光照度≤5 000lx，溞状幼体期光照度在 1 000~10 000lx，仔虾采用自然光。

四、水体自身污染的调控

在育苗过程中水体的自身污染是影响育苗成败的最重要原因之一，污染源主要有有机物、无机物及病原体，如亲虾和幼体的排泄物、死亡的幼体及亲体和死卵、饵料的溶出物和残饵、砂滤池及滤水袋中的生物尸体等，其分解过程可产生多种毒物。蛋白质代谢过程中的中间或终产物也有毒性，像组氨酸产生的组胺，赖氨酸产生的尸胺，鸟氨酸产生的腐胺，精氨酸产生的精胺以及终产物氨和尿素均有毒性。胱氨酸和半胱氨酸腐败所产生的 H_2S 毒性更大。生产实践证明，育苗池底沉积物较多，病害也较多，会使育苗不顺。所以，应适量投饵，砂滤池应经常反冲或除污，池内应经常吸污，以减少自身的污染。自身污染水质的化学指标是化学耗氧量、生化需氧量，总有机碳、氨氮及硫化氢的含量的升高。

有机物污染调控的最简单而有效的方法是换水和吸污，池底严重污染时应采取换池的办法。充气可使有机物凝聚而附在池壁上，从而减少水中有机物。除上述方法外，最根本的是在工艺技术上尽量减少污染，如产卵亲虾严格消毒、卵子消毒，采用集卵法或集幼体的办法以减少亲虾、死卵等的污染，避免某些疾病的传播。人工饵料应勤喂少量，并保持池内有一定数量的单细胞藻，这样做既可减少污染又可利用池内的氮素同时产生氧气，保持良好的小生态环境。

五、赤潮生物的控制

在对虾育苗中，应经常检查池水中有害生物的种类及数量。许多生物对幼体有害，例如

多种裸甲藻所分泌的毒素可使对虾幼体呈现麻痹状态并停止摄食而死亡；微型原甲藻量多时，育苗一般不顺利；多边膝沟藻也有较强毒性。遇到这种情况，可用 $0.5\sim0.8mg/L$ 硫酸铜，或用 $0.2g/m^3$ 有效碘溶液杀除。蓄水池内的赤潮生物可用 $4\sim5g/m^3$ 漂白粉杀除，池水经暴晒或充气后再使用。

六、微生物及病原防控

由于育苗水体是高温、高生物量培养环境，大量的饵料投入及生物代谢产物，使水体成为微生物的良好培养基。因此，控制病原微生物，特别是控制病原体数量，是育苗管理的重要内容。虽然消毒、过滤等措施可预防水环境携带病原，但在幼体培养过程中仍然要预防疾病的发生。预防和治疗疾病可使用特定药物，但主要还是加强对虾幼体营养，减少环境应激，提高幼体免疫力。通过减少水体自身污染，增加水体微生物多样性，如添加培养有益菌，使用优良单细胞藻等生态学方法控制病原数量。

弧菌多数为致病菌，因此监测和控制育苗水体弧菌数量 $<10^3$ cfu/mL，可以作为有效控制育苗期疾病的指标，这个指标可能不太严格，因为有些弧菌并非病原菌。良好的正常水质菌相弧菌数量不会超过 10^2 cfu/mL，因此它也是水质是否良好的标志。

七、充气和换水

（一）充气的作用与方法

充气是对虾类育苗的一项重要技术措施，其作用是多方面的。充气的直接作用是使水中保持充足的溶解氧，供幼体呼吸，以保证幼体正常的生理代谢。充足的氧气还可促进水中有机物的分解，防止有机物厌氧分解产生有毒的中间产物和终产物，所以充气还具有保护水质和改善水质的作用。充气还可防止有机颗粒和人工饵料的下沉，既提高了饵料利用率，又防止沉积物的厌氧分解。气泡的气提浮选和吸附凝聚作用，使水中溶解的有机物凝聚为有机碎屑，降低了水体的有机负荷，把一些不能利用的可溶性有机物转变为可滤食的碎屑饵料，是生产天然饵料的一种方法。充气还使水上、下翻动，翻动的池水使虾幼体随波逐流地漂浮水中，减少了上浮游动的能量消耗，而把能量用于变态发育。充气能不断搅动池水，防止加热管附近局部过热而烫伤或烫死虾苗。充气还可使水中的直射光变成散射光，既有利于浮游植物的光合作用，又能减少直射光对幼体的伤害。因此，充气是工厂化育苗的必需手段。

充气的方法同前文溶解氧的调控。

（二）换水的作用和方法

换水是改善水质有效而经济的方法。幼体培育早期，活动能力差，易贴网致伤，多采取添水的办法改善水质；中、后期随着池水污染加重，换水量逐渐增大，到仔虾期，日换水量常达 100%，甚至改为流水培育。实践中往往由于操作不慎或方法不当，而造成幼体的死亡或流失，因此换水的方法要谨慎选择。

第一种方法是虹吸法，即把换水网箱漂于水面，用虹吸管排水。虹吸管不能过粗、过多，否则吸力过大，一般边长 80cm 的正方形网箱，只放一条口径 5cm 左右的虹吸管即可。第二种方法是压力式排水网，排水时只要把网箱放到水中便自动排水，排毕将网箱吊出水面，这种方法虽装设时费事，但使用时方便。第三种方式是自流式换水法，在池内设有滤水筒，排水管接在水位线的排水口上，超过水位线就自动排出，如此缓慢换水既不会造成幼体贴网致死，又保持了一个稳定的水环境，克服了前面两种方法所造成的水质和水温的骤变对虾苗不利的弊病。第四种方式是联通制位换水法，槽中心底部排水口连接一个滤水网，排水管接一可转动的水位控制管或橡胶软管，该法既可自流换水又可定时换水。各种换水设备示意如图 5-12。

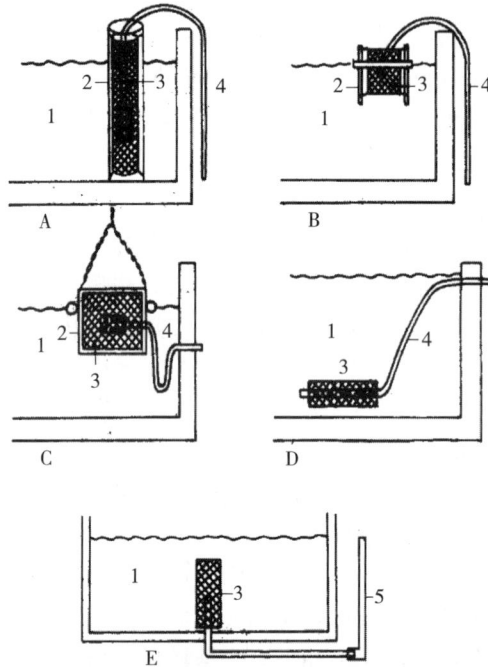

图 5-12　各种换水网具示意图（王克行，1997）
A、B 虹吸换水法；C 压力换水法；D 自流式换水法；E 联通制位换水法
1. 池水　2. 网框　3. 滤水网　4. 水管　5. 控水位旋转管

滤水网目应随着幼体的生长由小到大调整，对虾类育苗早期换水多用 80 目筛网（孔径 $198\mu m$），糠虾幼体和仔虾期可更换 60 目（孔径 $258\mu m$）和 40 目（孔径 $360\mu m$）筛网。换水网应经常更换、清洗和消毒，切忌多池混用，以避免疾病传播。

换水量视水质情况而定，溞状幼体期只添水或日换水量 10%～20%，糠虾期 30%～40%，仔虾期 50%～60%（分两次换水）。近年由于某些疾病原因，幼体对换水较为敏感，换水易引起发病和死亡，故有人主张育苗期不换水。

八、泛池的原因与处理

对虾育苗池内经常会出现许多絮状物，有时将幼体黏住造成死亡这种现象称为泛池。该絮状物是由幼体粪便、颗粒有机物及细菌组成，是有机物丰富，细菌大量繁衍的结果。排水过多，充气量突增，也会将池底污物冲起来形成类似情况，此时应停止充气 20～30min，待絮状物沉附池底后再继续充气。向池内撒上一层砂，或充气时向水中连续施入 3～8mL/m³

的甲醛，再换水，可防止泛池现象的再次发生。

第八节　对虾育苗常见病害与防治

一、疾病预防措施

对虾育苗中的病害防治应以防为主，防治结合。预防要做好以下几点。

1. 育苗池及育苗器具消毒　对育苗池及育苗器具进行严格消毒，可用 $1\%\sim10\%$ 盐酸溶液、$200\sim1\,000\text{mL/m}^3$ 甲醛溶液、$50\sim500\text{mg/L}$ 高锰酸钾溶液、有效氯浓度 $50\sim100\text{g/m}^3$ 的含氯消毒剂溶液等，洗刷、浸泡育苗池及育苗器具。

2. 饵料投喂前要消毒　卤虫无节幼体用 200mL/m^3 甲醛溶液消毒 20min，贝肉、蟹肉、虾肉等也要消毒杀死病原体后再投喂。尽量多投活饵，如单胞菌、轮虫、卤虫幼虫等，因为活饵营养丰富，不污染水质，可使幼体发育迅速，抗病能力强。

3. 保持良好的育苗水环境　通过适量投饵、换水、保持适量藻类、使用有益微生物制剂等方法保持良好的水质，有利于幼体正常蜕皮变态，增强幼体对病害的抵抗能力。

4. 药物预防　在流行病的高峰时期可适当用药物进行预防。药物的预防方法同下述治疗方法，但要防止因滥用药物和试药的种类、时间、剂量、次数和方法不当而引起细菌的抗药性，降低对虾幼体本身的免疫能力。

二、常见疾病的防治方法

（一）病毒性疾病

病原：影响对虾的主要病毒有白斑综合征病毒、传染性皮下与造血组织坏死病毒、虾虹彩病毒、桃拉综合征病毒、黄头病毒、传染性肌肉组织坏死病毒、偷死野田村病毒。

症状：空肠空胃，摄食量减少，出现不正常数量耗苗。

防治：病毒性疾病目前尚无能够有效治疗的方法，只可通过截断病原传播途径进行预防，预防方法是除对卵子进行洗卵与消毒外，还必须对无节幼体进行选优及消毒，排除带病毒的不健康幼体及死卵排于水中的病毒，避免病毒对第一期溞状幼体的感染。预防病毒感染可用 $2\sim3\text{mg/L}$ 的漂粉精消毒 1min 或 1mg/L 的碘伏溶液消毒 1min，经消毒海水冲洗干净后放于消毒海水中培育。

（二）细菌性疾病

1. 急性肝胰腺坏死综合征（早期死亡综合征）

病原：携带含"Pir 毒素基因"质粒的副溶血弧菌、哈维氏弧菌、坎氏弧菌、欧文氏弧菌等多种弧菌。

症状：空肠空胃，肝胰腺萎缩、发白等，发病快，死亡率高。

防治：目前尚无有效防治该病的方法，但可通过截断病原传播途径对其进行预防，严格检测各类投喂品。

2. 对虾幼体发光病

病原：哈维氏弧菌、坎贝氏弧菌、发光弧菌等。

症状：发光病是凡纳滨对虾幼体感染了发光细菌而引起的，这些发光菌感染到对虾幼体后即在幼体体内大量繁殖，致使幼体活力下降，游泳能力差，体色发白，部分肌肉坏死，用显微镜检查，观察到幼体的肌肉、肝脏等部位有大量的细菌在游动。在黑暗的条件下会看到死亡的幼体随充气的水流滚动而像天上的流星一样闪闪发光，已感染而又未死亡的幼体其腹部也会发光，严重时整个育苗池的颗粒状物质和池水都发光。

防治：彻底清池，用具专池专用，严格消毒，对用水严格过滤消毒，合理投饵，控制合理幼体密度。发病苗池可通过降低盐度，适当投喂药饵（噬菌体或过硫酸氢钾），定期泼洒强体产品（复合免疫多糖）和补钙产品，增加虾体的抗病能力。

3. 对虾幼体弧菌病

病原：鳗弧菌、副溶血弧菌、假单胞杆菌、溶藻弧菌和气单胞菌。因病菌主要发现在血淋巴中，所以也叫做菌血病，其感染率和死亡率非常高。上述各种菌引起的症状、危害情况和防治方法等基本相同，故作为同一种病进行阐述。

症状：患病幼体游动不活泼，趋光性差，病情严重者在静水中下沉于水底，不久死亡。有些病情进展缓慢的幼体，在体表和附肢上往往黏附许多单细胞藻类、原生动物和有机碎屑等污物。但是在急性感染中，体表一般没有污物附着。从无节幼体到仔虾，特别是溞状幼体和糠虾幼体经常发生由弧菌引起的流行病。这与 Z_2 以后开始投喂人工饵料有关系，残饵污染水体，滋生了细菌，而完全投喂活饵料的育苗池发病率明显降低。对虾幼体的弧菌病一般是急性型的，发现疾病后 2d 内就可使全池几百万幼体死亡。

防治：①育苗期间可用过硫酸氢钾全池泼洒，使池水为 2～3mg/L 的浓度。用药方法是先换水 1/4～1/3，然后将所需药物加水搅拌后，均匀泼洒全池，同时充气；隔 24h 后再换水，再泼同量的药；这样连泼 2 次，最后隔 6h 补充有益菌（芽孢杆菌类为主）为 1 个疗程。②甲醛全池泼洒，使池水为 5～8mg/L 的浓度，方法同过硫酸氢钾。③碘液全池泼洒，使池水为 1～2mg/L 的浓度，方法同过硫酸氢钾。

4. 丝状细菌病

病原：以毛霉亮发菌为多见。

症状：该菌附着后，使卵子不能继续发育，幼体活力减弱，停止发育，蜕皮困难，最终沉底死亡。镜检时可看到大量菌丝附生于幼体体表或鳃丝上。

防治：投喂适量的、营养丰富的饲料，适当调整水温，保持水质清净，加大换水量促使幼体尽快发育蜕皮。此外，全池泼洒 0.5mg/L 漂粉精或 0.5～0.7mg/L 的高锰酸钾也有一定的疗效。

（三）真菌性疾病

1. 真菌病

是影响种苗生产的一大病害，感染率和死亡率极高，病情多为暴发性。对卵和幼体的危害更为严重。

病原：真菌（霉菌），主要有链壶菌、离壶菌、海壶菌 3 种。

症状：致病的卵子及幼体内充满菌丝，卵子停止发育，很快死亡。幼体活动能力差，趋光性减弱，丧失食欲，身体白浊，很快在体内长满菌丝而下沉死亡。将临近死亡的患病幼体放在中、高倍显微镜下观察，可见到很多菌丝穿透幼体的各个部位。刚感染的虾苗看起来活动正常，用肉眼细心观察，可见到感染的部位变为白浊而不透明。

2. 虾肝肠胞虫病

病原：虾肝肠胞虫。

症状：虾肝肠胞虫侵染凡纳滨对虾肝胰腺后，可以引起血淋巴中的总蛋白量和白蛋白量显著上升，导致对虾生长迟缓，严重时肠道发炎，肝胰腺萎缩、发软、颜色变深，个别病虾可排白便。病虾免疫力降低，由水体中的条件致病菌引起继发感染，出现肠炎、组织坏死、红体等多种病症。

（四）原虫性疾病

病原：原生动物缘毛类纤毛虫，主要有钟虫、聚缩虫、单缩虫、累枝虫等。

症状：游泳迟缓，妨碍摄食，生长减慢，蜕不下壳，最终下沉死亡。镜检时可看到大量虫体寄生于幼体体表或鳃丝上。

防治：保持水质清新，早期发现时，迅速更换新水；卤虫及其他活饵料被投喂时要消毒杀灭纤毛虫；可根据幼体的不同期别使用甲醛，用量为 $20mL/m^3$。

（五）其他疾病

1. 幼体黏污病

病因：pH 过低，海水黏性过大，海水中含有刺激性因子等。

症状：幼体附肢刚毛黏满脏物，严重时整个身体都黏满脏物，幼体无法摄食，空胃，慢慢下沉池底中，不能变态，最后死亡。

防治：育苗用水要严格处理，将有害生物除掉。用生石灰将 pH 调到 8.0 以上。发现有黏脏的幼体，全池泼洒次氯酸钠（含有效氯 10%）$2\sim5mL/m^3$ 或高锰酸钾 $0.2\sim0.5g/m^3$。

2. 楔形藻病

病原：楔形藻是一种附生硅藻，群体生活，藻体呈楔形，内有金色色素体。可从群体中脱落，暂时浮游，随水流进入育苗池中。

症状：在虾卵和各期幼体的体表，肉眼可观察到有金黄色绒毛状物，失去透明性；幼体游动缓慢，摄食困难，变态发育迟缓甚至停止。

防治：育苗用水要严格处理，可用化学方法进行消毒。

此外育苗期间的病害还有很多，如畸形病（刺毛萎缩病）、气泡病、中肠腺坏死病等。目前对病毒性疾病尚无良好的治疗方法，关键是要注意水质，改善饵料条件，以预防为主。

第九节　虾苗的收获和运输

一、虾苗的出池和计数

（一）虾苗的出池

凡纳滨对虾虾苗体长达到 $0.8\sim1.0cm$ 可出池。出苗时，先用虹吸法将育苗池的池水排出大部分，将池水的水位降至 $30\sim40cm$，用集苗箱挂 60 目的筛绢网，放在池子的排水口处，将排水口的开头打开收集虾苗。要注意放水的流速不要太大，以免挤伤虾苗。当集苗箱内的虾苗达到一定的密度时，就要用手抄网把虾苗捞出，移到出苗桶中，充气。出苗桶中的虾苗密度不宜过大，以每桶（容积 $0.5m^3$）不超过 100×10^4 尾为好。若出苗时水温和气温过高，可用冰块适当降温。

（二）虾苗的计数

虾苗的计数有重量法、容量法和干量法 3 种，重量法是称取一定重量的虾苗，计算出个体数量，然后再称出所有虾苗的总重量，从而得出虾苗的总数量。容量法是将虾苗集中于已知水容量的玻璃缸内或塑料桶内，充分搅匀后随机取样 3 次计算，求得样品的虾量，从而计算出虾苗总量。干量法是用一个能滤水的量苗杯，每袋装苗 1～2 杯，然后抽出 1～2 袋虾苗计数，算出每袋虾苗的数量，再求总数。在这 3 种方法中，干量法误差较小，是目前南方计数虾苗的最常用的方法。

二、虾苗运输

运输虾苗最重要的是保证成活率。影响成活率最关键因素是在运输中水体中溶解氧能否满足虾苗的需要。因此，装运虾苗的密度大小则是运输虾苗成败的首要问题。虾苗运输可采用陆运、水运和空运，目前我国陆运虾苗的运输容器主要以帆布和塑料袋较方便，南方绝大多数采用塑料袋充氧运输（图 5-13）。放苗密度视虾苗大小，运输时间长短和水温高低而定，如果路途远，气温高，又没有充气和换水条件，装运虾苗数量就应少一些；反之，可以多一些。一般运 1.0cm 虾苗，时间 6h 左右，可采用直径 1m 的帆布桶（约 1/3 水），密度为（30～50）×10⁴ 尾，时间 10h 左右，可采用充气尼龙袋和容积 10L 的聚乙烯袋，装水 1/3，充氧气 2/3，装（0.8～2）×10⁴ 尾虾苗，效果较理想。

图 5-13 虾苗包装运输

值得注意的是，在运输虾苗时，装运虾苗的海水应该新鲜、干净。运输途中应尽量避免停车，必须停车时，应进行充气或搅动水体防止缺氧。避免炎热中午运输，做到防晒、防雨，尽可能将运输虾苗时间安排在早晨或傍晚，这样效果会更好。

参 考 文 献

丁贤，李卓佳，陈永青，等，2004. 芽孢杆菌对凡纳滨对虾生长和消化酶活性的影响 [J]. 中国水产科学，11（6）：580-584.

杜少波，胡超群，沈琪，等，2005. 凡纳滨对虾亲虾常用天然饵料营养成分的比较研究 [J]. 热带海洋学报，24（1）：50-59.

何建国，周化民，江静波，1999. 白斑综合征杆状病毒致病性特征 [J]. 热带海洋，18（1）：59-67.

华汝成，1981. 单细胞藻类的培养与利用 [M]. 北京：中国农业出版社.

季文娟，2001. 对虾幼体发育的营养需要［J］. 浙江海洋学院学报（自然科学版），20：32-38.

黎建斌，2004. 使用微生态制剂养殖南美白对虾的试验［J］. 水产养殖，25（4）：25-26.

陆忠康等，2001. 简明中国水产养殖百科全书［M］. 北京：中国农业出版社.

罗建仁，白俊杰，朱新平，2011. 水产生物繁育技术［M］. 北京：化学工业出版社.

孟庆显，1991. 养殖对虾疾病的诊断与防治［M］. 北京，海洋出版社.

屈锐，2012. 凡纳滨对虾育苗和养成水质的变化以及盐度对肌肉品质的影响［D］. 上海：上海海洋大学.

申玉春，陈作洲，刘丽，等．2014. 盐度和营养对凡纳滨对虾蜕壳和生长的影响［J］. 水产学报，36：290-299.

隋大鹏，2001. 微生态制剂对南美白对虾生长和非特异性免疫性因子影响的研究［D］. 青岛：青岛海洋大学.

孙志明，栾会妮，姚维志，2004. 微生物制剂在水产养殖中的作用［J］. 水利渔业，24（1）：1-3.

王克行，1997. 虾蟹类增养殖学［M］. 北京：中国农业出版社.

王如才，2001. 海水养殖技术手册［M］. 上海：上海科学技术出版社.

温伯格，1982. 海洋动物环境生物学（宋天复译）［M］. 北京：农业出版社.

薛清刚，王文兴，1992. 对虾疾病的病理与诊治［M］. 青岛：青岛海洋大学出版社.

袁路，蔡生力，2006. 温度盐度对凡纳滨对虾精荚再生和精子质量的影响［J］. 水产学报，30：63-68.

曾呈奎，吴超元，费修绠，等，1999. 经济海藻种质种苗生物学［M］. 济南：山东科学技术出版社.

张道波，马牲，魏建功，1998. 海水虾蟹类养殖技术［M］. 青岛：青岛海洋大学出版社.

第六章 <<<

凡纳滨对虾健康养殖技术

第一节　养殖场的设计与建造

一、场地的选择

对新建的场地的要求标准化要高些，不但要能高产高效大规模生产，而且要维护生态环境，有利生产无公害或绿色产品、低碳的养殖。因此，拟建养殖场前，对场址的地质、水文、气象、淡水资源、生物相、生物资源、交通和污染源等要进行全面的周密调查与勘察。同时对建场后的生态环境影响，以及对其他产业发展的影响，也要进行评估。规模化的养殖场，一定要选择生产潜力大、投资较小、见效快、经济效益高和经营管理方便的地域，然后进行专家论证、测绘、设计和严密施工。

（一）位置

养殖场最好选择在海水交换好、水质清澈和风浪不大的内湾。养殖场要远离城区、工矿区、农业区，以及近期工矿有可能发展造成污染之处。也要与原有养殖场地有一定的距离，减少污染，确保水质良好。要注意周边养殖容量，避免超负荷养殖地区建场。高位精养虾池是建在高潮线以上的虾池，可根据当地台风实际情况，尽量建在不超过高潮线 3m、地势较平坦处，有利减少进水能量的消耗，降低成本。

（二）潮汐与降雨

调查当地潮汐及降雨情况，历年最高水位以及潮差变化情况、流向、流速、风浪；海区淤积、冲刷情况和周年盐度变化等情况，以便确定养殖场进水时提水设施的规格与数量。同时了解当地年降雨量、最大降雨量、雨量季节分布和养殖场区的积水面积，了解地表和地下淡水资源丰富程度等。

（三）水质

海水水质清新无污染，透明度大。近年来工业、城镇及规模化农业发展较快，近海内湾受不同程度污染，建场周边水源应充分调查是否受金属盐类、农药污染、富营养化等。场址的选择应能尽量利用地表水源，如河流或小水库等，可充分利用淡水或低盐度海水来调节养殖场的水质，既降低成本，又能促使对虾的生长。

（四）底质

底质关系到虾池的水质，必须对养殖场地的底质作详细勘察，进行底部的土壤检测与分析。最好选择泥沙质或沙泥质建虾场，这类底质不容易淤积淤泥，有利于凡纳滨对虾的栖息。我国东南沿海滩涂多数是酸性土壤，尤其是红树林繁茂生长的地区，土壤酸性更强，一般养殖场应尽量避开。但是，当前虾池建设多铺设地膜，对底质要求不是很严格，地膜可隔绝有害物质，使其不渗透到水中。

（五）气象条件

从气象部门查阅，了解当地气温、水温周年变化，以及风向、风力，台风发生最多的季节、最大风力级别及影响情况等，预先心中有数并采取一定的防御措施。尽量选择日照时间较长的地区建场，有利虾池繁殖天然生物饵料，提高对虾养殖产量，降低饲料用量及成本。

（六）生物资源

查阅或调查建场附近海区的生物资源状况、生物饵料、敌害生物、病原生物的种类、数量和繁殖期，以及是否会形成赤潮等威胁，要深入了解，以做好防御的准备。

（七）社会条件

1. 交通与通讯方便　交通与通信是否方便，这与养殖场经济效益密切相关。交通关系到建场材料与生产物资运输，以及种苗和产品的运输，也关系到运输成本与效率。通讯是与外界联系的保障，信息畅通亦与经济效益休戚相关。

2. 电力供应充足　养殖场要保障虾池溶解氧充足，需大量使用增氧机，并确保电力供应充足。养殖场可连接高压电网，这样做既便利又可降低成本；同时，仍然要配备足够的发电机组，以备停电时应急使用。

3. 劳力资源丰富，社会治安良好。

4. 淡水资源丰富，生活、生产用水方便。

（八）旧养殖场地的改造

根据规模化养殖凡纳滨对虾的要求，可逐步对原有不适宜精养高产的虾池进行改造，要求达到高产高效的目的。养殖场地及养虾池的建造要按照高标准、规模化、规范化的要求，进行规划、设计、施工，以实现养殖中高产高效的目标。

二、养殖场的整体布局

养殖场必须有整体科学的布局，不但要实用、好用、生产效率高，而且要美观，既是高效的生产场地，又可以作为现代化农业生态观光旅游的胜地。因此，要求包括进、排水系统的沟渠和闸门、蓄水池、沉淀池、过滤池、虾苗中间培育池、养成池、尾水过滤池、仓库、冷藏保鲜车间、水质分析及生物观测检疫实验室、办公室、职工生活设施和供电设施等，最好配备蓄水消毒池。各项设施布局合理，既要相对集中，便于使用，又要避免相互干扰，从而节省资源和劳力，降低养虾成本，发挥最佳生产生态效益。养殖场具有独立分设的药物和饲料仓库，仓库保持清洁干燥，通风良好，且处于各虾池利于运输的位置；具有能满足养殖场正常运转的电源，最好备有发电机。

在规划设计中，特别要注意减少各环节之间的相互污染，进排水系统要互相独立，排水口要远离进水口，尾水要经过处理后才能排入海区，减少交叉污染，避免病害的传播。同时要考虑尽量自流化，节约能量，降低成本，提高经济效益与社会效益。养殖场总体平面图如图 6-1。

三、养殖场的建造

对虾养殖场包括临海防潮大坝、虾池及堤、闸门、进排水沟、供电系统和交通通道、生

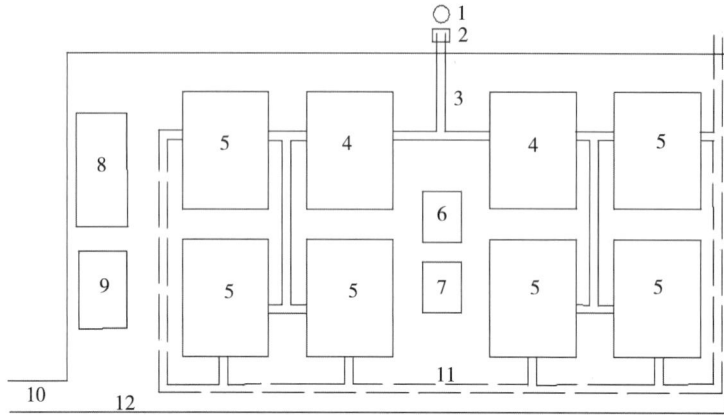

图 6-1　养殖场整体布局

1. 沙滤井（抽水机）　2. 泵房　3. 进水渠（进水管道）　4. 蓄水消毒池　5. 养虾池
6. 储物间　7. 药物间　8. 生活区　9. 办公室　10. 道路　11. 排水渠　12. 围墙

产、生活用房等设施。

（一）堤坝

相当于整个养殖场的大围墙，起着蓄水与抗拒风浪、安全养虾、交通与运输的重要作用。分为主坝和分隔虾池的堤。

1. 主坝　是防潮汐与洪水，抗风浪，确保虾场安全生产的重要设施。其高程是历年当地最高高潮位 1m 以上，堤顶宽度应在 5m 以上，若是交通要道，堤顶宽度要 6m 以上。如果是高潮线以下建半精养虾场，迎海面的坡度为 1∶3，内坡度为 1∶（2～3）。迎海面外坡宜用石砌或混凝土建造的护坡，背海面根据土质情况，也可以采用土堤，最好是采用石砌或混凝土建造的护坡，有利安全生产。

2. 池堤　虾池之间分隔的内堤，以土壤性质与养殖模式不同，而有不同的建造要求。半精养虾池，多数是黏土或土壤性质的堤。精养虾池初期多数是混凝土或砖石砌成的，2000年以后，多数是采用地膜铺在堤的附坡上，节约成本又容易施工。堤顶宽 3～4m，若是交通通道或水渠边，堤顶宽应 5m 以上，堤高度为最高水位 0.6m 以上。

（二）虾池

不同虾池的形状、大小和深度等差别很大。

1. 粗养虾池　不少地方将港塭改成半精养虾池或精养虾池。但是，广东沿海仍有几万公顷鱼塭（港养），鱼塭每口有几十公顷至几百公顷，原来围建的鱼塭因为面积大，修建需要较大的人力物力，所以仍然保留原有的水沟、小丘陵、红树林及树木。低洼地带水的深浅不等，较深的有几米深，多数水深 1.0m 左右。鱼塭的设施有大堤、大闸门（图 6-2），每个鱼塭为一个独立经营单位，有职工生活、生产用房及仓库等设施。当前不少经营者认识到提高经济效益的重要性，因此在池边建起若干个种苗中间培育池，将其作为中间培育虾、鱼苗的场地。虾、鱼苗经过一段时间培育，再投放入鱼塭内，可增加种苗的数量提高产量与效益。有的鱼塭地势较高，容易改造，工程量较小，为了提高这类鱼塭的经济效益，可将其全面改建为半精养虾池，采用半精养或精养技术进行养殖。

2. 半精养虾池　这类型的养虾场多数是 20 世纪 80 年代建造的，数量相当多，也是当

图 6-2 鱼塭大闸门

前重要的养殖模式。这类型的虾池在北方多数是每口 $3.33\sim6.67hm^2$，南方多数是每口 $1.33\sim2.00hm^2$，每口池有独立进、排水闸门。池为长方形，长宽比为（$2\sim3$）：1，有利于使用增氧机（图 6-3）。旧虾池多数偏浅，为了弥补水深不足，可在池内设有环沟或中央沟。新建的虾池或改造后的虾池不设各种水沟，虾池底部为平底，池底向闸门倾斜，有利排污物，也有利于增氧，能有效提高养虾的产量和效益。

图 6-3 半精养虾池

3. 精养虾池（高位虾池）　建在沿岸高潮线之上的虾池。2000 年之前建的养虾池面积较大，每口 $0.53\sim0.80hm^2$，长宽比为（$2\sim3$）：1，多数水深 1.5～1.8m。堤的护坡用砖石砌成或混凝土筑成。池底为了防渗漏，铺设厚的农用塑料薄膜，上铺沙 20～30cm 厚，养殖多年后池底沙层污染严重，难于清洗时，要更换新的沙层，虾池排水闸门设在池边低处。2000 年后建的虾池面积较小，多数每口是 $0.20\sim0.53hm^2$，池深 1.8～3.0m（多数是 2.0m 左右），短长方圆形或圆形，堤的护坡及池底多数是铺设防渗土工膜（俗称地膜），可降低成本，收虾后地膜应用清水冲洗干净，经数天烈日暴晒后杀菌效果好。排水及排污闸门设在虾池中间，或池边的最低处，能使池内的污物自流排干净。因此，新建的虾池病害较少，单位面积产量有明显提高，实现了高产高效的养虾目的。

4. 工厂化养虾池　其发源地是广西北海市，早期是利用对虾育苗池及废旧的珍珠育苗池养殖凡纳滨对虾，此方法产量较高，效益好，成为一种新的养殖模式。后期新建的工厂化对虾养殖场（池）的建造方式与结构类似对虾育苗池，规模及池子水体较育苗池大一些。养虾池，用砖石建底及墙，水泥批挡，长方形、圆角，每口面积 20～1 000m^2，池深 1.2～

1.6m，排水孔用塑料管控制水位。工厂化养虾分为室内和露天两种形式，南方多数为露天形式，池顶用遮光布覆盖，能灵活调节光线强度，繁殖生物饵料，既可节省饲料使用量，又可增强水质，减少换水量。北方以室内形式为主，具中央排污口和能满足水体充足溶解氧的装置（如气石充气、底部充氧），在虾体小于 5cm 以前的养殖密度一般为 2 250 尾/m²，养成期的养殖密度为 250 尾/m²，高者可达 400 尾/m²。

5. 淡水（化）养殖池　在河口和淡水资源丰富的地区，可采用半封闭引淡水养殖模式进行凡纳滨对虾养殖。其养虾池的结构是在虾池的一角建立一个较封闭的小虾池或用塑料建立一个小水体网隔，一方面是用于虾苗的标粗，另一方面是使小水体的盐度与出苗时虾苗场水体的盐度一致，有利于提高虾苗的成活率。在养殖过程中，向对标粗池逐渐添加淡水，使之完全淡化，进行淡水养殖。

（三）进、排水设施

包括进排水渠、闸门、进水蓄水池和养殖尾水处理池等设施，在土池或半精养虾池建造过程中要求相当高。为了保护水源、保证用水的质量，在集中的对虾养殖区，需要建设总进、排水渠道，且要分开设置。进水闸门应设在养虾场潮流方向的上方，排水闸门设在潮流方向的下方，尽量远离，避免新旧海水混合，水质新鲜有利减少疾病的传播。排水总渠除了正常排水之外，还应考虑暴雨排洪，以及收虾时急速排水的需要。渠底一定要低于各相应虾池排水闸门闸底 30cm 以上，以利于排水。进水渠底部可比虾池底高 20～30cm。进、排水渠是根据生产需要决定宽度。半精养虾场以纳潮方式进水，要设进水主渠，其宽度 30～40m，排水主渠宽度 20～30m。高位精养虾场一般是抽水（扬水）管道式分散进水，管道式直径规格，根据虾池面积而定，设置较简易。

1. 闸门　是控制水位、交换水体、阻碍敌害生物和成虾收获的重要设施。分为虾池的进、排水主闸和进、排水闸两类。主闸是建在主堤上的大闸，可分为单孔（室）闸、双孔闸及多孔闸数种。虾场进、排水主闸是虾池群体进排水的咽喉，又是水流冲刷力较大的地方。建闸处应选在底质坚实处、压缩性小、承载力大的地方，建起的水闸才能牢固并长期使用。排水主闸闸底应建在虾场最低处，才能顺利排出虾池内的水。闸门的数量和大小，与虾池纳水方式、养虾类型有关。高位虾池多用水管引水或排水，其位置比最高潮线高，不存在排不干的问题。

虾池的进、排水闸门，应使池水充分交换。闸门应设在虾池的短边，进、排水闸成斜对角线，有利于污水和池水交换。虾池进、排水闸，不宜成非字形排列，以免排水或收虾挂网互相矛盾。水闸的数量大小与排灌方式因养虾类型不同而异。纳潮方式的进排水闸，通常1.33hm²虾池，设 1 个宽 1.0m 进水闸，1 个宽 0.8～1.0m 排水闸。各虾池闸门大小最好一致，以利于网具统一调配使用。如果是连片高位虾池以上面积，通常用内径 45cm 的水泥管作为进、排水水管。

半精养虾池闸门一般宽为 1.0m，都是用石砌或砖砌，水泥批挡的，但基础要打的坚固，八字墙要适当延长，并包住堤，这样才能达到牢固、耐用，以免出现崩塌或漏水等引起闸门损坏现象。高位虾池闸门宽度多数是 50～60cm。

2. 闸槽　对于半精养模式来说，是防御敌害侵入或对虾外逃的重要设施，可在闸板、闸框、闸网的安装之处设有三道槽。外侧闸槽是安装疏网，阻拦杂物及大型敌害生物，或者安装收获网作收获产品之用；中间闸槽放置闸板，以控制水位和流速；内侧闸槽是安装过滤网，防止敌害生物入虾池，或者防止虾外逃的设施。槽间距离可视虾池大小和操作方便而定，一般在40cm以上。

闸槽建造时要求较精细，其宽度为4～6cm，深度8～10cm，制成相应厚度的闸板或网框，才能合适使用。闸板具有保持水位、调节水位、调剂流量及控制换水层次的作用，可分为单页闸板、双页闸板或多页闸板。闸板通常用木板制成，较轻便，容易操作。闸板每块宽为20～30cm，数块连成一片，闸板厚约5cm，闸板之间锁口要求紧合，减少漏水，有利于换底层水。

3. 闸网　可分可拦害网、进水网和排水网数种。拦害网可用3～5cm铁丝网，也可用尼龙网或力士胶丝网制成。进水过滤网按虾池面积而定，小面积的虾池可用筛绢制成平板网。每口虾池面积0.67hm²以上，一般采用筛绢制成锥形。

高位精养虾池排水设施有3种形式，即边排、中央排、边排和中央排相结合。须根据预先做好的排水设施决定用何种网具。排水网可制成平板网片，或闸口用网片围起来，以供排水。中央排水闸，可用大的塑料管钻许多洞，用筛绢网包裹起来，外层细网目，内层为疏网目，虾长大后除去外层的筛网，或者中间做成闸门形式，可插网片，过滤水，形式多样化。

（四）蓄水池

当前海区水质较差、养虾密度大、老化虾池较多、病原生物较多时，蓄水池的设置尤为重要。主要的作用是储存海水或淡水，向虾池提供经沉淀、净化或消毒的海水，降低病原微生物及病原体数量，改善水质的物理、化学和生物因子的参数，使其达到对虾需要的养殖池用水标准。通常蓄水池容量为总养殖水体的1/3左右，为处理用水方便，可分为若干池轮流使用。水池内可放养少量滤食贝类、鱼类，适当繁殖水草和挺水植物等。在疾病流行期，蓄水池进水后应先用消毒剂处理。蓄水池必须有排水闸，保证能排干水，以利排污消毒。蓄水池应设有渠道或管道，与养殖池相通。若用水泵向养殖池供水，水泵的功率应与渠道或管道配套。

（五）提水设备及扬水站

北方地区养殖场配备提水设施，有的养殖区建有大型的扬水站，统一提水，供各养殖场使用。通常使用轴流泵提水，这种类型水泵扬程低，抽水量大，节省电能。水泵日提水量，应达到养殖池总蓄水量的10%～20%。

高位虾池精养对虾，都要用水泵提（抽）水。在海边挖深水井，用水泵提水，水提到水渠（管道）或水塔，然后自流入虾池。

（六）设置防蟹屏障

当地滩涂蟹类比较多的地区，为了防止携带白斑综合征病毒的蟹类进入养殖池传染病毒，可在每个养殖池堤上，围置高30～40cm的光滑塑料膜或沥青纸，作为防蟹隔离墙。

（七）动力设备房

对虾养殖场使用增氧机，用电量大，除了用高压电之外，为预防停电，必须配备发电设备，保证全天候不断电，确保生产需要。

对虾养殖中育苗和养成都需要增氧，养殖场增氧方式多样化，增氧机类型较多，常用的有水车式增氧机、叶轮式增氧机、潜水（射流）式增氧机和微孔增氧（管道式增氧）等。工厂化超密度精养时，为预防增氧机伤虾，多采用充气式（鼓风机）充氧或微孔增氧。增氧机配置类型和数量，根据养虾模式、放苗密度、单位产量和当地电源等实际情况来配置。

（八）配备水质、生物实验室

必须配置的仪器及设备有生物显微镜、解剖镜、恒温箱、烘干箱、天平、盐度计（或比重计）、水温计，溶解氧测定仪器、酸度计和透明度盘等。有条件的养殖场，还可设置氨氮、总碱度、生化耗氧量等检测仪器、微生物增氧设备、病原检测的染色液、试剂盒以及 PCR仪等。

（九）养殖尾水处理池

为实现健康养虾、减少交叉污染，近年来提倡养虾尾水不能自由排放，要经过净化处理后才能排入海区，该倡议得到各方面的重视，现正在实行中。其操作的程序为：虾池→网过滤或砂过滤沉淀池→废水处理池（化学处理和生物净化处理）→达标排放。废水处理池的面积，通常为养虾面积的 5%～10%。处理过程的沉积物放在空地，可作农业肥料等用途，但绝不能移入海区或池边，造成水域的再次污染，影响海区的水质。

第二节　养殖主要模式

一、粗养模式

这种养殖模式主要是依靠潮差纳排水进行港养，华南地区称之为"鱼塭养虾"，北方地区则称为"港养"。早期，沿海渔民在近海地区筑堤围坝形成鱼塭，所围塭面积较大，多在 $6hm^2$ 以上，并在鱼塭中设立水渠和闸门，利用潮汐进行纳、排水。养殖过程中不清池、不除害、不施肥、不投饵、不放苗，基本也没有采用相关的养殖管理措施，仅通过潮汐纳水时将虾苗引入鱼塭内，然后放闸围养，是一种典型的"广养薄收"的自然养殖模式。虽然这种养殖模式的成本不高，但其养殖产量和效益较低。因此，有人便在该模式上进行了改进。

在养殖前期先纳入一部分水，利用茶麸毒塘，待杂鱼清除后再次挂网纳水。水满后放闸围塭，并再次放入一部分人工培育的虾苗，一般放苗量在 $(3～4.5)×10^4$ 尾 $/hm^2$，养殖过程中不投饵，完全依靠天然饵料进行养殖。

本养殖模式在经改进后，对虾产量较以往有了一定的提高，且收获的成品虾品质接近海捕对虾，规格也较大（一般可达到 30 尾/kg，有的斑节对虾甚至可达到 15 尾/kg），因此售价也相对较高，能取得较好的养殖效益。但即便如此，整个对虾养殖过程依然很大程度上受自然条件的制约，产量得不到保证，且也容易发生一些对虾病害。所以总体而言，该种对虾养殖模式的经济效益不高。

二、半精养模式

也称之为"半集约化养殖"，是一种介于粗养和精养之间的养殖模式，其种苗放养量、养殖投入物、养殖过程中的管理与监控等虽然较粗放型养殖有了一定程度的提高，但与集约化养殖的高技术、精管理相比，还处于一个相对较低的水平。半集约化养殖中主要分为普通虾池半集约化养殖模式"和"混养模式"。

（一）普通虾池半集约化养殖模式

普通虾池半集约化养殖模式主要采用土池进行养殖，其养殖池多位于高潮线之上，须借助机械提水，面积 $0.67\sim1.34hm^2$，水深 $1.2\sim1.5m$，具有相对独立的进、排水系统，并配备一定数量的叶轮式增氧机，一般为每 $0.67hm^2$ 水面配备 $2\sim3$ 台增氧机。也有的养殖池会设置一套淡水系统，在养殖期间适量添加淡水，对对虾进行淡化养殖。但在进行淡化时应注意养殖水体的盐度变化不可过大，以免对虾不适而引起应激反应甚至死亡。同时，淡化养殖并非适用于所有种类的对虾，目前主养的凡纳滨对虾的适盐范围较大，甚至可以逐渐淡化到在淡水中进行养殖。

该养殖模式放养密度相对较低，凡纳滨对虾放养密度为 $(45\sim60)\times10^4$ 尾 $/hm^2$，根据增氧机条件及排污状况亦可适当增减。整个养殖生产管理较为简单，通常在养殖前期（放苗后 $15\sim20d$ 内）甚少投喂饵料，主要依靠所培养的基础生物饵料为幼虾提供营养；养殖中、后期投喂人工配合饲料。养殖过程中甚少换水，只是适量添加新鲜水源，主要是依靠施用芽孢杆菌、光合细菌、乳酸杆菌等有益菌调控养殖水体环境。

该养殖模式所需的生产成本投入相对较小，养殖管理技术也相对简单，又能取得一定的养殖效益，因此较易为广大群众所接受，以一家一户为生产单位进行对虾养殖生产的养殖户多采用此模式。但由于该养殖模式的池塘配套设施简陋，养殖管理技术措施还存在一定的缺失，因此，在养殖后期对病害的防控存在一定的压力，所以，相对而言其对虾养殖的成功率和产量也不太高，一般为 $4.5\sim6.0t/hm^2$。

（二）混养模式

混养是指将栖息于不同水层、习性不同的水产经济生物在同一池塘内按一定的比例搭配，进行同时养殖。其优点为：既能充分利用水体空间，全面提高单位面积水体的综合生产效益，又有利于优化养殖环境。一般所采用的混养模式有虾蟹混养、虾鱼混养、虾贝混养、虾藻混养等。

1. 虾蟹混养模式　虾蟹混养中，所混养蟹的种类主要为锯缘青蟹，也有混养梭子蟹、中华绒螯蟹。对虾混养锯缘青蟹，一般在养殖开始时先放养虾苗，密度约为 7.5×10^4 尾 $/hm^2$，养殖 $40d$ 左右时，放入海捕的自然蟹苗，密度为 $3\ 000$ 只 $/hm^2$，蟹苗大小为 $50g/$ 只。通常在虾蟹混养的池塘四周应建立防逃设施，可用塑料网拦隔，网墙高 $30\sim50cm$。

虾蟹混养时应特别注意饵料的投喂及病害防控。由于锯缘青蟹生性好斗，且有蜕皮的特性，饵料不足时互相残食的现象也相对严重，从而严重影响蟹的产量；其二，虾蟹均为甲壳类动物，有些病原往往会交叉感染，而蟹苗主要来自自然海区，其所携带病原无法彻底查明及清除。因此，为保障虾蟹混养的成功率，在养殖过程中应特别注意养殖水体和底质环境的调控，避免因环境因子诱发病原生物大量繁殖，进而导致虾、蟹染病而亡。

2. 虾鱼混养模式　据部分地区的实际生产效果反映，虾鱼混养对调控水体环境质量，充分利用养殖水体的自然生产力，提高养殖综合效益均具有良好的效果。所混养鱼的种类主要有罗非鱼、梭鱼、鲻、黑鲷、黄鳍鲷等。在选择混养鱼类品种时，不应一味地跟风，凭主观臆想进行选择，而是应该从各地的实际出发，尤其注意了解当地养殖水体环境的特性，了解所拟选鱼类的生活习性和生态特点，以及当地市场的需求情况，并对计划放养的鱼、虾密度比例、放养时间、放养方式进行小规模的简易试验，然后综合考虑各方面的因素，选择适当的方式进行放养。有的地区经实践证明，在盐度较低的水体中可选择罗非鱼与凡纳滨对虾进行混养，能取得良好的效果。

一般可先放养虾苗（15~45）×10⁴尾/hm²，待对虾长至4cm以上时，再放养当年生的小鱼苗，以避免虾苗过小而被鱼类捕食。此外，在放养鱼苗前还需根据对虾养殖水体的盐度、温度等情况，对拟放养鱼苗进行适应性暂养，待鱼苗完全适应对虾养殖水体环境时再行混养。至于鱼苗放养数量则需根据养殖的实际情况和所选择混养鱼的种类而定。

3. 虾贝混养模式　在虾池中混养贝类，主要是利用贝类滤食水体中的有机碎屑和过剩的浮游藻类，从而起到净化水质，调控养殖生态环境的作用。该种混养模式所需成本较低，风险也相对较小，易于管理，养殖效益也可得到一定程度的提升。

可供混养的贝类品种有扇贝、牡蛎、泥蚶、毛蚶、缢蛏、杂色蛤、文蛤和菲律宾蛤仔等。在选择混养贝类前，应该先摸清当地养殖水体的水质、底质情况及所选贝类的生活习性，以免所选贝类无法适应当地虾场的水质环境。此外，还要特别注意贝类的放养密度，做到适宜即可。虽然贝类可滤食虾池中过剩的有机颗粒和浮游藻类，起到净化养殖环境，提高养殖效益的功效，但若放养密度过大和放养方式掌握不当，一方面贝类会大量滤食养殖水体中的浮游微藻，导致水色变清，透明度增大，不利于养殖水体环境的稳定；另一方面贝类的排泄物可能大量沉积于虾池底部，造成底部缺氧，环境恶化。所以混养贝类时合理选择贝类的品种和数量非常重要。

贝类的混养方式有底播式和吊挂式，具体选择何种方式最佳，应根据虾池底质特点和所选贝类的习性而定。例如文蛤、缢蛏习惯于沙质环境，泥蚶则喜泥质或泥沙质的环境，而牡蛎则喜附着生长，也可采用小规模浮筏5m×5m进行吊养，扇贝则多为网笼吊养。所以，只有在充分了解虾塘本身的环境特点和贝类的习性特点的基础上，选择合适的贝类，采用适宜的方式进行混养，方能取得良好的效果。

一般虾贝混养时，对虾的放养密度为（15~45）×10⁴尾/hm²，贝类的放养密度则需根据混养贝的种类、水深、增氧配套设施等条件而定。通常缢蛏的放养密度为4.5~6t/hm²，规格为300~400粒/kg；菲律宾蛤仔为4.5~6.0t/hm²，规格为100~150粒/kg；文蛤为3.0~4.5t/hm²，规格为80~100粒/kg；泥蚶为3.0~4.5t/hm²，规格为80~100粒/kg；牡蛎放养密度为4 500串/hm²，每串有牡蛎苗约100个，壳长约5cm。

4. 虾藻混养模式　在虾池中混养适量的江蓠、石莼等大型经济海藻，不仅可以增加养殖效益，还可利用藻类的生态特性，吸收养殖水体中的氨氮和磷，并通过光合作用提高水体中的溶解氧含量，从而达到净化水质、优化养殖生态环境的功效。

有研究表明，在虾池中混养江蓠，于江蓠生长的最佳时节，每克新鲜江蓠每小时可产氧0.72mg，即使生长缓慢期其产氧也有0.3mg。故每公顷虾池养殖4.5t的细基江蓠，以光照时长10h计，则每日可产生氧22.5kg，但江蓠夜间呼吸所耗氧为1mg/g鲜藻，即所消耗氧的总量为0.3kg，产消相减后江蓠昼夜净增氧18kg。而且，江蓠还可有效吸收养殖水体中的氨氮，其吸收效率为2 000~5 000mg/m³，从而促进养殖环境中的氮循环。在虾池中混养一定量的石莼也可取得良好的效果，通常将石莼与对虾进行混合养殖时，虾藻比例可设为7∶10，则每生产1kg的对虾，还可同时获得藻类23~24kg。

虾藻混养中，藻类可采用浮筏养殖或网笼吊养方式。通常浮筏可设置在虾池两侧，以浮绠和小木桩构成，小木桩主要用于固定筏身，浮绠则绑结于木桩之上，整个浮筏长度略短于虾池宽度，面积可占虾池的30％左右。若采用苗绳吊养方式，则藻类的夹苗绳可固定于浮筏上，间距10cm左右；若采用网笼吊养，则把藻类置于网笼中，然后将网笼挂置于浮绠上，间距应视网笼大小和网笼中所放养的藻类数量而定，但总体应以确保藻类之间无相互遮挡，能充分吸收阳光顺利进行光合作用为原则。而对虾的放养密度一般可为（15～45）×10^4尾/hm^2，藻的放养量则应视养殖池的水深、配套设施和藻类混养方式等条件而定。

三、精养模式

精养模式又称"集约化养殖模式"，是一种单位水体种苗密度高、养殖投入物和能量投入多、管理精细的对虾养殖模式。

（一）土池精养模式

土池集约化养殖模式是我国目前较为常见的一种对虾集约化养殖模式，包括普通土池集约化养殖、半封闭引淡水养殖、冬棚养殖几种类型。

1. 普通土池精养模式　该种养殖模式由土池半精养模式进一步改进而成。虾池面积一般为0.67hm^2左右，水深1.5～2.0m，配有相对完备的进、排水系统和一定数量的增氧机，一般增氧机数量为7～15台/hm^2，多为水车式增氧机与潜水式增氧机配合使用，增氧效率较高。通常放养凡纳滨对虾苗（60～120）×10^4尾/hm^2，亦可根据增氧条件及排污状况适当增减其放养密度。

整个养殖过程中的管理工作较为精细。投喂优质人工配合饲料；实施封闭与半封闭的管理模式，养殖前期添水，养殖中期添水，养殖后期少量换水；每10～15d施用芽孢杆菌、光合细菌、乳酸杆菌等有益菌调控池塘中的菌相、藻相结构，辅助使用水质、底质改良剂，通过优化养殖水体的生态环境，达到减少用药，提高养殖对虾成活率和养殖效益的目的。普通土池精养模式养殖对虾的产量一般可达到7.5～8t/hm^2。

"普通土池精养模式"与"土池半精养模式"相比，养殖设施配套较为完善，对虾的养殖管理也较为精细，因此，所放养的对虾密度相对较高，获得的对虾单产亦较高。

2. 低盐度淡化养殖模式　在河口和淡水资源丰富的地区，可采用低盐度淡化养殖模式进行对虾养殖，该模式养殖对虾可有效减少海水病原生物对对虾的影响，并有利于促进养殖对虾的生长。

通常在放苗前纳入一定水体，将水体盐度调节至一个较低的水平，根据养殖水体的初始盐度，要求虾苗场对选购虾苗进行淡化，直至虾苗所适应盐度与养殖水体盐度相同或接近。然后，在养殖过程中逐渐添加淡水，整个养殖过程实施半封闭式管理，实行有限量水交换。至于其他的水质、底质管理措施、养殖操作技术则基本与对虾精养模式或半精养模式相同。

广东珠三角地区大面积养殖凡纳滨对虾，有的养殖户采取在池塘的一角设置小池，调节水体盐度5～6，大池水体盐度则可更低。在小池放苗标粗20d左右，然后再移入大池进行养成。这样可以节约调节水体盐度的成本，而不妨碍对虾的正常生长。

有的生产者为了使养殖成品对虾的肉质结实，保证其鲜味，在对虾上市前的一段时间，逐步升高养殖水体的盐度，让对虾在此盐度条件下暂养一段时间，使对虾品质得以改善。在此过程中，需要注意在调整水体盐度时应该采取渐进式的升高，每次调整盐度的幅度不应超过 3，以免水体盐度骤变引起对虾的应激反应，从而影响对虾的健康水平，甚至导致对虾死亡，造成巨大损失。

3. 冬棚养殖模式

（1）冬棚养殖概况　由于凡纳滨对虾的适温区限较宽，加之广东等南方省区的低温时间较短，因此这些地区可以在冬、春季进行对虾养殖。但是，为了使养殖对虾安全过冬，需在虾池上搭建冬棚以保持养殖池塘水温。生产实践表明采用该模式进行对虾养殖有利于延长养殖时间，提高养殖效益。

（2）冬棚的搭建　搭建冬棚的时间一般需根据各地的气候特点，选择在冷空气到来前搭建完毕。广东地区则通常在 11 月上旬左右完成搭建工作，第二年气温稳定升至 23℃ 以上时拆除。

搭建冬棚的材料主要有：支架、钢丝、塑料薄膜等，其中对于支架的材料，不同的养殖者有不同的选择，一般有木材、铁架、钢材等，可根据当地的实际情况及各养殖场的经济实力，选择最为适宜自身需要的材料搭建支架。但要求所搭建的支架坚固、稳定，能支撑起成人在上面爬行。塑料薄膜可选用透明的无色薄膜，铺膜时应该特别注意薄膜与支架间的固着，以免间隙处漏雨，或经风吹时散落（图 6-4）。

（3）冬棚养殖管理的注意事项　冬棚养殖是利用塑料薄膜将虾池与外界自然环境进行隔离，从而形成了一个封闭的、内部相对稳定的养殖空间环境，在整个养殖管理上具有其独特之处。下面就冬棚养殖中应注意的几个事项进行简要介绍：

1）投饵　冬棚养殖尤其需要注意对投饵的把握，做到适量、准时。其原因主要有：其一，由于冬季的养殖水温相对较低，且气温变化较大，即使冬棚能起到保温的效果，但在此条件下对虾的摄食仍然要受到不小的影响。因此，投饵时应

图 6-4　冬棚

根据气温变化和水温的具体情况投喂适量的饲料，以免造成浪费。其二，由于外界水温较低，冬棚养殖不适宜大量换水，若投饵过多容易造成水质恶化，pH 下降，水体呈酸性，此时，若想改善养殖水体的质量则较为困难了。所以，准确投饵对于冬棚养殖管理而言具有重要的意义。

2）水质管理

①合理使用有益菌和底质改良剂　由于冬棚养殖中换水受到较大的限制，因此，养殖过程中对虾的排泄物、残饵、生物残体等均沉积于池底，无法通过换水的方式清除。这些污染源的积累将导致水质恶化，水体中的氨氮、亚硝氮、硫化氢等有害物质的含量不断升高，严重时甚至引起对虾窒息死亡。所以，养殖过程应该经常性的使用有益菌和底质改良剂净化养殖环境，促进水体中的有机质有效降解转化，减少污染物质的积累，调节养殖水体的水色和透明度，而且，促进有益菌在池塘水体中占据优势，抑制病原生物的滋长，为养殖对虾提供一个优良的生活环境。

通常使用的有益菌主要为芽孢杆菌、光合细菌、乳酸杆菌及 EM 复合菌剂等，冬棚养

殖使用频率为每 10～15d/1 次，使用量需根据不同的菌剂种类和养殖池塘自身的水体环境情况而定。

②少用或避免使用消毒剂和其他化学药品　由于冬棚养殖的水体环境相对封闭，无法和外界进行高频率的交流，若过量使用消毒剂和化学药品，一方面容易导致养殖水体环境中的生态失衡，造成养殖对虾应激反应，另一方面容易造成药物残留，影响养殖对虾产品的品质，甚至危及消费者的身体健康。

③保持水体溶解氧含量　为保证冬棚养殖水体溶解氧含量，需经常开启增氧设施或使用增氧剂，确保对养殖对虾的溶解氧供应，同时还有利于改善养殖水体的总体环境。

4. 小棚养殖模式

(1) 小棚养殖概况　小棚养殖模式自 2007 年从如东何丫村早一批河蟹育苗池转型的客户逐步发展起来，至今已有 10 余年历史，依赖如东得天独厚的气候优势、优良地下水资源和小棚特有的硬件条件，如东小棚已然成为全国凡纳滨对虾养殖成功率最高的主养区，吸引了大批外来资金和人员的加入，养殖面积从 2013 年开始连续 3 年翻倍扩张，随着模式的发展和养殖的深入，小棚养殖成功率保持在 30%～80%，单棚（40～60m 长度，300～400m^2 水体）产量最高已经突破 1 500kg。随着如东小棚盈利水平不断提高，小棚已逐渐向南、向北扩展，北至连云港，南至启东市，通州、如皋和海安的不少区域也成为小棚的聚集地（图 6-5）。

图 6-5　江苏东台弶港小棚养殖区

(2) 小棚建设及硬件设施

1) 小棚建设

小棚结构简单，宽度（9～9.5m）和高度（1.8～1.9m）固定，长度依据实际场地情况设计，大多数长度设计为 40m，趋于短棚化，这样有利于提高换水效率和单位面积产量。

小棚整体结构为钢架或毛竹（逐渐淘汰），中间有楼板过道，可为喂料和调水等工作时行走，简便了养殖管理。斜撑和顶撑让小棚整体非常牢固，薄膜两边使用泥土压实（图 6-6）。

2) 硬件设施

养殖设备包括：气路（鼓风机，气管，棚内纳米气盘）、水路（蓄水池，水管，深井，深井泵）、锅炉（部分养殖场未设置）。

增氧功率：单棚（长度 40m）增氧功率为 0.75～1kW，前中期供氧功率低（0.3～

0.5kW)，后期马力全开，纳米盘 15d 更换一次，防止水渍堵塞气孔。

图 6-6　小棚

（3）小棚模式养殖节奏及放养密度

1）养殖节奏

如东 90％以上客户选择一年两季的小棚模式，春季分锅炉苗和直放苗，锅炉苗放苗于春节前后。以前春节前放苗，由于虾苗标粗时间长，苗无法及时分出来，逐渐的养殖户开始调整养殖方式，采用锅炉对子棚进行加热，可很好地将分苗时间提前至 3 月初。常规锅炉苗于 2 月中旬放苗，3 月中下旬分塘，4 月养成，5 月初开始出售，5 月底结束。春虾直放苗从 3 月下旬开始陆续放苗，延续到 4 月中上旬，从 5 月底开始出售，一直销售至 6 月底、7 月初。

秋虾放苗一般开始于 7 月底 8 月初，一直延续到 9 月初，养成至 10 月底，常温秋虾一直销售至 11 月底。目前市场有 10％的客户开始使用锅炉对小棚进行加热，延长养殖周期至春节前后出售，可大幅提高虾价和产量，加温秋虾小棚单棚利润惊人，且风险较小，为越来越多的养殖户所选择。

2）放养密度

如东如此高聚集地的小棚对一代苗的需求旺盛，养殖户一般选择 P_{12} 阶段的一代苗放养，放养密度为春虾 5 万尾（按 40m 棚标准，下同），秋虾 4.5 万尾，锅炉苗标粗阶段放苗密度为 20 万～50 万尾，标粗 30～50d，之后陆续使用电网将母棚虾苗疏至子棚，子棚放养密度为 4～5cm 的苗 4 万尾。

（4）小棚养殖模式优缺点

1）小棚养殖模式优点

①各个小棚都是封闭的，减少了相互传染的概率（包括鸟鼠传播疾病）。

②养殖中后期为泥浆水，水浊藻少，减少了藻类的不可控因素，不过全程培藻仍是必需的，因其可以帮助降氨氮降亚硝酸盐氮。

③光合作用适中：小棚因为有遮挡膜，所以光照量合理，前期培藻可控性好，用"强微培藻酵素"＋藻种＋微量元素培藻，对水体中的氨氮、亚硝酸盐氮有较好的调控作用。

④可灵活利用小棚结构延长养虾季节（水环境可控性强）。

春天提前＋冬天延长：小棚可进行密封改造（加双膜层等），地下水冬暖夏凉，水体小，水温可控（烧锅炉），可在2月开春烧锅炉提前进水到一个棚标粗，再分苗到各养成池，从而争取上市时间；冬天则可延长每年的养成虾时季到入冬，或养三造虾。

充分利用夏季：秋造虾养殖早期水温高，可在棚顶加遮阳网降温（或安装棚顶淋水蒸发热量的装置），这种方法投资小作用大，可稳定藻相和水质；另外养殖场若地下水水质优异，也可直接抽地下水不断补水降温，同时也可利用水位差，从定好高度的溢流管口自然排水，即长排水操作模式。

⑤水位灵活可调控：为了节水节燃料，春造虾养殖期间往往只抽0.5m水深放苗标粗，水少有利于烧锅炉升高水温，后期可通过慢慢补水加高水位；秋造虾养殖因气温高，则可加深到0.8～1.2m。

⑥具有"临时生物絮团"：棚内可控小环境＋泥浆水＋底曝气，这3样是形成"临时生物絮团"的稳定构架和动力，泥浆为微生物的附着提供了良好稳定的核心，这很容易形成短暂的以泥土颗粒为核心的"临时生物絮团"，这些絮团即便有时沉降下来，在底部也是形成疏松的缓冲性强的"淤泥生态系统"，加上底曝气，所以棚内小环境不会崩溃、倒菌或发臭。这也解释了为什么如东小棚传统上没有"集污＋排污"设施设备，却一样可获得高产量。

2）小棚养殖模式缺陷　对2～3kg/m³虾产量的高密度养殖模式而言，没有排污系统，这一缺陷仍存在较大的隐患，因为养殖中后期亚硝酸盐氮无法得到很好的控制，导致各类病害滋生。从源头上的解决方案是建设排污系统。

（二）提水式精养模式

提水式精养又俗称为"高位池养殖"，是近些年在我国广东、海南、广西发展较快的一种养殖模式。根据其虾池的底质结构特点又分为3种：一为铺地膜式的养殖池；二为水泥护坡的沙底养殖池；三为池壁及池底均为水泥建造的养殖池。

该模式的养殖池面积均相对较小，一般为0.13～0.67hm²，水深为1.8～2.5m，有的甚至达到3m，配备有沙滤井（池）、蓄水消毒池、标粗池、进排水系统、中央排污系统等。增氧机装配密度较高，一般为每0.1hm²配备1台1.5kW的增氧机，并配有备用发电系统，以确保停电时期能维持增氧机的运转，保证对养殖对虾的溶解氧供应。高位池放养的对虾密度约为150×10⁴尾/hm²，但在实际养殖过程中还应根据养殖条件、管理水平等各项因素适当增减。

提水式精养池塘集约化程度高、易于排污、便于管理，养殖过程的水质环境主要依靠人工调控。由于沙滤作用和底质缓冲能力较弱等，养殖前期培养浮游单细胞藻类营造良好水色和合适透明度是难点。所以，在放苗前和养殖前期，要特别注意两点：一是合理施用浮游单细胞藻类营养素（水产养殖专用肥），为养殖水体中的浮游单细胞藻类提供充足的养分，以形成优良、稳定的"水色"和合适的透明度；二是施用芽孢杆菌、光合细菌、乳酸杆菌等有益菌，使有益菌迅速繁殖形成优势，有效降解转化有机质，使之转化成为单细胞藻类能利用的营养素，构建优良菌相和藻相，抑制有害微生物的滋长，而且，可提高养殖对虾的抗病能力，促进其健康生长。养殖过程中还需要经常施用芽孢杆菌、光合细菌、乳酸杆菌等有益菌，及时降解转化养殖过程产生的代谢产物（对虾排泄物、残存饲料、浮游动植物残体、有机碎屑等），减少自身污染程度，同时辅助施用其他水环境改良剂，改善水质和底质，调控适宜对虾生长的良好生态。

通常在高位池对虾养殖中应用良好的对虾养殖技术，实施科学的生产管理，对虾产量可达到 $11.25\sim18t/hm^2$，所取得的产量和效益均较高，但花费的生产成本和承担的投资风险也相对较高，所以，在养殖过程中尤其需要全程注意配套设备的正常运转和养殖管理，以及确保技术措施落实到位。

1. 水泥护坡沙底池养殖 水泥护坡沙底池顾名思义即为利用水泥、沙石浇灌或用砖砌以水泥涂布建立堤坝，以海边细沙铺底的一种养殖池。其优点在于养殖池堤坝坚固，对大风和暴雨的抵抗能力较强，还可为喜潜沙性的对虾提供良好底栖环境。但同时该种养殖池也存在一定的缺点。首先，其建筑成本较土池和铺地膜池高；其次，由于养殖池经受日晒、雨淋、养殖水体压力等，在使用一段时间后，水泥护坡可能会出现裂缝，从而引起水体渗漏现象；再次，沙底虽然能为养殖对虾提供一个较为适宜的栖息环境，但由于其清洗较为困难，养殖过程中的残饵、对虾排泄物及生物残体等有机物容易沉积于池底，且不易清除，从而造成底质环境逐渐恶化。

所以，根据水泥护坡沙底池的上述特点，在养殖管理过程中就应该提出相应的解决方案，发挥其优势，规避其不足。第一，在放苗前应该仔细检查堤坝的状况，发现有裂缝的地方可用沥青或水泥进行修补；第二，每次收虾后都应对池底进行彻底的清理，将沉积于沙子中的有机物清除，该过程在实际操作中俗称"洗沙"，若沙底已经经过多茬养殖，无法彻底清洗干净的，则应考虑铲除表层发黑的细沙，换上新沙；第三，在放苗前对底质进行有效的翻耕、暴晒、消毒，以免残余的有机质或致病微生物潜藏在沙底中；第四，在养殖过程中施用有益菌和底质改良剂，避免有机物长期沉积于池底引起底质恶化；第五，在建造养殖池时可将池子设计成圆形或圆角多边形，池底则设计成一定的坡度，微微向中央排水口倾斜，并以中央排水口为圆心、$3\sim5m$ 为直径，用砖块、水泥铺设一个排水区，以减小池底的排水阻力，从而使底部排污时污物易于向中央排水口集中，并顺着排水口排出池外。

2. 铺地膜池养殖 在对虾养殖池中铺设地膜的最大优点就是易于清理。众所周知，一般对虾养殖池经过多年养殖后，其底质均受到不同程度的污染，造成虾池老化，而这正是一个引发对虾病害的潜在诱因。在养殖池底铺设地膜，加之配套中央排污系统，一方面，既有利于养殖过程中及时排出沉降于池底的污物；另一方面，又有利于对虾收获后对养殖池进行彻底的清洗、消毒，一般用高压水枪就可轻易将黏附于池底的污物清除，再加上一定时间的暴晒及带水消毒即可把养

图 6-7　地膜虾池

殖池清理干净，及时投入下一茬的对虾养殖。因此，地膜式养殖对延长对虾养殖池塘的使用寿命，实施有效的对虾养殖的底质、水质管理具有良好的促进作用（图 6-7）。

据研究，不同底质养殖池对对虾生长有一定影响，地膜养殖池的养殖效果优于沙底养殖池。如表 6-1 所示，养殖天数小于 60d 时，不同底质的养殖池对凡纳滨对虾的体长、体重增长的影响不显著（$P>0.05$），当养殖天数大于 90d 时，地膜养殖池中的对虾无论是平均

体长、平均体重还是平均肥满度均显著优于沙底养殖池的对虾（$P < 0.05$）。分析认为，这主要是由于养殖对虾放养密度高，养殖后期所产生的对虾代谢产物、残饵和浮游生物残体等养殖废物较多，且多集中在池底。沙底池池底细沙颗粒的体积小，比表面积大，极容易吸附有机碎屑和一些病原微生物，换水过程中的排污效果欠佳，底质污物沉积过多，使得对虾的栖息环境逐渐恶化，故养殖后期对虾因环境胁迫变得生长缓慢，生长速度明显差于地膜池的对虾。

表 6-1　不同养殖池对虾的体长体重对比

养殖天数 (d)	沙底养殖池			地膜养殖池		
	平均体长 (cm)	平均体重 (g)	平均肥满度 (g/cm)	平均体长 (cm)	平均体重 (g)	平均肥满度 (g/cm)
30	4.1	1.05	0.255	4.3	1.23	0.287
60	5.9	2.67	0.448	6.5	3.57	0.543
90	8.2	7.61	0.923	9.3	10.63	1.143
100	9.5	11.33	1.192	9.9	12.63	1.277

目前，常用的地膜有进口的，也有国产的，使用寿命为 3～5 年到十几年不等。在选择地膜时除关注价格外，尤其应特别注意地膜的质量，最好能选择质量有保障的名牌产品，以避免因质量问题造成地膜破裂导致池塘渗漏，或因地膜使用寿命过短造成二次投资。

3. 水泥池养殖　水泥养殖池集中了上述两种养殖池的优点，既坚固又易于排污，也方便养殖过程中的生产管理，而其存在的最大缺点则为：养殖时间长了，池体容易出现裂缝，且池子的造价也相对较高，这与"水泥护坡沙底池"有些类似。

结合其优、缺点进行综合分析，虽然所需花费的生产成本和所需承担的投资增值风险相对较高，但若能采用对虾养殖良好操作规范，实施科学的生产管理，采用水泥池养殖对虾应该更易取得较高的养殖综合效益，达到高产、高效、安全的目的，这也是通常所说的"高投入、高风险、高产出"的实际体现。

（三）工厂化养殖模式

1. 对虾工厂化养殖的概念

（1）设施渔业　设施渔业是 20 世纪中期发展起来的集约化高密度养殖产业。它集现代工程、机电、生物、环保、饲料科学等多学科于一体，运用各种最新科技手段，在陆上或海上营造出适合虾类生长繁殖的良好水体与环境条件，把养殖置于人工控制状态，以科学的精养技术，实现养殖对象的全年稳产、高产。设施渔业是渔业现代化的重要手段，是高科技、产业化的结合，是由粗放式生产经营向集约化过渡的重要形式，它的发展与技术，将对整个水产养殖的技术进步与现代化进程起到带动作用。海水设施渔业立足于海洋环境保护，对养殖水体进行净化处理，减少近海养殖强度，向外海扩展，将产业与环境密切结合在一起，有广阔的发展前景。

（2）对虾工厂化养殖　是设施渔业一种类型。对虾养殖业作为水产养殖业支柱之一，其设施化养殖的研究也受到了广大学者的关注。对虾的集约化养殖就是设施渔业在对虾养殖中的一个有力延伸。它又被称之为"工厂化养殖"，是在人工控制条件下，利用有限水体进行对虾高密度养殖的一种生产方式。不同的学者对"对虾工厂化养殖"存在不同的认识与诠释，樊祥国认为，工厂化养殖是一种现代水产养殖方式，其依托一定的养殖工程和水处理设施，按工艺流程的连续性和流水作业性的原则，在生产中运用机械、电气、化学、生物及自动化等现代化措施，对水质、水流、溶解氧、光照、饲料等各方面实行全人工控制，为养殖生物提供适宜生长的环境条件，实现高产、高效养殖的目的。王克行则认为，工厂化养殖是利用工业手段，控制池内生态环境，为对虾创造一个最佳的生存和生活条件，通过太阳能或其他热能把水温控制在养殖生物最适温度，通过充气甚至充氧保证水体中充足的溶解氧，不仅供养殖对象呼吸利用，还可改善水质条件；通过适量的换水，去除水中有害物质，供应补充有益物质，保持优良水质条件；通过化学或生物手段，建立一个优良的生物群落，抑制有害生物，避免严重的病害发生；此外，在高密度集约化的放养情况下，投放优质饲料，保证对虾生长发育的需要，促进生长和提高抗病力，提高对虾成活率和生长率，提高单位面积的产量和质量。通常在工厂化养殖对虾时，所放虾苗密度可高达 600 尾$/m^2$，产量最高为 $6kg/m^2$，因此，就目前的对虾养殖技术而言，工厂化养殖确实是一种养殖效益较高的新型养殖模式。

2. 对虾工厂化养殖系统的结构

（1）水处理系统

1）过滤系统　主要是利用物理过滤法清除悬浮于水体中的颗粒性有机物及浮游生物、微生物等，可采用砂滤、网滤、特定过滤器等方式。在砂石资源丰富的地区一般采用二级砂滤，即可把水体中的颗粒性物质基本过滤干净；网滤时网目的大小可根据水质具体情况及实际生产的需要而定；也有的养殖者将网滤和砂滤相结合，再利用其他过滤介质形成石英砂、珊瑚砂过滤。有的还在滤料中添加一些多孔固相的吸附剂对水体加以净化，如活性炭、硅胶、沸石等。有报道指出，利用活性炭吸附养殖水体中的有机物，最大吸附率可达 82%，还有的吸附剂甚至可有效地去处水体中的一些重金属离子。

在一些机械化较高的工厂化养殖系统中，研究者把上述过滤介质与机电设备加以有机结合，并辅以一些附件设施，组成固定筛过滤器、旋转筛过滤器及自动清洗过滤器等高效的新型过滤器。这些过滤器能有效地对养殖水体进行连续性、高通量的过滤处理。

2）消毒系统　在高密度的养殖条件下，水质情况会变得相对较差，水体中除了存在一些理化性的致病因子外，还具有相当数量的致病菌、条件致病菌。这不仅会大量消耗水体中的溶解氧，还会对养殖对虾产生严重的负面影响。因此，在对虾工厂化养殖系统中一般还会配备消毒系统，利用物理、化学的措施减少致病因子对对虾的影响。

①紫外线消毒器　紫外线对致病微生物具有高效、广谱的杀灭能力，且所需的消毒时间短，不会产生负面影响。紫外线能穿透致病菌的细胞膜，使得其核蛋白结构发生变化，还可破坏其 DNA 的分子结构，影响其繁殖能力从而达到灭菌的效果。一般会将柱状紫外灯管置于水道系统中，以 $230\sim270nm$ 波长的紫外线照射流经水道的水体，照射厚度控制在 20cm 内，照射时间大于 10s，照射量为 $10^4mV \cdot s/cm^2$。

②臭氧发生器　臭氧发生器主要是依靠所产生的臭氧对水体灭菌消毒。臭氧具有强烈的氧化能力，能迅速地令细胞壁、细胞膜中的蛋白质外壳和其中的一些脂类物质氧化变性，破坏致病菌的细胞结构。此外，还可氧化水体中的一些耗氧物质，使亚硝氮、氨氮的负面影响降低到最低限度。一般在养殖过程中的臭氧使用量控制在 $0.2\sim1.0mg/L$。

③化学消毒剂 化学消毒剂中一般会使用漂白粉、次氯酸钠、季铵碘等氧化性介质，利用氧化作用对养殖水体进行消毒。介质的用量要视养殖水体的具体情况而定。

3）增氧系统 增氧系统是对虾工厂化高密度养殖中最核心的组成部分之一。在面积较大的养殖池内可装配适量的水车式和水下小叶轮式增氧机，该种增氧机增氧效率高、使用方便，既可使养殖水体产生流动，又可起到增氧的效果，可在二、三级对虾养殖池中使用。中小型养殖池可装备罗茨鼓风机、漩涡式充气机等。以充气式增氧机供氧不仅具有较好的平稳性，还具有动水及增氧的双重效果。一般要求供气量达到养殖水体的 $0.5\% \sim 1.0\%$。

高溶解氧的水质条件更有利于养殖动物的生长繁殖，因此，近年来一些新的增氧设施亦在高密度的工厂化养殖中加以应用，如纯氧、液氧、臭氧等发生装置及一些高效气水混合设施也逐渐配备在增氧系统中。这些技术或设备的使用可使水体溶解氧达到饱和或过饱和状态，提高水体中氧气的利用率。

4）增温系统 在温度较低的地区和季节一般会配备一套增温系统以确保养殖生产不受温度条件的限制。一般较常使用的是锅炉管道加热系统、电热管（棒）系统，在条件允许的地区还可充分利用太阳能、地热水等天然热源，这样既可有效利用天然资源进行多茬养殖，降低能源消耗成本，还可达到清洁生产的目的，降低养殖过程对水质环境、大气环境产生的负面影响。

在南方热带、亚热带海域，由于水温处于低温的时间相对较短，对于室外的工厂化养殖池可采用温棚保温、还可添加适量的深层地下水调节水温（在气温为 $10℃$ 左右时，深层地下水的水温一般可以达到 $25 \sim 30℃$）。

（2）养殖尾水处理系统 对虾工厂化高密度养殖不仅要实现高产、高效的生产目的，还要利用一系列综合措施对养殖过程中产生的废水进行处理，以解决常规养殖池塘历来形成的自我污染问题，最大程度地降低高密度养殖给环境带来的负面影响。因此，尾水处理系统在对虾工厂化养殖系统具有重要的作用。由于在养殖过程所产生的尾水中存在大量的颗粒性的污物及氨氮、亚硝氮等可溶性有害物质，故在尾水处理过程中会应用物理、化学、生物等手段，针对不同形式的污染源进行处理。对于普通的土池，由于养殖密度小，污染程度低，有条件的最好留出一定面积的池塘，储存养殖尾水，并做处理后排放。

1）沉淀 养殖尾水中含有相当数量的虾壳、对虾残体及排泄物、残饵、水质改良剂等大型的颗粒物质，可将其在暗室沉淀池中沉淀处理，使之沉降至池底。也有的系统中会引入旋转分离器，令水体旋转产生向心力从而把颗粒性物质集中于水池中央，然后通过中央排污的方式收集含固体养殖尾水做无害化处理。沉淀处理一般可将粒径大于 $100\mu m$ 的废物去除，而具体的沉淀时间则要视养殖尾水中大型颗粒物的数量而定。

2）泡沫分离 对于悬浮态的细微颗粒污染物可应用气浮的方法进行泡沫分离，20世纪70年代气浮技术在工业废水处理中开始广泛应用。泡沫分离器可设计为圆筒状或迂回管状，将气体注入其中产生大量的气泡，气泡产生的表面张力将废水中的溶解态、悬浮态的有机污染物吸附其上，并随着上升作用把污物举出水面形成泡沫，再由顶部的泡沫收集器收集泡沫，最后做无害化处理。有研究表明该项技术聚集污物的含固率可达 3.9%。此外，该技术不但可有效去处悬浮态的有机污染物，还可向水体中注入一定的氧气，以助水体中耗氧物质的氧化，若要增强氧化效果，还可向所注入的气体中添加臭氧成分。

3）生物净化　养殖过程中投入的饵料及对虾残体、排泄物直接导致尾水中氨氮、亚硝氮、硝氮、磷酸盐等物质大量存在。生物净化主要是利用微生物如芽孢杆菌、光合细菌、硝化菌、反硝化菌等吸收、降解水体中的有机质和氮、磷营养盐。也有个别系统中引入了滤食性贝类、江蓠等一些大型藻类以增大吸收效率。

在应用微生物技术净化养殖废水时，一般会把微生物进行包埋固定化处理，把菌种固定于一个适宜生长、繁殖的固体环境中，使之成为生物膜、生物转盘、生物滤器、生物床等形式，以提高生物量、增强微生物活性，从而达到快速、高效降解尾水中的有机质、氨氮、亚硝氮、磷酸盐等污染物的目的。

（3）水质监测　对养殖水质的监测为调整工厂化养殖系统的管理提供参考依据。由于对虾养殖的规格变化，养殖系统中各模块运作的独立性，再加上养殖水质指标变化的渐变性，决定了水质检测点分散、检测时限宽的特点。因此，有的对虾工厂化养殖系统中会配置自动采样检测的多参数检测系统，通过对管路内水体的水质参数检测，实现养殖系统内的自动巡测、循环、阶段性检测。有的简易式工厂化养殖系统为降低建设成本，也可采用人工阶段性水质采样跟踪的方法，对养殖系统中各模块进、出水的水质参数进行监测，根据既定的水质参数参考规范及时对整个工厂化养殖系统进行合理调节，以达到平稳、高效的生产目的（图 6-8）。

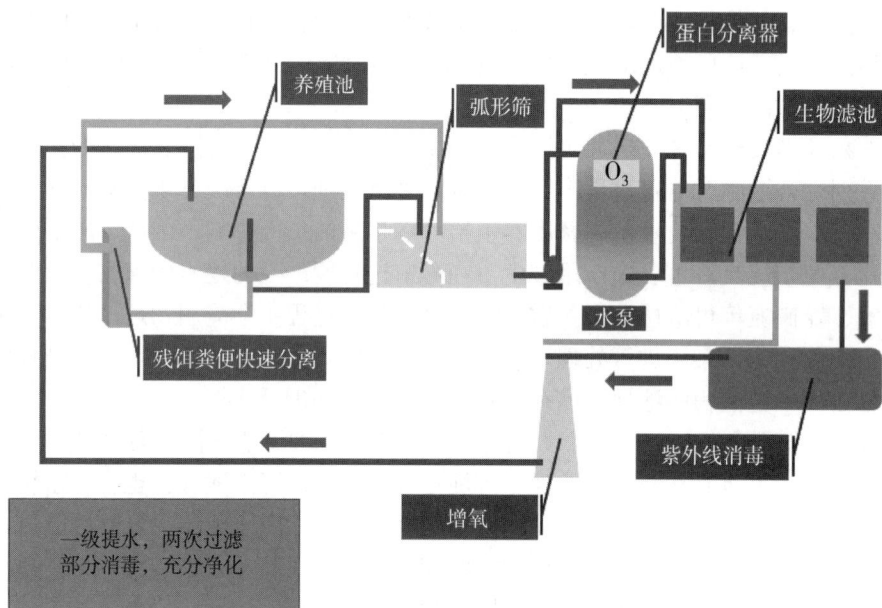

图 6-8　工厂化养殖系统结构

四、对虾封闭式工厂化循环水养殖模式

之前提出的对虾工厂化养殖模式，大多是针对对虾生产的总体情况而提出的一个整体性概念，而没有考虑不同地区、不同海域水质条件的具体差异。例如，就华南沿海热带、亚热带海域的特点，以及当地水产养殖从业者的具体实际情况，有必要构建一个适宜南方特色的、可大面积推广的对虾工厂化养殖模式。南方海域水温高、光照时间长、海域中

生物资源丰富，相对北方地区对虾养殖生产的时间较长，因此，可根据其特点充分利用自然资源，再辅以一些人工调控元素，使得对虾养殖生产得以全年开展。所以，南方特色对虾工厂化养殖是在人工调控条件下，充分利用南方热带、亚热带海域的自然资源，依托一定的养殖工程和水处理设施，按工艺流程的连续性原则，在生产中运用物理、化学、生物及机电等现代化措施，对水质、水流、饲料等各方面实行半人工或全人工控制，为养殖生物提供适宜健康生长的环境条件，在有限的水体中进行对虾高产、高效的环境友好型养殖。

封闭式工厂化循环水养殖是工厂化养殖模式在南方的具体应用，是以现代微生物技术（生物絮团技术）为基础，三阶段跑道式养殖池工程化设施为支撑，高效循环水处理为依托，智能化精确控制为保障，实现全年高产、稳产多造对虾的现代工业化养殖技术体系，具备高密度养殖、零排放、饲料系数低、在线实时监控、智能化调控与投饵、水循环利用达90%和产品优质健康等特点。近年来，该养殖技术在我国南方地区进行了养殖推广应用，已有的研究成果与养殖生产实践均显示对虾封闭式工厂化循环水养殖具备高效性、安全性、经济性与实用性。工厂化循环水对虾养殖系统工作流程见图6-9。

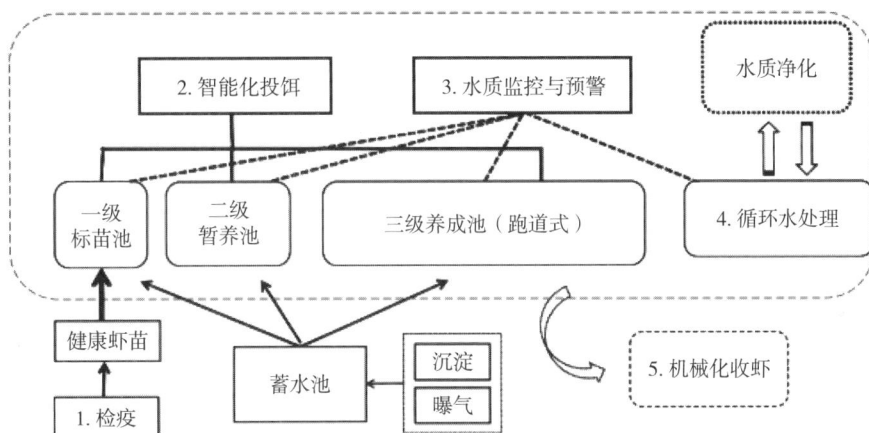

图6-9 工厂化循环水对虾养殖系统工作流程
（吴雯艳，2021）

主要技术工艺特点：

1. 生物絮团技术 生物絮团技术，实现养殖水体原位清洁，稳定调控养殖环境，减少病害发生，降低换水率，提高养殖密度，降低饲料系数，提高养殖收益。

2. 分级轮养 分级轮养方式，最大程度利用水体，增加养殖造数，缩短上市周期。

3. 养殖水循环处理 工业化循环水处理，实现养殖水循环利用。

4. 植物净化 植物净化外排水，实现养殖用水重复使用或安全排放。

5. 智能化监控系统 物联网水产养殖智能化监控系统，实现养殖管理自动化、精准化。

6. 自动投饵 智能化全天候自动投饵，有效提高饵料利用，增加规格均匀度。

7. 控温 高效控温，突破气候制约，实现全年连续生产。

8. 机械化收虾 自动分级。

五、淡水养殖模式

将凡纳滨对虾的种苗进行淡化处理，在低盐度或淡水水域中进行养殖的一种模式。利用原有的淡水鱼塘或养罗氏沼虾的池塘，经过修整后，用编织布（塑料膜）或地膜在池塘边临时围成小面积的中间培育池，供虾苗淡化使用。虾苗暂养中间培育是淡水养殖的关键技术。

海水的来源：①高盐度海区的海水。②浓缩海水。又称盐卤水。③海盐或海水精。④沿海的地下井水（往往氨氮很高，要经处理后能使用）。通常中间培育池的海水盐度2~6，待虾苗长至2~3cm后，收起临时设施，虾苗放入虾池内养殖，养成过程逐步淡化，等卖虾之时，池塘水几乎没有盐度，按半精养的技术措施实施。在华南沿海河口地带，一般此类鱼塘养虾每造每亩产量在250~600kg。这种养虾模式已发展到内陆，但要防止海水渗到农田，使土地盐碱化，影响农业生产。

第三节　健康养殖技术

一、放养前的准备工作

（一）池塘的清整及清淤消毒

一些已经养殖多年的土质池塘，池底或多或少会淤积一层由残饵、生物尸体、生物排泄物和黏土颗粒组成的污泥。在养殖生产期间，随着水温的上升，淤泥中的有机物则成为病原生物滋生繁殖的基质，有机物的迅速分解会大量消耗底层水的溶解氧，并产生多种对养殖虾类有毒副作用的中间产物，影响对虾的正常生长，严重时可直接造成对虾的中毒死亡。另一方面，虾塘的淤泥减少了有效的养殖水体空间，既不利于增加放养密度和提高养殖产量，也不利于维持水色和水质的稳定。池水太浅，在气温日变幅较大的季节，虾池水温变化太大，使对虾产生强烈的应激反应，导致其免疫力下降。所以，虾塘必须在收获对虾后进行彻底清淤，加固加高堤坝。

池塘是对虾栖息生活的场所，同时也是各种病原生物潜藏和繁殖的地方，放苗前池塘的清淤消毒是预防疾病和减少流行病暴发的必要措施。土质池塘清淤后，每公顷可施用石灰1 200~1 500kg，并暴晒池底4~5d，不仅可杀灭病原生物，还可以中和底泥的酸性，促使其中的有机物分解，改良池底的土壤结构。

边坡敷地膜或水泥护坡、池底铺沙的池塘，在对虾收获后应将池水排干，用人力将护坡冲刷干净，然后用高压水泵抽取清洁海水或淡水冲洗池底沙层，将沉积在沙粒间隙中的有机物淘洗出来并冲走，暴晒池底5~10d，利于池底残留有机物的氧化分解和杀灭池底沙层中的病原生物。对边坡和池底都铺胶膜来说，清淤消毒工作就较为简单，对虾收获后，将池水排干并安排人力把边坡和池底的胶膜冲刷干净，然后暴晒池底5~10d即可。

池塘的消毒通常安排在放苗前15d进行，虾池注水以刚好浸没整个池底为宜。在傍晚太阳下山后，泼洒漂白粉或其他含氯消毒剂进行池底消毒，有效氯浓度8~10mg/kg较为适宜，以杀灭残留在池底的病原生物和包括穴居甲壳类在内的有害生物。

（二）酸性池塘的处理

在红树林区域，由于红树的叶富含硫（0.24%~2.9%）和单宁（1.27%~4.09%），氧化分解后遇水生成硫酸和单宁酸，会使土壤呈酸性。因此在受海水长期或间歇性浸泡情况下，表层土壤呈微酸性，pH 在 6.0 左右，但在表层土被破层后，经空气氧化则呈强酸性，pH 可低至 4.0 以下。此外，在地壳形成过程中，由于形成条件的原因，有些海区产生二硫化铁的沉积，这些含二硫化铁的土壤被淹没在水下或被土层覆盖时，很少发生变化，不显酸性，但当海水被排干或表层土被破层之后，二硫化铁在硫化细菌的参与下被氧化成三氧化硫，最后与水反应生成硫酸，使土壤和池水的 pH 大幅下降，可下降到 4.0 以下。这种含二硫化铁的土壤，只有暴露后与氧气反应才能生成硫酸，在未氧化之前不呈现酸性，所以，这种土壤称为潜在性酸性土壤。在这种土壤上建造的池塘其池水会逐渐变为酸性。

在潜在性酸性土壤上建造的池塘，首先应经过一段较长时间的暴晒、浸泡、冲刷，以减少表层土壤的酸性物质，也可用一层中性黏土覆盖在边坡及池底的表面。另一办法是在经过充分暴晒和冲洗之后，再加入农用石灰来提高土壤的 pH。其实，在这种潜在性酸性土壤上建造的池塘，最简单而有效的方法是在新造好池塘的边坡和池底上铺上一层沙，将砂充分抹平后再敷上一层塑胶膜。现在国内生产的土工膜价廉物美，经久耐用，池塘敷地膜的成本并不高，可一劳永逸地解决池塘的酸性问题。

（三）生产用水的处理

沿海地区的池塘多以海水作为养殖水源，有条件的地方，应尽量在海边建造砂滤井，从砂滤井抽取海水养殖对虾，这样做可以阻止海区中可能携带对虾病毒的小型甲壳类及其幼体进入虾池，从而切断对虾病毒的水平传播途径。除此之外，通过砂层的截留作用，可阻止海区的悬浮有机物和有害生物进入养虾池。若海边的基质为淤泥，不适宜建造砂滤井，应在养殖场内专门建造面积大小适宜的蓄水池，海水在蓄水池经过含氯制剂消毒、静止沉淀 2～3d 后，再抽到不同的养虾池塘，从而切断对虾病毒及其他病原的水平传播。最好能同时设置两个蓄水池，交替使用以保证生产用水的连续供应。

（四）进水和培养浮游生物

1. 进水　清塘药性消失后，就可开闸进水。为防敌害生物入池，需用 60 目筛绢滤水。注入塘内的水源，应未受污染，不含有害物质，pH 在 7.8～8.6，溶解氧 5mg/L 以上，进水水深为 70～100cm。有条件的应用含氯消毒剂等。对入池后池水消毒处理，杀灭水中病菌。

2. 肥水培养生物饵料　施肥培养生物饵料在生产上称为肥水。虾苗放养前的基础生物饵料培养是对虾养成生产中一个相当重要的环节，因为基础生物饵料培养得好与不好，直接影响后续放养虾苗的生长速度和成活率。基础生物饵料通常是指浮游单细胞藻类、底生单细胞藻类、原生动物、轮虫、桡足类以及一些小型的底栖动物种类。对虾苗来说，生物饵料的适口性好、营养价值高，是人工饵料所无法比拟的。虾苗放养初期若池塘的生物饵料丰富，则虾苗生长快，成活率高，且个体生长均匀。

土质池塘经过多年的养殖生产均有不同程度的淤积，其底泥中的有机质较多，况且虾池多集中在一些内湾的沿岸，内湾的海水较肥，因此培养天然生物饵料的施肥量要结合当地水质和土壤肥沃度、虾池淤积程度作适当增减。

高位虾池多位于开敞性海区的沿岸，海域海水的交换良好，海水清澈，浮游生物含量较少，且高位虾池的边坡敷膜、池底敷膜或铺砂，使得水中藻类生长所需的各种营养成分含量相对较低。所以，高位虾池放苗前的生物饵料培养的难度要比普通土质虾池大一些，且需要的时间也相对较长。根据高位虾池水源水质和虾池结构的特点，培养天然基础生物饵料时应选择一些成分全面、肥效持久的生物有机肥料，或生物有机肥料与无机肥料搭配使用。常用的无机肥料有尿素和磷酸二氢钾，这两种无机肥料的水溶性好，肥效快速，但肥的成分单一。若只施用无机肥料，虽然能很快将浮游植物培养起来，但通常会出现池水 pH 过高的现象，且很难维持藻类的稳定生长，容易出现倒藻的现象，因此采用无机肥料和生物有机肥料搭配使用，通常可以避免上述两种问题的发生。生物有机肥料通常是指有机营养物和微生物的混合发酵物，常用的有机营养物质有鱼粉、豆粕、花生麸、对虾人工配合饲料等，常用的有益微生物有芽孢杆菌和活性海洋酵母菌。

池塘注水深度以 $1.2\sim1.5m$ 为宜，施肥应遵循少量多次的原则，第一次的无机肥料的施肥量为 $15.0\sim22.5kg/hm^2$，尿素和磷酸二氢钾的比例为（$8\sim10$）：1，$2\sim3d$ 后再根据池塘水色的浓淡酌情追加，直到虾池水色呈现黄绿色、透明度达到 $40\sim50cm$ 即可。施用的无机肥料应先用水将其充分溶解后再全池泼洒，不可干撒，防止沉降到池底后被底泥吸附而降低肥效。生物有机肥料可从市场购买或购买原料自行发酵配制，按照厂家的使用说明进行操作和使用。施肥一般安排在晴天的上午进行，以免降低施肥的效果。应尽量避免一次性施肥量太大，导致藻类的暴长而失控，甚至发生藻类的大量死亡，导致池塘水色的大起大落。

正常情况下，肥水培养池塘天然生物饵料需要 $7\sim10d$，施肥 $2\sim3d$ 后，首先是浮游植物的快速生长繁殖，池水呈现出淡淡的黄绿色，随着时间的推移和适当的追肥，浮游植物的密度不断增大，水色逐渐变浓；施肥后的第4、5天，轮虫开始出现，由于饵料充足，轮虫快速生长并大量繁殖；施肥后的第6、7天，开始出现桡足类，桡足类以藻类、微生物、原生动物和轮虫为食，随着桡足类的生长繁殖，轮虫的种群数量会有所下降；培养天然饵料进入第8、9天后，桡足类的种群数量即可达到高峰，此时正是放养虾苗的最好时机。桡足类是虾苗良好的生物饵料，适口性好，营养丰富，若池塘的饵料动物培养得好，则可大大提高虾苗的生长速度和养殖成活率，为获得对虾养殖的高产稳产奠定基础。

二、虾苗中间培育

在北方及华南沿海面积较大的养虾池或者鱼塭中养殖凡纳滨对虾时，考虑到刚出池虾苗的个体较小，对环境适应能力差，成活率不稳定，直接放入养成池养成，成活率不易掌握，很难取得好的养成效果。因此，通常都是经过中间培育（华南沿海称为标粗），即将虾苗从全长0.8cm，培育到体长$2\sim3cm$的大规格虾苗，再放入养成池。虾苗中间培育的作用归纳起来，大致有以下几方面：①中间培育池水面较小，能彻底清池除害，有利于提高虾苗的成活率。②放大规格的虾苗入养成池，养成成活率高，能较准确地估算养成池虾的数量，较准确计数投饵量，避免浪费饲料，减少虾池污染，保持良好的水质。③虾苗密度大，投饵料后，可以较充分利用饵料。④养成池有充分时间培育生物饵料，也可以充分利用养成池进行多造养成。⑤可以缩短养成池的时间，减少养成池的污染，有利养成后期对虾的生长，也可减少病害的影响。⑥用塑料大棚暂养虾苗，避免低温的影响，可提早养成，延长养虾时间，养成大规格的商品虾。

1. 培育池 有多种类型的池，如土池、水泥池、塑料大棚等。土池有专门建造配套的池，每口面积 0.13～0.33hm²，水深 1.0m 左右，可以露天或盖上塑料大棚；有的在虾池边上围成 0.13～0.20hm² 小池，占养成池面积 1/20～1/10，做中间培育用；亦有在养成池边上用塑料编织布，临时围几百平方米或用水泥池作为中间池培育虾苗。

中间培育池使用前要严格消毒，施肥培养生物饵料，必要时可施有益菌，使水中有较丰富的生物饵料，水的透明度为 30～40cm，水温、盐度、pH 要与虾苗池相近，使虾苗能迅速适应新环境。

2. 放苗 放虾苗的密度应根据虾池的具体条件以及养成所需的虾苗数量等而定。一般土池放虾苗 600～800 尾/m²，塑料大棚有充氧设施或水泥池有充氧设施，可放虾苗 2 000～2 500 尾/m²。如有条件，虾苗放养宁疏勿密，虾苗密度大生长速度慢。

3. 饲养管理 虾苗密度大，入池后要立即投饲料，有条件可喂卤虫、桡足类、糠虾或经捣碎的杂鱼、虾和贝肉。在广东多数使用粗虾片、微粒子、微囊饲料或者对虾 0 号虾料打碎浸水直接投喂。有的将打碎的 0 号虾料加水拌入鸡蛋蒸成蛋糕，用网搓洗投喂数天，再转入喂 0 号虾料，有利于提高虾苗成活率。日投饵量可参照下列公式：

$$Y = 0.06L^{1.5}$$

式中 Y——日摄食鲜饵（g）；L——体长（cm）。

投喂人工配合饲料，可按上述 1/4 左右投喂。凡纳滨对虾苗体长 1.0～2.5cm，按虾苗体重 0.02～0.20g/尾计算，投饵率为 9%～12%，若 10 万尾虾苗，日投饵量 0.24～1.80kg，一般每天投饵 3～6 次。根据虾池的水质和虾苗生长情况，酌情增减投饵量和投饵次数。

在中间培育过程中，必要时要添换一些海水，有条件要有增氧设施，培育中常增氧可保持水质良好、天然饵料生产较多，有利提高虾苗的生长速度和成活率。

出池前几天要调节养成虾池的水质，使虾池水色呈黄绿色、绿色、黄褐色。水质参数为：溶解氧 5mg/L 以上，总氨氮 0.6mg/L 以下，pH 为 7.8～8.6，水温 25～32℃。调节盐度水温逐渐与养成池相近。

4. 收苗 虾苗体长达到 2.5cm 以上，可采用推网捕捉，或者闸门缓慢放水用锥形网收苗，使虾苗顺水进入网箱。避免虾苗在网箱内长时间积压，应及时移入养成池。虾苗计数用称量法可保证，入养成池时有较准确的虾苗数量，有利于后续养殖中准确决定饵料量，对科学喂养提高经济效益有很大好处。

三、虾苗的选择和放养

1. 优质虾苗的选择 虾苗质量关系到养成效果，先天发育不良或带病虾苗是不易获得较好的养殖效果。因此，应对虾苗进行严格地选择，以保证养成的顺利进行。以下特征是鉴别虾苗的标准：

（1）**虾苗个体粗壮** 选购个体粗壮、大小较整齐、体色透明鲜嫩、无畸形的虾苗。不要贪图便宜，购买体形纤细、瘦软、大小不齐、畸形比例高、体色灰暗或发红的虾苗。

（2）**虾苗不挂脏** 选用全身干净不挂脏的虾苗；不选用甲壳及附肢附着纤毛虫、丝状细菌、长杆菌等所谓"挂脏"或"长毛"的虾苗。

（3）**虾苗活力强** 选活力强、弹跳力大、游泳力强的虾苗。将虾苗放于水盆内，搅动水，使水在盆内旋转，强壮者多在盆边逆流而游，差者则集中于盆中间或沉于底层或侧倒，这种虾苗不宜选用。

（4）**虾苗胃肠饱满** 选择胃肠饱满，肝胰腺黄褐色的虾苗；不选胃肠空、发红、肝胰腺肿大或白浊的虾苗。

（5）**虾苗不带病毒** 选不带病毒的虾苗。逐池取虾苗样品 30 尾，用 PCR 方法快速诊断其是否带病毒。

2. 虾苗的规格 一般要求虾苗体长达 0.8～1.0cm，不宜选用 0.7cm 以下的种苗。最好先经过中间培育把放苗规格提高至 2～3cm。

3. 放苗密度 适宜的密度是养好虾的条件之一，而密度的确定又决定于养殖方式和条件。决定放养密度的主要条件是池塘的水深、换水率、饵料的种类和数量、池塘中敌害清除的程度、虾苗的质量与大小、增氧机和充氧的有无和增氧量等，也与技术和管理水平有关系。池水深，容水量大，生物容量也大，但是静水池塘水深 2m 以上时，底层属氧债层，对底栖动物对虾来说并无意义，所以只能说 2m 以内水深与对虾放养密度成正比。

应根据虾池的具体条件和要求来确定放苗量。半精养虾池，通常每公顷放养全长 1cm 虾苗 22.5 万～45.0 万尾。经过中间培育，体长 2.5～3.0cm 的虾苗，成活率高，每公顷放苗量为 15.0 万～22.5 万尾。若基础条件较好，每 0.13～0.20hm² 水面配备 1 台增氧机，其放养密度可增加到 45.0 万～60.0 万尾/hm²。精养池，通常放养虾苗 90 万～150 万尾/hm²。

4. 放苗操作 虾苗运输到达虾池后，不能把苗袋里的虾苗立即放到池塘里，而是做好"兑水"工作。顺着当时的风向，在上风头的一边及左右两旁的池边，将苗袋均匀地放到池塘里，让池水浸至袋面。在下风头的池边，不放置苗袋。

苗袋放置完毕后，按放袋的先后将苗袋翻转过来，目的是让袋里的水与池水的温度基本上保持一致。逐个将苗袋的口打开，向袋内缓慢加入池水直到袋内水外溢，让虾苗分散游开。

要注意的是，大风、暴雨天不宜放苗。每个养殖池应一次放足同一规格的虾苗。

为了观察放苗后的急性死亡情况，可在养殖池放网箱，放入 100 尾虾苗观察 1～2d。网箱内可适量投饵。

四、饲料投喂与营养免疫调控

（一）饲料投喂

1. 饲料的选择 饲料的质量状况对养殖对虾的生长和健康水平具有重要影响。一方面，饲料是对虾主要营养源，其营养配方是否均衡，选用原料是否优质，将直接影响对虾生长状态及健康水平；另一方面，若饲料适口性差，易溶于水，残饵及饲料溶解物将变成池塘水的污染源，直接影响水质，间接影响对虾的生长状况及免疫力。

一般来说，优质饲料具有如下特点：①性价比好，营养配方全面、合理，能有效满足对虾健康生长的营养需求。②水中稳定性好，颗粒紧密、光洁度高，粒径均一，粉末少。③原料优质、饲料系数低、具有良好的诱食性。④加工工艺规范，符合国家相关质量、安全、卫生标准。

2. 饲料的投喂技术 饲料投喂是对虾养殖生产关键技术之一。一定要根据对虾的食性特点做到合理投饵。所谓合理投饵，就是根据对虾不同生长阶段的生理需要和当时的生活状态进行精确的投饵，其目的在于避免投饵的盲目性，既使对虾吃饱、吃好，又不造成浪费，尽量减少残饵及粪便对池底的污染，做到物尽其用，提高饲料的利用率。

（1）投喂时间　在放苗早期，若肥水工作做得好，池塘中基础生物饵料丰富，水色呈鲜绿色，黄绿色或茶褐色，如果放养的是不经标粗的虾苗，则一周左右可不必投喂人工饲料。决定投喂饲料开始时间的正确方法，是用饲料台进行试验。放在饲料台内的饲料若被吃光，即应开始投饲料。若早期饲料粉状，不易在饲料台上观察，要根据虾苗放养密度和池中生物饵料量等因素而定。如果放养标粗的虾苗，则当天就投喂配合饲料。

（2）投喂次数　对虾不喜欢摄食经长时间浸泡的饲料，而喜欢摄食新鲜投喂的饲料。因此，在养殖的中、后期，适当增加日投喂次数，实行少量多餐的投喂原则，可能更有利于对虾摄食生长，降低其饵料系数和减少残饵对池塘的污染。养殖前期投喂 $2\sim3$ 次/d，中期 $3\sim4$ 次/d，后期 $5\sim6$ 次/d。

（3）投饲量的确定　对于半精养虾塘，除了根据池中生物饵料量来决定投饲的时间外，投饲料量在前 15d 依经验而定，15d 后要设置饲料观察台，通过观察饲料台中饲料量决定。每次投喂饲料时，在饲料台放置约为总投饲料量的 1% 的饲料，投饲料后 $1.0\sim1.5h$ 观察对虾摄食情况，若有饲料剩余，表明投饲量过大，可适当减少投喂量；若没有饲料剩余，且 80% 以上的虾处于满胃，表明饲料量合适；若消化道中饲料少，则需要增加投饲量。

（4）投饲料位置及注意事项　虾苗放养后的第 1 个月，对虾个体小，摄食的活动范围较小，投料时尽量做到全池均匀投撒。放苗后的 $1\sim15d$，通常投喂颗粒较细的 0 号料，因 0 号饲料容易浮在水面上，且每餐的投喂量小，均匀投撒难度较大，所以，投喂时应将 0 号料盛于塑料桶中，加入适量的水，边搅拌边泼洒，这样做可减轻投料不均匀程度和解决饲料长时间浮在水面的问题。

养殖的中、后期，对虾个体规格变大，摄食的活动范围增大，且随着养殖时间的增加和使用增氧机后所形成的环流作用，虾池中央底部污物沉积，在池塘中央底部活动、栖息的对虾变少，此时，在虾池中央区域（约占全池面积 1/5）可少投或不投饲料。另外，还要注意：①大风暴雨时不投，天气晴好时酌量多投；②水体环境恶化时不投，水质清爽时酌量多投；③在对虾配合饲料中适当添加芽孢杆菌或中草药可提高饲料的利用率，提高对虾抗病力和抗应激能力。

（二）营养免疫调控

1. 免疫调控机理　到目前为止，有关对虾的免疫研究都是指非特异性免疫，这些研究可分为两种，一是体液性免疫机制，主要包括了血淋巴的溶菌作用、凝集作用、机体对脊椎动物红细胞的溶解作用及血淋巴中与免疫相关的一些酶类，相比之下这方面的工作开展得较早，也取得了一些研究成果；另一种是细胞免疫，指血淋巴中血细胞对异物的吞噬、杀灭和排除作用。有关甲壳动物特异性免疫的实验相对较少。

对虾的免疫机理是由体壁（甲壳）的防护、阻挡作用构成机体的第一道防线，当异物突破第一道防线后经食道、鳃等与外界相通的器官或体腔进入机体后，通过血淋巴的循环进行滤过作用。这种滤过作用将异物固定在一定的组织器官内。最后在血细胞、淋巴细胞、血清免疫因子联合作用下，这些部位的病原或异物将会被杀死、清除，或随蜕皮排出体外，以此达到抗感染或免除疾患的目的。

（1）蜕皮及排除作用　蜕皮是对虾排除体内和体表异物的重要途径，是对虾抵抗病原菌感染和自洁的有效方法。以中国明对虾为材料，根据灌流的原理向体腔中注射异物，各类异物不论是细胞还是分子化合物都迅速随血淋巴进入血窦、鳃、淋巴器官，异物被滤到这些部位则不再进行循环。由于这些异物的刺激，对虾会发生生理上的变化，主要是促进蜕皮激素分泌，导致提前蜕皮，把鳃及血窦内的异物排掉。此外，受伤或人工破坏甲壳也可导致对虾提前蜕皮，所以蜕皮行为在对虾的免疫过程中起到了一个自洁的作用。

（2）滤过作用　滤过作用指进入对虾体内的异物随血淋巴液迅速流入具有贮存异物及消毒异物的组织和器官，这对对虾的防御系统来说是非常有意义的，也是避免病原在机体局部扩散和生长的有效手段，类似于高等动物淋巴系统的作用。对虾具有滤过作用的组织和器官主要包括了鳃、血窦和淋巴器官。

①鳃的滤过作用　异物进入机体后，刺激血淋巴液快速流动，携带异物经鳃管进入鳃轴，再经二级血管进入二叉分支的鳃丝中，鳃丝表面与经过的血液进行气体交换，但大分子及微生物不能透过。带入鳃丝的异物被滤在鳃血窦和鳃丝末端膨大的结构中。这些异物被贮存在鳃丝顶端的囊状结构中，这些囊状结构在正常情况下是空的，也没有血细胞游走，在有异物存在时，鳃丝腔中的血细胞游走到顶端囊状结构中进行吞噬作用，清除异物，或到蜕皮时一同蜕掉。鳃的这种滤过机理可能受两方面的影响，一是血淋巴在正常代谢时不断地通过鳃进行气体交换，那么血淋巴的异物当然也就被携带进入鳃；再则就是鳃作为一个滤过器官，具有对异物进行贮存的功能。无论何种异物进入鳃，其出鳃血管都是洁净的，这显示了鳃滤过作用的高效性。

②血窦的滤过作用　对虾的血窦为遍布机体的一些腔，也是交换血淋巴的场所。血窦在全身形成网络，进行动、静脉血的交换，异物在交换的过程中被限制在血窦中。一些对虾的病理显示，血窦也是常被感染的部位，比如典型的红腿病，就是足血窦发生的类炎症反应。用氯化三苯基四氮唑法（TTC实验）也证明了这点，TTC被注入机体后，除鳃发生还原反应外，足血窦的反应也十分明显，出现类似红腿病的症状。但不是所有的异物都进入血窦，有些大颗粒，如碳素颗粒和白念珠菌则主要被滤入鳃，血窦中的量很少或没有，这种差别的机理有待进一步研究。

血窦滤过异物后，血细胞的数量明显增加，这也是炎症反应的主要原因。吞噬后的产物、毒物的存在使得对虾出现了肉眼可见的类炎症反应，这种反应的主要清除办法就是待对虾蜕皮时蜕去。

③淋巴器官的滤过作用　对虾的淋巴器官从结构和功能上看类似于高等动物的淋巴结。相对于前两种滤过作用，淋巴器官则表现为专一的滤过杀菌作用，而鳃和血窦主要靠其较大的容量来贮存异物，吞噬杀菌过程虽然有，但从活性上看则比较缓慢，它们在很大程度上是靠蜕皮排除异物。而淋巴器官的淋巴细胞则表现出比较高的活性，异物通过输入淋巴管被滤入淋巴器官后存在于淋巴小管腔中，小管的淋巴细胞游出管壁进入管腔进行吞噬杀菌作用，吞噬后的残余物通过输出淋巴管被排入肝胰腺，肝胰腺分泌出的消化酶类具有降解排毒作用。

（3）吞噬杀菌作用　对虾的病原或异物突破机体的防御屏障进入机体后被快速滤入具有

滤过作用的组织和器官，然后由血清和血细胞的共同作用将病原清除和消灭。吞噬杀菌是很重要的非特异性清除异物的过程。

①血淋巴细胞的吞噬杀菌作用　血淋巴细胞随血淋巴遍布对虾全身，主要分布在各血窦和鳃丝腔中，其次是其他组织和器官中的血细胞，它的吞噬过程可通过实验进行观察并测得，基本过程大致分为吸附阶段、吞入阶段和消化杀菌阶段。

血细胞的吞噬作用会因一些因素的影响而提高，如一些中药制剂、海藻多糖等。

②淋巴器官中淋巴细胞的吞噬功能　病原被滤入淋巴器官后，进入淋巴小管的腔中，这时淋巴因子受趋化作用游出基底膜，然后大量进入管腔，进行吞噬，其吞噬过程与血细胞基本相似。实验表明，另外在淋巴器官中的淋巴细胞吞噬过程中可能没有蛋白识别阶段，因为在异物进入淋巴器官后查不到淋巴细胞与糖蛋白结合的阶段。

对虾淋巴器官中的淋巴细胞与血窦中的血淋巴细胞是否相同有待于进一步证实。从吞噬效率来看，淋巴细胞明显偏高。同一个体注入异物后，淋巴细胞的吞噬率和吞噬活性高于血淋巴细胞，吞噬指数也明显高于血淋巴细胞，另外淋巴器官内的淋巴细胞密度也远高于血窦中的血淋巴细胞，所以淋巴器官的淋巴细胞的吞噬杀菌效率要高得多。

（4）对虾体液性免疫因子　越来越多的研究证明，体液性免疫因子在甲壳类动物机体的免疫防御反应中发挥着十分重要的作用，这些因子包括天然形成的或诱导产生的各种生物活性分子，主要是血淋巴中的各类抗菌因子、抗病毒因子、血凝因子、细胞激活因子、识别因子、凝集素、溶血素及溶菌酶等各种具有免疫活性的酶类。这些免疫因子的作用包括识别异物，如外来入侵的病原菌和病毒；通过凝集、沉淀、包囊、溶解等方式抑制病原体的生长及扩散，或者直接将其杀灭并排出体外；发挥调理作用，促使血细胞更易于吞噬外来颗粒；另外，还可能参与止血、凝固、物质吸收与运输以及创伤修复等生理作用。

2. 免疫增强剂　饲料的营养水平，尤其是饲料中添加一些既有营养又有免疫的外源因子，对对虾的免疫功能具有重要调控作用。应用于凡纳滨对虾的免疫增强剂主要有 5 大类：

多糖类：海藻多糖、葡聚糖、脂多糖、肽聚糖等。提高凝血活性、超氧化物歧化酶、酸性磷酸酶等活性。

维生素类：维生素 C、维生素 E。提高溶菌酶和酚氧化酶活力，对细胞的吞噬作用和抗体形成有促进作用。

微量元素：铁、硒、铜、锌等。提高酚氧化酶活力和超氧化物歧化酶活力。

中草药制剂：黄芪、板蓝根、金银花等。刺激细胞产生干扰素，抑制病毒、细菌的繁殖能力，提高血清酚氧化酶活力、抗菌活力。

微生态制剂：芽孢杆菌、酵母菌、乳酸杆菌等。提高免疫力，增强对虾抗病原菌和抗感染能力。

3. 免疫调控方法　免疫增强剂的使用方法与用药方法类似，包括投喂、浸泡和注射。一般使用方法是将免疫调控剂添加到饲料中，让对虾摄食饲料将其吸收进体内。这种方法操作方便、用量少、效果持久。

有些免疫增强剂通过投喂的方式让对虾摄食效果不明显，如一些微生态制剂和中草药制剂，这时可考虑用浸泡方法，通过水体作用于虾体。此法操作方便，但使用剂量大。

有些免疫增强剂如免疫多糖，可以通过注射的方法产生作用。此方法见效快、用量少。

但操作不方便，对对虾造成的刺激影响大，一般很少使用。

五、养殖水环境调控

在对虾养殖过程中，由于对虾排泄物、残饵、饲料溶出物以及其他生物尸体的累积，池塘水质和底质条件逐渐变差，环境压力渐渐增大，轻者影响对虾的摄食生长，重者造成对虾的中毒死亡。此外，由于环境压力增大，对虾体质虚弱，抗病能力降低，增加了对虾养殖的风险。特别是对虾养殖的中、后期，池塘水质和底质的富营养化问题更为突出，养殖环境调控的难度更大。

关于水中溶解氧、氨氮、亚硝酸盐、pH、硫化氢等水化因子的动态变化及其对养殖虾类的影响已在前面的章节中有详细介绍，在此，只重点讨论精养方式中水质、底质调控的原理及技术措施。在对虾池塘精养的生产实践中，养殖环境的调控主要是通过以下几种措施和方法来实现。

（一）换水

在对虾池塘精养和工厂化养殖生产中，因为放养密度大，投饵量多，尤其是到了养殖生产的中、后期，对虾摄食量大，排泄物多，养殖环境的富营养化进程会逐渐超过养殖系统的自净能力，除了要培植浮游植物和微生物来强化养殖水体的自净功能外，还须通过换水排污等技术措施的综合运用才能达到理想的调控效果。

换水是改善水质最直接、最经济有效的方法。在正常的情况下，池塘的生物容纳量与换水量成正比，这说明换水对改善养殖水质有重要作用。换水过程可部分排出池塘的有机物和池水中的有害物质，使池塘的水质和底质得到改善，同时补充藻类和其他生物生长所需的微量元素，有利于维持藻类的稳定生长，特别是在敷地膜池塘和水泥池中显得尤为必要。除此之外，适量的换注新水，有助于增强对虾的食欲和刺激对虾的蜕皮和生长。养殖生产中若有以下几种情况出现时，应及时进行适量的换水。

1. 池水透明度变小　浮游植物密度过大，水色太浓，池水透明度小于 30cm，池水 pH 日变幅大于 1.0。

2. 水色发暗　溶解性有机物和悬浮颗粒有机物过多，开动增氧机时，池面出现堆积不散的泡沫。

3. 水化指标超标　池塘某些水化指标明显超出养殖对虾的适宜范围。

4. 池水发出腥臭气味　清晨在增氧机的下风处可闻到池水发出的腥臭气味，藻类有老化死亡迹象，池面漂浮着黄绿色的泡沫。

5. 对虾摄食量下降　长时间不蜕皮，生长缓慢。

换水排污应以少量多次的方式进行，最好是通过中央底部排水排污，可大大提高换水效果。日换水量不宜过大，避免对虾产生过强的应激反应。

（二）培植并维持良好的水色

维持藻类的正常生长在调控池塘水质时有着至关重要的作用。藻类除了可作为对虾直接或间接的天然饵料外，更重要的是它们直接影响着池水的众多理化指标。藻类的光合作用释放的氧气是池水溶解氧的主要来源，藻类可吸收利用水中各类无机盐类和溶解性有机物，在一定程度上净化和改善池塘的水质。

我们通常所指的水色是池水在阳光下呈现的颜色，是水中浮游生物质与量的综合反映。不同的虾池或同一虾池在不同的养殖阶段，因为水中藻类的优势种群不同，其水色会有差异。常见的绿色水色是水中的绿藻成为优势种群；棕褐色水色是水中的硅藻成优势种群。当水中的绿藻类和硅藻类的数量相当时，池水则呈现出黄绿色。一般来说，绿藻对高温和强光照的适应能力比硅藻强，在我国南方夏秋高温季节，其绿藻水相对比较稳定。水色的浓淡则反映出水中藻类的密度，藻类的密度越大，则水色越浓，透明度越小，否则反之。经过长期生产实践的总结，许多养殖人士认为，对虾放养的早期池水透明度以 40cm 左右较合适，养殖的中、后期随着养殖对虾的长大和投饵量的增加，池水中的无机营养盐的逐渐丰富促使藻类的种群数量增大，此时的池水透明度调控在 30cm 左右较为适宜。

水色的色泽可反映出池水中藻类生长的状况，若藻类生长旺盛，水色则显得清爽亮泽。我们通常以"肥、嫩、爽、活"来衡量水色的好与差。若水色发暗无光泽，悬浮有机物增多，开动增氧机时，水面上常出现堆积不散的泡沫，则说明藻类开始老化，接下来很可能会发生藻类的大量死亡。若出现上述情况，应及时采取适当换水或使用有益微生物制剂等措施，以维持藻类的正常生长和水色的稳定。

（三）增氧

对虾具有底栖生活习性，不仅在水底活动、摄食，有些种类还需潜入泥沙中休息和避敌。所以，底质的好坏与对虾的摄食、生长和健康状况都有密切的关系。在良好的环境下，对虾摄食旺盛，休息充分，生长快，体质强；相反，在不良的生活环境中，对虾食欲下降，经常为寻找适宜的环境而发生游塘现象，不仅影响其生长，而且导致体质虚弱和疾病发生。所以，要养好虾，不但要改善水质，更要重视池塘底质的调控，给对虾创造一个良好的生长环境。

增氧是改善水质、底质和提高对虾养殖产量的重要技术措施。增氧机的功用主要有两方面：一是增加水气的接触面积，让更多的氧气溶入水中，增加养殖水体的溶解氧；二是搅动水体，加强池塘底层水和表层水的对流混合，提高底层水的溶解氧浓度，促进有机物的氧化分解，阻止池底硫化氢的生成。在养殖生产中，可利用增氧机形成的环流使对虾的排泄物和其他有机物聚集于池塘底部的中央，结合平时的换水排污将其排出池外，从而改善池塘底部的生态环境。

目前，对虾养殖常用的增氧设备主要有三种类型。第一种是桨叶式增氧机，俗称水车式增氧机，由电机、减速箱、桨叶、浮筒等部件构成。每台增氧机安装 2 个或 4 个桨叶轮，每个桨叶轮上有 6 个桨叶。其增氧的原理是当桨叶轮转动时（120r/min），桨叶搅动池水，溅起水花，增加水与空气的接触面积，以达到增氧的目的；同时桨叶轮推动池水朝一定的方向流动，有助于溶解氧在水中的扩散和输送。第二种是射流式增氧机，由电动机、螺旋桨、支架、浮筒、通气管等部件构成。其增氧原理是靠螺旋桨在水下的高速转动，在推动水流的同时，形成负压，将空气经通气管吸入，经高速螺旋桨将空气与池水充分混合，增加空气与水的接触面积，达到增氧的效果。射流式增氧机的水流与水面的夹角约为 30°，水流能到达 1.5m 以下的深度，有助于打破池水溶解氧和水温的分层现象，促进池水的对流混合，改善池塘底部的水质条件。第三种是底部充气增氧设施，由罗茨鼓风机、输气管道、微孔塑胶管等部件组成。罗茨鼓风机安装在岸上，微孔塑胶管设置在池塘的底部，通过输气管道与罗茨鼓风机连接。开启鼓风机时，压缩空气进入池塘底部的微孔塑胶管，最后通过微孔产生无数的小气泡，小气泡缓缓地从池塘底部上升到水面上，通过增大水气接触面积增加池水的溶解氧，同时气泡上升过程形成池水的上升流，有助于池塘水的上下对流和混合，进而改善池塘底部的环境条件。

增氧机的使用应在了解增氧机的结构功能和作用原理的基础上，根据养殖的品种和池塘条件进行选用。例如比较浅的虾池（水深1.2m以下）适宜选用桨叶式增氧机，水深在1.5m以上的虾塘，最好是同时选用桨叶式增氧机和射流式增氧机，并按1：1的比例搭配使用。

增氧机的作用不仅仅是为了防止对虾发生缺氧浮头，更重要的是使池水溶解氧浓度始终保持在较高的水平（4mg/L以上），有利于有机物的分解矿化，促进池塘生态系统物质循环，有利于芽孢杆菌、乳酸杆菌、酵母菌等好氧性微生物的生长繁殖，使其维持较大的种群数量，通过生态竞争和生态占位来达到限制兼性厌氧弧菌的生长，从而优化池塘微生物的菌群组成，减少和避免对虾细菌性疾病的发生。除此之外，在同一对虾养殖池塘按顺时针或逆时针设置安装多台增氧机，形成的环流有利于有机物聚集在池塘底部的中央，结合池塘的底部中央排水，可提高池塘的排污效果。

一些养殖户在晴天的日间少开或者不开增氧机可以节省一些电费，认为池水中的藻类通过光合作用将大量的氧气释放到水中，溶解氧浓度增加，不开增氧机对虾亦不会发生缺氧浮头。其想法看似有点道理，但这是一种片面的观点。在天气炎热的季节，由于热阻力的作用，池水不能上下对流，会形成水温和溶解氧的分层，池水的透明度一般较小，光照不能到达池水的中、下层，池塘底层水藻类的光合作用受到限制，表层水丰富的溶解氧不能扩散到底层水中，但栖息在底部的对虾以及池底有机物分解的耗氧作用却不断进行，底层水的溶解氧浓度越来越低，影响对虾的正常摄食生长。所以，在藻类光合作用强烈的中午前后开动增氧机是十分必要的，除了可直接增加池水溶解氧外，更重要的是通过增氧机搅动池水，促进池水的上下混合对流，将溶解氧饱和或过饱和的表层水带到池底，提高底层水的溶解氧水平，避免表层水过饱和的溶解氧释出氧气泡向空气逸散；同时又将无机盐类较丰富的底层水带到池塘的上层水供藻类吸收利用，有利于藻类的稳定生长。在晴天中午前后开动增氧机是最有效、最经济的增氧措施。

除此之外，在阴雨天气和池塘藻类大量死亡的情况下，由于藻类的光合作用减弱，造氧减少，池塘容易发生缺氧，应尽量多开增氧机，预防养殖虾类缺氧。

（四）有益微生物制剂的使用

近年，国内外对虾养殖行业已普遍认识到微生物在对虾养殖中的重要性，许多具有净化养殖环境及增强对虾免疫功能的有益微生物制剂已广泛应用于对虾养殖生产中，通过有益微生物的混合使用或交替使用，增加养殖水体中的有益微生物的菌群数量和菌群种类的多样性，一方面可以更好地分解、利用养殖水体的有机物及其营养盐类，促进池塘生态系统的物质循环，强化养殖水体的自净作用；另一方面可以优化池塘的菌群组成，保持池塘微生物菌群的多样性和稳定性，通过生态占位限制致病性弧菌的生长繁殖，预防和减少对虾细菌性疾病发生。当前渔药市场上销售的活菌制剂可分为自养型菌剂和异养型菌剂两大类。自养型菌剂能利用太阳能或化学能、无机营养盐类来建造自身，光合细菌就是其典型代表。异养菌必须以多种有机物为原料（如蛋白质、糖类等）才能合成菌体并获得能量。许多腐生菌都是典型的异养菌，有益异养菌剂的合理使用有助于将池塘中的对虾排泄物、残饵以及其他生物的尸体等有机物转化为无机物，增加养殖系统物质循环通量，维持养殖环境的稳定。在对虾养殖生产的中后期，池塘的有机负荷较大，建议可相应增大有益微生物制剂的用量和使用频率，而且最好是同时将异养菌剂和光合细菌搭配使用。

在对虾养殖生产中经常出现以下两种情况：第一种情况是水中的氨氮浓度很高，但亚硝酸盐的浓度却很低；第二种情况则刚好相反，氨氮浓度很低，但亚硝酸盐的浓度却很高。具有亚硝化功能的细菌能将氨转化为亚硝酸盐，具有硝化功能的细菌可将亚硝酸盐转化为硝酸盐，通过它们的共同作用，可将养殖水体中毒性较强的氨最终转化为毒性极微的硝酸盐。出现上述两种情况的原因大多是养殖水体中的菌群组成比较简单，亚硝化细菌与硝化菌的比例失衡。第一种情况是亚硝化细菌所占比例小，而硝化细菌所占的比例大，故氨氮的浓度远大于亚硝酸盐的浓度；而第二种情况的原因正好相反，亚硝化细菌所占比例大，而硝化细菌所占的比例小，故亚硝酸盐的浓度远大于氨氮的浓度。多种菌剂的混合搭配使用将有助于保持亚硝化菌和硝化菌数量平衡，避免上述情况的发生。

有益微生物制剂的使用有助于分解养殖水体中的有机物、残饵以及对虾的排泄物，将水中的硫化氢、氨氮、亚硝酸盐等有毒物质转化为对养殖虾类无毒或毒性甚微的物质，起到净化和改善养殖环境的作用。有益微生物制剂禁忌与消毒药物同时使用，许多含氯、碘制剂和其他强氧化消毒剂对微生物都有很强的杀灭作用。在对虾养殖生产中应谨慎进行水体消毒，若一定要对虾池进行水体消毒，必须在消毒后的24h及时施用芽孢杆菌制剂，尽快将池塘的菌群数量培育起来，防止致病弧菌的快速反弹。

养殖中、后期，随着芽孢杆菌制剂的使用，通常会出现藻类生长繁殖快、水色变浓的现象，这是有机物被迅速分解矿化成无机盐类的正常现象现象，促进了藻类的生长繁殖，使水色变得更浓。在生产实践中，技术人员通常将异养型的芽孢杆菌制剂与适量的光合细菌搭配使用，利用光合细菌去吸收利用水中富裕的无机盐类，既可获得改善、净化水质、底质的效果，同时又有助于维持水色的相对稳定。使用芽孢杆菌制剂的量要合适，过少不能发挥作用，过多可能有不良的影响，如耗氧量大，阴雨天易缺氧等。如果使用芽孢杆菌活菌含量 10 亿个/g，以水深 1m 计，放苗前可施用量为 $15\sim30kg/hm^2$，养殖过程使用量为 $7.5\sim15.0kg/hm^2$。

养殖过程如发生氨氮过高、水体过肥、浮游生物生长过快或连续阴雨天气等情况，可以施用光合细菌净化水体。如果使用光合菌细菌含量为 5 亿个/mL，以水深 1m 计，使用量为 $37.5\sim52.5kg/hm^2$。

（五）维持微生物、浮游植物和浮游动物三者的动态平衡

在对虾养殖生产中，人们对单细胞藻类和微生物的作用了解较多，也较为重视，如通过藻类的光合作用大量吸收、利用水中的二氧化碳和无机营养盐，为池水提供溶解氧；利用微生物分解对虾的代谢产物和其他死亡的有机体，净化水质和底质。但人们往往容易忽视浮游动物在虾池生态系统中的作用。对虾养殖池塘中的浮游动物主要包括原生动物、轮虫和桡足类等三大类群，它们均为滤食性的小型水生动物，以水中的单细胞藻类、细菌、酵母菌和悬浮性颗粒有机物等为食。在对虾养殖系统中维持一定数量的浮游动物有助于调控菌类和藻类

的动态平衡，减轻池塘有机负荷，在调控和维持养殖环境的稳定方面有重要的作用。

一般来说，低浓度的水体消毒剂不会直接杀死水中的浮游动物，但会严重影响和抑制浮游动物的生长繁殖，浮游动物对化学消毒剂十分敏感，低浓度的消毒剂就会导致浮游动物的无性繁殖停止，这些小型动物的寿命通常只有几天，无性繁殖活动一旦停止则会导致浮游动物种群数量的急剧下降。一些经常进行水体消毒的池塘，浮游动物的数量通常都维持在较低的水平，不利于维持池塘水质的稳定。在对虾养殖生产管理中，要根据虾池的藻相和菌相、对虾摄食生长情况和健康状况来确定是否需要进行水体消毒。若池塘水色清爽亮泽，以绿藻和硅藻为优势类群，池水的总菌数量维持在（10～35）×10⁴cfu/mL，弧菌的数量不超过总菌的5%，对虾摄食生长正常、健康状况良好，说明养殖水体中的微生物种类组成较为理想，对养殖的虾类没有造成危害，浮游动物的种群数量相对合理，微生物、浮游植物和浮游动物三者处于一种较理想的动态平衡，这种情况应尽量不要进行水体消毒，因为消毒处理反而会杀灭原有的微生物、抑制浮游动物的繁殖，打破原有较理想的三者动态平衡，既花钱费工，又不利于养殖环境的调控。相反，若养殖水体的水色不理想，对虾摄食生长不正常或出现不同程度的细菌感染症状，说明此时养殖水体中物质循环的某个环节受阻，微生物的种类组成不理想，一些致病微生物的数量过大，已对养殖的对虾造成危害。出现这种情况则应及时适量换水和进行水体消毒，并在适当的时间内及时施用有益微生物制剂，重新建立虾塘浮游植物、微生物和浮游动物三者的动态平衡。

（六）水质改良剂的使用

在对虾池塘精养和陆基集约化养殖中，由于放养密度大，各类生物的呼吸、排泄以及有机物的分解通常使养殖水体中的各种水化指标在一个较大的范围内波动，水质改良剂的使用有助于保持养殖水质的稳定，为养殖的对虾营造适宜的生态环境。当前，养殖生产中常用的水质改良剂主要有如下几种。

1. 石灰（氢氧化钙） 石灰除具有清池消毒和改良池塘土壤结构的作用外，还具有较好的改善水质的作用。在对虾养殖期间根据需要施放适量的石灰，可提高池水的pH，阻止硫化氢的生成，促进池中有机物的分解矿化，增加池水的碱度和硬度。石灰还能与水中某些金属离子，如铜、锌、铁等结合，而降低其在水中的毒性。

2. 沸石粉 沸石是一种含碱金属或碱土金属的铝硅酸盐矿石，多为白色或粉红色，质软。沸石中含有硅、铁、铝、锰、钾、钠和氧等多种元素。沸石内含有很多大小均一的空隙和通道，直径随品种而异。日本产的Mordenyei商品沸石1cm³含有4亿多孔道。由于其含有较多孔隙和特殊的物理化学特性，可在水产养殖中吸附有害气体和有害物质、改良水质，因此有"净水石"之美称。

沸石经机械研磨成沸石粉，通常粒度为100～150目。沸石粉含有丰富的可交换盐基（钠、钾、钙盐等）和众多的孔道，可吸附水体中各种有机腐化物、细菌、氨氮、甲烷和二氧化碳等有毒物质，同时还可以吸附重金属离子。沸石粉中含有多种金属氧化物，其中的氧化铁可与水中的硫化氢作用，生成无毒的硫化铁，而起到改善池底环境的作用。沸石粉中还含有约10%的氧化钙，有调节池水pH的作用。在海水中由于大量钾、钠离子的存在，而导致沸石粉在海水中吸附氨的能力比在淡水差，因此，在海水中的使用量应适当增大。

3. 过氧化钙 过氧化钙是白色或淡黄色结晶性粉末，是过氧化钠与钙盐相互作用后的产物。几乎无味，硬度不大，易潮解。过氧化钙化学性能不稳定，入水后能缓慢地释放出氧和氧化钙。释出的初生态氧具有很强的杀菌力，氧化钙具有生石灰的功能，所以，在虾池中使用过氧化钙同时具有供氧、杀菌、缓和酸性和平衡 pH 的多重作用。目前，渔药市场上销售的固态增氧剂的主要成分均为过氧化钙，但由于价格高，通常是在虾池发生缺氧浮头时应急使用。

4. 双氧水（过氧化氢溶液）　双氧水为无色透明液体，无味或略带类似臭氧的气味。通常双氧水含过氧化氢 $2.5\%\sim3.5\%$，高浓度双氧水含过氧化氢可达 $26\%\sim28\%$。过氧化氢可形成氧化能力很强的自由羟基，破坏蛋白质的基础分子结构，具有抑菌和杀菌作用。由于双氧水具有很强的氧化作用，可在水中释放出氧气，因此可作为鱼、虾缺氧浮头的急救用品。使用时应先将其稀释并用特殊的水下喷洒器，将其施入水中，避免将其直接泼洒在池水的表面，以免游离氧气的逸出而降低其增氧效果。目前，渔药市场上销售的液态增氧剂主要成分是双氧水。

六、日常管理工作

（一）巡塘观测

养殖过程需要每天早、中、晚 3 次巡塘，观测水质和对虾活动、摄食、生长等情况，测试相关水质因子。

1. 观测水色　每天早、晚观测水质和水色情况，测定气温、水温、盐度、pH、透明度等指标。每周测定氨氮、亚硝酸盐等指标。常见水质指标的检测见表 6-2。

表 6-2　常见水质指标检测（李卓佳，2012）

水质指标	测量工具	适宜范围
溶解氧	溶解氧仪	$\geqslant5.0mg/L$
亚硝酸盐	分光光度计或试剂盒	淡水$\leqslant0.3mg/L$，海水$\leqslant2mg/L$
氨氮	分光光度计或试剂盒	$\leqslant0.5mg/L$
pH	试剂盒或 pH 测试仪	$7.8\sim8.6$
硬度	试剂盒	淡水$>500mg/L$，海水$>800mg/L$
总碱度	试剂盒	淡水$>50mg/L$，海水$>120mg/L$
盐度	盐度计或比重计	盐度日变化应<5

2. 观察对虾活动　观察对虾活动分布情况，定期测定对虾体长、体重，养殖中后期定期抛网估测池内存虾数量。

3. 观察中央排污口　观察中央排污口是否漏水。

4. 检测浮游生物　定期取样检测浮游生物的种类和数量，并采取有效措施防止有害浮游生物的生长。

（二）养殖记录

记录养殖过程的相关内容，如进水和排水、放苗量、水质、施肥、用药、投料、收虾等，以便日后总结对虾养殖经验教训。

七、对虾的收获和运输

（一）对虾的收获

1. 收虾日期的确定 确定收虾日期，要根据市场虾价，虾的生长、水质、水温，虾的健康状况等多种因素综合考虑。水温与凡纳滨对虾的收获尤为密切，12～13℃对虾停止摄食，所以当水温降至16℃以下时要收获完毕。在任何季节均要避开蜕皮较多时收虾。

2. 收获次数

（1）一次性收获 若同一池中的虾大小基本一致，达到上市规格，且价格较好时，可一次性将整池虾收获。其优点在于起捕较为便利，无须担心因收获时养殖池环境巨大变化而引起存塘对虾应激反应或死亡，适宜集约化对虾养殖企业采用。

（2）捕大留小，分次收虾 当养殖池内虾大小相差较大，而市场虾价又相对较高时，为保证对虾养殖的经济效益，可采用捕大留小，多次收获的方式。一般采用大网孔拉网法和网笼收虾法。但在收获后应该注意避免收获时养殖池中水质、底质环境剧烈变化引起存塘虾的应激，一般在对虾起捕前需要泼洒维生素C、葡萄糖等抗应激物质和乳酸杆菌、光合细菌等有益菌。起捕后对水体进行消毒。

3. 收虾方法 可结合对虾的趋光性、喜沿池边活动、水流刺激时更活跃等特点，并结合虾池条件、养殖的种类以及市场的需求，决定收活虾或经冰冻虾出售，其方法和网具有所不同。

（1）锥形（挂）网收虾 是利用对虾沿池边群游及趋弱流、顺强流的特点，在排水闸外槽安装挂网。利用急速放水收虾。这种方法收虾，节省劳力，效果好，不受底质限制，适合于大面积、大规模收虾。

（2）虾笼网收虾 是广东沿海普遍使用的收虾方式。它不需要任何流水，安放虾池内便可收获虾。虾笼网形状是圆锥形的，似锥形（挂）网，网目大小也似锥形网。在网口加上左右翼，使虾沿着网翼游动入网笼内，笼网内有3～4网环，用网线织成漏斗形，使虾顺着笼网游入，只能进不能出，游到网尾的网袋中。通常在晚上和清晨对虾活动能力较强时，可收到较多虾，白天收获较少。网放入池内要经常起网，不然虾多时，缺氧会引起死亡。一般收起来的虾绝大部分是活虾，可长途运输出售。此方法收虾效率很高，尤其是无法排水或排干的虾池，用此网收虾更为适合，也可被应用到浅海定置围网中捕活虾和蟹。

（3）电拖网收虾 对虾易潜伏于沙泥中，利用囊网拖曳时其易聚集在网口，过后才跳出来，而导致无法捕获。因此，在虾拖网的底网前装置电线，拖曳时加以放电，使虾受刺激跳出，此时网口刚到，可较容易捕获对虾。

此网适用于小面积的虾池，或者水无法排干的虾池。对较大面积的虾池，用锥形网放水收虾效率高、效果好。

（二）对虾运输

近年来，由于虾类养殖业迅速发展，新的加工方法、活虾干运技术等不断被开发，人们对虾的鲜度要求越来越高。目前，鲜活的对虾，在国内、外市场很受欢迎，活虾的销售价也远高于冰冻虾，因此，出售活虾是提高对虾养殖产值的重要途径，应充分利用。

活运对虾的先决条件是对虾必须耐干力强，能忍耐低的溶解氧量。活虾运输的效果与对虾健康状况、是否受伤等有关，如果虾体受伤或因挤压缺氧等原因勉强存活的虾，活运的效果不佳。如果活运凡纳滨对虾，只能采取带水短途运输的方法。

1. 提高凡纳滨对虾运输成活率的主要技术措施

（1）做好捕捞前的准备工作　检查对虾大小、有无大量蜕皮现象，为制定合理的捕捞方法提供依据。如果对虾大小差别明显，应使用大网目的拖网或定置网，捕大留小；发现对虾蜕皮较多，应推迟1周捕捞；捕捞当天停喂饲料，避免饱食捕捞，减少途中排泄粪便；适当降低养殖池水位，以利捕捞。捕捞所需的工具主要有网具、降温桶、冰块、塑料筐、捞海等。

捕捞宜选择在太阳落山以后的晚上进行，一方面晚上温度较白天低，可减少捕捞损伤；另一方面夜间可及时运抵市场，减少待运时间，有利提高对虾成活率。

避免一次性拉虾过多，造成不必要的损失，在起网过程中还需要及时增氧，防止对虾缺氧窒息。

（2）降温麻醉　降温桶内装70%左右的干净水，用冰块调节温度在10～12℃，放在虾池附近，降温装置多采用1.0m×0.7m×0.8m的硬质方型塑料桶，体积小，方便搬运。起捕时，将虾装入塑料筐，每筐10kg左右，并迅速浸入降温桶中10～12s，对虾麻醉不动后可人工进行挑拣，剔除软壳虾、杂鱼及其他杂物，称重后装车。

（3）低温运输　目前对虾运输都采用车运桶装，虾桶采用硬质无毒圆形塑料桶，高1.0m，直径0.7m，用绳索固定在车上，装运的水质以清新、无污染的地下水为好，用海水晶调节盐度在2左右。水温调节在14～15℃，运输车上装空气压缩机，通过聚乙烯管向虾桶送气，每个虾桶内设置增氧气头，使桶内的水呈翻滚状，每虾桶可装虾50～60kg。虾装好后，桶口罩密眼网罩，防止对虾晃出。长距离运输，车上须备有冰块，每2h检查水温1次，并及时用冰块调节水温，用此方法可长距离运输15h以上。

（4）适温缓醒虾　运到目的地后，需将虾转入更清洁的水中，用水为自来水，经去氯、调盐、调温后即可入虾，水温调节在18～20℃，对虾逐渐缓醒，保证上市的对虾个个活蹦乱跳，有较高的成活率。

2. 运输注意事项

（1）选择运输器具　运输对虾要有专用工具，首先要准备好装运活虾的器具，并准备充气机两台，器具内设气石3～5个。另外，运输车辆的性能要好，不易发生故障，以免延长运输时间造成对虾不必要的死亡

（2）掌握运输时机　对虾在蜕皮的时候不要运输，否则会大大降低虾的运输成活率。

（3）选用运输用水　凡纳滨对虾对新环境的适应能力相对较差，环境改变较大时，易发生过激反应，不利于运输，因而运输用水不宜采用新水，可加一半原池水再加一半新水。

（4）运输水体加盐　运输对虾要有一定盐度的水，淡化养殖的对虾在运输时，每升水体加盐0.5～1.0kg。

（5）捕捞时防止受伤　受伤的对虾运输成活率极低，因而不管采用何种方式捕捞，尽量减少虾体受伤。

（6）避免水温剧变　温度突然改变，也会使虾产生过激反应，降低成活率，一般水温差不要超过3℃。

（7）水体降温保温　水温较高时，凡纳滨对虾活力较强，耗氧多，不易运输，可采用加冰的方式缓慢降温来提高运输成活率，秋末冬初寒流时应注意保温，严防水温降到13℃以下。

（8）掌握运输密度　一般每立方米水中可运虾100～150kg，运输10h以内，成活率达到90％以上。

第四节　常见疾病的防治

由于养殖规模的不断扩大和养殖集约化程度的不断提高，加上许多养殖者缺乏对于放养密度的合理科学认识，养殖者为了提高产量盲目提高放苗量，导致水产养殖环境的不断恶化，随之产生大量的病害，给对虾养殖业和对虾养殖者带来了重大损失。

对我国对虾养殖业造成第一次冲击的病害是白斑综合征（White spot syndrome，WSS）。该病在20世纪90年代初期暴发后，造成每年对虾直接经济损失30亿元以上，占所有水产养殖品种病害总损失的24％～47％。近年来，对虾病害有增无减，如虾虹彩病毒病、肝肠孢虫病、急性肝胰脏坏死综合征等。

对虾疾病发生的原因比较复杂，当外界的有害因素超过了对虾的适应能力时就会导致对虾发病，各种不同的致病因素导致的疾病表现不同的病症，了解疾病发生的原因有利于合理的预防、正确诊断和有效治疗虾病。

一、病毒性疾病的防治

引起凡纳滨对虾养成期大规模死亡的病害主要是病毒病，下面介绍几种主要的病毒病，但目前还没有特效的治疗方法，以预防为主。

1. 白斑综合征

（1）病原　白斑综合征病毒（White spot syndrome virus，WSSV），是一种椭球型的杆状DNA病毒，呈规则的几何对称，直径120～150nm，长270～290nm，病毒囊膜一端带有一条类似鞭毛的延伸物。除去外部囊膜，核衣壳呈杆状，直径65～70nm，长300～350nm。病毒内包含有一个双链环状的DNA，大小约为300kb。

（2）症状　WSSV引起系统感染，主要感染真皮、前后肠上皮、造血组织、结缔组织、鳃、触角腺、血细胞、神经和横纹肌等。感染初期的虾只在头胸部表皮上出现白色点状的病征，随着病情的发展，白点状的病征会持续扩大或彼此愈合成较大的圆盘状病征。急性感染引起对虾摄食量骤减，头胸甲与腹节甲壳易于被揭开而不黏着真皮，甲壳上可见十分明显的直径为0.5～2.0mm的白斑，有时发病后期还会伴随全身变红的病征出现。病虾常会出现体表变色、食欲下降、活动力减弱、持续在水面浮头等现象。

（3）防治措施　对WSSV的防治是一个系统而复杂的工程，涉及的方面很多。随着对WSSV流行病认识的加深和新技术的发展，对WSSV的防治措施的操作性也逐渐加强。总体上来说WSSV的防治采取以"预防为主，治疗为辅"的方针，目前利用生物防控生态技术可以较好地控制对虾的WSS。

①消除生产中垂直传播的传染源　WSSV垂直传播的传染源是携带WSSV的亲虾。目

前已有众多分子生物学方法，如 PCR、核酸探针和免疫学方法，这些方法敏感性高、特异性强，因而在亲虾选育中可采用这些方法选育没有携带 WSSV 的虾作为亲虾，从而切断 WSSV 的垂直传播途径。除此之外，建立无 WSSV 对虾品种。

②切断 WSSV 垂直传播的传染途径　育苗期仔虾的 WSSV 检测是目前切断 WSSV 进入对虾养殖期的主要手段。世界上多采用 PCR 检测法，一般为套式 PCR 法，也有用核酸探针的检测方法和单克隆抗体的检测方法。虽然上述 WSSV 的检测方法在国内都有应用，但普及率比较低，同时，由于检测育苗期仔虾数量的局限性，无法准确地判断一批数量较大的虾苗是否为完全携带 WSSV 的仔虾，因而在一些国家 PCR 检测法也是常用的对虾苗检测和选购参考的手段。

③消除 WSSV 的水平传播的传染源和传播途径　WSSV 的宿主种类多，已发现和确定的有近 40 种，每一个种类都是 WSSV 的水平传播的传染源。在 WSSV 暴发流行初始阶段，主要是受 WSSV 保存宿主的影响，已知的保存宿主为养殖的对虾和野生的东方白虾、长臂虾、日本樱虾等和大量的蟹类。因而，在清塘时一定要将上述几种生物消除掉。何建国等在上万亩虾场的实验中发现，消除水平传播传染源的措施会起到较好的养殖效果。与此同时，要切断对虾养殖过程中的 WSSV 的水平传播途径，在虾塘进水口安装过滤网，由虾塘内至外的滤网分别为 60、40、20 目绢网，这样既可以不影响进排水，又可以防止较大型生物进入养殖池中，从而减少了 WSSV 的传播。此方法经对虾养殖实践，效果还是比较理想。

④加强水质的监控　从 WSSV 潜伏感染到急性感染，一方面与对虾个体大小有关，另一方面是受水体理化因子和气候影响，因而水质的监控在养殖过程中至关重要。日常监测指标应包括盐度、pH、温度、S^{2-}、NH_3-N、NO_2^--N 等。温度是病毒暴发流行的前提条件之一，也是在养殖过程中目前较难控制的因素。养殖对虾在低盐、低氨氮、低亚硝酸氮的条件下，体内潜伏病毒数量会减少，而不易暴发病毒病。所以为防病应提倡低盐度养殖对虾，同时，通过增加氧气、改善水质，减少氨氮和亚硝酸氮。阴天、雨后、台风过后，水体 pH 的调节至关重要，一般 1d 内 pH 相差不超过 0.5，如超过 0.5 则应立即调节。通过上述措施的处理，可减少 WSSV 的暴发流行。

⑤适当采用水体消毒剂　虽然水体消毒剂不能防止 WSSV 的传播，但是有些消毒剂（如氯制剂）可杀死游离病毒、降低细菌和调节水质，有时也能减少氨氮，从而相对减少 WSSV 的暴发流行。

⑥采用过滤的相对独立的对虾养殖模式　海水经过过滤（有多种方式）和消毒后，一方面可以过滤掉大部分生物，包含了 WSSV 的宿主生物；另一方面改善了水质，有利于 WSSV 的控制。同时，经过消毒处理后，可杀死所有 WSSV 的宿主生物，经过 7d 的静止后，宿主携带的 WSSV 已经不具有感染性。

2. 桃拉综合征

（1）病原　桃拉病毒（Taura syndrome virus，TSV），一种无囊膜的、大小为 32nm、二十面体的单股正链 RNA 病毒，传播方式分为垂直传播和水平传播，水平传播主要通过摄入死亡的感染虾和与含有病毒的水接触而发生，也可由接触水生昆虫和海鸟的肠容物和粪便传播。

（2）症状　病虾感染 TSV 后，通常于池边成群巡游，严重者于水面漫游，无力，反应迟钝，不摄食，消化道内无食物，甲壳变软，步足蚀断，溃疡，触须、虾体、胃肠道发红，尤其是尾扇和胸甲变红（"变红"是病虾血红细胞浸润的一种炎症反应）。

凡纳滨对虾从 $P_1 \sim P_{14}$ 到将入池时易发生桃拉综合征，因此，感染 TSV 的对虾一般在 $0.05 \sim 5.00g$，更大的虾也可能感染。可将其区分为急性发病期和恢复（或慢性发病）期。在急性发病期，濒死虾全身淡棕红，尾扇和后足明显发红（因此又称"红尾病"），典型壳软，空肠，几乎全体表、所有附器、鳃、胃、后肠、食管的表皮上皮多病灶坏死。而在恢复（慢性发病）期，病虾举止与摄食和正常虾一样。

（3）防治措施

①彻底消毒　彻底清淤消毒，使用无污染、不带病毒、病菌的水源，加水换水最好是用淡水。无淡水水源的，对虾要经过 50d 饲养后方可换水。

②调节水质　保持水色良好与稳定，定期使用光合细菌、乳酸杆菌、沸石粉等。

③放养健康虾苗　放养不带病毒病菌的健康虾苗，投喂高蛋白营养饲料。

④投喂防病药物　定期投喂一些防病和提高免疫抗病能力的药物。虾苗长至 $3 \sim 5cm$ 时易发病，此时应注意水体消毒，具体用量：聚维酮碘（10%）$1\,875g/hm^2$（可与大蒜、维生素 C 共用），或用双链季铵盐碘 $1\,500 \sim 2\,400mL/hm^2$，或用二溴海因 $1\,500 \sim 3\,000g/hm^2$。

3. 传染性皮下和造血组织坏死病

（1）病原　传染性皮下和造血组织坏死病毒（Infectious hypodermal and hematopoietic necrosis virus，IHHNV），是已知最小的对虾病毒。无囊膜包被，为二十面体结构，直径为 $20 \sim 22nm$，内含约 3.9kb 的单股线性 DNA。

（2）症状　对虾在感染 IHHNV 后表现为典型的慢性病。感染 IHHNV 的凡纳滨对虾表现生长缓慢、身体畸形、死亡率低，所以又被称为慢性矮小残缺综合征（Runt-deformity syndrome，RDS）。典型临床症状是：头胸甲的额角畸形，触角鞭毛皱褶，表皮粗糙无光泽，发病严重的出现残缺，头胸部发生病变，第六腹节和尾节形状改变，行动迟缓，处于慢性消耗状态，导致个体小、畸形。

（3）防治措施

参考白斑综合征防治方法。

4. 黄头病

（1）病原　黄头病毒（Yellow head virus，YHV）。YHV 是有囊膜的单股正链 RNA 杆状病毒，直径 $40 \sim 60nm$，长 $150 \sim 200nm$。

（2）症状　患病虾有一个吃食量增大然后突然停止的过程，一般 $2 \sim 4d$ 出现头胸部发黄和全身发白，肝胰腺变软并由褐色变为黄色。许多濒死虾聚集在池塘角落的水面，通体苍白，头胸部黄色肿大，鳃由白到淡黄到棕色，肝胰腺变为淡黄色，所以有"黄头病"之称。

（3）防治措施

①预防　对种苗场、良种场实施防疫条件审核、种苗生产许可管理制度。加强疫病监测与检疫，掌握流行病学情况。通过培育或引进抗病品种，提高抗病能力。加强饲养管理，切断疾病的传染途径。

②处理　无疫区内禁止检疫阳性亲虾和种苗的引入；新疫区内检疫阳性的亲虾和种苗应扑杀并消毒；老疫区内检疫阳性亲虾应隔离。检疫阳性种苗应仅在本地使用，禁止用于繁殖

育苗、放流或直接作为水产饵料使用。

③划区管理　根据水域和流域的自然隔离情况划区，并实施划区管理。

5. 十足目虹彩病毒病

（1）病原　十足目虹彩病毒 1 型（Decapod iridescent virus 1，DIV-1）。

（2）症状　具体症状为生长缓慢，肌肉发白，肝胰腺色浅萎缩，大量死亡等。

（3）防治措施　目前尚无有效的治疗方法，只能以防代治。

6. 偷死野田村病毒病

（1）病原　偷死野田村病毒（Covert mortality nodavirus，CMNV）。CMNV 是一种无囊膜的二十面体病毒，属于野田村病毒科（*Nodaviridae*），目前暂时没有测通其全基因序列。

（2）症状　在 CMNV 感染的养殖池塘中，凡纳滨对虾发病较为缓慢，伴随着整个养殖周期。目前，有关 CMNV 的其他流行病学信息还非常有限。

（3）防治措施　预防为主。

二、细菌性疾病的防治

细菌性疾病在对虾养殖中最为常见，而且是危害较大的一类疾病。与病毒性疾病不同，细菌性疾病病原可以进行培养，在光学显微镜下一般可见，而且用化学药物可以进行防治，从形态上，细菌可以分为球菌、杆菌和螺旋菌 3 大类。有些细菌是条件致病菌，即平时生活在海水中、底泥中或健康的虾体上，并不导致对虾发病，但在虾体受伤或在环境条件对虾不利时，就能侵入虾体并引起疾病。

1. 红腿病（红肢病、败血病）

（1）病原　副溶血弧菌、鳗弧菌和溶藻弧菌。

（2）症状及病理变化　本病是由弧菌侵入虾体血液而引起的全身性疾病。主要症状是病虾附肢变为红色或暗红色，特别是游泳足最为明显，腹部白浊，背部弯曲。有的病虾体表甲壳有黑色溃疡斑点；鳃有时呈现黑斑，有的变为红色、灰色或土黄色；鳃组织变厚，脆弱破损或空泡变性。病虾表现为离群独游，行动呆滞，不能控制行动方向，蒙头转向，时而在水面打转或在池边爬行。重者倒伏在池边，发病后 2～4h 开始死亡。

（3）防治措施　主要是在放养前将虾塘彻底清池、消毒，放养密度不宜过大，养殖期间保持水质良好。夏秋高温季节，池底呈酸性的池塘，需定期适量泼洒生石灰。

发病时可用浓度为（0.3～0.5）×10^{-6} 二溴海因消毒杀菌，或用占饲料 1%～2% 的大蒜，将其捣烂，打成浆，加水拌饲料连续投喂 3～5d。

2. 烂眼病

（1）病原　非 01 群霍乱弧菌。

（2）症状及病理变化　发病初期，病虾眼球肿胀并由黑色变为褐色，以至于溃烂（像白膜一样），严重时眼球烂掉，剩下眼柄。随之病情恶化，全身肌肉发白，行动缓慢，常匍匐在水草上或虾塘边，有时在水面旋转翻滚，通常在一周内陆续死亡。一般在低盐、高温和微碱性的水体中发生较多。

（3）防治措施　主要保持水质良好，尽量避免虾体受伤，一旦发病，用漂白粉（0.6～

1.0）×10⁻⁶连续泼洒 2～3d，可以控制病情。

3. 褐斑病

（1）病原　从病灶上分离出来的细菌有许多种，隶属于弧菌属、假单胞菌属、螺菌属和黄杆菌属等，但是这些细菌不可能是原发性病因。诱发的原因可能是机械损伤或营养不良，或者是重金属离子等。

（2）症状及病理变化　褐斑病在我国的越冬亲虾中最为流行，危害很大。病虾体表的甲壳发生溃疡，形成黑褐色的凹陷，周围较浅，中部较深，边缘发白，多为圆形或不规则斑块，无固定部位，躯干和附肢均可发生，但以头胸甲和第 1～3 腹节的背侧面较多。肉眼看上去对虾体表有许多黑褐色的斑点，所以称为褐斑病。养成期的对虾也偶发此病，但一般发病率低，危害不大。

（3）防治措施　投喂营养全面的优质饵料，保护水质不受污染，定期泼洒含氯消毒剂等，另外在捕捞、运输、筛选等操作过程中，仔细小心，严防虾体受伤。养成期间发生褐斑病可采用红腿病的治疗方法，越冬期需经常换水，保持水质清新。

4. 气单胞菌病

（1）病原　在养殖的对虾疾病病原中已发现 3 种气单胞菌，即嗜水气单胞菌、豚鼠气单胞菌和索布雷气单胞菌。

（2）症状及病理变化　由嗜水气单胞菌和豚鼠气单胞菌引起的虾病，主要症状是鳃丝局部或全部变黑坏死，鳃盖内膜有时也部分变黑，肝胰脏肿大。镜检鳃丝水肿，有时顶端愈合，重者坏死变黑；心脏组织中有黑点。由索布雷气单胞菌引起的虾病，主要症状是鳃区发黄，多数病虾触角断掉，肝胰脏萎缩，最显著的病理变化是淋巴样器官、心脏、中肠组织中出现黑色结节，结节外围有大量血细胞包围，结节中心有细菌，鳃丝也变黑坏死。3 种菌引起的共同症状是体表有损伤，体表和鳃上有附着物，血淋巴混浊，凝固性差或不凝固，血淋巴和鳃丝中均有细菌活动。

（3）防治措施　可以采用防治红腿病的方法来防治气单胞菌病。

5. 丝状细菌病

（1）病原　丝状细菌中最常见的为毛霉亮发菌（也叫做发状白丝菌），另外还有发硫菌。

（2）症状及病理变化　丝状细菌附着在对虾的卵、幼体的体表和成虾的鳃和体表各处，一端附着，另一端游离。它仅以宿主为生活的基地，用黏液样物质附着在宿主体表，并不侵入体内组织，不会从虾体上吸取营养成分，也未发现宿主组织对丝状细菌的附着有明显的反应。属于体表附着物或体外共栖生物。但是有人认为发亮菌内有 1 种内毒素，属于类脂多糖类，可能对虾体有毒害作用。细菌附着在鳃上，对对虾的危害最大，因其附生的数量很多。成丛的菌丝布满鳃丝表面，菌丝之间还往往黏附着许多原生动物、单细胞藻类、有机碎屑和其他污物，因而使鳃的外观呈黑色。但在显微镜下检查时鳃丝组织一般不变黑，仅有少数病例鳃丝内部有棕色点。鳃丝外观呈黑色是菌丝间的黏附物造成的。这些菌丝和黏附物阻碍了水在鳃丝间的流通，隔绝了鳃丝表面与水的接触，妨碍了呼吸，并且细菌和污物也消耗氧，这是引起对虾死亡的主要原因。另外，在体表和鳃丝上附着丝状细菌数量很多的虾往往蜕皮困难，最终死亡。这可能是因为丝状细菌对蜕皮有机械的阻碍作用，并且对虾在蜕皮时需氧比平时多，细菌阻碍了氧的供应。丝状细菌的发生与养虾池中的水质和底质有密切关系。池水和底泥中含有机质多时最易发生。因此，丝状细菌也可作为水环境污染的指标。丝状细菌往往与钟虫、聚缩虫等固着类纤毛虫和壳吸管虫、莲蓬虫等吸管虫类同时存在，这就更加重了它的危害性。丝状细菌的发生没有明显的季节性，从春季对虾产卵孵化到越冬亲虾都可发生，但主要发生在 8—9 月对虾养殖的高温季节。

（3）防治措施

①预防　主要是保持水质和底质清洁，即在放养以前彻底清除池底淤泥并消毒。在养殖期间保证饵料营养丰富，投饵量适当，促使对虾正常蜕皮和生长，蜕皮时丝状细菌就可随着老的甲壳一起蜕掉。另外，放养密度切勿过大，要适当换水。

②治疗　全池泼洒茶子饼，使其在池水浓度为 $12\sim15g/m^3$，促使对虾蜕皮。蜕皮后要大换水。全池泼洒高锰酸钾，使其浓度 $5g/m^3$，6h 后大换水。越冬亲虾可用 $25g/m^3$ 的甲醛溶液药浴 24h 后换水。$1g/m^3$ 的氯化铜溶液对控制丝状细菌也有效果。

6. 白黑斑病

（1）病原　病原尚未确定。有些病虾的血淋巴中已检查并分离出弧菌，但人工感染未成功，可能为继发性感染。所以暂时将此病列入细菌性疾病中。此外，此病可能与配合饵料中缺乏维生素 C 有关。

（2）症状及病理变化　最主要的症状是在对虾腹部每一节两侧甲壳的侧叶上出现一个白色斑点，斑点的直径为 0.5cm 左右，形状规则。肉眼观察，对虾侧面呈一列白斑。重病虾的附肢及全身腹面的甲壳也略呈白色，这时对虾就可能死亡，但多数的病虾，侧叶上的白斑随着疾病的发生逐渐变黑，到后期则成为一列黑斑。同时肢鳃上也有黑斑，肉眼可看到鳃呈黑色。但在显微镜下仅看到肢鳃上有 1 个黑斑，其他鳃丝一般无异常变化。少数病虾在腹部的背面第一节与第二节的交界处的甲壳处也有形状不规则的黑斑。因为先发生白斑，以后变为黑斑，故名白黑斑病，发生白斑或黑斑处甲壳的几丁质部分并未受到损伤，剖开病灶并在显微镜下观察，可发现在甲壳以下的组织中有一团棕色或黑色坏死的血细胞。

（3）防治措施　防治方法基本上与红腿病相同，但应注意可以在饵料的原料中混入稳定性维生素 C 制成配合饵料投喂；也可以在配合饵料上喷洒维生素 C 溶液，喷完维生素 C 溶液后，再喷一层植物油，剂量为饵料重量的 $0.5\%\sim1\%$，喷植物油的目的是防止饵料入水后维生素 C 快速溶失于水中，喷完后待油被饵料完全吸入后即可投喂。

7. 对虾荧光病

（1）病原　弧菌。

（2）症状及病理变化　成体对虾发病先是在鳃、头胸部、腹部的腹面发荧光，严重时全身均发荧光；病虾的触须易断，摄食减少或停止，缓慢游于池边，反应迟钝，镜检可见体内充满细菌。成虾发病多在养成中、后期及池中有机质多的 7—9 月份高温季节，少数在 10 月份，发病率较低，且多为慢性型，当与红腿病、丝状细菌病、累枝虫、壳吸管虫等病并发时，则病情加重，死亡率增大。

（3）防治措施

①预防　养成池放苗前要彻底清塘，除去池底过多淤泥；养成期间经常换水，保持优良水质，定期泼洒底质改良剂，如沸石粉、过氧化钙等，增强对虾的抗病能力。

②治疗　可全池泼洒消毒剂，如氯制剂、溴制剂等。

8. 急性肝胰脏坏死综合征

（1）病原　一类携带有特定致病基因的弧菌，其中主要是副溶血性弧菌。弧菌携带的两个毒性基因 *PirA* 和 *PirB* 是急性肝胰脏坏死综合征发生的主要毒力因子。

（2）症状及病理变化　凡纳滨对虾患病后，肝胰腺组织储存脂肪的细胞囊泡数量明显降低，细胞分泌活动减少，分泌细胞退化，胚胎细胞有丝分裂减少，坏死的细胞从肝胰腺肾小管基底膜掉入消化腔和肠道；肝胰腺中央区域的分泌细胞、纤维细胞和吸收细胞排列紊乱，并向外侧蔓延；细胞核发生不同程度的肿大；组织间隙出现大量的红细胞。患病虾肠壁变薄，肠腔变小，肠黏膜脱落，肠内无食物或粪便，中肠管壁细胞出现自溶现象。

（3）防治措施

①预防　彻底清塘，杀灭病原体；对养殖水体进行消毒。选择不带病原的健康虾苗和种虾；在饲料中添加地衣芽孢杆菌和枯草芽孢杆菌，可提高凡纳滨对虾的抗感染能力。

②治疗

生物防治　用对虾与罗非鱼混养来防治急性肝胰脏坏死综合征，罗非鱼的存在能有效帮助微生物系统应对突然变化，降低发病率。在虾塘中低密度放养罗非鱼，还控制底栖藻类，清理塘底，清除死虾，去除病原。

药物防治　用 $0.5 \sim 1mL/m^3$ 的 10% 聚维酮碘溶液消毒，再用 $0.8mg/L$ 五黄粉或 $0.2mg/L$ 聚六亚甲基胍盐酸盐全池泼洒，连用 2d。

三、真菌性疾病的防治

1. 白斑病

（1）病原　白斑病的病原体基本上可以定为一种真菌，因为 80% 以上的白斑内均发现有真菌菌丝，但未进一步鉴定。未发现真菌的白斑，也不能排除真菌的感染，因为白斑处的组织钙化，坚硬而不透明，在显微镜下不易观察，但也不能排除真菌是继发性感染的，应进一步深入研究。

（2）症状及病理变化　病虾体表的甲壳上有稍带粉红色的白斑。白斑的大小和形状不规则，最容易出现在对虾的头胸甲上，严重者整个头胸甲都变白色，其次是腹部和两侧白斑处的甲壳表面无明显变化，只是失去透明性。将白斑解剖时，可看到甲壳下有一层厚 0.20mm 的坚硬物质，可能是钙质沉淀，不易与甲壳分离，坚硬物质之下的组织紊乱或溃烂，易与坚硬部分分离。白斑病的分布地区很广，但都发生在越冬亲虾上，各地亲虾越冬场都可发生。

（3）防治措施

①严防亲虾受伤　白斑病的发生可能与亲虾受伤有关，因此应严防亲虾受伤。发现病虾后应立即捞出，隔离饲养，防止传染其他亲虾。

②甲醛溶液浸洗　在亲虾入池时用 $250g/m^3$ 的甲醛溶液浸洗 $3 \sim 5min$。已发现白斑病的可用 $35g/m^3$ 甲醛浸泡病虾 24h。

2. 镰刀菌病

（1）病原　镰刀菌的菌丝呈分支状，有分隔，生殖方法是形成大分生孢子、小分生孢子和厚膜孢子。

（2）症状及病理变化　镰刀菌寄生在鳃、头胸甲、附肢、体壁和眼球等的组织内。其主要症状是被寄生处的组织呈黑色。镰刀菌的寄生除了对组织造成严重破坏外，还可产生真菌毒素。

（3）防治措施

对虾在放养前应将池塘彻底消毒。据有关报道，用 $6.2g/m^3$ 二氯异氰脲酸钠在 10min 内可将分生孢子全部杀死。

3. 虾肝肠孢虫病

（1）病原　虾肝肠胞虫，属于真菌界、微孢子虫门。2009 年，Tourtip 等在泰国的斑节对虾的肝胰腺上分离到一种微孢子虫，经过 SSU rRNA 序列同源性比对以及疟原虫寄生的位置，将其命名为虾肝肠胞虫，其成熟的孢子呈现卵形，大小在 $0.7\sim1.1\mu m$，对虾感染该病原后不会死亡，但严重时肠道发炎，肝胰腺萎缩、发软和颜色变深，个别病虾可排白便。虾肝肠胞虫被认为与养殖对虾的生长缓慢相关，目前已在东南亚多个国家检测出此微孢子虫，虽不会引起对虾的死亡，但是会导致养殖对虾大小的参差不齐，给水产养殖业造成严重损失。对虾感染该病后，肝胰腺会遭到很大程度的破坏，更容易被其他病原所侵染。在对虾肝肠孢虫病和早期死亡综合征进行共感染时发现，患有虾肝肠孢虫病的虾相较于健康虾更容易感染上早期死亡综合征。

（2）症状及病理变化　患病的凡纳滨对虾的组织学检测显示其肝胰管严重变性，在上皮细胞中发现了类似于虾肝肠孢虫病发育阶段的嗜碱性包涵体，并且在管状腔中观察到大量孢子聚集。感染该病后，宿主的糖酵解和氧化磷酸化都已丧失。

（3）防治措施　对于虾肝肠胞虫来说，国内外至今未发现能有效治疗的药物，生产上也只能加强预防，养虾池在放养前应彻底清淤、消毒；加强亲虾和虾苗检疫，发现受感染的虾或已病死的虾时，立即捞出并销毁。

四、原虫性疾病的防治

1. 固着类纤毛虫病

（1）病原　病原包括缘毛目、固着亚目中的许多种类。常见种类有聚缩虫、钟虫、累枝虫等。这些纤毛虫的身体构造大致相同，都呈倒钟形。

（2）症状及病理变化　固着类纤毛虫是以细菌或有机碎屑为食，并不直接侵入宿主的器官或组织，仅以宿主的体表和鳃作为生活的基地，因此，固着类纤毛虫不是寄生虫，而是共栖动物。它们共栖在对虾生活的各个时期，数量不多时，肉眼看不出症状，危害也不严重。在宿主蜕皮时就随之蜕掉，但数量很多时，危害就非常严重。附着的部位是对虾的体表和附肢的甲壳及成虾的鳃上，甚至眼睛上。在体表大量附生时，肉眼可见有一层灰黑色绒毛状物。固着类纤毛虫最常出现在对虾幼体头胸甲的附肢基部和尾部，在成虾中则最常出现在鳃上和头胸甲的附肢上。感染严重的虾，鳃丝上布满了虫体，这些虫体经常与丝状细菌或其他原生动物同时存在。虫体之间还黏附一些单细胞藻类、有机碎屑和污物等，肉眼看去鳃部变黑，所以有人也称为黑鳃。患病的成虾或幼体，游动缓慢，摄食能力降低，生长发育停止，不能蜕皮，这样就更促进了固着类纤毛虫的附着和增殖，结果会引起宿主的大批死亡。

（3）流行情况：固着类纤毛虫的分布是世界性的，在我国沿海各地区的养殖场和育苗场经常发生，是常见的虾类寄生虫病，尤其对幼体危害严重。该病在对虾人工育苗期常发生于

4—5 月，而养殖期常发生于 7—9 月。

（4）防治措施

①保持水质清洁是最有效的预防措施。

②养成期可用茶粕全池泼洒，使池水中茶粕浓度为 $10\sim15g/m^3$。

③亲虾越冬期可用 $20g/m^3$ 的甲醛浸洗病虾 24h。

2. 微孢子虫病

（1）病原　寄生在对虾上的微孢子虫，已在文献中报告的有 3 属 4 种。

（2）症状及病理变化　4 种微孢子虫中有 3 种主要感染对虾横肌、纵肌，使肌肉变白混浊，不透明，失去弹性。所以此病在国外也叫做乳白虾或棉花虾。对虾八孢虫主要感染卵巢，使卵巢肿胀、变白色、混浊不透明。在鳃和皮下组织中出现许多白色瘤状肿块。

（3）流行情况　微孢子虫病在南北方养殖场均有发现，在广东和广西是一种较为常见且危害较大的病，养殖的对虾均可被感染。健康的对虾捕食了被微孢子虫感染的病虾后可感染，微孢子虫的营养体在宿主消化道结缔组织间的血细胞中进行发育和增殖，之后就扩展到全身的横纹肌中进行孢子生殖。

（4）防治措施　此病尚无治疗方法，主要加强预防，养虾池在放养前应彻底清淤、消毒，发现受感染的虾或已病死的虾时，立即捞出并销毁，防止被健康的虾吞食，或死虾腐败后微孢子虫的孢子散落在水中，扩大传播。

3. 吸管虫病

（1）病原　主要有多态壳吸管虫和莲蓬虫。多态吸管虫虫体形状变化很大。

（2）症状及病理变化　两种吸管虫都共栖在对虾体表和鳃上，少量虫体共栖不显症状。当大量共栖时，由多态壳吸管虫引起的疾病，会使病虾体表和鳃呈深黄色；由莲蓬虫引起的疾病，会使病虾体表和鳃呈铁锈色。病虾体表和鳃上呈一层绒毛状物，影响对虾呼吸和蜕皮，在池水溶解氧不足时，可引起死亡。

（3）流行情况　此虫的分布非常广泛，全国各养虾场都可发现，对宿主无严格选择性，各种对虾都可共栖。流行季节为夏季和秋季，一般共栖数量不多时，危害不大。

（4）防治措施　可参考固着类纤毛虫病。在稚虾暂养池中发现时，也可在分池时将病虾用 $200\sim250g/m^3$ 的甲醛溶液浸洗 $3\sim5min$。

4. 拟阿脑虫病

（1）病原　蟹栖拟阿脑虫，虫体呈葵花子形，前端尖，后端钝圆。虫体大小平均 $46.9\mu m\times14.0\mu m$，最宽在后 1/3 处。虫体大小与营养有密切关系。全身具 11 或 12 条纤毛线，略呈螺旋形排列，具均匀一致的纤毛。身体后端正中有 1 条较长的尾毛。体内后端靠近尾毛的基部有 1 个伸缩泡。绳梯前端腹面有 1 个与体形相似的胞口。蛋白银染色的标本可看到口内有 3 片小膜，口右边有 1 条侧膜；大核椭圆形，位于身体中部，小核球形，位于大核左下方，或紧靠大核上。

（2）症状及病理变化　病虾外观无特有症状，仅额剑、第二触角及鳞片的前缘、尾扇的后缘、尾节末端和其他的复肢等处有不同程度的创伤。有的病虾则具有褐斑病和红腿病的症状。拟阿脑虫最初是从伤口侵入虾体，到达血淋巴后，迅速大量繁殖，并随着血淋巴的循环，到达全身各器官组织。在疾病的晚期，血淋巴中充满了大量虫体，使血淋巴呈混浊的淡白色，失去凝固性，血细胞几乎全部被虫体吞食，虫体侵入到鳃或其他器官组织后，因虫体在其中不停地钻动，使鳃及其他组织受到严重的机械损伤，造成呼吸困难，窒息死亡。

（3）流行情况　拟阿脑虫目前仅发现在越冬的亲虾上，并成为越冬亲虾危害最严重的一种疾病。此病于1984年冬季首先发现于辽宁省东港市和山东省莱州市，以后几年已普遍流行于河北、辽宁、山东和江苏北部各对虾越冬场中。发病期一般从12月上旬开始，一直延续至3月亲虾产卵前。感染率和死亡率可高达100%，死亡高峰在1月。近几年因普遍推广了其防治方法，此病已很少发生。

（4）防治措施

①预防措施

严防亲虾受伤　亲虾在放入越冬池前，先用淡水浸洗3～5min，或用300g/m³的甲醛溶液浸洗3min。亲虾在捕捉、选择和运输时要细心操作，严防亲虾受伤。亲虾入池后要注意遮光，防止亲虾见光后跳跃，必要时在池边设拦网。

清除残饵　鲜活饵料应先放入淡水中浸洗10min再投喂。每天清除池底残饵。病死或濒死的虾应立即捞出，防止虫体从死虾逸出，扩大感染。

②治疗方法　在疾病的初期，即虫体仅存在于伤口浅处时，尚可治愈；当寄生虫已在血淋巴中大量繁殖时，则无有效治疗方法。常用治疗方法有：淡水浸洗病虾3～5min；甲醛溶液全池泼洒，使池水中甲醛浓度为30g/m³，12h后换水。

五、其他生物性疾病的防治

1. 虾疣虫病

（1）病原　病原为等足目中的一些寄生种类。俗称为"虾疣虫"或"鳃虱"。雌雄异体，雌体略呈椭圆形或圆形；雄体长柱状，较雌体小，附着在雌体腹部，共同寄生在虾的鳃腔中。

（2）症状及病理变化　从外表可看到对虾头胸甲一侧鳃区或两侧鼓起，形成膨大的"疣肿"，"疣肿"直径10mm以上，高度3～5mm。虫体的寄生可使虾鳃受到挤压和损伤，影响对虾的呼吸，有的引起生殖腺发育不良，甚至完全萎缩，使虾体失去繁殖能力。

（3）流行情况　在广西、广东沿海的短沟对虾和新对虾中发现此虫，感染率2%左右。

2. 蓝藻中毒病（血细胞肠炎）

（1）病原　Lighter（1982年）发现对虾摄食了底栖蓝藻后可中毒，并已证明可引起中毒的蓝藻主要为颤藻科的钙化裂须藻。此外，实验已证明颤藻科的咸淡水螺旋藻也具有致病性。大微鞘藻也很可能是致病蓝藻之一。这些蓝藻体内含有一种藻毒素，是由脂多糖类组成的内毒素。当对虾吞食了蓝藻后，藻体被消化破碎，释放出毒素，对虾吸收后中毒。

（2）症状及病理变化　主要症状为血细胞肠炎。病虾消化道中没有几丁质的部位发生黏膜坏死和血细胞浸润性炎症，最后与基底膜分离、溶解或脱落。血细胞浸润并大量积聚在上皮组织的基部。有的病虾肝胰脏萎缩或坏死，病虾嗜睡、厌食、体表略呈蓝色，皮上带有棕黄色或浅黄色斑点。生长缓慢，体长明显小于健康虾，腹肌不透明，鳃及体表往往有共栖生物附着，例如固着类纤毛虫和丝状细菌等。

（3）流行情况　血细胞肠炎可发生在所有的对虾和某些十足类中。此病在美国、巴西、菲律宾、以色列和我国已被报告。山东省的对虾中肠变红也可能是此病。病虾的死亡率最高可达 85％，但一般为 20％左右。

（4）防治措施　防止底栖蓝藻的生长。具体做法是提高水位，并通过施肥，投饵等措施促进有益的浮游植物的大量生长繁殖，以降低池水的透明度，使底栖蓝藻得不到足够光照，自然就可消失。

六、非寄生性疾病的防治

1. 痉挛病

（1）病因　痉挛病也叫肌肉痉挛综合征，可能是由于生理或营养的因素引起的，例如受到环境的压力。痉挛病的发生与海水中钾、钙等阳离子的变化有关系，也与饲料的成分有关系，痉挛病与虾体在高温时期的捕捞、捉拿也有密切关系，对虾受到刺激后很容易发生此病。

（2）症状及病理变化　病虾的腹部向腹面弯曲，严重者尾部紧贴在头胸部的腹面，身体僵硬，侧卧在水底，用手也不能拉直，腹部肌肉变白，坏死不透明，这样的虾很快就死亡。病情较轻的虾，腹部部分弯曲，腹部肌肉局部变白，尚可游泳，这样的虾有可能恢复。

（3）流行情况　痉挛病发生的地区和受害的虾类非常广泛。我国沿海养殖的凡纳滨对虾、中国明对虾、墨吉明对虾和长毛明对虾等都常发生此病。有的养殖场因此病遭受重大损失。

（4）防治措施

①投喂营养齐全、平衡的饲料。

②发病季节要勤灌水，多换水，提高水位，改善水质，降低水温。

③在高温季节尽量不要拉网捕捞，避免对虾受到惊扰发病。

2. 肌肉坏死病

（1）病因　肌肉坏死病主要由于不适宜的环境因素引起。已证实的病因有：水温过高，盐度过高或过低，溶解氧量低，放养密度大，水质受化学物质污染等，尤其是这些因素发生突然变化时更容易发病。有时对虾发生痉挛病、气泡病，以及体表附生大量共栖生物时也会引起肌肉坏死。

（2）症状及病理变化　主要症状是对虾腹部肌肉变白色，不透明，与周围正常组织有明显的界线，特别是靠近尾部腹节中的肌肉最常发生。以后坏死的区域迅速扩大到整个腹部。这样的虾一般在 24h 就可死亡。由于盐度和温度不适引起的肌肉坏死，开始时对虾表现出活动激烈，不安地连续游泳，或企图跳出池塘，10～30min 后活动迅速减缓，以至静止不动，这时多数虾就出现症状。

（3）流行情况　此病在养虾国家普遍存在，在我国南北各地都有发生，各种对虾都可患病。在我国北方主要发生在 7 月中旬至 8 月底的高温季节，死亡率一般较低，但有时也很高。

（4）防治措施

①在夏季高温期，应加强换水，并尽量保持高水位，防止水温过高和温度、盐度的突然变化，保持水质良好，溶解氧充足。防止污染的水进入虾池。

②发现症状后应尽快找出并消除致病因素，改善环境条件，可以使症状较轻和患病时间

较短的虾恢复正常。最有效的治疗方法是大换水并提高水位。

3. 黄曲霉素中毒

（1）病因　配合饲料及其原料如豆饼、花生饼等受潮后很容易产生黄曲霉和寄生曲霉菌，这些曲霉菌产生黄曲霉素。鱼、虾吃了这样的饲料后会中毒，并引起死亡。

（2）症状及病理变化　对虾中毒后的主要症状是肝胰脏、颚器官以及造血组织的坏死和炎症。急性和亚急性中毒时，肝胰脏小管的上皮组织坏死。慢性中毒时，管间有明显的血红细胞炎症，随着病情的发展，肝胰脏小管逐渐被囊化和纤维化，在急性中毒时则没有这种变化。

（3）流行情况　对虾养殖目前主要使用人工配合饲料。人工配合饲料及其原料如果长期储藏在温暖而潮湿的仓库中，就很容易产生黄曲霉素。

（4）防治措施　配合饲料及其原料的包装、保存和运输一定要防潮。已发霉的饲料绝对不能投喂，治疗方法尚无。

4. 维生素 C 缺乏病

（1）病因　投喂缺乏维生素 C 或维生素 C 含量不足的饲料，并且水中没有藻类时，几个星期以后，对虾就会发生此病。

（2）症状及病理变化　缺乏维生素 C 的病虾在腹部、头胸甲和附肢的几丁质下面，尤其在关节处或关节附近，鳃以及前肠和后肠的壁上会出现黑斑。病虾通常厌食，腹部肌肉不透明。

（3）流行情况　各种对虾的幼体都可患维生素 C 缺乏症。

（4）防治措施

①人工配合饲料中添加 0.1～0.2% 的维生素 C，可防止此病的发生和发展，轻者可以治愈，病重者不能恢复。

②适当投喂一些新鲜藻类。

5. 黑鳃病

（1）病因　已证明水质受到镉、铜、高锰酸钾、臭氧、原油、酸、氨、亚硝酸盐等物质的污染，均可引起对虾黑鳃症；防治虾病时使用的药物不当，如用硫酸铜或高锰酸钾剂量过大或次数过多时，铜离子可直接损伤鳃丝，高锰酸钾的锰可形成 MnO_2 黏附在鳃丝表面，引起黑鳃；食物中长期缺乏维生素 C，特别是长期投喂缺乏维生素 C 的人工饲料的虾池，易生黑鳃病。

（2）症状及病理变化　病虾外观鳃区呈一条条黑色花纹。镜检时可看到鳃丝局部弥漫性坏死，轻者呈褐色，重者变为黑色，坏死的鳃丝皱缩。

（3）流行情况　黑鳃病多发生在有工业废水污染的海区和底质恶化严重的虾池。各种对虾都可发生。发病季节一般为 7—9 月。

（4）防治措施

①池塘应彻底清淤、消毒。保持水池清洁，要适时适量换水。水源中如果有工业废水污染时，应采取封闭措施。

②使用硫酸铜和高锰酸钾治疗虾病时，次数不宜过多、过量，并且在施药数小时后就应大量换水，将残留的药物排掉。

③长期投喂配合饲料者，应定期在配合饲料上添加维生素 C。

④鳃组织已坏死变黑者，没有办法可以使其恢复原状。但是已发现有少数对虾发生黑鳃病时，就应大量换入清洁新鲜的海水，同时在饲料中添加维生素 C，并多喂鲜活饲料，以防止病情的进一步发展。

6. 浮头和泛池

（1）病因　在没有人工增氧的养虾池中，水中溶解氧的主要来源是浮游植物和底栖藻类在白天阳光照射下，进行光合作用时放出的氧；其次是注水时或下雨时随水流带入的氧；水面与空气接触，空气中的氧向水内溶解，并逐渐向深处扩散。氧在水冲溶解的数量及扩散的速度和范围受风浪、水流、温度和气压等因素的影响较大。有风浪时氧气可下达水的深层，并且空气中的氧还可继续向水中溶解，直到饱和为止。在无风浪的静水中，因为氧在水中扩散很慢，所以仅在近表面处有较多的氧，随着深度的增大，溶解氧就越来越少。气体的溶解度一般与水温成反比，与气压成正比，因此在水温较低，气压较高时，溶解氧充足。水中溶解氧的消耗，除了虾和其他水生动植物的呼吸以外，水和底泥中有机物质的氧化也要消耗氧。所以一般在天黑以后，虾池中水生植物停止光合作用时，溶解氧就开始逐渐减少，并且越近池底越少，在天亮以前达到最低点。天亮以后，水生植物光合作用开始，溶解氧的含量开始上升。基于上述原理，如果虾池中的虾放养密度过大，或浮游动物、底栖动物过多，或水池底泥中有机物质（包括饲料残渣、虾的排泄和排遗物、动植物尸体、有机肥料等）过多，再加上天气闷热无风，或连日阴天、下雾，虾池中的虾就可能在天亮以前发生缺氧，引起浮头或泛池。

对虾对于溶解氧的最低忍受限度一般为 1×10^{-6}，但这与虾的健康状况有很大关系，如发生聚缩虫病的虾在水中溶解氧浓度为 $(2.6 \sim 3.0) \times 10^{-6}$ 时就可窒息死亡。

（2）症状及病理变化　对虾浮头和鱼类一样，浮在水面，但不像鱼类浮头那样明显地张口吞气。虾死后沉于水底。

（3）流行情况　对虾浮头和泛池主要发生在 8—9 月份，因为这时水温较高，虾池中经过 3～4 个月的投饵，水底沉积了大量的残饵和粪便等有机物质，池水污浊，当天气闷热无风，对虾放养密度过大，水体交换不良时，对虾在半夜至天亮以前这段时间内就容易发生浮头和泛池。

（4）防治措施

①预防措施　放养前应彻底清除池底淤泥；放养密度切勿过量；投饵要适宜，尽量避免过多的残饵沉积池底；定期适量地换水，在 7 月下旬至 9 月期间应增加换水量，并缩短换水的间隔时间；每天傍晚测量池水中的溶解氧，发现溶解氧降至 2mg/L 以下时，就应加注新水，或换水，或开增氧机增氧。

②治疗方法　发现浮头后最好的急救方法是灌注新鲜海水，如有增氧机可开动增氧机增氧；在没有增氧机及无法加水的地方，可施放增氧剂，如过氧化钙等。使用增氧剂时应注意，一般放在离岸边 10～20m 处，而不是放在岸边，这样做可使放出的氧气都溶于水中，放药后还须加强观察，如放药不久又发生浮头现象，则须再放 1 次药，药量可比第一次少些。

加注新水和水泵抽水时要注意避免搅起池底，因为对虾浮头时表层的水中溶解氧还勉强维持虾的生存，越向下层水体中溶解氧越少，此时如果操作不当，将底层水搅起与表层水混合，外界的氧又不能及时溶入，则会促成对虾更快死亡。

七、在虾病防治过程中使用的养殖投入品

虾病的防控，首先要确立预防为主、治疗为辅的主体思路。对虾养殖环境的恶化是造成对虾病害发生的主要诱因之一。所以，在预防病害时尤其应该注意维持优良的养殖水环境，科学地选择和使用养殖投入物，为对虾提供一个良好的生活环境，同时强化其营养与免疫机能，建立多管齐下的病害防控方案才能取得理想的效果。对虾养殖投入品的选用应符合质量安全和环保的原则，防止化学药物残留，杜绝禁用药物。

（一）有益菌制剂

养殖过程中有效应用微生物技术，营造良好的养殖生态，有利于减少对虾的应激反应，促进对虾健康生长，抑制病毒病的发作和条件致病菌的繁殖，从而起到生态防病的效果。

有研究表明，带病毒的虾发病早晚以及是否发病与生态环境变化有关。换水、降雨、气温升降以及虾池内生物活动造成温度、盐度、pH 等环境因子突变，都是引发虾病的重要因素。有益菌的使用，既可减少对虾对环境因子的应激反应，又可减少病毒病暴发时诱发的病原细菌感染。

有益菌抑制细菌病的发生主要有以下几个方面的原因。一方面有益菌可以降解有机质，营造良好环境，减少病原细菌滋生；另一方面有益菌的使用，营造出的良好生态环境，利于对虾快速生长，缩短对虾在恶劣环境生长的时间；再者有益菌的使用，可以使有益菌群占据优势，抑制病原菌的繁殖，减少病原菌感染对虾的机会，从而减少细菌病的发生以及减少在病毒病发生时引发的病原菌继发感染。

1. 芽孢杆菌制剂 有益芽孢杆菌能够分泌丰富的胞外酶系，能高效降解养虾池中有机污染物。在对虾养殖中施放芽孢杆菌，能够快速降解养殖代谢产物，减少有机物在水体的累积，促进物质循环利用和优良浮游微藻繁殖，保持环境因子的稳定性，减少因环境因子骤然变化而引起的白斑综合征、桃拉综合征和传染性皮下组织和造血组织坏死病、对虾肝胰腺细小病毒病等病毒病的暴发；同时促进有益菌形成优势，抑制副溶血弧菌、溶藻弧菌、鳗弧菌和弧菌等病原菌繁殖，减少在病毒病发生时引发的病原菌继发感染，改善水体质量。

2. 光合细菌制剂 光合细菌能利用硫化氢、有机酸做受氢体和碳源，利用铵盐、氨基酸、氮气、硝酸盐、尿素做氮源。在对虾养殖中施加光合细菌，能够吸收水体中的氨氮、亚硝酸盐、硫化氢等有害因子，减少痉挛病及预防"死底"症、软壳病、肌肉坏死病、浮头和泛头等非寄生性疾病的发生。

3. 乳酸杆菌复合制剂 乳酸杆菌复合制剂由乳酸杆菌及酵母菌等多种微生物共培共生而成，可降解、转化大分子有机物，也可以吸收利用小分子有机物和无机物。在对虾养殖中施加 EM 复合菌剂，可分解有机物，吸收水体中的氨氮、亚硝酸盐、硫化氢等有害因子，减少痉挛病及预防"死底"症、软壳病、肌肉坏死病、浮头和泛头等非寄生性疾病的发生。

4. 硝化细菌复合制剂 硝化细菌复合制剂是一类具有硝化作用的化能自养细菌，它能通过硝化作用在好氧条件下将 NH_3 氧化为 NO_2^-，并进一步氧化为 NO_3^-，从中获得生长所需能源。通常硝化细菌在水体 pH 中性或弱碱性的环境下发挥效果最佳，在酸性水质中发挥效果较差。在养殖后期使用硝化细菌，可降解吸收养殖环境中的氨氮、亚硝氮等有害有毒物

质，减少痉挛病及预防"死底"症、软壳病、肌肉坏死病、浮头和泛头等非寄生性疾病的发生；同时保持水体环境的稳定性，对减少白斑综合征、桃拉综合征和传染性皮下组织和造血组织坏死病、对虾肝胰腺细小病毒病等病毒病的暴发具有良好的效果。但由于硝化细菌的繁殖速度较慢，20多小时才能繁殖一代，所以，一般情况下在施放4～5d后才能表现出明显效果。

（二）环境调控剂

1. 碳酸钙（农用石灰） 白色极细微的结晶性粉末，无臭，无味。在水中几乎不溶，在乙醇中不溶，在含铵盐或二氧化碳的水中微溶，遇稀醋酸、稀盐酸或稀硝酸即发生泡沸并溶解。可作为环境改良剂，用于培养繁殖浮游生物，调节pH，改善池水生态条件，预防烂鳃病等。应储存于干燥处，不可与液体酸类共储混运。

2. 氧化钙（生石灰） 白色或灰白色的硬块，无臭，易吸收水分，水溶液呈强碱性。在空气中能吸收二氧化碳，渐渐变成碳酸钙而失效。

是良好的消毒剂和环境改良剂，还可清除敌害生物。本品与水混合时所生成的氢氧化钙（消石灰）能快速溶解细胞蛋白质膜，使其丧失活力，从而杀死池中的病原体和残留于池中的敌害生物等。对大多数繁殖型病原菌有较强的消毒作用。作用时间短，其消毒作用强弱与解离的氢氧离子多少有关。能提高水体碱度，调节池水pH，能与铜、锌、铁、磷等结合而减轻水体毒性，中和池内酸度，增加二氧化碳；可提高水生植物对磷的利用率，促进池底厌氧菌群对有机质的矿化和腐殖质分解，使水中悬浮的胶体颗粒沉淀，透明度增加，水质变肥，有利于浮游生物繁殖，保持水体良好的生态环境；可改良底质，提高池底的通透性，增加钙肥，为动植物提供必不可少的营养物质。

3. 过氧化钙 白色、淡黄色粉末或颗粒，无臭，无味，难溶于水，不溶于乙醇及乙醚，溶于稀酸中生成过氧化氢。干燥品在常温下很稳定，但在潮湿空气中或水中可逐渐缓慢地分解，能长时间释放氧气。

可作为环境改良剂、杀菌消毒剂等，能增加水中溶解氧，并使游离的二氧化碳与释氧过程中产生的氢氧化钙反应生成碳酸钙沉淀；所产生的活性氧和氢氧化钙有杀菌或抑菌抑藻作用；并能调节水环境的pH，降低水中氨氮、二氧化碳、硫化氢等有害物质的浓度，使胶体沉淀，并能补充水生动物对钙元素的需要。主要用于鱼虾缺氧浮头的急救，高密度养殖中增氧，鱼种苗等活体运输，也可治理赤潮生物。应储存于干燥、阴凉通风处，不与酸、碱混合。

4. 沸石粉（活性沸石粉） 多孔隙颗粒，多为白色、粉红色，也有红色或棕色；软质（硬度2.0～5.5），有玻璃或丝绢的光泽（钠沸石、钙沸石为代表），偶尔也有呈珍珠光泽的（包括钠沸石、钙沸石等30多种）。其颗粒内有许多大小均一的孔隙和孔道。直径随品种而异，具良好的吸附性、吸水性、可溶性、离子交换性和催化性等优良性状，可用作水产养殖中的水质、池塘底质净化改良和环境保护剂。能有效地降低池底硫化氢毒性的影响，调节水体pH；增加水中溶解氧；为浮游植物生长繁殖提供充足的碳素，为多种动植物提供生长所必需的具有生物活性的元素，又能消除多种元素间的拮抗作用，提高水体光合作用强度，也是池塘良好的微肥。

5. 麦饭石 天然麦饭石是一种以氧化硅为主、含有多种元素和金属氧化物的矿物质，其内部含有众多的空隙和通道。质地较松软，性甘温、无毒。各地产品的组成成分略有差异，颜色也不尽相同。

麦饭石可用于净化水质，消除水中污物和排除生物体内的毒素和促进酶类的活力，增加水中溶解氧，防止对虾疾病发生和缺氧浮头。本品化学成分较丰富，其氧化铁可消解硫化氢，防止池底变黑。氧化钙是水体内厌氧菌群对有机质进行矿化作用的促进剂。麦饭石的化学元素自然溶出性能高。有较强的吸附性和阳离子交换能力，其对细菌的吸附能力在 6h 内可高达 96%，对有毒金属如铅吸附力达 98%。麦饭石可调节水体 pH，缓冲溶液酸碱度，所以有环境保护作用。其有毒成分较少，因此投放量并无严格限制。而其组成物中含有适量的硒和锗等生理活性元素，故能同时起到促进饲养对象快速生长的效果。

6. 膨润土（钠质膨润土，搬土） 白色，含杂质时呈淡绿色、浅红色至灰白色不等；手感松软；透气性能较好，有强烈的吸水性，入水后能迅速溶化成微小颗粒（体积能涨大 10～30 倍）。在水中呈悬浮和凝胶状，并有良好的阳离子交换性能和黏结力。

可用于净化水质，吸附和黏集水中悬浮物，使其沉淀和覆盖池低，从而起到降低池水富营养程度，减弱底土耗氧量和控制营养盐类的溶出速度的作用。对防治赤潮发生和缓解养殖池内对虾缺氧浮头有显著的作用。

7. 乙二胺四乙酸二钠（EDTA-2Na） 白色结晶性粉末，略臭，无味，易溶于水，须密封保存。1% 水溶液的 pH 为 11.8，不溶于醇、苯和氯仿，能与许多金属离子作用生成络合物。EDTA 是广谱的金属络合剂，可用作软水剂，预防和早期治疗重金属污染症。本品在自然水温升到 18℃ 时应用，可明显提高对虾卵子的孵化率，提高无节幼体和溞状幼体的变态率。EDTA 与铜、锌、铁、砷离子相互作用，形成不能被生物利用的形态，如铜和锌；相互间形成络合物形态，但它能被生物所利用，如铁；相互间不能起络合作用，不改变存在形态，也就不能改变它的生物效应，如砷。

由于 EDTA-2Na 价格较高，水产养殖中可用 1 份 EDTA 加温水溶解、搅拌，再与碳酸钠（EDTA 量的 36.3%）慢慢搅拌混合，生成 EDTA-2Na。1g/m³ 水体 EDTA 与 1.15g/m³ EDTA-2Na 水体的络合效果相当。

8. 硫酸铵（肥田粉、硫铵） 白色菱形结晶体。由于含有不同程度的杂质，颜色呈灰色甚至黄褐色，无臭，味咸，易溶于水。水溶液呈酸性，不溶于乙醇、丙酮和氨。有吸湿性，吸湿后可固结成块。遇碱、水泥、石灰会分解放出氨。为氮肥，用于前期繁殖基础饵料。密闭干燥保存。

9. 氯化铵 无色结晶或白色结晶性粉末，无臭，味咸；有吸湿性，不结块，便于储存。

为生理酸性化肥，含氮 25%～26%，易溶于水，但化学反应呈中性。在乙醇中微溶。为高效氮肥，在水体中所释放的铵离子能被浮游植物直接吸收；一部分的铵离子可被池底土壤胶体吸附，以后还可被其他离子交换释放出来而被藻类利用。

（三）水体消毒剂

1. 漂粉精（次氯酸钙） 白色或略带微灰色粉末或颗粒，有强烈氯臭；易溶于水，在热水和乙醇中分解；加热会急剧分解而引起爆炸；与酸作用放出氯气，与有机物及油类反应能引起燃烧；遇光易分解或发生爆炸，放出氧气和氯气。含有效氯 60%～65%。

可作为杀菌剂、消毒剂和水质净化剂，其作用基本同漂白粉，因其含有效氯比漂白粉高，溶解性和稳定性均较好。对对虾病原菌敏感，低浓度可杀灭大量致病菌。

2. 二氧化氯（稳定性二氧化氯）　在常温下为淡黄色气体，可溶于碱及硫酸。在水溶液中能被光分解，可制成无色、无味、无臭和不挥发的稳定性液体。在$-5\sim95℃$作用稳定。含稳定性二氧化氯2%以上。其消毒作用不受水质、pH变化的影响。

为广谱杀菌消毒剂、水质净化剂。其主要作用是起氧化作用，其氧化力居双氧水、次氯酸钠、高锰酸钾等之首，可使微生物蛋白质中的氨基酸氮化分解，从而使微生物死亡。可杀死细菌、芽孢、病毒、原虫和藻类，主要用于养殖池的水体消毒。其杀菌效力随温度的降低而减弱。

保存于通风阴凉避光处；盛装、稀释和喷雾容器应选用塑料、玻璃或陶瓷制品，忌用金属类，原液不得入口；喷洒消毒操作时不可吸烟，以免降低消毒效果；不可与其他消毒剂混合使用；所需消毒的器具表面应先洗去污物再行消毒，否则视不同情况须加大用药剂量；户外消毒不宜在阳光下进行。

3. 二氯异氰脲酸钠（优氯净）　白色结晶性粉末，有氯臭，含有效氯$60\%\sim64\%$（一般按60%计算）。性状稳定，室内保存半年后其有效氯含量降低0.16%，易溶于水，稳定性差。25℃时的溶解度为25%。水溶液的pH为$5.5\sim6.5$。

为杀菌消毒剂，杀菌谱广，对细菌的繁殖体、芽孢、病毒、真菌孢子等均有强杀灭作用，还有杀藻、除臭、净化水质作用。主要用于池塘水体及工具等消毒，防治多种细菌性疾病。

4. 三氯异氰脲酸（强氯精）　白色粉末，有轻微氯臭。有效期比漂白粉长$4\sim6$倍。遇水、稀酸或碱都分解成异氰脲酸和次氯酸。微溶于水，在水中释放游离氯，其水溶液呈酸性。含有效氯85%以上，在微生物作用下分解为二氧化碳和氨。

用作杀菌消毒剂，其作用同二氯异氰脲酸钠，杀菌力为漂白粉的100倍左右。保存于干燥通风处，不能与酸碱类物质混存或合并使用，不与金属器皿接触。药液现用现配，以晴天上午或傍晚施药为宜。

5. 聚维酮碘（聚乙烯吡咯烷酮碘）　黄棕色至红棕色，无定形粉末。在水或乙醇中溶解，溶液呈红棕色，酸性。在乙醚或氯仿中不溶。含有效碘为$9.0\%\sim12.0\%$。

为广谱消毒剂，与纯碘相比毒性小，溶解度高，稳定性较好。对大部分细菌、真菌和病毒等均有不同程度的杀灭作用，主要用于卵、水生动物体表消毒。一般在较低浓度下使用，杀菌力反而强。密闭遮光保存于阴凉干燥处。其杀菌作用因暴露于环境中而减弱。

6. 季铵盐络合碘　水体消毒剂，用于防治由细菌或病毒引起的红体、红腿、烂眼、溃疡、白斑、烂尾、断须、黑鳃、黄鳃、烂鳃等对虾疾病。

7. 溴氯海因　广谱消毒剂，用于虾池及用具进行消毒，预防对虾的白斑病、红腿病、褐斑病、烂鳃病、烂肢病、蜕皮障碍等疾病。

8. 螯合铜　本品除作为杀藻剂外，还可防治因水霉菌和柱状菌感染而引起的烂尾病、烂鳃病。

（四）抗菌类药物

1. 大蒜（或大蒜素）　有效成分为大蒜辣素，为白色油状液体，有强烈的蒜臭，是植物杀菌素，有杀菌作用，具有强烈的诱食气味可作为养殖对虾的诱食剂。新鲜大蒜头中无大蒜辣素，而有一种无色无臭的大蒜氨基酸，在大蒜酶的作用下，大蒜氨基酸变成大蒜辣素及二硫化丙烯基而发挥作用，有止痢、杀菌、驱虫及健胃作用，用于防治虾类肠炎病。

2. 大黄 有效成分为蒽醌衍生物，抗菌谱广，有收敛、增加血小板等作用，可以进一步激活对虾的免疫活性。用于防治细菌性肠炎、烂鳃。

3. 黄芩 含5种黄酮类成分，具有利胆、保肝作用，可提高对虾对病毒的抵抗力，用于防治细菌性肠炎、烂鳃、赤皮、出血病。

4. 穿心莲 含穿心莲内酯、新穿心莲内酯、脱氧穿心莲内酯等，有解毒、消肿、抑菌、止泻及促进白细胞吞噬细菌等功能，用于防治细菌性肠炎、烂鳃。

5. 黄柏 主要成分为小叶檗，具有清热、解毒、广谱抗菌作用，对一些真菌、病毒具有抑制作用。常与大黄、黄芩配合使用，用于防治细菌性肠炎、出血。

6. 五倍子 含鞣酸 $50\%\sim80\%$，因所含大量鞣酸对蛋白质有沉淀作用，可使皮肤、黏膜、溃疡的蛋白质凝固，造成一层被膜而呈收敛作用；有抑菌或杀菌作用。可防治肠炎病和烂鳃病。

7. 板蓝根 具有清热解毒凉血的疗效，还具有保护肝脏、利胆、消炎等作用，可提高对虾对病毒的抵抗力。

8. 黄连 主要成分为小叶檗（化学合成称之为黄连素），含量 5%，具有清热、解毒、抑制真菌、病毒的作用。常与大黄、黄芩配合使用。

9. 氟苯尼考 为广谱性抗生素，拌饵投喂。

10. 盐酸吗啉胍 又称为吗啉胍、病毒灵，为白色或灰白色晶体性粉末，无臭，味微苦，易溶于水。其作用原理是阻止病毒粒子的感染性核酸及蛋白的合成，从而抑制细胞内病毒的繁殖。

参 考 文 献

陈金玲，2012. 精养虾池主要生态因子变化特点与相关性分析 [J]. 南方水产科学（4）：49-56.

柯杨勇，2015.1株乳酸杆菌在凡纳滨对虾养殖中的应用效果 [J]. 热带生物学报，6（6）：18-25.

赖秋明，2003. 海水养虾新技术 [M]. 海口：海南出版社.

赖秋明，2009. 我国对虾养殖进程及养殖模式演变 [J]. 海洋与渔业（8）：37-40.

麦贤杰，2009. 对虾健康养殖学 [M]. 北京：海洋出版社.

邱亮，2018. 养殖对虾的病毒宏基因组分析及虾血细胞虹彩病毒（Shrimp hemocyte iridescent virus，SHIV）的分子流行病学研究 [D]. 上海：上海海洋大学.

苏树叶，2013. 南美白对虾 EMS 发病特点及防控 [J]. 海洋与渔业（6）：85-88.

王吉桥，2003. 南美白对虾生物学研究与养殖 [M]. 北京：海洋出版社.

王克行，1997. 虾蟹类增养殖学 [M]. 北京：中国农业出版社.

王克行，2008. 虾类健康养殖原理与技术 [M]. 北京：科学出版社.

吴琴瑟，梁华芳，2012. 南美白对虾规模化养殖技术 [M]. 北京：中国农业出版社.

俞开康，1999. 对虾健康养殖新技术问答 [M]. 北京：中国农业出版社.

赵若恒，2019. 虾肝肠胞虫的流行病学及防控药剂的筛选和效果的研究 [D]. 大连：大连海洋大学.

第七章 <<<

凡纳滨对虾育种技术

第一节 品种概念及育种目标

一、品种的概念

随着养殖业以及科学技术的不断发展，育种的重要性已被越来越多的人所认识，各地对良种的需求也十分迫切。实践证明，不管是鱼类、虾蟹类还是贝类，品种是养殖生产的物质基础，良种的选择和培育是增产的有效途径。因此，要发展"高产、优质、高效"的水产养殖业，就必须在品种上下功夫。也就是说，要大力开展育种研究，通过各种途径和方法，培育出各种各样的新品种，以保证水产养殖业的持续发展。

（一）品种的定义

品种的定义是指经多代人工选择育成的具有遗传稳定性，并有别于原种或同种内其他群体之优良经济性状及其他表型性状的动、植物，可用于生产或作为遗传学研究的材料。品种不是生物学上的一个分类单位，而是人类干预自然的产物，是作为生产上的经济类别存在的。通常所说的优良品种，就是指那些产量较高、质量较好且具有比较稳定的遗传性状的品种。

1. 原种　指取自定名模式种采集水域的或取自其他天然水域并用于养（增）殖（栽培）生产的野生水生动、植物种，以及用于选育种的原始亲本。原种必须具备下列性状：①具有供种水域中该物种的典型表型，无明显的统计学差异。②具有供种水域中该物种核型及生化遗传性状。③具有供种水域中该物种的经济性状（增长率和品质等）。④具有水生动、植物种的国家标准。

2. 种群　同一物种在某一特定时间内占据某一特定空间的一群个体所组成的群集，这些个体通过交配以及一定的亲缘关系发生联系，并享有共同的基因库。如果将种群与其分布地区结合起来考虑，即为地理种群。

3. 品系　品系和品种是两个不同的概念。品系是起源于共同祖先的一群个体。在遗传学上，一般指自交或近亲繁殖若干代后所获得的某些遗传性状相当一致的后代；在家畜种学上，指来源于同一头卓越系祖（公畜）的畜群，它们具有与系祖相类似的特征和特性，并且也符合该品种的标准；在微生物学上，亦称"菌株""菌系"和"小系,"一般指单一菌体的后代。品系可用于遗传学研究和品种培育。品系经比较鉴定，优良者繁育推广后即可成为品种。

4. 良种　指生长快、肉质好、抗逆性强、性状稳定和适应一定地区自然条件并用于养（增）殖（栽培）生产的水生动、植物种。良种必须具备下列性状：①优良经济性状的遗传稳定性在95％以上。②其他表型性状遗传稳定性在95％以上。

（二）品种必须具备的条件

从育种学的观点来看，一个品种，必须具备以下4个基本条件。

1. 具有相似的形态特征 每个品种都应该有固定的形态特征，借此才能区别于同种的其他群体。例如，红鲤的体色是橘橙色的，而有别于普通的鲤鱼（青灰色）。

2. 具有较高的经济性状 可以这样说，凡是够资格称为品种的群体，它们都有某些突出的优点，或是生产水平高，或是产品质量好，或是生长发育快，或是有特殊的用途（如观赏），或是对某一地区具有良好的适应性等。

3. 具有稳定的遗传性能 一个品种不仅要有相似的形态特征和较高的经济价值，更重要的是还必须具有稳定的遗传性能，即在自群繁殖时能将品种特性，特别的经济性状稳定地遗传给后代；与其他品种杂交时具有一定的改良作用，并能产生明显的杂种优势。也就是说，一个品种必须具有一定的育种价值，否则，其经济价值也就有限了。

4. 具备一定的数量 既然品种是一个群体，其群体数量就要达到一定的规模，否则不能成为品种。只有拥有足够的数量，才能保持一定的品种结构，才能保证在品种内可正常地进行选种配种工作。

（三）品种的分类

根据品种的来源，可将它们分为下列3种。

1. 自然品种 又叫原始品种。它通过长期自然选择和若干无意识的人工选择而形成，能很好地适应当地环境条件，所以也叫地方品种。虽然它的生产性能可能低些，但往往具有忍耐不良环境和抗病的能力。因此，它是宝贵的生产资料和选育新品种的原始材料。我国的许多鲤鱼地方品种如兴国红鲤和荷包红鲤均属这一类型。

2. 人工品种 又叫育成品种。它主要通过有意识的人工选择而形成，具有高产的特点或具有某些特殊的品质（如观赏、抗病、抗寒）。由于该品种在形成过程中受到人们的选择和保护以及提供特定的环境，因此，在自然条件下容易发生退化。金鱼的许多品种就属于这种情况。

3. 过渡品种 过渡品种是介于原始品种与育成品种之间的中间类型，它是由原始品种经过某种程度的人工改良而产生的。虽然过渡品种在品种特性上还没有达到育成品种的特有产量和质量水平，但它又具有原始品种的一些优良特性。

二、育种的目标

育种的总目标是高产、稳产、优质和低成本。一般来说育种主要有以下目标。

1. 生长速度快 对所有养殖虾类来说，生长率都是重要的经济性状，而且，通过体重或体长的测定就可以比较容易地估算出生长率。对虾类来说，在生长率与食物转化率之间具有高的遗传相关性，所以对高生长率的选择必然导致食物快速转化的相关改良。

2. 存活率高 存活率是直接关系到养殖效益的主要性状。

3. 抗性强 抗性是指生物对不良环境（或逆境）的抵抗能力，包括抗病、抗寒、抗重金属毒性、抗高温、抗风浪、抗盐碱以及耐低氧等，其中以抗病最为重要。由于跨国引种工作的广泛开展，加重了病虫害的蔓延。化学农药的长期使用，筛选出了抗药性更强的突变型病虫害，并增加了农药残毒对环境的污染，对人类健康造成很大威胁。因此，除了在病虫害防治方面开辟新的途径外，人们特别寄希望于抗病品种的选育，以保证高产与稳产，减少环境污染，并降低生产成本。

对虾类来说，测定抗病性的可行途径是将它置于特殊的病原体中并计数死亡的尾数。可是，这是一个花费相当高的方法。应用免疫学方法，如接种疫苗后通过抗体含量可以间接测出虾类对某种疾病的抗性。

4. 肉质好　对虾养殖为人类提供食品，因此，肉质是很重要的经济性状，尤其是对那些作为高档食品的种类。可是，要给"质量"下一个定义是很困难的，因为质量因种类和市场而不同。对虾类来说，质量一般是指个体大小、肉性、含脂率、肉色、肉味、外观以及出肉率等。但对上述某些性状，例如肉色、肉味、肉性以及外观等，要做出客观评定并非易事。因此，应该考虑如何对这些性状建立一个准确的测定方法的问题。

5. 适应性广　适应性是关系到该品种能否推广的重要经济性状之一，世界上推广面积很大的品种，一般都是适应性较强的品种。因此，我们在确定育种目标时，也应该考虑这个问题。

目前我国已选育的对虾新品种的育种目标主要针对对虾的生长速度、存活率、抗逆性、抗病性等性状进行改良。

第二节　常规育种方法

一、选择育种

（一）选择育种

选择育种又称为系统育种，指将一个原始生物群体或品种群体进行有目的、有计划地反复选择和淘汰后，分离出几个有差异的系统群体，再将这几个系统群体与原始生物群体或品种群体进行比较，筛选一些经济性状有显著、优良且稳定的表型，形成新的品种。随着科学技术的进步，人们已经可以在细胞、分子水平对水产生物进行遗传操作，但之后都需要进行亲本挑选与繁殖，并用系统育种法不断对其后代群体进行有目的的选择，以达到主要经济性状的提高和稳定，所以选择育种是对虾育种工作中最基本的方法。

选择育种的主要目的是从某一个原始材料中或某一品种群体中选出最优良的个体或类型。选择要通过鉴定、比较和分析研究，同时掌握以下原则。

1. 关键时期进行选择　原则上，在整个发育期内都应留心观察记载，进行选择工作。如果发现优良变异类型，应及时作好标记和记载，以免遗忘。特别是在各品种的发育关键时期一定要抓住，如虾苗培育期、成虾养殖期的生长速度、饲养成活率、性成熟年龄等。就某一性状而言，也还有其最合适的选择时机，如抗病性选择要在病害严重时期进行，同时要观察不同发育时期对某种疾病的抗性；抗寒能力的选择则应在自然条件下越冬且翌年春季解冻后，根据其存活率进行选择。

2. 按照主要性状和综合性状进行选择　主要性状选择，一般是指历代选择过程中只对某一个性状（单项性状）进行选择，而不管其他性状的提高或降低。其选择效果，对被选的性状来说是快的，这是特殊情况下为要选育出具有某一突出优良性状的品种作为品种选育的基础材料，或某品种存在某项特殊缺点，针对其缺点进行改进采用的选择方式，如对虾生长率的选择、抗病力的选择等，都是单项性状的选择。综合性状选择，是对几个性状同时进行选择的方法，即在选育工作中，对数项重要经济性状同时改进。但照顾项目过多，选择效果就不明显。因此，必须分清主次，着重某一二项性状的选择。进行综合选择时，要考虑几种经济性状是否相关及其相关程度如何。

（二）群体选择

群体选择又称个体选择，是指基于候选个体的表型性状的一种选择策略，它只能用于改进选育个体如生长、体型、体色等表型性状，而无法对存活性能等具有不连续特征的遗传性状进行改良。群体选择是对群体中表型性状好的个体进行混养、交配和繁殖，通过连续数代的选择与淘汰，提高所选表型性状的纯度，使性状得到改良。群体选择操作简单易行，针对遗传力较高且涉及基因较少的性状，效果显著。但所选性状若是受到多个微效基因控制或遗传力较低时，群体选育效果便比较缓慢。

群体选育容易造成近亲效应的积累。因为通过不断的多代选择，下一代个体很可能来自上一代繁殖力较大的家系，这使得亲本的亲缘关系会逐代相近，造成近交的累加。近交现象会降低群体的遗传多样性以及未来遗传改良的潜力，这就是"近交衰退"现象。为了防止近交现象，在采用个体选育时，作为亲本的个体应只有一小部分来自全同胞或半同胞家系，且在进行交配繁殖之前，不同家系应在不同环境隔离养殖。

（三）家系育种

1. 家系选育相关概念　家系是指特定的亲本及其所产生的一个后代群体，这个后代群体可以是全同胞，也可以是半同胞。家系选育是近年来应用比较广泛的一种选育方法，是指选择单个性状或多个性状明显优于亲本的个体作为留种材料，然后在尽可能相同的外界条件下，构建多个家系并繁殖后代，各世代的子代逐级与原始和对照群体相比，选留出符合原定选择指标的优良系统，进而参加品系测定。家系选择实际上是对基因型的选择。家系选育常为全同胞家系或半同胞家系，核心在于用好近亲繁殖和家系建立。由于原始群体中存在同质结合的基因个体，通过建立不同优良性状的家系和累代近亲培育，使隐性基因的纯合率逐渐增加，大部分的隐性基因会带来不良的后果，如使对虾生长缓慢，对不良环境的耐受性下降，出现畸形等现象；运用选择，淘汰携带表现不良隐性基因的个体，留下优良个体，选育若干代，育成新品系，此为家系选育的基本方法。

家系选育是将整个家系作为选择或淘汰的单位，故被选择的家系间应相互隔离或者标记清楚，每个家系世代间也应互不混杂，最重要的是所有的家系，应该尽可能养殖于相同的环境中。为提高家系选育的成效，使选育更准、更好，在对家系进行选择时须尽可能保持以下条件。

（1）产卵前，要在同样的环境下对亲虾进行饲养，尽量在同一时间内交配和人工繁殖。

（2）对虾受精卵须在同类型的孵化桶中孵化，孵化时的水温、溶解氧等水质条件要尽可能保持一致。

（3）饲养于不同池子里的对虾家系在测量前，不能混杂。

（4）对对虾子代的鉴定应在母本效应消失后进行。

（5）各家系在共同环境养殖时，要保证养殖尾数相同，大小规格尽量一致，以减小放养虾的种间差异。

2. 家系选育的原理　　近交和选择是家系选育中建系的重要手段。一个群体近亲繁殖，如果不经选择，后代群体中的显性基因数目和隐性基因数目之比并不改变。例如，Aa 个体自交，最初 A 及 a 基因各占一半，在后代自交过程中各代总个体数内，A 与 a 数目之比仍各占一半，只是基因型中的分配方式有所改变。因此，在近亲繁殖的同时，进行选择，有积累显性基因、减少隐性基因的作用。通过严格选择可以防止近亲繁殖所带来的不良后果。同时，从一个混杂的群体中或从一个杂交体中，通过近亲繁殖可以分离出若干性状有差别的家系、小家系或自交系，每系内的个体由于有比较高而又相同的纯合百分率，就有基本一致表现型，因此，性状就相当稳定，育种上称为固定。这家系便称为纯系或纯种。但是从最初群体分离出的种种不同的家系，各系间的成员彼此有明显的差异。人类按照需求目标加以选择。能获得性状良好、个体整齐的小家系，经过繁育成为改良品种，这就说明了在选择过程中应用近亲繁殖的必要性。

（1）选择效应　　从一个混杂的群体或一个杂种中如不通过近亲繁殖，单靠选择就能遗传的优良性状极不稳定，改进的效果也就极慢。例如，一个两对等位基因的杂种（AaBb）或混杂群体，通过近亲繁殖，可很快选出 AABB、aaBB、AAbb 及 aabb 四种类型，这些类型中的成员具有一致的性状，除非偶然发生突变，否则遗传性状是比较稳定的。所以，分化出来的所谓纯系或固定种，再继续进行必要的近亲繁殖和选择，还可能获得更加符合生产要求的新系。家系选育采用了选择效应公式：

选择效应（R）＝选择强度（i）×群体的变异性（δP）×遗传力（h^2）

选择的基本效应是改变中选亲本所繁殖子代群体的基因频率阵列，目的是使中选亲本的子代性状平均值与挑选以前亲代性状表型平均值之间发生差值。这个差值在育种学上叫选择效应。因此，选择效应是由选择引起的群体表型平均值的变化大小。上式表明，选择效应的大小依赖于群体的变异性、选择强度和遗传力 3 个参数。

①选择强度（i）　　虾类具有巨大繁殖力，对提高选择强度很有利。选留的虾越少，则选留虾的被选性状的表型平均值距整个群体的平均值的差数越大，这个差数叫做选择差数。选择差数如用该性状群体表型值的标准差为单位表示，即为选择强度。从一个虾群中选留多少虾决定了选择强度与中选比率（即选留数占虾群数的百分数）的关系。现已知道，当中选比率小于 0.1% 时，即群体总数大于 1 000 时，选择强度几乎再没有什么明显的提高了。因此，在实用中以 0.1%～0.2% 作为最大的中选比率，此时选择强度为 3.2～3.4 单位；如中选比率提高到 1%～2%，此时选择强度略有降低，为 2.4～2.66 单位。在繁殖力低的虾类中，中选比率增大到 5% 也是允许的，此时选择强度约为 2.55 单位。但当中选比率大于 5% 时，则选择强度急剧下降，这是应该避免的。

②群体的变异性（δP）　　群体的变异性用表型值标准差表示。如果没有变异也就无选择。因此，所选性状在虾类亲代群体中变异越大，则选择效应也越大。这里需注意的是，变异性的增大必须是群体的遗传异质性的增加，如果是环境造成的非遗传性变异的增加，则不可能增强选择效果，而且会造成遗传力的降低。

③遗传力（h^2）　　遗传力是指某一性状的变异量属于遗传差异的分量，遗传力的大小同样能决定选择效应的大小。性状是基因在一定环境内表达的结果，因此性状的表型值变量（用方差表示，下同），包含遗传部分的变量和环境部分的变量。表现型方差（V_P）＝基因

型方差（V_G）＋环境方差（V_E）。

（2）近交　在对虾养殖群体遗传改良中扮演着重要作用，如选择理想基因型，加速纯化，进而选育出纯系或近交系，再充分利用纯系或近交系杂种优势。近亲交配为全、半同胞，自交和回交等。其中，自交的纯化速度最快。杂合体自交，子代群体有以下遗传效应。

①杂合体自交能使子代基因分离，使子代群体遗传组成纯合加速。

②杂合体自交，一方面必使等位基因纯合，另一方面也会使有害隐性基因暴露出来。故自交子代常常会表现出某些性能降低的现象。所以通过选择，淘汰有害基因，也能育成优良的新品系。

③杂合体自交能使性状重组和稳定，让同群体中出现多个异组合的纯合基因型。该法可用于品种的保纯并且对物种稳定也有重要的意义。

④家系杂交方式：单交、双交与三交等。

单交（A×B）子代的杂种优势高，产量潜力大。但因近交衰退影响，导致个别近交系存活率低，所以在生产生很难大规模应用。

双交（A×B）和（C×D）子代可拥有四个家系遗传信息，所以遗传广泛，适应性强，增产高。但整齐性与产量潜力逊于单交和三交。

三交〔（A×B）×C〕制种产量高，整齐性介于单交和双交之间。

3. 家系选育的方法　在经典的单性状选择方法中，根据个体本身表型值与家系平均表型值分为个体选择、家系选择、家系内选择以及复合选择。

（1）个体选择　指在混合群体里以个体为单位，选择是以每个个体的表型值为标准。所有个体组成的一个家系，个体选择往往包括不同家系中的表现型好的个体，再对其进行反复选择，这在对虾中较容易进行。

（2）家系选择　指以整个家系作为一个单位，根据家系中某种生产性能均值的高低来进行选择。家系又分为全、半同胞家系，前者指由同父同母产生后代组成的家系，后者指由同父异母或同母异父产生后代组成的家系。利用该方法选择时，个体生产性能的高低只对家系生产性能的均值有贡献，因此均值高的家系即为选留家系。家系选择常用于受环境影响大、遗传力低的性状。应用家系选育的两种情况，包含以选择个体在内的家系均值选择，叫家系选择；不包含以选择个体在内的家系均值选择，叫同胞选择，家系较小，两者差异大，反之亦然。

（3）家系内选择　指在每个家系内根据个体表型和家系均值的偏差进行选择的方法，是家系范围内的个体选择。在相同环境下，同一家系内差异较大时开展家系内个体选择，可选出优良的品种。陈锚等（2008）用个体选育、家系选育和家系内选育的方法，建立了206个凡纳滨对虾家系并研究其畸形率；家系内选择在群体规模较小、家系数量不多的情况下，能够有效地利用有限的资源并提高遗传进展。

（4）复合选择　复合选择又名合并选择，是个体选择和家系选择等选择技术手段相结合进行的选择育种方法。其特点是整合各个选择育种方法的优点，克服独立选择育种方法的某些技术难点。共4个步骤：先开展非亲缘杂交，获得多个家系；其次将上述家系进行分类、选出性状良好的家系；再者用个体选择方法由家系中选出个体表现值较高的品种；最后将最终选出的个体作为优良亲本。

（5）家系选育的步骤

①家系的建立　将雌雄亲虾移入保种池中分开暂养，每天喂食新鲜鱿鱼 2 次、新鲜牡蛎和配合饲料各 1 次。亲虾暂养 20d 左右，将其眼柄剪掉催熟，直至雌虾性腺发育成熟后将雌虾转移至雄虾池中进行交配，结束后将雌虾放回产卵池。等雌虾产卵、孵化出无节幼体继续培育出苗后，为其编号作为一个家系。陈锚等（2008）家系的编号由雌雄虾来源、日期、类型、当天批次等组成。

②幼体培育　溞状幼体主投单细胞藻，次投虾片、轮虫和卤虫等。

③养成选育　该过程中每一个家系由始至终单独养成，或者通过打荧光标记进行共同环境养殖，或者通过网框于同一环境养殖，目的是保证其养殖期间的水质各项指标尽量一致，以减小选育误差。定期测量每个家系的生长和存活性状，将生长和存活表现差的家系淘汰掉，选生长和存活高的家系留种。

这期间还可以按不同的家系同时开展对虾抗病、耐环境因子（耐高氨氮、高盐、低 pH 等）等实验，以期选出快长、抗病和环境因子高抗的新品系。

4. 后裔鉴定（又称亲本选择）　后裔鉴定是根据后代的质量而对其亲本做出评价的个体选择方法，根据后裔鉴定结果决定对其亲本的取舍。由于它对质量和数量性状的选择较为有效，因此在动、植物育种中得到广泛的应用，效果显著。后裔鉴定最大的优点是能够决定一显性表型个体是纯合体，或是杂合体。例如，凡纳滨对虾额角齿、体色两个质量性状，后代个体的额角上缘具 5～9 齿、下缘具 2～4 齿、体色为淡青蓝色，那其亲本在这两个性状上是纯合体；反之，如后代个体中出现额角齿不符、体色变异，那其亲本是杂合体。因此，利用后裔鉴定可以达到选择显性表型纯合体，淘汰杂合体的目的。

后裔鉴定法依据的原理是：我们常常看到，一个中选个体的后代往往不及它或与它有差异，原因是一个亲本传之于子代的是它的成单的基因而不是成双的基因，子代的另一套基因必须来自另一亲体，合起来组成它们的基因型。由于决定子代平均基因型值的是它们亲本的基因，因此对一个个体的遗传评价，必须从它的子代的平均数值加以判断，把这个称为该个体的育种值。所谓育种值是指种畜的种用价值，表示某个体所具有的遗传优势。在数量遗传学中把决定数量性状的基因加性效应值定义为育种值（BV），个体育种值的估计值叫作估计育种值（EBV）。数量性状的表型值受环境和遗传的影响。根据数量遗传理论，数量性状在遗传上受多个微效基因的控制，各个基因的效应是可加的，所有基因效应的累加值称为育种值。如一个体跟许多随机抽自群体的个体交配，它的育种值就等于子代距群体平均数的平均离差两倍。加倍的原因是它只供给子代半数的基因。

下面介绍后裔鉴定的几种方法。

（1）成对亲虾后裔的比较鉴定　方法是从每对亲虾获得后代，在养殖过程中对各家系后代作相互比较鉴定。选留优良后代亲虾。这种后裔鉴定的缺点是不可能对雌虾或雄虾单独做出评价，只是进行了较好的组合选择，亦即配合力选择。

（2）单一性别亲虾的后裔鉴定　由 1 尾雄虾与 2 尾或 3 尾雌虾交配；或相反，1 尾雌虾与 2 尾或 3 尾雄虾交配。用此方法所得后代的质量可以鉴定父本或母本的质量。

（3）多系交配亲本后裔鉴定　此法能较好地选出两种性别的亲本。在鲑鱼育种中曾多次应用 2×2 交配方案；草鱼运用过 5×5 方案。但由于后代组数与所测一种性别亲本数的平方数成比例增长,限制了该法的应用,主要困难是必须同时在相同环境中饲养很多后代。如果在所有试验池塘放养同一对照组的容易区别的虾类或标志的虾类,可能得出精确的结果。试验要多次重复,对试验虾的初重差别要加以修正,可作出鉴定亲虾的客观评价。后裔鉴定对后代的饲养条件与家系选育条件相同。

5. 家系选育的优缺点

首先,家系选育一般通过人工授精、定向交尾技术,通常建立的家系规模庞大,群体的遗传多样性丰富,故可以有效地延缓近交衰退。其次,因家系选育遗传背景和系谱清晰,可缩短育种年限,选育效果好并可为分子育种奠定基础。再者,家系选育是通过全、半同胞家系表型性状进行观测,故可对亲本某些难以测定性状的育种值开展估计,即可对生长、疾病、环境因子耐受性等数量性状开展选育。最后,同群体选育比较,家系选育速度快、效果显著、效率高、操作简便及优良性状突出。

家系选育的缺点:占养殖资源过多,对比条件要求苛刻;养殖中各个家系须分开养,或标记后混合养。

6. 家系选育取得的成果　在我国对虾新品种的培育中,家系选育是对虾育种中最广泛使用的育种方法。例如应用家系选育培育出的凡纳滨对虾新品种包括"科海 1 号""中科 1 号""中兴 1 号""桂海 1 号""壬海 1 号""广泰 1 号""海兴农 2 号""正金阳 1 号""兴海 1 号"(表 7-1)。

表 7-1　对虾家系选育成果

物种名	新品种	选择方法	选择世代	新品种优势	适养区域
	科海 1 号	家系选育	7	生长快、高密度养殖、遗传稳定	海水或淡咸水
	中科 1 号	群体选育、家系选育	7	生长较普通对虾高 21.8%	海水或淡咸水
	中兴 1 号	家系选育、群体选育	5	抗 WSSV	盐度 0.5 以上,水温 18~35℃
	桂海 1 号	家系选育	6	生长比引进第一代苗快	海水或淡咸水
	壬海 1 号	家系选育、杂交选育	4	较引进一代苗成活率高 13%,生长率高 21%	海水或淡水
凡纳滨对虾	广泰 1 号	家系选育	7	生长比普通虾快 37%,成活率高 20%	海水或淡咸水
	海兴农 2 号	家系选育	5	收获体质量提升 109.6%,成活率较引进一代苗高 13.8%~39%	海水或淡咸水
	正金阳 1 号	家系选育、品系选育	4	较 SIS(美国迈阿密 SIS 南美白对虾种基地的简称)虾苗成活率和生长各高 24% 和 13%	海水、咸淡水和淡水
	兴海 1 号	家系选育	4	养殖环境一致下和国外改良二代虾苗比成活率和体质量各提高 11.1% 和 12.6%	海水、咸淡水和淡水

二、杂交育种

杂交一般是指具有两个不同基因类型的亲本之间的交配，由杂交获得的子代个体叫做杂种。一般来说，由杂交产生的杂种第一代，在生长、存活、抗逆以及品质性能上，比其双亲更具优势，这种现象称为杂种优势。有目的地通过人工杂交创造变异，杂交亲本的基因通过重组、分离和选择后，杂交出有利基因集中的新品种，这种有性杂交结合群体选育的育种方法叫杂交育种。人工杂交相较于自然杂交，最大区别在于它能根据人们所需要的经济性状，正确选择亲本，使亲本的优良性状最大程度地集中到杂种后代中，甚至会出现具有新性状的超亲代优良变异个体。因此，人工杂交是人类有目的地创造变异的重要方法，也就是使杂交亲本的遗传基础通过重组、分离和后代选择，育成有利基因更加集中的新品种。

（一）杂交育种的原理

杂交育种的基本原理是让两个以上遗传基础不同的品种通过人工杂交的方法使其基因自由组合，从而产生新的遗传类型个体，这些个体再经过人工选育最终培育出新的品种。在遗传学上，严格地说，只要有一对基因不同的两个个体进行交配，便是杂交。在育种和生产实践上，杂交一般是指不同品系、品种间甚至种间、属间和亚科间个体的交配。杂交的生物学特性是：能急剧地动摇遗传的保守性，使杂种具有更大的可塑性，有向人类培育的各个方面发展的可能性。适当的杂交，不仅可使不同类型亲本优良性状简单地结合，而且能产生亲本从未出现过的超亲代的优良性状。杂交是创造变异的重要途径。

随着现代遗传学和其他自然科学理论和技术的发展，对杂交育种赋予了许多新的内容与新技术，如雌核发育、细胞工程和基因工程相结合，创造新的杂种后代或杂种优势，获得其他特殊的经济性状等，更多的重视杂交亲本遗传规律的研究；发展多亲（系）杂交，以综合多种优良性状于一个杂种，以满足现代育种的更高要求，育成高标准高级品种；改进选择方法，压缩分离世代群体，缩短选育周期，获取更大育种效果等。

杂交育种从个体水平上分为两种方式，即组合育种（杂交育种）和优势育种（杂种优势利用）。两者虽然都采用杂交和自交（或近亲繁殖）以及选择等手段，也都是把分别存在于各亲本的优良性状组合到同一个体上，但为了实现育种目标而利用的性状遗传组分上是有显著区别的。它们的区别主要在加性效应，显性效应和非等位基因的相互作用效应上（简称上位效应）。对一种性状，在不涉及环境的作用，仅就其基因作用与表型关系来讲，加性效应是通过自交能稳定遗传给后代的基因作用；显性效应是通过自交而不能遗传给后代的基因作用；非等位基因间相互作用效应中只有一小部分能通过自交稳定遗传给后代。而一种性状对上述三种基因作用的控制是极不相同的，它可能是其中的一种，也可能是三种效应各占一部分。

1. 组合育种　组合育种所能利用的基因作用是能稳定遗传给后代的部分，即以加性效应为主的部分。杂交的目的在于通过亲本基因的分离和重组，选出具有双亲优良性状的后代个体；而自交的目的在于选出具有这种优良性状组合的纯合后代，成为超过双亲并超过对照品种的定型品种。因此，这一育种方法的步骤是先杂后纯。

2. 优势育种　优势育种所能利用的基因作用包括能稳定遗传和不能稳定遗传两部分，

它包括加性、显性和上位效应。由于这一方法要利用不能稳定遗传的显性效应和一部分上位效应；因而是以杂种一代优势利用，其目的在于获得杂种优势，并通过杂交组合的 F_1 群体间相互比较，选出优于亲本系统和对照品种的杂交组合（一代杂种），然后年年制种。但要获得一代杂种优势，首先要有高度纯化的自交系，因此，此方法的育种步骤是先纯后杂。优势育种较组合育种的优点在于以下几个方面。

（1）能利用多种基因效应 由于能利用多种基因效应，从而较易育成在数量性状上超过定型品种的一代杂种，尤其是对那些主要经济性状的加性遗传变量较小，而非加性遗传变量很大的育种材料更为适用。

（2）不用期待基因发生互换 当某些显性有利基因和另一些隐性不利基因连锁存在于亲本时，组合育种只能期待发生互换，才能育成集合双亲有利基因于一体的品种，而优势育种就不受此限制。

（3）通过自交系间杂交能产生 100％都是杂合体的群体 用同样的亲本作育种材料时，优势育种不能产生组合育种中没有出现的基因型。就个体来比较，可能最优自交系组合中的个体比不上组合育种过程中曾出现过的最优个体，但它只占群体中的极少数，且大多不能复制重现；而优势育种则不仅能使整个群体内每一个体都具有基本一致的优良基因型，而且能代代复制重现；即如果某些基因的杂合体优于纯体，那么只有采用优势育种这一途径，通过自交系间杂交才能产生 100％都是杂合体的群体。

3. 种内杂交 种内杂交主要是以品系间杂交为主，这些杂交亲本经过人工选择育种后其杂种优势较高，种内杂交大部分研究重点在于充分利用生长发育和抗逆性方面的优势，培育高产抗逆性强的新品种。

对虾育种工作中，目前主要是以种内品系间杂交为主。这些杂交用的亲本一般都经过了人工选育，杂种优势较高。种间杂交还可以用来调节性别比例、培育不育群体、改善肉质、增强抗病力与对极端环境的耐受力等。

（二）杂交育种的方法

正确选择杂交亲本是杂交育种的关键，因为杂交亲本的各项遗传性状是组合成杂种后代的物质基础。所以首先应根据育种目标选择亲本，如在选育生长快、抗逆性强的品种时，所选亲本须具备突出的生长性能与抗逆性。不仅如此，还需考虑亲本间的生态类型以及亲缘关系，若生态类型差异较大以及亲缘关系相隔较远时，可以得到丰富类型的后代，且可能出现一些珍贵的超亲性状和超亲类型。

杂交育种当前在对虾育种工作中仅为同一个种间不同群体或不同品系间的杂交，且研究较少，目前尚未有采用杂交育种选育出的对虾新品种，但在其他水生生物如皱纹盘鲍中有应用。中国科学院海洋研究所采用皱纹盘鲍的大连群体作为母本，日本岩手群体作为父本，将二者进行了杂交选育，获得了与亲本比较生长速度提高 20％以上、成活率提高 1.8～2.3 倍、适温上限提高 4～5℃的杂交新品系。

（三）杂交育种的优势与风险

杂种优势在性状上的表现是多方面的。有时杂种优势表现在生长快、增产幅度大或表现在对外界不良条件有较强的抵抗力。但是，有时候种间杂交容易遇到杂种不交配或交配后不育的问题，需要进一步的研究改善。且在对虾选育中，杂交虾类若出现养殖逃逸，由于其较大的流动性，会造成自然水域原生群体的基因污染。一些能育的杂交种进入天然水域后，不仅能自交繁殖后代，引起退化，而且会与亲本种杂交，产生回交种，造成水域中原有亲本种的混杂，影响水域原种的遗传多样性。

此节内容请参看楼允东主编的《鱼类育种学》（修订版）（中国农业出版社，2006）。

第三节 对虾育种分析与管理系统的建立

水产养殖业比较发达的国家如挪威，都把良种繁育和品种改良列为水产科学研究的重要课题。品种改良的方法有很多，其中选择育种是一个经典而且有效的方法。20世纪70年代以来选择育种的方法在不断改进和发展，基于大规模的数据计算的动物模型BLUP法，其遗传评估准确度高，已经成为当前畜禽选择育种中的主要方法。相对而言，水产动物的选择育种工作开展较晚，国外2000年前后才开始引入BLUP法对水产动物进行遗传评定，目前已在大西洋鲑、罗非鱼、虹鳟等选择育种项目中逐渐展开应用，并取得了较好的遗传进展。

水产动物多性状BLUP育种项目，是一个系统的工程，涉及基础群体收集、家系建立和养殖、物理标记、数据测量、遗传参数估计和育种值计算以及配种方案制定等复杂流程，需要记录、管理和分析大量的数据资料。随着计算机性能、数据库技术以及可视化技术的发展，育种软件的开发成为一个重要的研究内容。育种软件的开发，一方面对于规范育种项目的流程，减少整理资料时间，降低出错概率，提高育种项目管理效率，降低管理成本具有重要的作用；另一方面，也使得育种手段从传统的家系表型选择逐渐转变为多性状BLUP育种，加快育种进程。相对于家系表型选择，BLUP方法利用表型和系谱记录的信息来源，在同一个混合模型方程组中，估计出固定的环境效应、遗传效应以及随机的遗传效应，能校正由于选配所造成的偏差，增加了育种值估计的可靠性。国外从20世纪90年代以后，开发了一些通用的育种值计算软件，如美国农业部主持开发的MTD-FREML（Boldman et al.，1995），ASREML（Gilmour et al.，2000），1992年常智杰等开发的BLUP和VCCE软件。在畜禽育种中，2001年李晓强等已经在猪这一物种上开发了育种管理系统、2006年于向春也在绒山羊这一物种上开发了育种管理系统，还有多个物种也开发了这类系统。2016年中国海洋大学贝类研究团队苏海林等设计、研发的贝类全基因组遗传育种评估与分析系统，现属于奥尔胡斯大学生物学和遗传学部分子学系定量遗传学与基因组学中心的DMU软件等（乔国艳，2020）。

目前，国内水产动物基于BLUP方法的高级选择育种研究处于起步阶段，缺乏一套成熟的能够指导育种实践的育种分析和管理软件，而直接引进畜牧育种软件，在育种对象的生长、发育、繁殖特性以及育种手段上差异太大，难以直接应用。在引进挪威先进育种技术的基础上，经过消化、吸收和创新，基于中国对虾、罗氏沼虾和大菱鲆多性状BLUP育种项目的研究，并针对其他一些水产动物，建立全同胞育种模式和群组育种模式，开发了一套适应于水产动物各物种的育种分析和管理软件，这对于推动我国水产动物育种多性状BLUP技术体系的建立和完善，具有重要的理论指导和实践意义。

一、系统设计

（一）开发过程

系统的设计、开发按照结构化方法进行，分为：问题定义、可行性研究、需求分析、软件设计、软件编码、软件测试和软件发行与维护。

系统以对虾多性状 BLUP 实践育种项目为分解对象，进行项目的需求分析。调查项目参加人员，固定项目工作流程，分解每个步骤的特性和功能，标准化每个环节的管理操作，形成育种体系架构；调查国内水产动物育种实践，根据不同物种的繁殖习性，制定不同的育种分析策略；根据调查结果，编写水产动物育种分析与管理系统功能需求说明，并进一步分解为详细需求说明书；依据需求说明，进行软件的设计和编码，编码完成后，对其功能进行测试，消除程序缺陷；形成正式的水产动物多性状育种管理系统。

（二）结构化设计

1. 系统数据流程图 数据流程图是软件需求分析的基本工具，也是软件模型的一种图示方法。合理的数据流程图可以减少软件开发过程中的错误，提高软件开发效率（图 7 - 1）。

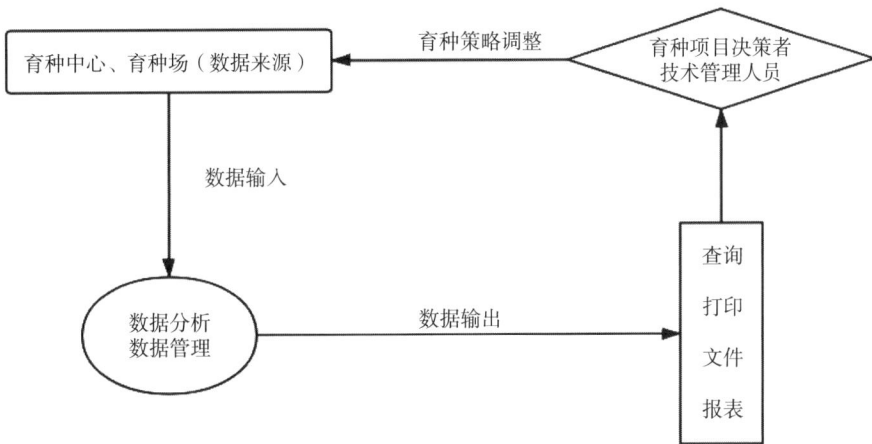

图 7 - 1 水产动物育种分析与管理系统数据流程

2. 系统的模块结构 模块结构图是软件总体设计的工具，可以清晰地表示软件结构，科学合理的模块结构图可提高软件的可靠性、可维护性和可读性。本软件系统模块结构系根据水产动物育种项目涉及的内容设计，由上向下逐步分解可划分为 3 层，第 1 层为主控模块，控制下一层的 6 个分控模块，每个分控模块又分别由完成不同任务的功能模块组成（图 7 - 2）。

（三）数据库设计

数据库设计要考虑数据结构的合理性、完整性和安全性，便于程序设计及系统的维护和升级。根据这些原则，软件设计了个体基本信息记录表、个体生长记录表、家系抗病记录表等 100 多个专业数据表、临时表和计算表，定义了 18 个存储过程，并使用索引、表关联（一对一、一对多和多对多等关系）等数据库技术，实现了数据库的构建效率高、独立性高、

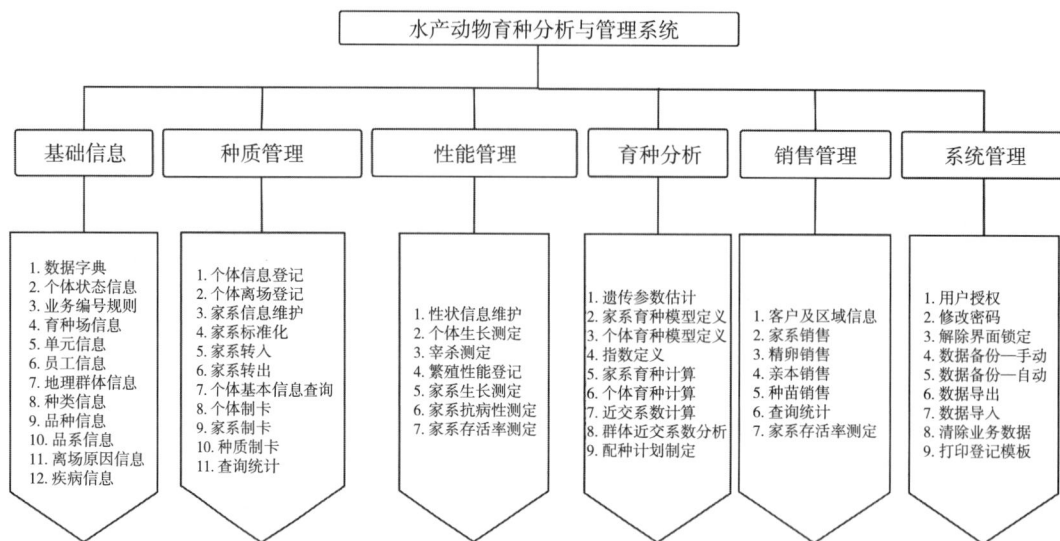

图 7-2　水产动物育种分析与管理系统各功能模块

共享性高等特点。

（四）开发工具与运行环境

系统是在 Windows XP 环境下利用 Microsoft SQL Server 2000 数据库和基于 Object Pascal 语言的 Delphi IDE 工具开发完成，可在 Windows 2000/XP 等操作系统平台上运行。

二、系统功能

软件主要有 6 个模块组成。

（一）基础信息模块

主要是实现对一些基础信息的维护功能，包括数据字典、个体状态信息、单据编号规则、育种场信息、单元信息、员工信息、地理信息、种类信息、品种信息、品系信息、离场原因和疾病信息等信息。个体编号组成规则为：品种编号（2 位）＋场号（5 位）＋出生年份（2 位）＋个体识别号（6 位）。数据字典主要定义一些枚举型的变量，如荧光标记颜色、性别、授精方式等信息；个体状态信息用来维护状态的基本信息，包括状态编号、状态名称、是否标准化和生长天数等信息。

（二）种质管理模块

主要完成个体基本信息登记、家系标准化处理和生长状态变更等工作，并提供种质制卡和群体结构分析报表。其中个体信息登记功能用来登记个体的基本档案，包括个体编号、个体识别号、养殖场编号、单元编号、来源、性别、入场日期、出生日期、地理群体编号、种类编号、品种信息、品系信息、个体状态、在场状态、是否核心群、离场日期、父亲编号、母亲编号、批次和标记颜色等信息；家系信息主要包括母亲编号、父亲编号、家系状态、数量、是否离场、离场原因、单元和家系类型等信息。家系标准化主要是根据家系生长状态，对家系数量进行标准化处理。

（三）性能管理模块

是系统中的一个主要模块，用来完成个体及家系日常生长、繁育、抗病以及宰杀等测定信息的登记和管理工作，并提供相对应的分析报表。

（四）育种分析模块

是整个育种系统中的核心模块，能够实现精细育种、群组育种和全同胞育种 3 种育种模式，执行性状遗传参数估计、育种值计算、选择指数和配种方案制定等功能。其功能具体如下。

1. 遗传参数估计　根据性能管理模块录入的测定信息，建立动物模型并利用 REML 方法（Plestricted Maximum Likelihood Method）计算得到的方差组分，估计性状的遗传参数，参与 BLUP 计算。

2. 育种模型定义　实现 BLUP 模型的定义、修改、删除的功能。可以针对育种的实际情况，建立相应的模型，并能够对 BLUP 法的细节进行最大程度的自定义，包括血缘近交，算法控制，收敛控制等。

3. 指数定义　在实验室建立的水产动物多性状选择指数计算方法的基础上，实现指数的定义、修改和删除的功能。该功能可以实现对多个性状选择时的指数定义，包括性状的加权值以及选择指数标准差等信息，并可以制定父系指数、母系指数等多个不同的选择指数。该方法将不同性状、不同度量单位所得到的育种值转化为相同等级的纯数，提高了多性状复合育种的选择效率和准确性。

4. 家系、个体育种分析　根据性能管理模块录入的家系测定信息，对个体、家系进行育种值计算和指数计算，并根据计算结果进行个体、家系选留。主要包括数据准备、浏览、育种值计算、选择指数计算和核心家系、个体的选留等。

5. 近交系数计算　根据个体的系谱信息，计算个体的近交系数。

6. 配种计划制定　针对选定的母本群和父本群，根据个体的血缘关系以及对应的育种值，制定配种计划。系统可以从血缘选配、性状选配两个方面来制定配种计划。其中血缘选配计划只根据母本和父本的血缘相关系数来制定配种计划；性状选配计划则一方面考虑母本和父本的血缘相关系数，另一方面也考虑母本和父本在性状上的互补，制定配种计划。

（五）销售管理模块

主要功能是完成个体销售业务处理及其相关的业务基础信息定义，各种销售分析报表查询统计工作。

（六）系统管理模块

主要功能是帮助系统管理员进行日常应用维护工作，以保证系统安全、高效运行。

三、系统的发展趋势

（一）准确的数据资料是育种项目成功的前提条件

育种值的精确估计要以准确的性能记录为基础。尽管软件覆盖整个育种项目周期，并且对流程实行了标准化，在一定程度上保证数据的准确性，然而软件的成功应用还是需要实施以下工作以保障数据资料的准确性。

1. 建立育种操作规程　建立一个完善而规范的育种操作规程，以保证获得数据的可靠性和准确性。具体而言，包括家系建立的标准化、日常管理标准化、家系标记标准化、性状测定规程标准化和测定方法标准化等。

2. 记录各项测定信息 准确的记录各项测定信息并及时的输入系统，确保数据输入的准确性、及时性和连续性。对于育种分析的一些重要变量，譬如出生日期、标记日期和测定日期等，不能够遗漏。

3. 数据的安全性 保留原始记录、及时备份数据和定时输出处理结果，多重防护以防止数据丢失。

（二）建立 Internet 的遗传评估中心（数据处理中心）是未来的发展趋势

全国性评估中心的优势在于可以充分利用各地的种质资源、能够统一采用先进的育种体系和遗传评定方法，能够制定统一的性能测定体系，从而能够更快地提升行业的整体育种技术水平，培育出更好的品种。在畜牧行业已经建立了全国性的遗传评估中心，譬如全国种猪遗传评估中心。国内基于 BLUP 方法的水产动物育种研究处于起步阶段，行业内对于此先进技术体系的认识程度不一，当前要想大规模的应用该体系，在人才和技术储备上存在障碍。然而 Internet 的遗传评估中心的建立，可以很好地解决这个问题。各育种场通过工作站和网络育种系统上传数据，然后经过评估中心处理后返回结果，使育种项目在技术和体系上能够得到保证。而且随着水产动物育种的发展，将会有越来越多的品种出现，品种测试也会在多个地域进行，遗传评估中心收集的数据记录，可以实现联合育种，在一定程度上也会提高育种数据的利用率和育种分析的准确性。由于在水产动物育种分析与管理系统设计之初，考虑到将来网络化的实现可能，采用了支持网络化的 MS SQL server 2000 数据库，并且优化程序架构，易于实现 C/S 2 层或 3 层结构，可以快速方便地建立遗传评估中心。

第四节　多性状复合育种技术的理论基础

一、数量性状的遗传特征

在孟德尔的研究结果被挖掘出的最初几年中，研究者们除了重复孟德尔的实验外，也用别的性状和植物品种进行了杂交实验，他们发现有些性状并不符合质量性状的遗传方式，杂交子代并不能按照表型分成明显的几类或具有一定的表型比例，这些性状的变异呈连续状态，没有明显的界线，他们将之叫作数量性状。数量性状主要包括两大类：一是表型连续变异性状，如人的身高，农作物的产量，羊毛长度等；二是表型呈非连续变异，而遗传物质的数量呈潜在的连续变异的性状，即只有超过某一遗传阈值时才出现的性状，包括动植物的抗病力、死亡率以及单胎动物的产仔数等，称为阈性状。有关凡纳滨对虾的主要经济性状，包括生长、抗病、抗逆性等均属于数量性状。

研究者们就数量性状是否遵循孟德尔遗传定律，或孟德尔遗传定律是否适用于数量性状，展开过一场相当激烈的争论，他们通过大量的遗传研究证明，数量性状也是由孟德尔遗传因子所控制的，但它是由多个基因控制的，也就是说数量性状的表型是由许多等位基因的相互作用决定的，其本质上与孟德尔式的遗传完全一样。Nilssion-Ehle（1909）的小麦粒色杂交实验表明，一个性状可以受多个孟德尔遗传因子共同控制，同时提出了解释数量性状的多基因假说。多基因假说认为，同一数量性状的遗传受为数甚多的基因支配；各个基因对性状的作用都很微小；这些基因彼此间没有显隐性关系，而其作用一般是累加的，称为加性效应。这一假说随后便在美国学者 East 的烟草花冠长度和玉米穗长等杂交遗传实验中得以证实。由于每一个数量性状是由多对基因（一般在 10 对以上）共同作用的结果，并且由于环境的影响也会使得相同基因型的个体出现微小的表型差异。这样，各种基因型实际所表现出来的表型就是一个连续的状态，如果环境对某一性状有较大的影响，即使控制该性状的等位基因数量不多，它的后代也会表现出连续分布。

大量有关凡纳滨对虾或其他水产动物的选育研究中，均报道过体长、体质量、存活率和存活时间等数量性状的频数分布（阮晓红等，2013；胡志国等，2015；李之乡等，2015），大多数表现出连续性的变异，柱状图为单峰态的正态分布。换句话说，正态分布可以很好地拟合水产动物体长，体质量等数量性状的观测频率；而数量性状表现为正态分布并非个例，众多数量性状在遗传群体中均具有这一特征。

综上所述，数量性状遗传的一般特征是：

1. 子一代性状表型一般介于双亲之间　某数量性状表现不同的两个纯合亲本杂交，子一代 F_1 该性状的表型一般介于双亲之间，其平均数与两亲的中值近似，但有时可能倾向于其中的一个亲本。

2. 子二代表型平均值近似 F_1　子二代 F_2 群体的表型平均值近似 F_1，但 F_2 连续变异幅度显著扩大，一般近似正态分布。

3. 数量性状基因易受环境影响　控制数量性状发育的基因易受环境影响，即使纯合的亲本或基因型相同的 F_1 个体间，由于环境的影响，其表型也会呈现一定幅度的连续变异。而 F_2 群体与 F_1 群体不同，除了环境的差异之外还有基因型的差异，所以 F_2 群体总的变化范围要比 F_1 群体大。

4. 超亲遗传　杂种后代中可能分离出高于高值亲本或低于低值亲本的类型，这种现象称为超亲遗传，这被认为是由于杂交亲本并不代表在所有组合的基因型中的极端值。

随着数量遗传学的深入研究，人们对数量性状遗传的认识也在逐渐改变。目前，我们普遍认为数量性状不一定是由多个微效基因控制，其效应也不一定相等，分离世代也不一定都是正态分布。在数量性状中，有少数效应比较大的主基因控制性状；有多个效应较小的微基因或多基因控制性状；也有主基因和多基因共同控制的性状。所以主基因加多基因的混合遗传模型，组成了数量性状遗传的一般模式。

显然，与简单孟德尔遗传的质量性状相比，数量性状的遗传更为复杂，有时还存在基因之间的连锁和上位互作，同时普遍存在着基因型与环境的互作。数量性状的变异由遗传变异和非遗传变异组成，决定数量性状遗传的基因并非都是加性效应，所以在许多环境下会出现与理论预测不同的情况。F_1 可能出现低于某亲本或与某亲本相近，或者超过双亲；F_2 群体呈现偏态分布。这是由于决定这一类数量性状遗传的基因除具有可遗传的加性效应外，还具有不可遗传的显性效应和上位性效应。上位性效应指控制该数量性状遗传的非等位基因间所发生相互作用，它和显性效应统称为非加性效应。这一理论和凡纳滨对虾遗传改良过程中所表现的实际情况较为吻合，同一群体的凡纳滨对虾在不同的环境下，生长、抗逆性、抗病力和存活率等数量性状的表型值存在一定程度的重排序效应（刘均辉等，2016；Maldonado et al.，2020）。

二、数量性状遗传分析的数学模型和遗传模型

在多基因和环境的共同作用下，数量性状的表型一般都没有明显的分组趋势，难以获得

个体的基因型，通常不能用孟德尔的分析方法进行分析。经典数量遗传学建立在多基因假说基础之上，主要是利用概率论和数理统计的方法来研究数量性状的遗传规律。对于单个性状来说，我们可以计算它们的均值和方差，以及亲子之间的协方差、相关系数和回归系数；对于多个性状而言，可以计算它们之间的协方差矩阵和复相关系数，然后通过不同遗传群体之间统计学参数的变化和关系，来进行数量性状的遗传分析。

数量性状的表型变异是由遗传变异和环境变异两部分组成，若以 P 表示表型，G 表示基因型，E 表示环境作用，则 $P=G+E$。因为方差可以用来测量变异的程度，所以各种变异可用方差来表示。因此，表型、基因型和环境三者的关系可用方差表示为：

$$V_P=V_G+V_E$$

这是数量性状最基本的数学模型，但进一步基因型方差还可以分解为：$V_G=V_A+V_D+V_I$，其中：

V_A 表示加性方差，由群体里不同个体所含有效基因多少不同而造成的方差，能稳定遗传；

V_D 表示显性方差，由等位基因之间的相互作用造成的方差（不完全显性也有部分显性），随着群体纯合率增加，杂合体下降，V_D 变小，不能稳定遗传；

V_I 表示上位性方差，由非等位基因之间的相互作用不同而造成的不同个体表现不同，这一部分方差难以估算，也无法稳定遗传，可不考虑。

这样就形成了数量性状最常用的加性-显性模型：$V_P=V_A+V_D+V_E$。当考虑还有基因与环境互作的情况下，表型值就可以分解为：$V_P=V_A+V_D+V_{GE}+V_E$

那么在一个表型变异中起主要作用的究竟是遗传因素还是环境因素，此时我们就引入了遗传参数的概念。其中遗传力就是指亲代传递遗传特性的能力，可用遗传率来表示，通常指遗传变异占总变异的百分数根据遗传力估值中所包含的成分不同，遗传力可分为广义遗传力和狭义遗传力，广义遗传力是指表型方差（V_P）中遗传方差（V_G）所占的比率；狭义遗传力是指表型方差（V_P）中加性方差（V_A）所占的比率。与其他遗传方差如显性方差相比，由于遗传方差中的加性方差具有更强的遗传稳定性，所以估计性状的狭义遗传力更具现实意义。遗传力的估计是遗传参数评估最为关键的一环，为了能够对其进行准确的评估，需要知道影响遗传力的因素都有哪些。总体来说，不准确的估计方法、亲本亲缘具有的相关性、遗传结构与环境的变化、群体数量不够多等等都会影响对样本遗传力的精确评估。

总体上来说遗传力高不代表这个性状好，遗传力低也不代表性状不好，只是表示他能从父母本遗传给后代的能力。遗传相关表明多性状间的遗传关系，是生物在长期的系统发育过程中由基因连锁和基因的多效性引起的。生物中各种性状之间都是有关联的，由遗传导致的性状相关叫遗传相关，也因为环境而影响的性状相关称为环境相关，两者并不互相影响，统称为表型相关。

遗传参数的估计方法由最开始利用亲子回归法和同胞相关法，后期逐渐到方差分析法（ANOVA）、亨德森方法（Henderson）、最小方差二次无偏估计法（MIVQUE）、最大似然法（ML）、约束最大似然法（REML）、贝叶斯方法（Bayesian Analysis）等和最佳线性无偏预测法（BLUP）进行估计。BLUP法可以通过对称矩阵求解的方式把动物的种类效应、动物自身效应和机误误差区分开来，可以有效提高动物育种值的准确性，相比较于其他方法在估计遗传参数上更为准确。

基于 BLUP 的个体动物育种模型和阈值模型是目前凡纳滨对虾育种领域应用最为常见的两种遗传模型，在凡纳滨对虾生长速度、WSSV 和 TSV 抗性、氨氮耐受性、低温耐受性、低溶解氧耐受性、出肉率、饲料利用率、繁殖力等重要经济性状的遗传力估计中广泛应用。动物模型的一般形式可表示为：

$$y = Xb + Zu + e$$

y 是所有观察值构成的向量；b 是所有固定效应构成的向量；X 是固定效应的关联矩阵；u 是所有随机效应构成的向量；Z 是随机效应的关联矩阵；e 是随机残差向量。

而在凡纳滨对虾多性状复合育种过程中，所用到的具体分析模型往往会随着实验设计和具体分析情况而变动，但均是通过一般形式演化而来的。袁瑞鹏（2016）通过建立多性状个体动物模型，利用 REML 法对凡纳滨对虾不同阶段生长性状和耐高氨氮性状的遗传参数进行估计，其中生长性状的分析模型为：

$$y_{imn} = u + Age_{imn} + a_m + c_n + e_{imn}$$

其中，y_{imn} 为试验对虾各阶段生长性状的测量值；u 为均值；Age_{imn} 为测试对虾个体的养殖时间作为线性模型的协变量；a_m 为加性遗传效应；c_n 为共同环境效应；e_{imn} 为随机残差。

高氨氮耐受性的遗传力分析通过应用育种模型链接公母畜模型进行估测。计算公式如下：

$$\lambda_{ijlk} = u + Sire_i + Dam_j + common_i + e_{ijlk}$$

$$y_{ijlk} = \begin{cases} 0 \ if \lambda_{ijlk} \leqslant 0 \\ 1 \ if \lambda_{ijlk} > 0 \end{cases}$$

其中，y_{ijlk} 代表第 k 尾虾存活状态（1 代表存活，0 代表死亡）；$common_i$ 为共同环境效应；e_{ijlk} 为随机残差。λ_{ijlk} 为 y_{ijlk} 的潜在值，当 $\lambda_{ijlk} \leqslant 0$ 则 $y_{ijlk} = 0$，当 $\lambda_{ijlk} > 0$ 则 $y_{ijlk} = 1$；u 为总体均值；$Sire_i$ 和 Dam_j 分别为第 i 个父本和第 j 个母本的加性遗传效应。

实验对虾养殖条件不同、遗传背景不同、估测数学模型不同、家系规模不同，均会使得凡纳滨对虾同一性状的遗传力估测值出现偏差。因此有关遗传参数估测的最佳线性模型的研究，将会是对虾育种领域一个重要的探索方向。

利用 BLUP 方法，除对虾个体本身、同胞表型数据外，结合祖先和后代等系谱信息估计个体育种值，根据不同性状的权重确定选择指数，在家系和个体水平上进行选择。"凡纳滨对虾多性状复合育种技术"即为在此基础上建立的育种技术。

三、数量性状的遗传参数评估

重复率、遗传力、遗传进度、遗传相关和育种值构成了数量性状的基本参数，是数量遗传学的核心。遗传参数对于实际育种工作的重要性在于借助遗传参数可以从表型值估计推断育种值，从而定量化地作出育种决策，还可用来计算预测遗传进展，并评估逐代选育的效果。因此，估计遗传参数便成了凡纳滨对虾育种中最基本的一项工作。

1. 重复率 是衡量一个数量性状在同一个体多次度量值之间的相关程度的遗传参数。对于个体可以重复度量的性状，各次度量值之间的相关称为重复率。

2. 遗传力 又称遗传率，指遗传方差在总方差（表型方差）中所占的比值，可以作为杂种后代进行选择的一个指标。遗传力是表明某一个表型的变异是遗传因子起主要作用还是环境因子起主要作用的程度。它介于 0 与 1 之间，当等于 1 时表明表型变异完全是由遗传的因素决定的，当等于 0 时表型变异由环境所造成。一般将遗传力划为高等遗传力（>0.4）、中等遗传力（0.2~0.4）、低等遗传力（<0.2）。由于大部分对虾育种项目的育种方向是围绕着提高生长、抗病和抗逆等重要经济性状的选择展开，因此，国内外研究者对凡纳滨对虾的繁殖性状、生长性状、存活性状、抗逆性状和抗病等性状的遗传参数进行了大量评估。

Tan 等（2019）开展了凡纳滨对虾繁殖性状的相关测试，对 1 428 尾亲虾繁殖期的繁殖力和生长性能进行长达 120d 的跟踪，统计产卵前和产卵后的体重、产卵次数、首次产卵日龄、产卵时间间隔等性状，结果显示产卵前和产卵后体重遗传力分别为 0.58±0.08 和 0.52±0.08，产卵次数遗传力为 0.07±0.02，首次产卵日龄遗传力高达 0.92±0.08，产卵时间间隔遗传力为 0.10±0.03。

美国夏威夷海洋研究所对凡纳滨对虾开展了连续 4 代的选择育种，并评估其遗传参数，结果表明凡纳滨对虾抗 TSV 的遗传力为 0.09±0.03，属低遗传力水平。Fjalestad 等估计凡纳滨对虾抗 TSV 的母系半同胞遗传力为 0.22±0.09。Argue 等估算得到凡纳滨对虾抗 TSV 现实遗传力为 0.28±0.14，父系半同胞遗传力为 0.19±0.08。

生长和存活性状一直是对虾选育过程中一个重要的目标性状，目前在凡纳滨对虾中均有大量关于生长性状遗传参数的报道。Kanchanachai 等（2011）估计了 16 个凡纳滨对虾家系在共同环境养殖 124d 时体重的遗传力，结果表明，其体重遗传力估计值为 0.37±0.14。Andriantahina 等（2012）评估得到 5 月龄凡纳滨对虾体质量的遗传力为 0.515。栾生等（2013）估计了凡纳滨对虾体重、存活性状的遗传参数，结果表明，体重、存活性状的遗传力范围分别为 0.19~0.43、0.27~0.45，均属于中高遗传力水平。郑静静（2016）研究发现不同日龄凡纳滨对虾的体重遗传力在（0.22±0.05）~（0.39±0.07），且随生长周期的延长，凡纳滨对虾家系与亲本育种值的相关性越高。综上研究结果表明，凡纳滨对虾生长性状的遗传力估计值均表现中高水平，进一步表明凡纳滨对虾生长性状的遗传方差在表型方差中占的比例较高，说明通过选择育种可有效地改良凡纳滨对虾的生长性状，并且可以获得较大的遗传进展，且对虾生长性状间一般表现为高度的遗传正相关性。

目前，关于耐低溶解氧、耐高氨氮等抗逆性状的遗传参数估计已在对虾选育中陆续展开。蒋湘等（2017）构建一般动物线性混合模型对 150 日龄的日本囊对虾的耐氨氮性状的遗传参数进行估计，结果显示耐高氨氮性状表现为低等遗传力 0.13±0.06。张嘉晨等（2016）的研究表明凡纳滨对虾 75 个家系耐低溶解氧性状的遗传力属于低等遗传力，为 0.07±0.03。

3. 遗传进度 亦称遗传获得量。群体受人工选择时，亲本群体和后代群体在所研究的数量性状的平均数之差，即为遗传获得量。因此遗传进度是表示选择效应，兹设亲本群体的平均值与经过人工选择后的亲本群体平均值之差即选择差为 i，其遗传率为 h^2，则遗传进度 ΔG 将表示为 $\Delta G = ih^2$。这就是说，选择差 i 如果一定，那么遗传率越大，遗传进度越高。

4. 遗传相关 是指不同性状间在遗传水平上相关程度的大小。对虾类的生长性状与其存活率、抗 WSSV、抗 TSV 以及耐环境因子一般表现为低度线性相关性。Argue 等报道了凡纳滨对虾生长速度与抗 TSV 感染后成活率之间的遗传相关系数为−0.46±0.18，呈中度负相关。Gitterle 等估算了凡纳滨对虾两个育种分支收获体重与抗 WSSV 性状间的遗传相关系数，其值分别为－0.64 和－0.55，呈负相关性。Li 等（2015）评估了凡纳滨对虾收获体重与耐低温性状的遗传相关性，结果表明其遗传相关系数为－0.770 2±0.458 3 和－0.825 3±0.455 3，呈高度的负相关。鉴于以上情况，在制定多性状育种方案时，若仅仅以单个性状为选育目标，则与之呈负相关的性状并不能得到正向提高。因此，在育种规划时通常采用经济加权系数或百分比赋值方式来尽可能地避免此类情况，优化配种方案，进而制定多性状综合选择指数，并据此评估和选择留取优秀的亲本，推进整个育种进程。

5. 育种值　对虾育种值是指亲虾的种用价值，可以反映个体育种性能的优劣，育种值越高，育种性能越好。在数量遗传学中把决定数量性状的基因加性效应值定义为育种值，个体育种值的估计值叫作估计育种值，通俗的理解就是某个亲本所具有的遗传优势，即它高于或低于群体平均数的部分。一个选育计划的中心任务，就是通过近交加选择增加有利基因的频率，来提高性状的育种值，产生遗传进展。育种值是不能直接获得的，能够获得的是包括育种值在内的遗传效应和环境共同作用形成的表型值。

育种值的估计最初是分别采用个体本身、祖先、同胞、后代成绩进行，这几种方法各自有其优缺点，育种值估计都存在着较大的偏差，后来人们在此基础上通过将几种信息进行加权合并，显著提高了育种值估计的准确性。采用 BLUP 方法根据表型值预测个体育种值的最佳方法，且获得显著的育种成效，而动物模型 BLUP 方法的优势更为突出。但利用动物模型对不同的固定因素和随机因素进行多方面结合，会得到不同育种估计值，因此，应结合选择育种的实际情况，对多种可能的模型进行比较分析，从中找出一个最适合的模型。国内外有关凡纳滨对虾育种值的估计主要集中在生长、存活和抗逆性状等方面。郑静静等应用 BLUP 法对凡纳滨对虾不同生长阶段体重的遗传参数和育种值进行估计，结果显示利用育种值方法选取的前 24 个家系育种值平均值比利用表型值方法选取的分别高出约 1.37%、19.97%、18.13%；利用育种值方法选取的前 10%个个体育种值的平均值比利用表型值方法选取的分别高出约 20.06%、26.03%、12.01%。由此可见，说明依据育种值对家系进行选择，其选择效率要高于依据表型值选择。

四、影响数量性状遗传改良的因素

在对虾育种过程中，需要改良的性状大多数都属于数量性状，而在物种的进化过程中最重要的性状也是数量性状，因此数量遗传对于凡纳滨对虾改良研究的重要性不言而喻。但数量性状，一般受微效多基因控制，基因型比较复杂，因而要像对质量性状那样，针对某一个基因进行选择，是不易做到的。数量性状必须应用生物统计和数量遗传学的原理，从性状的表型值中排除环境的影响，而根据或接近多数基因的加性效应——育种值来进行选择。选择效果是以选择反应的大小来衡量的。可见影响凡纳滨对虾遗传改良效果的两个基本因素就是性状的遗传力与选择差。当然还有其他因素，如世代间隔、性状间相关、一次选择性状的数目、近交及基因与环境的互作等。

影响对虾数量性状遗传改良效果的因素主要包括五个方面。

（一）目标性状遗传力的高低

目标性状的遗传力的高低，直接影响选择反应的大小。遗传力高的性状，选择差能遗传的部分就大，因此假定选择差相同，遗传力高的性状，其选择反应就比遗传力低的性状大。当目标性状的遗传力较低或者难以度量的时候，直接选择的效果就会很差。这时我们就可以考虑选择与目标性状高度相关，同时遗传力又较高的性状，通过相关遗传进度来实现对目标性状的改良。

（二）选择差

选择差是指留种个体平均数与对虾群体平均数之差。留种率是指留种个体数与全群总数之比。而选择差的大小，主要受两个因素的影响，一是群体的留种率，二是性状的变异程度。

在性状表型呈正态分布的情况下，留种率的大小就决定选择差的大小。也就是留种的数量越多，选择差越小；反之，留种的数量越少，选择差越大。影响选择差的第二个因素，是目标性状在群体中的变异程度。同样的留种率，变异程度大的性状，选择差也大。变异是选择有效的前提，没有变异，选择就无从发挥作用；变异越大，选择收效也越大。

（三）选择反应

选择反应（R）是指目标性状经过一个世代所能获得的改进量。而年改进量不仅与选择反应相关，而且也受一代所需年数的影响，生出一代所需的平均年数叫做世代间隔（G）。公式为：年改进量＝R/G。

（四）多性状之间的相关性和性状数目

在对虾育种实践中，往往需要进行多性状的复合选育，目标性状 A 和 B 的遗传相关，同样可以稳定遗传。如果 A 和 B 两性状间正相关，选择 A 性状，B 性状也随之适当改进；如果 A 和 B 两性状间存在负相关，那么，提高 A 性状，B 性状就相应降低。有时由于对性状间的这种关系了解不够，因而在育种工作中走了弯路。值得注意的是，多性状间的负相关，是群体的总趋势，不一定在每个个体身上都体现。比如 A 和 B 两性状间存在负相关，但不一定在每个个体身上都表现为 A 高了 B 就低，或者 A 低了 B 就高，也可能出现个别个体的 A 和 B 两性状都较高。因此，只要在选种中注意到这个问题，对负相关的性状予以兼顾，就可避免顾此失彼的危险，甚至还可以兼而有之，两者都提高。另外，在对虾多性状进行遗传改良时，对虾的生产性能由多个性状所决定的。但同时选择的性状不宜过多，因为同时选择的性状过多，选择效果就会分散，每个性状实际取得的改良效果就会降低。

（五）基因与环境的互相作用

任何数量性状的表型值都是基因和环境两种因素共同作用的结果。环境条件改变了，表型值当然要改变。但是对于选种来说，重要的是弄清楚同一群体从这一环境条件下调换到另一环境条件下时，是每个个体的表型值都按一样的比例增减，还是有的增减多，有的增减少。再加上凡纳滨对虾产业养殖区域广、养殖的环境、条件、养殖模式等都多种多样，基因型与环境互作研究也是目前的重中之重。

近年来，关于凡纳滨对虾基因与环境互相作用的研究工作比较多。众多研究表明，基因与环境互相作用的情况因目标性状的不同而异。基因与环境互相作用的原因，可能是一个性状往往受一系列生理生化过程的制约，在一种环境条件下，控制某个生理生化过程的基因起主要作用，而在另一种环境下，控制另外一个生理生化过程的基因起主要作用。已有结果表明，养殖模式及环境间差异越大，基因型与环境互作效应越强。在凡纳滨对虾遗传改良过程中，常常发现基因型对环境的变化表现出敏感性，甚至还会出现，一些环境下表现很好的群体，在其他环境下表现很差；一些环境下表现很差的群体，在其他环境下表现很好。这时，就存在较强的基因与环境互作效应。这是凡纳滨对虾选育中非常普遍的一种遗传学现象，所谓育种生产中强调的"良种配良法"，本质就是希望通过提高遗传效应，改进环境效应，以达到提高产量的最终目标。

第五节　对虾育种技术发展趋势

一、分子设计育种

水产动物的遗传育种从人工驯化开始，经过了表型选育、分子标记辅助选育、全基因组选育和基因组编辑育种等一系列的技术升级，正由传统育种向现代分子育种的方向发展。作为分子育种的高级阶段，分子设计育种是根据需求聚合优异性状基因培育优异新品种的技术，即在对基因组进行深度解析的基础上，根据育种目标，对多基因复杂性状进行分子层面的定向设计改良，从而达到综合性状表现最优的育种效果。

目前我国对虾育种仍以常规选育技术为主，尽管在生长性能测定、BLUP遗传评估、分子标记辅助选育等方面已开展了大量研究，且相继在高通量表型性状智能测定、高通量低成本的单核苷酸多态性分型技术以及高效育种芯片开发应用上实现突破，但凡纳滨对虾的基因编辑育种工作并不顺利，而分子设计育种技术体系的建立在一定程度上也受限于基因编辑技术在对虾中的应用，因此凡纳滨对虾的基因编辑育种工作当前仍处于概念性的探索阶段。

分子设计育种离实质性应用还有很长一段路要走，且其技术突破依赖于遗传学、分子生物学和基因组学等多学科的综合发展，尤其是在分子水平上对生长、抗逆性、品质等复杂性状形成的遗传机理的阐明。而如今凡纳滨对虾基因组已成功破译，高质量的对虾基因组参考图谱将为对虾基因组育种和分子改良工作提供了重要基础平台，这是一个里程碑式的进步。

随着高通量测序技术的发展完善与成本降低，基因组学、转录组学、蛋白组学和代谢组学等多门"组学"也不断发展，未来的分子设计育种将是充分利用我国沿海丰富的对虾种质资源，进行充分有效的开发，挖掘大量遗传信息，建立起各种庞大的生物信息数据库（表型数据库、基因组序列数据库、分子标记数据库和比较基因组学数据库等），通过开展生殖、生长和抗性主要经济性状的功能基因组研究，解析其生殖、生长、抗病、耐寒和耐低氧的基因调控网络，筛选鉴定进行分子设计育种的主控或关键基因和分子标记，建立分子设计育种的关键技术及其技术体系，在理论上阐明动物生殖、生长、抗病和抗寒等主要经济性状和重要生命现象的基因调控网络及其作用机理，提出对虾良种分子设计的策略；在技术方法上，建立分子设计育种的多基因聚合和基因操作技术，创制优质育种材料，创建分子设计育种的可行性途径。通过这些研究，突破传统遗传育种技术的瓶颈，将对虾分子遗传学和功能基因组学研究成果应用于遗传育种改良，实现更加高效和精确的分子设计育种，加快育种进程和提高育种效率，为水产养殖业的可持续发展和渔业生物技术的创新做出贡献。

二、染色体细胞工程与诱变育种

（一）染色体细胞工程与诱变育种

动物染色体细胞工程育种技术是在染色体组水平上进行遗传改良的育种技术，包含人工多倍体诱导、雌（雄）核发育、性别控制、染色体片段转移和染色体特定位点重组技术等。

诱变育种是利用物理、化学因子，促使育种的原始材料的遗传性发生变异，从而选出优良品种的一种育种方法，包括物理的辐射诱变和化学诱变两种。辐射诱变是指利用 γ 射线、X 射线、β 射线、激光、紫外线等物理因子照射，使机体的遗传物质发生变化而获得新品种。化学诱变则是利用一些化学药品来浸泡和处理促使突变的发生，从而选育出新的品种。

（二）染色体细胞工程应用及前景

经多倍体育种技术培育的水产动物种苗具有生长速度快、成活率高、商品规格高、抗逆性强等优点。目前，凡纳滨对虾染色体细胞工程育种技术主要集中于人工的多倍体诱导育种。但虾蟹类的多倍体研究起步较晚，进展较慢，到目前为止，仅在 9 种虾类和 3 种蟹类中进行了多倍体诱导研究，其中仅在中国明对虾和日本囊对虾中有三倍体成功诱导并培育至成体的报道（Li et al.，1999；Coman et al.，2008），由此可见，虾蟹类的多倍体育种研究还远远没有达到商业化生产的需要。目前，对虾科多倍体育种技术的标准化研究较少，缺乏可靠和一致的多倍体诱导方法是多倍体育种技术在对虾培养中大规模应用的主要障碍。此外，还没有关于多倍体个体早期鉴定的报道。

人工多倍体诱导育种方法主要包括物理方法、化学方法和生物学方法。物理方法是指利用物理手段抑制极体释放或第一次卵裂，目前常用的物理方法主要包括温度休克法、水静压法、高盐高碱法和电脉冲法等。化学方法是指利用化学诱导剂抑制极体释放或第一次卵裂，这也是较常用的多倍体诱导方法，常用的化学诱导剂有细胞松弛素 B、6-二甲基氨基嘌呤、秋水仙素、咖啡碱等。生物学方法主要是指通过杂交方法尤其是种间杂交获得异源多倍体的方法。目前热休克已被证实是一种高效的虾类多倍体诱导方法（Li et al.，2003；张晓军等，2003；张成松，2005）。

同时热休克也在对虾的性别控制中有明显的作用。对虾的性别二态性明显，成年雌虾体重明显大于雄虾，单性养殖（全雌化）可以提高对虾的养殖产量。有关对虾雌核发育的研究在国内外鲜见报道，国内学者仅在 20 世纪 90 年代对中国对虾进行了一些试验性的尝试（戴继勋等，1993；蔡难儿等，1995；陈本楠等，1997），但至今亦未获得对虾雌核发育诱导技术的突破。1993 年杨丛海等人首先在中国对虾的性别控制方面进行了研究。2009 年张成松首次尝试并优化了凡纳滨对虾雌性化控制的诱导方法，利用热休克方法对凡纳滨对虾受精卵在发育的不同时期进行了处理，实验结果表明凡纳滨对虾受精卵对温度的耐受力随发育而提高，处理群体的雌性比例显著提高，但所占的比例还是较低。2004 年 Garnica-Rivera 等人发现冷热冲击比热热冲击可观察到更大范围的多倍体核，通过比较高温和低温下的热冲击效率，建立了一种简单的方法来获得凡纳滨对虾的多倍体种群。

（三）诱变育种应用及前景

诱变育种具有育种周期短、基因突变频率高、方法简便、能同时对多个性状进行改良等优点，在水产动物育种中也有诱变育种相关的研究，但在对虾中的应用比较少，诱变育种主要包括辐射诱变和化学诱变两种，目前对虾的辐射诱变育种还处于探索阶段，如 1993 年王爵春等人和 1998 年胡贤德等人利用 He-Ne 激光分别照射罗氏沼虾和斑节对虾幼体，发现适当的功率密度及照射方式对幼虾的生长发育及生化反应有一定的促进作用。2006 年刘波等人利用 60Co-γ 照射性腺成熟的日本囊对虾亲代，并用随机扩增多态性 DNA（RAPD）技术对诱变子一代进行遗传多样性分析，发现诱变可以产生明显的遗传多样性。2009 年刘波等人利用 60Co-γ 射线初步探讨长毛明对虾的亲体及幼体在 60Co-γ 射线下不同诱变剂量的生物学效应，并在 2010 年采用 RAPD 技术对诱变子代的无节幼体基因组 DNA 多态性进行了检测。水产动物化学诱变的研究在国内开始得比较晚，而对虾的化学诱变育种更是很少有报道，仅有 2008 年赖光艳等人采用 5-溴尿嘧啶作为化学诱变剂对中国对虾进行了一些试验性的初步研究。

三、基因工程育种技术

（一）基因工程与基因编辑

基因工程又称基因拼接技术和 DNA 重组技术，是以普通遗传学和分子遗传学互相结合为理论基础并作为指导，以现代分子生物学和微生物学的现代显微操作技术和方法为手段，将各种目的基因按预先设计的蓝图，在体外构建杂种 DNA 分子，然后导入增殖分化能力强的细胞中，以改变生物原有的遗传特性，使得遗传特性符合人们预期目的，进而获得新品种、生产新产品的遗传技术。基因工程技术为基因的结构和功能的研究提供了有力的手段

基因编辑，又称基因组编辑或基因组工程，是一种新兴的比较精确的能对生物体基因组特定目标基因进行修饰的一种基因工程技术或过程。早期的基因工程技术只能将外源或内源遗传物质随机插入宿主基因组。基因编辑依赖于经过基因工程改造的核酸酶，也称"分子剪刀"，在基因组中特定位置产生位点特异性双链断裂（DSB），诱导生物体通过非同源末端连接（NHEJ）或同源重组（HR）来修复 DSB，因为这个修复过程容易出错，从而导致靶向突变，这种靶向突变就是基因编辑。因为基因编辑可以对基因进行定点的编辑，所以能够高效率地进行定点基因组编辑。

（二）ZFNs、TALENs、CRISPR-Cas 三种基因编辑技术

基因编辑技术从 ZFNs 发展到 TALENs 再发展到现在的 CRISPR-Cas，随着技术的迭代升级，通过了解三种基因编辑技术，不难发现基因编辑技术变得越来越完善。

1. ZFNs （Zinc finger nucleases）中文名称为锌指核糖核酸酶，是由人工构建的锌指蛋白（Zinc fingersproteins，ZFPs）和非限制性核酸酶 Fok I 两部分组成。ZFPs 是一类真核生物中普遍存在的基因转录调控因子，在基因的表达调控、细胞分化、胚胎发育等方面起非常重要的作用。

2. TALENs （Transcription activator-like effector nucleases）中文名称为转录激活因子样效应物核酸酶，是继 ZFNs 之后的另一种较为灵活和高效的靶向编辑技术，TALENs 在结构上与 ZFNs 类似，是由特异性的 DNA 结合蛋白-TALE 蛋白和 Fok I 核酸酶两部分组成。TALE 蛋白是植物病原体-黄单胞菌分泌的一种转录激活子样效应因子，是一类分泌蛋白，在植物细胞中能够特异性地识别并结合寄主靶基因的序列，从而调控寄主的基因表达（廖鹏飞，2016）。

3. CRISPR-Cas （Clustered Regularly Interspaced Short Palindromic Repeats-and CRISPR Associated Proteins）中文名称为规律成簇间隔短回文重复序列及其相关蛋白，简称 CRISPR-Cas 系统。CRISPR-Cas 系统是原核生物体内的一种利用 RNA 来引导 Cas 蛋白特异性识别并降解噬菌体或病毒 DNA 的适应性免疫系统，最早在大肠杆菌中被发现。

CRISPR-Cas 系统可分为Ⅰ、Ⅱ和Ⅲ型三种类型，其中Ⅱ型的 CRISPR-Cas 系统仅需要一种 Cas9 蛋白，应用技术最为成熟。

基于 CRISPR-Cas 系统原理开发的 CRISPR-Cas9 技术由两个核心部分组成：切割目标 DNA 的 Cas9 蛋白和目标位点特异性单导向 RNA（sgRNA）。该技术通过设计和转录出含有与 DNA 靶序列配对的引导序列的 sgRNA，结合 Cas9 蛋白并导入到目标细胞中，利用 sgRNA 介导 Cas9 蛋白对基因组靶位点进行识别、切割，实现基因编辑。这一发现创造了一个高效简易的双组分系统，可以通过改变 sgRNA 中引导序列而实现靶向任何感兴趣的 DNA 序列。CRISPR-Cas9 编程的简单性，加上独特的 DNA 切割机制，多重目标识别能力，以及许多自然的Ⅱ型 CRISPR-CAS 系统变体的存在，使这一经济高效和易于使用的技术在精确和高效地定位、编辑、修改、调节和标记广泛的细胞和生物体的基因组位点方面取得了显著的发展。

CRISPR-Cas9 相较于 ZFNs、TALENs，在设计、构建方面都非常容易；载体构建时间只需要 1～3d，比 ZFNs、TALENs 需要的 5～7d，耗时更短且成本更低；靶向修饰效率会更高，多位点编辑更加容易；ZFNs、TALENs 不可以对 RNA 进行编辑，而 CRISPR-Cas9 可以对 RNA 进行编辑。

（三）CRISPR-Cas9 技术在对虾养殖中的应用和展望

孙玉英、张继泉等人利用 CRISPR-Cas9 技术进行了 RNA 提取、cDNA 合成、生物信息学分析、目的基因特异性 gRNA 的设计与合成、Cas9mRNA 的制备、检测目的基因 mRNA 在健康对虾不同组织中的表达，以及显微微量注射等一系列实验，对脊尾白对虾 *EcChi4* 基因、*EcInaB-X1* 基因、*EcMIH* 基因等多个基因进行敲除，并取得了显著的实验效果。

科研工作者成功应用 CRISPR-Cas9 技术对脊尾白对虾进行定向的、可遗传的基因突变，证明了 CRISPR-Cas9 技术可作为一种可行的基因编辑手段，将成为对虾探索新表型或引入新功能的有效的基因组编辑工具，在研究其他十足目动物难以解决的重要生物学问题时，具有广阔的应用前景。

四、分子标记辅助育种技术

分子标记技术（Marker assisted selection，MAS）是依据基因组中 DNA 碱基的多态性而直接反映生物个体差异的新一代的遗传标记技术，可以通过分析与目标基因紧密连锁的分子标记的基因型，借助分子标记对目标性状的基因型进行选择。

由于一些性状会受环境和基因互作等多因素影响，所以传统选择育种过程中的表型鉴定相对比较复杂和困难。对于一些难以测量的性状和生长后期才能进行测量的性状，如果采用传统的育种方法，需要采用复杂的仪器或在每一代的成熟期才能进行测定，影响了育种效率。而此时采用分子标记辅助选择，通过利用与目的基因紧密连锁的分子标记对个体进行目标区域及全基因组筛选，可以快速获得符合期望的个体，从而提高育种效率。因此分子标记辅助育种技术可以缩短育种年限，加快育种进程，克服了很多常规育种方法中的困难。

分子标记的开发是分子标记辅助育种技术应用的前提，迄今为止分子标记辅助育种技术所用的分子标记已从一代的限制性片段长度多态性（Restriction fragment length polymorphism，RFLP）更新到三代的基因拷贝数变异（Copy number variation，CNV）和单核苷酸多态性（Single nucleotide polymorphisms，SNP），分子标记的稳定性和密度都在不断提高。

（一）MAS常用分子标记

1. 随机扩增多态性DNA（Randomly amplified polymorphic DNA，RAPD）　是第一代分子标记中常用的一种，是对基因组DNA序列多态性进行检测的一种简单可靠方法，无需了解遗传背景和进行特异引物设计。适合种内和种间的遗传检测，比RFLP检测的多态座位要多，对杂合度较低的虾类特别有用。因而在对虾的遗传多样性研究、遗传图谱构建和辅助标记育种等方面都有重要应用。在RAPD等分子标记问世之前，对虾类遗传变异的检测大部分通过生化方法，如检测同工酶的变异，但所示的同工酶的多态性相对较低。RAPD的出现使得遗传变异的检测更为准确且效率更高。宋林生等于1999年对野生日本对虾和人工养殖种群遗传结构进行RAPD标记研究，采用20个随机引物分别进行扩增，在野生种群中共得到157条清晰可统计的DNA扩增片段，在人工养殖群体中得到153条扩增片段，且不同的引物所得到的扩增片段的数量和揭示的多态性都各不相同。具有多态性的片段在野生种群和人工养殖群体中分别为85和58条。Garcia等用6个RAPD引物对"美国海洋虾养殖计划"培育的两个SPF群体和一个候选SPF群体的114尾凡纳滨对虾遗传多样性进行了评价，发现这3个群体的多态位点百分数是58.75%。李锋等采用16个RAPD引物对我国从夏威夷引进的两批凡纳滨对虾SPF亲虾及其子代的基因组DNA多态性进行了检测，第一个亲本群体共检测到78个位点，其中多态位点数为48个，占61.54%；第二个亲本群体共获得97个位点，其中多态位点数为49个，占50.52%。单个引物获得的标记数为1~8个。第一个亲本群体个体间的平均遗传距离为0.196 0±0.039 2，第二个亲本群体个体间的平均遗传距离为0.092 2±0.018 9。同时，对两个引进亲本群体间遗传多样性进行计算，得出多态位点比例为66.98%，遗传距离为0.345 5±0.079 5。这些结果说明两批对虾存在遗传差异，这可能和引进的凡纳滨对虾主要是夏威夷的SPF亲虾有关，SPF亲虾本来就是经过选育的结果，在选育的过程中，亲本的限制造成了其后代发生遗传漂变，部分优良性状可能丢失。

2. 简单序列重复（Simple repeated sequence，SSR）　又称微卫星DNA，是第二代分子标记常用的一种，由2~20个核苷酸对的单元重复成百上千次组成，在整个基因组上高度多态，是一种高度变化的中性遗传标记。SSR对近缘种和地理分布范围缩小的物种的遗传变化敏感，也适合于检测长期养殖群体的遗传变化。近几年来在对虾的遗传变化研究中也越来越多地采用微卫星标记。马宁等（2013）为了对凡纳滨对虾微卫星序列进行筛选，构建了一个cDNA文库，并进行高通量测序。得到了500 177条mRNA序列片段，通过拼接获得了20 225条单一序列，从中鉴定得到588条微卫星序列，设计了557对微卫星引物。研究结果大大丰富了凡纳滨对虾的基因组信息，增加了凡纳滨对虾可用的微卫星标记数量。刘洪涛等选用15对多态性较高的微卫星引物，对8个地理群体的凡纳滨对虾的遗传多样性和亲缘关系进行了分析，结果显示厄瓜多尔、新加坡、海南和泰国正大4个群体的遗传变异度大，为高多态性群体。新加坡群体和海南本地群体的遗传距离最大，海南本地群体和泰国正大群体的遗传距离最小，即海南本地群体与泰国正大群体的亲缘关系最近，与新加坡群体的亲缘关系最远。方振朋等（2020）用8个微卫星位点对4个地区共6个商业品种的凡纳滨对虾进行遗传多样性检测，结果发现 6 个品牌的凡纳滨对虾在 8 个位点呈现不同程度的多态性，对国内养殖凡纳滨对虾的遗传背景进行了分析，结果可为凡纳滨对虾良种选育提供数据支撑。

3. 单核苷酸多态性（Single nucleotide Polymorphisms，SNP）　　目前最常用的分子标记是第三代分子标记中的 SNP，SNP 是指由于 DNA 序列上单个碱基发生变化，从而导致 DNA 序列出现多态性。这种变化主要由单个碱基发生置换、颠换、插入和缺失所致，其中置换和颠换最为常见。SNP 最早由美国学者 Lander 提出，是继第一代 RAPD、第二代 SSR 等之后的第三代 DNA 分子标记。SSR 分子标记因为存在标记数量有限、检测得到的数据处理与分析较困难、操作耗时等一系列问题而存在一定的局限性，SNP 分子标记基于本身独特的特点可以弥补这些缺陷。SNP 在基因组上数量较多，具有多态性丰富、二态性、遗传稳定性高、易于检测和统计等特点，可实现高通量自动化操作检测，随着二代测序技术的发展与成熟，SNP 的开发和检测的成本变得越来越低。SNP 标记因此被广泛应用于群体遗传学研究和分子辅助育种等领域。SNP 位点在基因组中的分布情况的研究能够全面反映群体的遗传及变异水平，已在凡纳滨对虾、中国对虾、罗氏沼虾、大黄鱼等物种中开展应用。当前，通过 DNA 和 RNA 高通量测序可以获得大量的多态性 SNP 位点。然而，受基因组组装质量、样本测序和分型算法等多种因素影响，很多位点可能是假阳性位点。因此，利用较大样本量，对已有位点进行分型验证，开发高质量的多态性 SNP 位点，是开展分子标记辅助选择的重要基础工作。王冉等为筛选与凡纳滨对虾繁殖性状（产卵与产卵量）相关的 SNP 分子标记，选择卵黄蛋白原基因（Vitellogenin，VG）作为筛选基因，采用 PCR 产物直接测序法对 VG 基因进行 SNP 位点筛查。在 150 个凡纳滨对虾样品中，VG 基因的 4 个结构域一共检测到 37 个 SNP 位点，8 个能引起蛋白质氨基酸的同义突变，3 个错义突变，26 个无义突变。进一步对这 37 个 SNP 位点进行分析，确定了 4 个可能的 SNP 候选位点，可为凡纳滨对虾的良种选育提供参考。刘峻宇等（2020）运用飞行时间质谱技术开发了凡纳滨对虾 37 个源自转录组序列的 SNP 标记，并对 22 个凡纳滨对虾家系进行了遗传多样性分析。分析结果显示，37 个 SNP 位点在 22 个凡纳滨对虾家系中的平均期望杂合度和平均观测杂合度分别为 0.38 和 0.34；平均多态信息含量为 0.30，属于中度多态性。此外，随着凡纳滨对虾抗逆性状、抗病性状、生长相关性状的分子标记的相继开发，使得养殖人员可以根据育种目标对凡纳滨对虾育种群体进行早期选择，有效降低育种成本的同时增加了育种效率和准确性，提高凡纳滨对虾繁殖群体的遗传水平，从而能够准确、高效地选育出抗逆性强和生长快的凡纳滨对虾品种。

（二）分子辅助选择育种发展与现状

与传统选择育种方法相比较，MAS 具有多方面的优势。个体的分子标记在不同组织器官和不同发育阶段具有一致性、数量多、多态性高和遗传稳定的特性，不会受到环境和基因互作等多因素影响，具有较高的选择准确性和可靠性。MAS 的研究起源于 20 世纪 90 年代，之后在植物和畜禽的育种中开始使用。与植物与畜禽类相比，水产动物分子标记辅助选择的研究起步较晚。但是水产动物各种经济性状、数量性状位点（Quantitative Trait Locus，QTL）的定位为分子标记辅助选择的研究提供了重要基础。目前，水产动物 QTL 定位主要涉及生长、抗病力和性别等多种性状，其中，以水产动物抗病性状的 QTL 定位及应用发展较快。凡纳滨对虾是高杂合物种，其基因组含有 80% 的重复序列，基因组组装是一个很大的难题，因此高密度的遗传连锁图谱构建较困难。于洋等（2015）成功构建了含有 6 146 个标记的凡纳滨对虾遗传连锁图谱，为目前标记密度最高的对虾遗传连锁图谱。同时，利用此遗传图谱成功定位到了 11 个体长相关和 7 个体重相关的 QTL，共可解释表型变异为 38.56%。其中位于连锁群 33 上的一个标记位置的 QTL 解释表型变异达到 17.9%，为一主效 QTL，对于后续的分子标记辅助育种具有很好的利用价值。曾地刚等（2019）利用 SLAF-seq 构建了凡纳滨对虾的高密度遗传图谱，定位了一个与耐氨性相关的 QTL，但此 QTL 仅能解释氨耐受性表型变异的 7.41%～8.46%，这可能是由于对虾的抗性性状是由微效多基因控制。

MAS 选择效率主要受目标性状的遗传力以及 QTL 数目和定位的精度影响。当目标性状为低遗传力性状时，标记与 QTL 之间的连锁效应会降低，从而降低 MAS 的选择效力，因此 MAS 更适宜于中等遗传力性状，即 $0.2 < h^2 < 0.4$。当性状由少数几个 QTL 控制时，MAS 的选择效率极高，而当目标性状由微效多基因控制时，QTL 定位精度会显著下降，从而导致 MAS 的选择效力衰减。目前认为 MAS 在质量性状上的效率比数量性状高，因为质量性状是由单个或少数几个基因控制的，而数量性状一般受到多个微效基因的影响，因此需要遍布全基因组的标记信息保证每个影响数量性状的位点都与周围的标记发生连锁。

（三）全基因组关联分析与全基因组选择育种（Genomic selection, GS）

由于传统的 MAS 受多个微效基因影响，在研究性状方面表现较差，因此需要利用全基因组范围的标记对每个影响数量性状的位点进行关联分析以及全基因组选育研究。

1. 全基因组关联分析（Genome-wide association studies，GWAS）　　GWAS 是以连锁不平衡为基础，利用高密度分子标记挖掘影响表型性状基因，借助强大统计学工具计算每个标记与目标性状之间的关联性大小的方法（一般用 P 表示）。GWAS 的解析精度是由连锁不平衡（LD）水平所决定的，它代表了基因组中两个等位基因非随机组合的程度，主要产生于群体进化过程中的突变和重组事件，也会受到群体大小、异交率、选择强度与遗传漂变等因素的影响。与先前的候选基因研究方法不同，GWAS 不受预先设定的候选基因的限制，可以找到许多目前功能不明确的基因以及大量分布在非编码区的 SNP，为数量性状的研究提供了线索。

GWAS 与 QTL 定位的计算模型较为相似，但 GWAS 采用的是关联分析，而 QTL 采用的是连锁分析。与 QTL 定位相比，GWAS 具有高分辨率、高通量的优势，能够有效提高复杂性状相关基因的定位效率。并且进行 GWAS 研究的对象有无家系信息都可，这就使得 GWAS 可以用于无法构建家系的群体的研究，即随机群体的关联分析。

2001 年，Hansen 等最早报道了 GWAS 在野生甜菜生长习性方面的研究。2005 年 Klein 等在人类中首次采用 GWAS 对视网膜黄斑病进行研究，2008 年，Daetwyler 等最先在奶牛中运用 GWAS 对产奶性状进行分析。GWAS 在水产动物中虽然研究较晚，但发展较为迅速，目前在大西洋鲑、鲶、虾夷扇贝、虹鳟、鲤、尼罗罗非鱼和凡纳滨对虾等常见物种中均有 GWAS 的相关报道。王全超（2017）对凡纳滨对虾的生长性状进行 GWAS 研究，获得 52 个与体长性状显著相关 SNPs，47 个与体重性状相关 SNPs。通过基因注释、基因的 SNPs 发掘和群体水平统计验证，发现位于蛋白激酶（PKC）基因的一个标记与体重存在显著相关性，该标记的 CC 基因型个体平均体重明显高于 CT 型和 TT 型个体。通过分析 PKC 基因在对虾不同组织的转录表达水平，发现其在肌肉组织中的表达量最高，提示其可能是调控凡纳滨对虾生长的重要候选基因。同时还对凡纳滨对虾的抗弧菌性状进行全基因组关联分析，在基因组显著性水平为 $P<0.001$ 时筛选到 8 个与弧菌抗性相关联的 SNPs，在建议显著性水平为 $P<0.01$ 时，共筛选到 187 个显著性 SNPs，其中 108 个 SNPs 成功定位至不同的连锁群上，且不同连锁群上显著相关的 SNPs 数量介于 1～9 个，说明对虾的弧菌抗性性状可能是由微效多基因控制的复杂数量性状。近年来水产动物 GWAS 的研究成果越来越多，表明水产动物全基因组关联分析正处在一个高速发展阶段。

2. 全基因组选择育种 全基因组选择的概念是由 Meuwissen 等在 2001 年提出的，当时是基于一种理想的假设，即所有性状的 QTLs 都对应一个与之紧密连锁的 SNP 位点并可用该标记来代表；通过性状测定获得全基因组育种值，结合该个体所带的分子标记，应用统计学方法计算出每一个分子标记所对应的染色体片段的育种值大小；然后再对所要选择的个体进行基因组育种值（Genomic estimated breeding value，GEBV）估计并选择。目前在动物中全基因组选择育种技术的流程如下：首先需要构建数量足够的参考群体，之后对参考群体内每个个体的目标性状进行表型测定，并取样进行基因型分型。根据表型与基因型数据，计算与目标性状有关的每个标记的效应值。最后通过将在参考群体中估计出的效应值代入选用的预测模型中，计算出待选群体的每个个体的基因组育种值。

相对于传统选择育种方法，GWAS 选用覆盖整个基因组的分子标记，考虑到了每个起作用位点的效应，增加了选择的准确性。由于任何动物的基因组在正常情况下都是保持不变的，因此在动物的幼体时就可以采集某些部位的组织，进行基因型的检测，而对动物的生活无太大影响。这种在动物早期进行选择的方法能够有效缩短育种周期，节约育种成本。此外，全基因组选择最重要、最突出的优势是能够对低遗传力的性状进行选择。对于低遗传力性状，通过表型所获得的用于估计的信息较少，导致估计选择效应时准确率较低，而采用全基因组选择的方法，对于低遗传力的标记能进行很好的估计，因此所得出的估计准确性能够得到明显提高。

但是全基因组选择同样具有局限性，首先，全基因组选择主要考虑加性效应，对于显性效应及互作效应等未纳入到育种值估计模型中。其次，全基因组选择的准确度与参考群体与待选群体间亲缘关系有关，如果参考群体与待选群体间亲缘关系较远，选择准确度会出现不同程度上的降低，影响选择结果。全基因组选择只用到基因组信息，对于其他多组学研究结果利用不够充分，因此目前需要将包括基因组在内的多组学信息进行有效整合，通过整合组学提高选择效率。

五、强优势杂交种创制

（一）杂种优势

杂交优势的利用可有效发掘生长潜力，大幅度提高产量，是动植物育种的重要手段之一。两个或两个以上不同遗传类型（不同基因型）的物种、品种或自交系杂交产生的杂种第一代，在生长优势、生活力、抗病性、产量和品质等方面均优于双亲的现象，称为杂种优势。

杂种优势的产生与基因的非加性效应有关。目前对于杂种优势产生的机制有以下两个解释。一个是显性学说，另一个为超显性学说。显性学说认为生物体所具有的显性基因越多，在生活力等方面就越有利，因此杂交后一些隐性基因被掩盖从而表现出杂种优势。显性学说认为是有利显性基因对不利隐性基因具有抑制作用，杂交的后代会因为显性基因的累加效应而产生杂种优势。一个基因座受到另一个或者多个基因座的影响，而使一个性状受到抑制或者增强，这种促进作用可以通过杂交而表现出杂种优势。超显性学说认为杂种优势是等位基因间相互作用的结果。由于具有不同作用的一对等位基因在生理上的相互作用，使杂合个体比任何一个纯合个体在生活力和适应性上更为优越。但个别时候，由于某些等位基因间的互作会产生负的显性效应，在个别性状上表现出杂交群体均值低于双亲均值或双亲中的任何一方的现象，即所谓的"劣势"。袁瑞鹏等（2015）报道了凡纳滨对虾 8 个杂交组合在对低溶解氧耐受性方面表现出杂种优势，但也有个别杂交组合表现杂种劣势；梁华芳等（2011）的研究中对虾杂交群体在抗病力方面出现杂交劣势；Wang 等（1999）报道在水产动物中 3 代近亲交配产生的近交衰退就可能抵消杂交优势；马大勇等（2006）报道从隐性有害等位基因的角度考虑，杂交优势仅仅是近交衰退的补偿。也就是说，通过不同近交群体间的交配掩盖隐性有害等位基因，但是如果相同的有害等位基因被累积并被固定在不同的群体中，杂交后代可能不表现优势甚至表现杂交劣势。

杂种优势在性状上的表现是多方面的。有时杂种优势表现在生长快、增产幅度大；有时杂种优势表现在对外界不良条件有较强的抵抗力；有些杂交种则表现出早熟。杂种优势表现多种多样，也比较复杂，其主要特点是：

1. 杂种优势是多性状综合表现　杂种优势不是某一两个性状表现突出，而是许多性状综合地表现突出。因此，凡是表现杂种优势的组合，其生长优势、抗逆性、产量、适应性等方面通常都有优势。

2. 杂种优势取决于双亲性状间的互补程度　杂种优势的大小，大多取决于双亲性状间的相对差异和互补程度。在一定范围内，双亲的差异越大，往往杂种优势越强；反之，杂种优势越弱。

3. 亲本基因型的纯合程度不同杂种优势强弱也不同　双亲的纯合程度越高，F_1 的杂种优势越强；反之则弱。因此，自交系间杂交种的杂种优势比品种间的杂种优势大。

4. 杂种优势在杂种第一代表现最为明显　F_1 自交或杂交产生的 F_2，其优势就显著降低，而且杂交优势越强的组合，其优势下降程度越大。因此，在生产上多用杂种第一代，必须每年制种。从生产角度考虑，只有杂种超出亲代范围，或杂种表现比亲代都有显著优势的情况下，杂交组合所产生的第一代杂种，才具有经济价值和应用价值。

（二）强优势杂交种创制

强优势杂交种是指通过远缘种质间（属间、种间、亚种间）高度的遗传差异性，突破传统杂种优势利用遗传基础狭窄的瓶颈，充分挖掘对虾基因间的互作潜能（加性、加加性、显性、超显性和上位性），创造出生长快和抗性优异的强优势杂交组合；同时还是杂种优势利用的更高水平。国内关于强优势杂交种的应用最早是以袁隆平、傅廷栋等 11 位农作物领域专家学者对水稻、棉花、玉米和小麦等研究开始的，目前在水产动物上未见强优势杂交种相关报道。

凡纳滨对虾原产于秘鲁至墨西哥的太平洋沿岸水域，并非我国的本地种，作为全球最大的对虾养殖国，经过将近三十年的发展，我国的凡纳滨对虾产业仍然依赖于进口种虾，每年从国外进口总量超过 30 万对。虽然我国已自主培育出多个新品种，但与国外引进种相比竞争力不强，无法满足我国多样化环境和养殖模式的需求，我国养殖凡纳滨对虾良种出现了引进-退化、再引进-再退化的恶性循环。造成这一现象的根源在于良种出口国严控种质资源和国内缺乏系统的良种选育和保种技术体系，同时以品种间杂种优势利用为主的杂交对虾对对虾产量提高的推动也明显后继乏力。究其原因，品种间遗传基础相近、多样性狭窄，导致对虾杂种优势很难突破，使得中国杂交对虾增产效果再没有实质性提高。这种现状，并不是说明对虾杂种优势利用的重要性在减弱，而是杂种优势利用的难度不断加大；杂交对虾不能局限于品种间的杂种优势利用，需探求杂种优势利用的更高水平，因此强优势杂交种创制是未来凡纳滨对虾育种技术发展的一个趋势。强优势杂交种创制的内容如下。

1. 凡纳滨对虾杂种优势核心种群构建与资源创新　挖掘凡纳滨对虾快长、耐寒、耐高氨氮、耐高盐、耐低 pH、抗病虫等重要性状功能基因，创建优异基因轮回选择库，创新对虾杂种优势利用核心种质。

2. 强优势杂交凡纳滨对虾高效育种技术研究　利用分子标记辅助育种、细胞工程和基因工程、高通量 SNP 标记等技术，建立凡纳滨对虾强优势杂交对虾亲本快速选育技术；研究凡纳滨对虾杂种优势预测与利用技术，建立和完善相应的强优势杂交对虾高效育种技术体系。

3. 凡纳滨对虾杂种优势利用新技术、新方法研究　研究凡纳滨对虾远缘种、亚种、近缘种、生态群间优异基因利用和杂种优势利用的新技术、新方法，并建立关键育种技术体系，拓展强优势杂交对虾遗传基础。

4. 强优势凡纳滨对虾骨干亲本创制　利用不同杂种优势类群，创制对虾强优势突破性新材料，培育一般配合力高的亲本。

5. 强优势杂交凡纳滨对虾新组合创制　根据凡纳滨对虾育种目标和经济效益，确定强优势杂交对虾的选育指标，对强优势亲本大群体进行生长性能、抗逆、抗病实验，进行配合力、遗传力等遗传评估，选育快长、优质、抗病虫、抗逆等优良性状基因的、适于不同养殖模式的强优势杂交种新组合，并进行大面积示范与推广。

第六节　国内外开展凡纳滨对虾良种选育研究概况

一、国外选育研究概况

（一）美国

相较于我国，国外更早开展凡纳滨对虾良种选育。自 20 世纪 70 年代起，美国开始人工养殖凡纳滨对虾。之后随着凡纳滨对虾养殖规模不断扩大，在美国、厄瓜多尔、中国台湾等地的对虾养殖遭受了日益严重的疾病威胁，产量锐减。因此 1984 年，美国农业部开始组织和推行"海产对虾养殖计划"，主要任务是开展相关技术研究、开发和推广，直接为美国对虾生产者提供高健康、遗传改良的虾种和先进的疾病诊断和处理方法技术，以及先进适用的对虾养殖模式，使美国国内养虾业者的产品在国际市场更有竞争力。1989 年以来自墨西哥锡那罗亚的群体作为基础群开始了第一个凡纳滨对虾 SPF 种群的选育工作，1991 年成功获得凡纳滨对虾的第一个 SPF 种群。最初的 SPF 清单中的病毒和病原体仅包括传染性皮下和造血坏死病毒、对虾杆状病毒、肝胰腺细小病毒、微孢子虫、单倍体孢子菌和簇虫等 6 种，到 2010 年清单中的病毒和病原体已扩大到 15 种并将继续扩大（表 7-2）。

美国夏威夷海洋研究所多年来从全世界不同来源和地区收集及培育的凡纳滨对虾种虾，依其生长与抗病力与对环境适应等的不同差异，划分并保存有 500 多种品系。1995—1998 年期间，夏威夷海洋研究所的科研人员采用个体选择、家系选择和家系间选择相结合的方法针对基于生长性能和桃拉病毒抗性性状等权重的综合选择进行凡纳滨对虾选育。该选育项目构建了两个育种品系，其中一个是以提高生长率作为选育目标构建的育种品系，另外一个是兼具生长和抗桃拉综合征病毒的育种品系（Argue et al.，2002）。从选择反应的角度分析发现，该项目中生长性状每年的选择效应在 3.1%～25.0%，桃拉综合征病毒存活率每年的选择效应为 12.4%～18.4%，生长速度的半同胞遗传力为 0.84±0.43，现实遗传力为 1.00±0.12。2007 年以前，出于美国政府的资助，对虾的育种主要由研究机构完成，培育出来的种苗也大多出售给美国当地的种虾公司。2007 年起，美国政府不再提供资金支持，研究所开始对外出售虾苗。凡纳滨对虾的种苗研究逐渐转为以企业为主导继续发展。

表 7-2　美国海产对虾养殖计划 1990 年、2004 年和 2010 年的无特定病原清单

病毒及病原体	1990	2004	2010
传染性皮下和造血组织坏死病毒	√	√	√
白斑综合征病毒		√	√
黄头病毒复合体		√	√
桃拉综合征病毒		√	√
对虾杆状病毒	√	√	√
斑节对虾杆状病毒		√	√
中肠腺坏死病毒		√	√
肝胰腺细小病毒	√	√	√
传染性肌坏死病毒		√	√
凡纳滨对虾诺达病毒			√
副溶血性弧菌、哈维氏弧菌、欧文斯氏弧菌		√	√
立克次氏体样细菌			√
微孢子虫	√	√	√
单倍体孢子菌	√	√	√
簇虫	√	√	√
病毒及病原体的数量	6	13	15

美国夏威夷的高健康水产公司通过对凡纳滨对虾抗桃拉综合征病毒性状的选育，每代成活率增加 15%，经过连续 4 代选择，存活率达到 92%，而对照组的存活率只有 31%。

美国凡纳滨对虾良种选育研究有 4 个显著特点：①种群数量多，夏威夷海洋研究所收集

了墨西哥、厄瓜多尔、厄萨瓦多、危地马拉等国沿海的凡纳滨对虾不同种群。②从不同种群筛选出 200 多个家系，组成庞大的基础群体。③保存丰富的种质资源，具有控种能力。④美国已掌握控种技术，每次提供给我国的亲本只是 2 个家系杂交的子一代，拥有的优良遗传基因少，可以满足短期养殖的需要，但不具备进一步选育的遗传资源（图 7-3）。

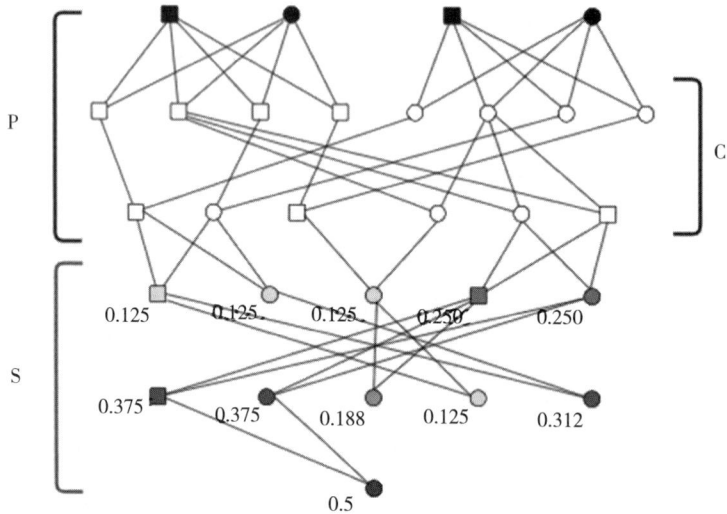

图 7-3 近亲繁殖策略

P组：第 1 排为种虾选育者选择四尾亲虾；第 2 排为进口的良种亲虾；第 3 排为一代苗。S组：第 1 排为二代种苗虾（都是兄弟姐妹，近交系数迅速增大，继续用于生产则是近亲繁殖）；第 2 排为三代种苗虾；第 3 排为四代种苗虾。P组的亲本近交系数均为零，未标出。C组表示在市场上销售的进口良种亲虾（P组第二排）及用其生产的一代苗（P组第三排）。图中的数字代表近交系数；正方形代表雄性，圆圈代表雌性。

（二）委内瑞拉

除美国外，委内瑞拉也在 1990 年开展了凡纳滨对虾的遗传选育工作，科研人员以来自委内瑞拉、巴拿马和墨西哥的总计 100 个个体作为选育基础群进行了群体选育。从每代的群体中选择体型最大且无病害、无畸形的个体留种作为后代，经多代选择，生长速率从平均每周 0.76g 增长到每周 0.87g，存活率从开始的 59% 升至 76%，饵料转化率从 1.86：1 降至 1.51：1，畸形率从 29% 降至 1%。自 1999 年开始，Donato 等（2008）采用家系选育的方法对群体选育的后代进一步改良，经过选育，对虾平均生长速率从每天 0.141g 增至每天 0.191g。

（三）哥伦比亚和挪威

1994—1999 年，哥伦比亚暴发了严重的桃拉综合征，开始的几年凡纳滨对虾养殖死亡率极高，经过 2 代对存活个体的选择，存活率提高 20%，至 1999 年桃拉综合征病毒基本得到控制。鉴于个体选择的优良表现，1997 年哥伦比亚水产研究中心与挪威水产研究所合作启动了凡纳滨对虾家系选育计划，以期提高生长速率和养殖存活率（Gitterle et al.，2005a）。通过连续几年的家系选育，最终从两个品系中获得 430 个全同胞后代家系群，哥伦比亚水产研究中心与挪威水产研究所研究了这两个品系在标准实验养殖条件下生长速度和后代家系的养殖成活率性状的遗传相关性，结果如表 7-3 所示。而 1999 年，随着 WSSV 在全球范围内暴发，该公司开始转向以选育抗 WSSV 的凡纳滨对虾品种为主（Gitterle et al.，2005b）。

表 7-3　两个选育品系性状遗传相关性

编号	性能指数	家系 1	家系 2
A	生长速度的估计遗传力	0.24 ± 0.05	0.17 ± 0.04
B	成活率的估计遗传力	0.04 ± 0.02	0.10 ± 0.02
	AB 相关指数	0.42	0.40
C	抗白斑病毒的估计遗传力	0.03 ± 0.02	0.07 ± 0.02
D	终末体重的估计遗传力	0.21 ± 0.04	0.20 ± 0.04
	CD 相关指数	$-0.64\sim-0.55$	

除上述几个国家外，泰国、印度尼西亚、墨西哥等也相继开展了凡纳滨对虾生长和抗性性状的遗传改良工作，目前在世界种虾行业占据一席之地。

二、我国选育研究概况

国内一些科研院所清醒地认识到，我国的凡纳滨对虾养殖产业能够持续发展，必须选育出有自主知识产权的良种。因此我国于 2000 年开始开展凡纳滨对虾良种选育的研究工作。截至 2023 年已被全国水产原种和良种审定委员会通过审定的水产新品种总共 12 个。

（一）凡纳滨对虾"中科 1 号"（品种登记号：GS-01-007-2010）

凡纳滨对虾"中科 1 号"是由中国科学院南海海洋研究所、湛江市东海岛东方实业有限公司、湛江海茂水产生物科技有限公司、广东广垦水产发展有限公司共同选育的水产新品种，"中科 1 号"以美国引进的 2 个群体和国内的 5 个群体为养殖基础群体，以对虾的生长速度和仔虾的淡水应激成活率为主要指标，经过 2 代选育和 5 代的家系选育获得。"中科 1 号"对虾在苗期淡水应激成活率高，生长速度比普通养殖品种高 21.8%，收获期整齐度高，体长变异系数小。其耐淡水能力高，适合在海水养殖区和内陆淡水养殖区，尤其适合河口咸淡水地区（如珠三角地区）养殖。

凡纳滨对虾"中科 1 号"主要有 3 种养殖模式：集约化、半集约化和粗放式，但这 3 种模式间并没有十分严格的区分界限，主要是与单位面积产量和对虾养殖设施装备有关。

2010 年后，海茂公司与中国科学院南海海洋研究所继续合作开展凡纳滨对虾新性状的选育工作，截至 2018 年，在原"中科 1 号"新品种的基础上，"中科 1 号"的生长速度提升了 20%，抗病性状提升了 50%，经过低密度养殖测试，"中科 1 号"平均养殖成功率达到了 80%，养殖经济性状明显。

（二）凡纳滨对虾"中兴 1 号"（品种登记号：GS-01-008-2010）

"中兴 1 号"是由中山大学与广东恒兴饲料实业股份有限公司联合选育的具有抗 WSSV 性能的新品种，是我国首个通过全国水产原种和良种审定委员会审核的凡纳滨对虾抗病新品种，其是以夏威夷海洋研究所的凡纳滨对虾为基础群体，经过五代的群体选育后获得。

"中兴 1 号"的体型粗壮，与普通的凡纳滨对虾相比，其抗病评价指数提高 21.8%，攻毒后 14d 的养殖成活率提高 50%，生长性状与对照组没有显著差异；"中兴 1 号"的头胸甲宽高比例和体重体长比例较大；此外，"中兴 1 号"还具有 7 对特异的微卫星标记。

"中兴 1 号"适宜我国沿海及内陆盐度在 0.5 以上、水温 18～35℃ 的地区养殖。截至 2010 年，"中兴 1 号"在我国各地区的养殖面积共达到 2 366hm²。其抗 WSSV 的性能稳定，高密度养殖成功率超过 80%。

（三）凡纳滨对虾"科海 1 号"（品种登记号：GS-01-006-2010）

凡纳滨对虾"科海 1 号"由中国科学院海洋研究所、西北农林科技大学、海南东方中科海洋生物育种有限公司共同选育完成，该品种是以海南、广东等 14 个养殖基地收集的夏威夷凡纳滨亲虾繁殖 4 代后的养殖群体为基础育种群体，以生长速度为选育的指标，经过 7 代的选育得到的新品种。"科海 1 号"与普通的凡纳滨对虾在外形上并无明显的差别，只在种苗仔虾阶段会比普通种苗的头胸甲稍宽，体节稍长，需要用基因鉴定才能与凡纳滨对虾区别开。

据科研数据显示，"科海 1 号"的亲本交配率达到 80%，平均产卵量 28 万/尾，卵径 260～270μm，出苗率达 60%～80%，适合高密度养殖。在辽宁、天津、河北、山东、江苏、海南、广东等多个地区进行了推广养殖，可以混养也可以精养，该品种繁殖能力好，养殖亩产一般可达到 7 500～10 500kg/hm²。

（四）凡纳滨对虾"桂海 1 号"（品种登记号：GS-01-001-2012）

"桂海 1 号"是广西水产科学研究所研发团队选育出的凡纳滨对虾高产新品种，是广西首个获得全国水产原良种委员会审定通过的水产品种，是以国外引进的代表 5 个地理种群的血缘对虾群体，经过 6 个世代连续选育而成的新品种。"桂海 1 号"具有生长速度快、适应性强等特点，其养殖成活率和产量高，适合中高密度和大规格的对虾养殖。

在广西、福建、广东和浙江等省的示范养殖过程中，"桂海 1 号"获得了企业和养殖者的认可。据悉，在广西水产研究所国家级的凡纳滨对虾遗传育种中心和国家级的广西 SPF 南美白对虾良种场，目前一年可向市场供应具有高产、抗病、耐寒等优良性能的 SPF 亲虾 5 万对，幼体 100 亿尾，虾苗 5 亿尾。

（五）凡纳滨对虾"壬海 1 号"（品种登记号：GS-02-007-2014）

"壬海 1 号"是由中国科学研究院黄海水产研究所、青岛海壬水产种业科技有限公司共同选育。该品种是以从美国引进的凡纳滨对虾迈阿密群体和瓦胡岛群体为基础，经过连续 4 代的选育和杂交测试，从两个群体中筛选出亲本选育系，两系杂交后获得子一代即为凡纳滨对虾"壬海 1 号"。

"壬海 1 号"的适宜盐度范围广、适宜水温为 25～32℃，其养殖时间短且成虾的规格较整齐，方便管理，适宜在我国沿海可人工控制的海水域和内陆的咸淡水水体中养殖。

在河北、天津和广东等地曾连续两年开展对凡纳滨对虾"壬海 1 号"的生产养殖试验，以池塘养殖为主，结果发现，与一般的商品种苗对比，凡纳滨对虾"壬海 1 号"可以增产 20%～28%，存活率提高了 10%～18%。

（六）凡纳滨对虾"广泰 1 号"（品种登记号：GS-01-003-2016）

中国科学院海洋研究所、西北农林科技大学与海南广泰海洋育种有限公司联合利用品系繁育技术，分别培育出快长、高存活/高繁、高存活/快长和高繁 4 个凡纳滨对虾专门化品系，优化和确定品系杂交配套方案，建立四系配套双杂交育种体系，培育出育种目标性状表现优异、遗传稳定的凡纳滨对虾配套系新品种"广泰1号"。"广泰1号"通过杂交选育出的种苗具有品系良种生长速度快、成活率高、繁殖率高等优良特性，适合在我国北至辽宁，南到海南的广大海水水域及咸淡水区域养殖（包括滩涂、湿地、河口地区），养殖模式比较适合高位池精养、土池半精养和大塘粗养等多种养殖模式。

（七）凡纳滨对虾"海兴农2号"（品种登记号：GS-01-004-2016）

凡纳滨对虾"海兴农2号"是由广东海兴农集团有限公司、广东海大集团股份有限公司、中山大学与中国水产科学研究院黄海水产研究所联合选育的水产新品种。"海兴农2号"是以生长速度为主要选育目标，养殖成活率为第二选育目标，进行的持续选育。它是利用从美国的夏威夷、佛罗里达、关岛和新加坡等地区引进的8个群体，采用BLUP技术经过连续5代的选育而获得的。

凡纳滨对虾"海兴农2号"具有生长速度快的特性，而且在相同的养殖条件下，养殖体重较市场商品苗快11.9%以上，具其个体规格整齐，抗逆性强，养殖成活率相比市场商品虾苗高13.8%以上。连续2年的中试对比养殖结果表明，在相同养殖管理条件下，"海兴农2号"平均成活率达到60.0%～85.3%，平均产量3 750～7 500kg/hm^2，比对照组增产10%～30%。

（八）凡纳滨对虾"兴海1号"（品种登记号：GS-01-007-2017）

"兴海1号"对虾是由广东海洋大学、湛江市德海实业有限公司和湛江市国兴水产科技有限公司共同选育完成。凡纳滨对虾"兴海1号"在不同来源的进口凡纳滨对虾群体及已养殖多代的凡纳滨对虾群体的基础上，采用家系选育的方法，基于动物模型采用BULP法育种值评价技术，选育出的适合我国养殖环境、具显著生长及成活率优势的凡纳滨对虾新品种。

凡纳滨对虾"兴海1号"具有生长速度快，养殖适应性强，成活率高，均匀度好且遗传性状稳定等优良性状，养殖经济效益显著。养殖100日龄的"兴海1号"对虾平均成活率高达77%，体长、体质量等性状变异系数均低于10%。

"兴海1号"适合采取人工育苗、池塘养殖的模式。养殖场址宜在通水、通电、交通便利、无污染、水源充足、进排水方便的沿海地区、咸淡水地区或淡水地区。

（九）凡纳滨对虾"正金阳1号"（品种登记号：GS-01-006-2017）

"正金阳1号"对虾是由中国科学院南海海洋研究所和茂名市金阳热带海珍养殖有限公司共同选育完成。主要以耐低盐、耐低温为选育目标，选择出生长速度快且成活率高的亲本；通过定向交尾、人工植精和全人工授精的方法培育出全同胞和半同胞家系，经过标准化培育选择、抗性选择和标志选择方法，分别构建相应的耐低温（TR）家系库和耐低盐（SR）家系库；分别进行TR家系间和SR家系间的配套杂交，构建相应的TR品系和SR品系，选择出抗性强，生长速度快、成活率高的品系留作品系育种群；分别从TR品系育种群和SR品系育种群中选择亲本，进行TR品系和SR品系间的杂交，获得抗性优势明显、性状稳定的耐低温耐低盐（TSR）新品种"正金阳1号"。

"正金阳1号"对虾在水温12～18℃条件下，与美国迈阿密SIS凡纳滨对虾育种基地虾苗相比，成活率提高了16%和24%，生长速度提高10%以上。在盐度0.5和盐度0的养殖条件下，"正金阳1号"与SIS虾苗相比，平均成活率提高20%，生长速度提高8%。

"正金阳1号"具有很强的耐低温的特性，适合在我国海水水域、咸淡水和淡水区域养殖。其养殖成活率高且生长速度较快，可以采用工厂化养殖、集约化、半集约化养殖和粗放养殖等多种养殖模式。

（十）凡纳滨对虾"海兴农3号"（品种登记号：GS-01-007-2022）

"海兴农3号"是由湛江海兴农海洋生物科技有限公司、中国水产科学研究院黄海水产研究所、中山大学与广东海兴农集团有限公司联合选育的水产新品种。该品种是以2014年从凡纳滨对虾"海兴农2号"选育群体和凡纳滨对虾泰国群体中分别挑选的2600尾和200尾个体为基础群体，以体重和成活率为目标性状，采用家系选育技术，经连续5代选育而成。

在相同养殖条件下，"海兴农3号"与"海兴农2号"相比，110日龄体重提高13.5%，成活率提高10.0%；与泰国进口一代虾苗相比，110日龄体重提高11.7%，成活率提高12.0%。该品种适宜在全国水温18～32℃和盐度2～35的人工可控的水体中养殖。

（十一）凡纳滨对虾"渤海1号"（品种登记号：GS-02-006-2022）

"渤海1号"是由渤海水产育种（海南）有限公司、中国科学院海洋研究所与渤海水产股份有限公司联合选育的水产新品种。以2015年从渤海水产育种（海南）有限公司保存的凡纳滨对虾"广泰1号"和厄瓜多尔引进的群体为基础群体，分别经连续4代家系选育获得生长快速兼耐高盐和耐高温的群体，将其作为母本和父本，经杂交后获得的F_1，即为凡纳滨对虾"渤海1号"。

与母本和父本相比，仔虾盐化（盐度从30升至55）成活率分别提高15.8%和21.2%；在盐度50～60养殖条件下，140日龄体重分别提高10.8%和15.8%，成活率分别提高14.5%和18.5%。适宜在我国水温18～32℃和盐度30～60的人工可控的水体中养殖。

（十二）凡纳滨对虾"海茂1号"（品种登记号：GS-02-007-2022）

"海茂1号"是由海茂种业有限公司、中国科学院南海海洋研究所、广东金海角水产种业科技有限公司、青岛卓越海洋集团有限公司联合选育的水产新品种。以2016年从美国普瑞莫种虾公司和美国对虾改良系统夏威夷有限责任公司引进的凡纳滨对虾群体为基础群体，经连续2代家系选育，获得抗哈氏弧菌和生长快速的群体，将其作为母本和父本，杂交后获得的F_1，即为凡纳滨对虾"海茂1号"。

在相同养殖条件下，"海茂1号"与母本相比，110日龄体重提高18.5%，成活率无显著差异；与父本相比，成活率提高15.8%，体重无显著差异。适宜在我国水温18～32℃和盐度2～35的人工可控的水体中养殖。

参 考 文 献

陈锚，吴长功，相建海，等，2008. 凡纳滨对虾的选育与家系的建立［J］. 海洋科学，32（11）：5-8.

方振朋，孟宪红，李旭鹏，等，2020. 基于微卫星分子标记的凡纳滨对虾商业种苗遗传多样性分析［J］. 渔业科学进展，41（5）：101-109.

胡志国，刘建勇，袁瑞鹏，等，2015. 凡纳滨对虾（*Litopenaeus vannamei*）选择育种G₀代的生长性能比

较与选择效果预估 [J]. 海洋与湖沼，46（3）：556-562.

胡志国，刘建勇，袁瑞鹏，等，2015. 凡纳滨对虾 3 个引进群体及其杂交子代的生长性能评估 [J]. 中国水产科学，22（5）：925-932.

黄永春，蔡葆青，樊祥国，等，2010. 世界对虾养殖和良种选育概况 [C]. 世界华人虾蟹类养殖研讨会.

蒋湘，郑静静，谢妙，等，2017. 日本囊对虾耐高氨氮与生长性状的遗传参数估计 [J]. 水产科学，36（6）：700-706.

金武，栾生，孔杰，等，2013. 基因型与环境互作条件下凡纳滨对虾多性状复合育种方案的遗传和经济评估 [J]. 水产学报，37（12）：1770-1781.

孔杰，栾生，谭建，等，2020. 对虾选择育种研究进展 [J]. 中国海洋大学学报（自然科学版），50（9）：81-97.

李锋，刘楚吾，林继辉，2003. 两个凡纳滨对虾亲本群体的 RAPD 研究 [J]. 湛江海洋大学学报（4）：1-5.

梁华芳，杜国平，黄海立，等，2011. 凡纳滨对虾快速生长家系选育的初步研究 [J]. 广东海洋大学学报，31（3）：12-15.

林红军，张吕平，沈琪，等，2010.10 个凡纳滨对虾全同胞家系淡水耐受性比较 [J]. 海洋湖沼通报（4）：143-148.

刘洪涛，杨明秋，何玉贵，等，2018. 凡纳滨对虾八个地理群体遗传多样性的微卫星分析 [J]. 海南大学学报（自然科学版），36（2）：146-152.

刘均辉，栾生，罗坤，等，2016. 零换水工厂化养殖模式下凡纳滨对虾生长和存活性状遗传参数估计 [J]. 水产学报，40（4）：595-602.

刘峻宇，刘均辉，孔杰，等，2021. 凡纳滨对虾 SNP 标记开发与家系亲缘关系验证分析 [J]. 渔业科学进展，42（1）：108-116.

栾生，罗坤，阮晓红，等，2013. 凡纳滨对虾（Litopenaeus vannamei）体重、存活性状的遗传参数和基因型与环境互作效应 [J]. 海洋与湖沼，44（2）：445-452.

马大勇，胡红浪，孔杰，2005. 近交及其对水产养殖的影响 [J]. 水产学报（6）：849-856.

马宁，曾地刚，2013. 凡纳滨对虾微卫星序列的筛选 [J]. 西南农业学报，26（6）：2629-2633.

阮晓红，罗坤，栾生，等，2013. 凡纳滨对虾 7 个引进群体的生长性能评估 [J]. 水产学报，37（1）：34-42.

宋林生，相建海，李晨曦，等，1999. 日本对虾野生种群和养殖种群遗传结构的 RAPD 标记研究 [J]. 海洋与湖沼（3）：261-266.

唐扬，孟小菲，沈瑞福，等，2018. 凡纳滨对虾家系选育的研究与应用 [J]. 水产科学，37（4）：555-563.

王成桂，吕灿祥，杨世平，等，2015. 凡纳滨对虾抗逆 F_1 家系的生长、抗逆和抗 WSSV 的比较 [J]. 热带生物学报，6（3）：229-234.

王全超，2017. 凡纳滨对虾生长和抗病性状的全基因组关联分析与基因组选择育种研究 [D]. 青岛：中国科学院大学（中国科学院海洋研究所）.

王冉，刘红，2018. 凡纳滨对虾繁殖性状的 SNP 分子标记筛选的初步研究 [J]. 上海海洋大学学报，27（6）：825-832.

吴立峰，张吕平，胡超群，等，2011.2 个凡纳滨对虾全同胞家系在不同盐度下的生长比较 [J]. 热带海洋学报，30（1）：152-158.

杨海朋，胡超群，张吕平，等，2014. 凡纳滨对虾家系淡水耐受性状与生长性状的关系 [J]. 热带海洋学报，33（4）：69-76.

袁瑞鹏，2016. 凡纳滨对虾生长、繁殖及高氨氮耐受性的选择育种研究 [D]. 湛江：广东海洋大学.

袁瑞鹏，刘建勇，张嘉晨，等，2015. 凡纳滨对虾群体杂交与自交 F1 低溶解氧与高氨氮耐受性比较 [J].

中国水产科学，22（3）：410-417.

张嘉晨，曹伏君，刘建勇，等，2016. 凡纳滨对虾（*Litopenaeus vannmei*）生长和耐低溶解氧性状的遗传参数估计和遗传获得评估［J］. 海洋与湖沼，47（4）：869-875.

张留所，相建海，2005. 凡纳滨对虾微卫星位点在两个选育家系中遗传的初步研究［J］. 遗传（6）：63-68.

张吕平，吴立峰，沈琪，等，2009. 凡纳滨对虾全同胞家系的建立及生长比较［J］. 水产学报，33（6）：932-939.

张晓军，李富花，吴长功，等，2003. 中国明对虾四倍体6种诱导方法的比较［C］. 甲壳动物学论文集，第四辑，科学出版社，414-424.

郑静静，刘建勇，刘加慧，等，2016. 凡纳滨对虾（*Litopenaeus vannamei*）不同生长阶段体重的遗传参数和育种值估计［J］. 海洋与湖沼，47（5）：1005-1012.

Andriantahina F，Liu X L，Huang H，et al.，2012. Response to selection，heritability，and genetic correlations between body weight and body size in Pacific white shrimp，*Litopenaeus vannamei*［J］. Chinese Journal of Oceanology and Limnology，30（2）：200-205.

Argue B J，Arce S M，Lotz J M，et al.，2002. Selective breeding of Pacific white shrimp（*Litopenaeus vannamei*）for growth and resistance to Taura Syndrome Virus［J］. Aquaculture，204（3-4）：447-460.

Coman F E，Sellars M J，Norris B J，et al.，2008. The effects of triploidy on Penaeus（*Marsupenaeus*）*japonicus*（Bate）survival，growth and gender when compared to diploid siblings［J］. Aquaculture，276：50-59.

Donato M D，Ramirez R，Howell C，et al.，2008. Artificial family selection based on growth rate in cultivated lines of *Litopenaeus vannamei*（Decapoda，Penaeidae）from Venezuela［J］. Genetics and Molecular Biology，31（4）：850-856.

Gitterle T，Rye M，Salte R，et al.，2005a. Genetic（co）variation in harvest body weight and survival in Penaeus（*Litopenaeus vannamei*）under standard commercial conditions［J］. Aquaculture，243（1）：83-92.

Gitterle T，Salte R，Gjerde B，et al.，2005b. Genetic（co）variation in resistance to White Spot Syndrome Virus（WSSV）and harvest weight in Penaeus（*Litopenaeus vannamei*）［J］. Aquaculture，246（1-4）：139-149.

Huang Y C，Yin Z X，Weng S P，et al.，2012. Selective breeding and preliminary commercial performance of *Penaeus vannamei* for resistance to white spot syndrome virus（WSSV）［J］. Aquaculture，364-365.

Kanchanachai Y，Poompuang S，Koonawootrittriron S，et al.，2011. Estimating genetic parameters for weight and body size of Pacific white shrimp（*Litopenaeus vannamei*）by restricted maximum likelihood method［J］. Kasetsart Journal（Natural Sciences），45（6）：1047-1057.

Li F H，Xiang J H，Zhang X J，et al.，2003. Gonad development characteristics and sex ratio in triploid Chinese shrimp *Fenneropenaeus chinensis*［J］. Marine Biotechnology，5：528-535.

Li F H，Zhou L H，Xiang J H，et al.，1999. Triploidy induction with heatshocks to*Penaeus chinensi*s and their effects on gonad development［J］. Chinese Journal of Oceanology and Limnology，17：57-61.

Li W J，Luan S，Luo K，et al.，2015. Genetic parameters and genotype by environment interaction for cold tolerance，body weight and survival of the Pacific white shrimp *Penaeus vannamei* at different temperatures［J］. Aquaculture，441：8-15.

Moss S M，Argue B J，1999. Genetic improvement of the Pacific white shrimp，*Litopenacus vannamei*［J］. Global Aquacult Advocate，2：41-43.

Tan J，Luan S，Cao B，et al.，2019. Evaluation of genetic parameters for reproductive traits and growth rate in the Pacific white shrimp *Litopenaeus vannamei* reared in brackish water［J］. Aquaculture，511.

Yu Y，Zhang X J，Yuan J B，et al. ，2015. Genome survey and high-density genetic map construction provide genomic and genetic resources for the Pacific White Shrimp *Litopenaeus vannamei*［J］. Scientific Reports，5：1-14.

Zhang X J，Yuan J B，Sun Y M，et al. ，2019. Penaeid shrimp genome provides insights into benthic adaptation and frequent molting［J］. Nat Commun，10（1）：356.

附　录

水产养殖用药明白纸 2022 年 1、2 号

水产养殖用药明白纸 2022 年 1 号

水产养殖用药明白纸 2022 年 2 号

图书在版编目（CIP）数据

凡纳滨对虾健康养殖理论与技术／王平主编．—北京：中国农业出版社，2024.5
ISBN 978-7-109-31959-2

Ⅰ.①凡… Ⅱ.①王… Ⅲ.①对虾养殖 Ⅳ.
①S968.22

中国国家版本馆 CIP 数据核字（2024）第 096581 号

中国农业出版社出版
地址：北京市朝阳区麦子店街 18 号楼
邮编：100125
责任编辑：李雪琪　王金环
版式设计：杨　婧　责任校对：张雯婷
印刷：中农印务有限公司
版次：2024 年 5 月第 1 版
印次：2024 年 5 月北京第 1 次印刷
发行：新华书店北京发行所
开本：787mm×1092mm　1/16
印张：18.25　插页：2
字数：446 千字
定价：128.00 元

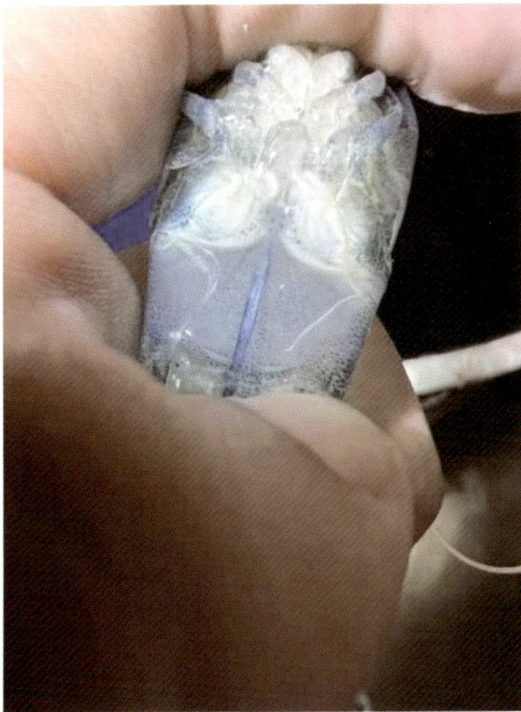

彩图 1　成熟雄虾的精荚

彩图 2　成熟雌虾

彩图 3　交配成功的雌虾

彩图 4　未交配成功的雌虾

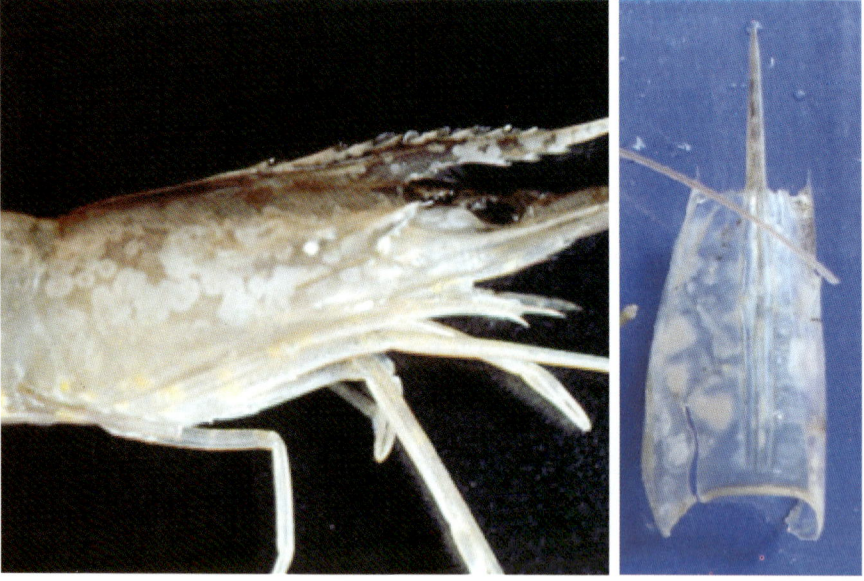

彩图 5 白斑综合征

彩图 6 桃拉综合征

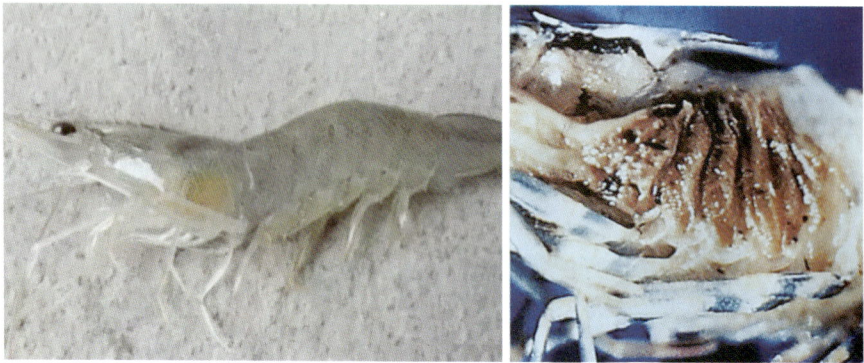

彩图 7 黄头病

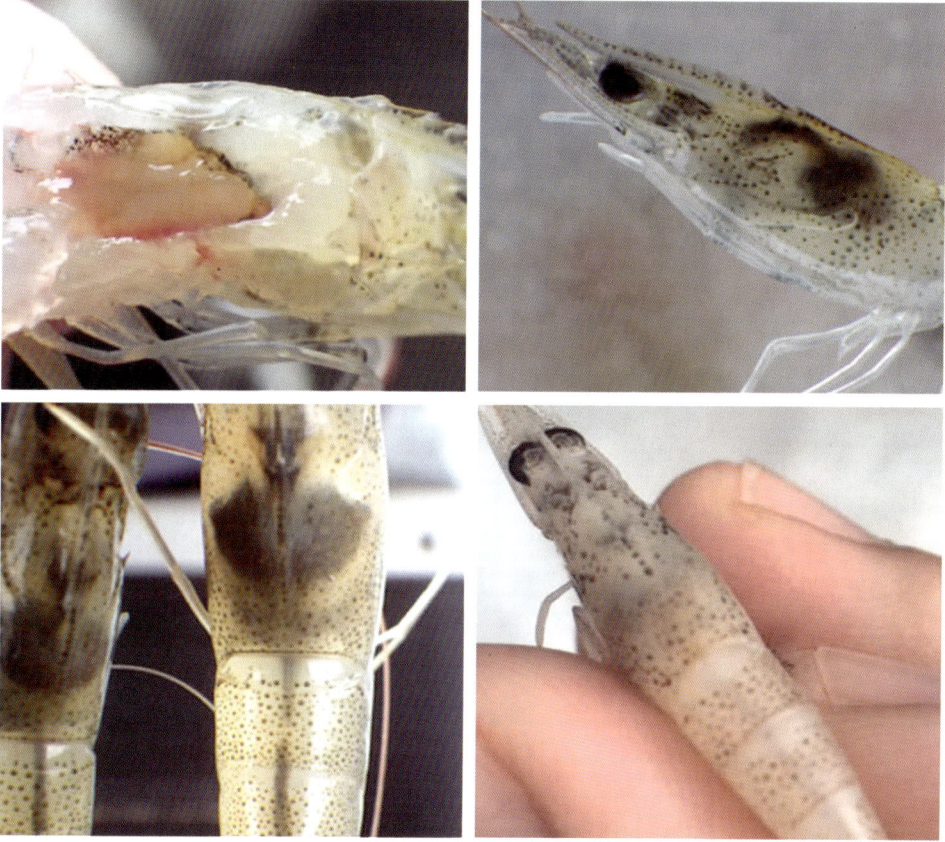

彩图 8 十足目虹彩病毒病

（王甘翔等，2018）

彩图 9 偷死野田村病毒病

（Zhang 等，2014）

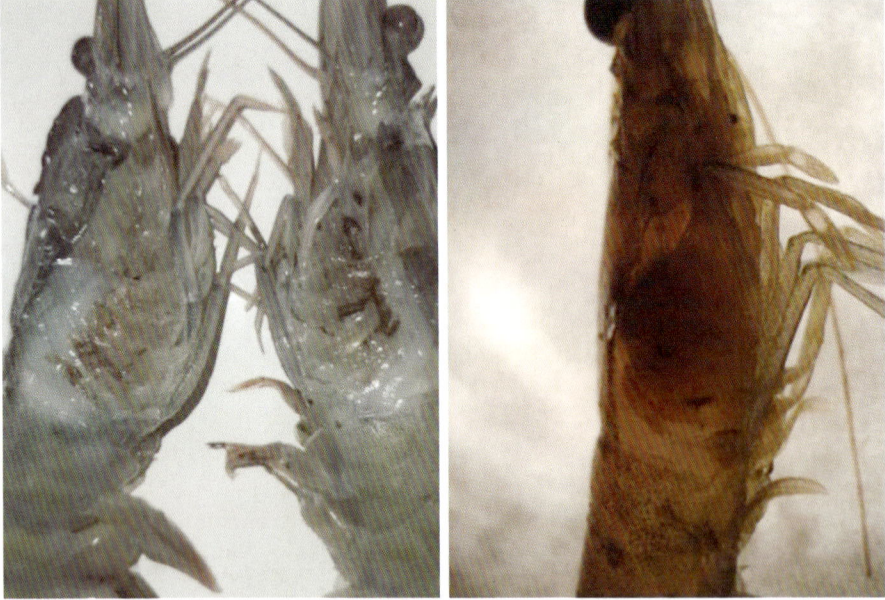

彩图 10　黑鳃、烂鳃症状

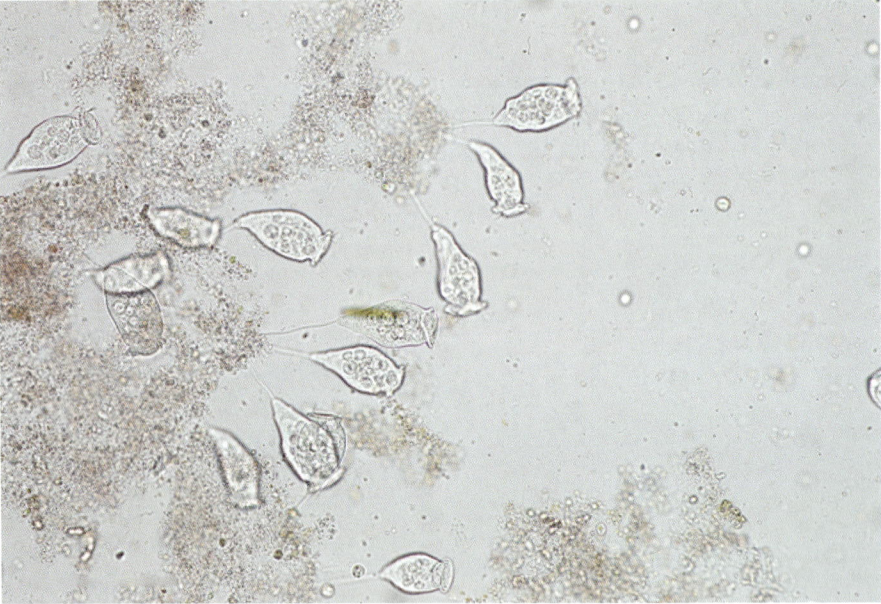

彩图 11　固着类纤毛虫